人因工程

主　编　王秋莲

副主编　谌梓希　陶春峰

科学出版社

北　京

内 容 简 介

随着科技的发展和工业化水平的不断提升，人因工程学越来越受到国内外学者的重视。本书从基础理论、基本方法、典型应用三方面组织素材，围绕人、机、环境三要素，突出人的特性，紧密联系工程实际，系统安排全书的内容和章节。全书共 13 章，第 1 章对人因工程进行概述，第 2~4 章以人为对象进行特性分析，第 5~7 章以人机系统为研究对象进行评价与分析，第 8~12 章以环境为主题进行各因素分析，第 13 章阐述劳动安全与事故预防。本书体系完整，内容丰富，结构清晰，叙述深入浅出，每章配有相关应用案例，理论与实践相结合更利于读者的理解。

本书可作为高等院校工业工程、工业设计、工程管理等专业的本科生及研究生教材；也可作为工程技术人员进行产品设计、系统设计，管理人员实施有效管理的参考书；还可供从事相关工作的人员参考。

图书在版编目（CIP）数据

人因工程 / 王秋莲主编. —北京：科学出版社，2022.3

ISBN 978-7-03-067833-1

Ⅰ. ①人… Ⅱ. ①王… Ⅲ. ①人因工程-高等学校-教材 Ⅳ. ①TB18

中国版本图书馆CIP数据核字（2021）第 003915 号

责任编辑：郝 静 / 责任校对：贾娜娜

责任印制：张 伟 / 封面设计：蓝正设计

科 学 出 版 社 出版

北京东黄城根北街 16 号

邮政编码：100717

http://www.sciencep.com

北京凌奇印刷有限责任公司 印刷

科学出版社发行 各地新华书店经销

*

2022 年 3 月第 一 版 开本：787×1092 1/16

2022 年10月第二次印刷 印张：20 1/4

字数：464 000

定价：68.00 元

（如有印装质量问题，我社负责调换）

前言

人因工程学（human factors engineering）是近几十年发展起来的边缘学科，该学科从人的心理、生理等特征出发，研究人-机-环境系统优化，以达到提高系统效率，保障人的安全、健康和舒适的目的。人因工程研究领域涉及几乎所有与“人”有关的系统。国外人因工程学科的发展经历了萌芽阶段（科学管理）、兴起阶段（疲劳研究、人员选拔和培训）、成长阶段（人机界面设计）和发展阶段（应用领域和应用范围不断扩大）。我国的人因研究起步比国外晚 20~50 年，于 1980 年以后才算真正发展起来，其以学习和引进西方人因工程理论和方法为主。

进入 21 世纪后，信息技术和制造技术的飞速发展改变着人们的生活和工作方式，人的因素的影响和作用日益得到重视。在此期间，我国的人因工程研究和应用得到了较快的发展，但与西方国家相比还存在一定差距，还要解决理论研究较多，应用研究较少和生产、军事、航天研究较多，生活研究较少的问题。忽略人的因素的现象，在生产和生活中时有所见。因此，增加各工程设计专业的人因工程教育是当务之急，推出一部理论结合实际、简明易懂的与生活和生产紧密相关的人因工程学习教材更是重中之重。

本书着力于增强工程设计和工业设计等专业学生的人本主义意识，使学生掌握解决人因问题的基本方法。在当前大学课程设置的基础上，考虑到人因工程在社会各方面都应用广泛，基于工业工程学科特色，精选该学科被公认的、经典的基本原理和方法，并结合能够反映企业解决工业工程问题的实际案例，对本书进行编辑，力求做到思路清晰、体系完善、重点突出，将理论与实用相结合，提供丰富的练习与案例。

在内容上，本书根据人因工程的人-机-环境进行安排，内容贴近工程实际，注重理论与实用相结合。实例多从实际工程、科研项目中提炼出来，具有很强的参考价值，更加符合工业工程学科特点。

在结构上，按照从感性到理性、从具体到抽象、由浅入深的认识规律，介绍人因工程的基本知识，避免传统的从内容入手的重复、冗长的叙述过程，从而节省篇幅，增加了案例的比重，为学生实际操作提供了大量的参考。同时，考虑各章知识的连续性及实验的配合来安排内容体系。

在编写时注重科学性、知识性、适用性相结合，理论与实践相结合，为读者进一步学习提供参考。在资料的选用上注重资料的先进性、全面性和成熟性，旨在提供一部较为合适的人因工程学习教材。

最后，我们衷心感谢所有被引用文献的作者，以及关注本书、为本书出版提供帮助的专家们。同时也要感谢所有参与本书编写的人员（按姓氏首字母排序）：陈冰、段星皓、江腾、黎敏、李杰、李进宇、李婷、欧桂雄、孙萌、王鑫龙、王鑫心、魏鹏、徐浩、徐雪娇、易梓璇、曾子恒、张琴、张应龙、赵睿影、周啸宇。

由于作者的理论与实际水平有限，虽经过多次修改与校正，仍难免有各种不足，希望广大读者批评指正。

目　　录

第 1 章　人因工程概述

【学习目标】

通过对人因工程这门学科进行详细介绍，了解人因工程学的命名及定义、人因工程学的起源与发展、人因工程学的研究内容与应用领域，重点了解人因工程在服务业和制造业中的应用，学习人因工程学的学科体系。通过人因工程概述的学习，我们对人因工程学就有了基本了解，从而为后续章节的学习奠定基础。

【开篇案例】

（1）插座。插座对于现代人来说再熟悉不过，但是您在使用过程中有没有遇到过如图 1-1 所示的尴尬情况呢？这时您有没有一种想当面质问设计师的冲动呢？这种插座设计确实存在弊端，由于两孔与三孔之间的距离过近，无法同时使用两个插孔，极大地降低了使用效率，也给我们的生活带来了不便。基于以上问题，更加实用、更加符合人因工程的插座被设计出来，如图 1-2 所示。这样错开两孔与三孔的位置，能够轻松同时容纳两个电器插线，而且加入了儿童保护门设计，使用更加安全。

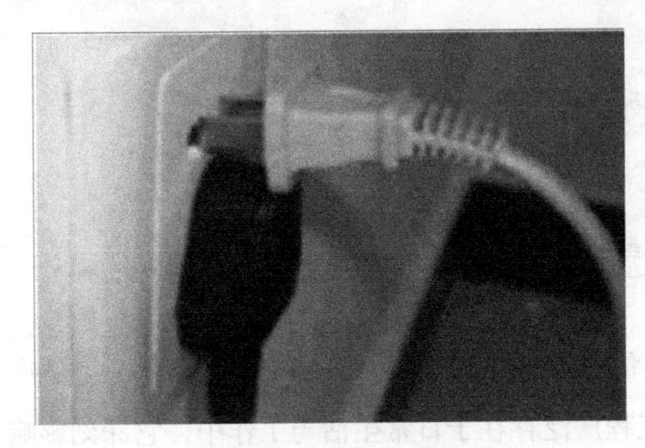

图 1-1　改进前的插座

图 1-2　改进后的插座

资料来源：正泰电工[EB/OL]. http://www.5jjc.net/u5j38326431372/

（2）衣架。衣架是日常生活中常用的小物件，它能够方便我们晾晒衣物，使衣物在晾晒时能够最大面积接触空气，加速衣物晾晒，以及在晒干以后保持平整。但是领口较小的衣物在使用衣架的过程中可能会遇到如图 1-3 所示的情况，这时候如果强力把衣架塞进去就会导致衣物变形。针对此种情况，有了如图 1-4 的设计。此衣架通过简单折叠变换形状，不需要拉开衣服的领口或依次伸入衣架两端，只需将衣架折叠成剪刀形状就可以直接将两端一次伸入领口，然后再展开，就可以挂上衣服了，使晾晒衣服更加便利。

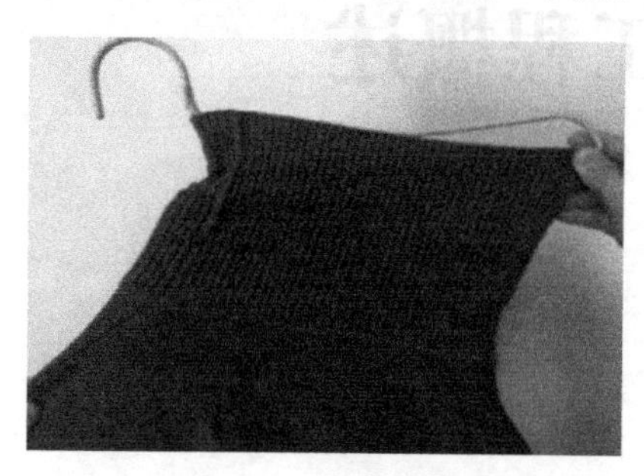

图 1-3 传统衣架

图 1-4 改进后的衣架

资料来源：刘征．十大创意生活用品集锦[EB/OL]. http://tech.sina.com.cn/e/2011-09-16/05391877617.shtml，2011-09-16

（3）LD 公司 ST25 工位。LD 公司 ST25 汽车零部件生产的工位，由工人手动完成碳罐电磁阀中磁组和外壳的装配工作。由于现场布局限制，右侧磁阻料道与组装台不在同一水平位置，低于组装台 8.3cm，工人在右侧料道拿取一次需伸展 14cm，且需辅以眼睛动作才能进行有效拿取，极易使工人操作疲劳。且该工位缺乏照明设备，工人需要反复努力辨认，易产生视觉疲劳，从而导致工作效率降低，甚至引发安全事故，原始工位如图 1-5 所示。根据人因工程学中关于坐姿作业者操作环境以及照明相关理论，对该工位进行了重新设计，重新设计的工位如图 1-6 所示。重新设计的工位有效解决了以上问题，减轻了工人的操作疲劳，使得生产效率得到了极大提高。

图 1-5 改进前生产工位

图 1-6 改进后生产工位

资料来源：孙林辉，吕莹．汽车零配件手工装配工位人因分析及改善研究[J]．人类工效学，2019，25（1）：25-30

通过以上几个例子可以看出人因工程广泛存在于日常生活与工作中，它深刻影响着我们的生活。系统、全面、科学地学习人因工程这门学科能够使我们在以后的生活与工作中处处考虑到人的因素，对于推进社会发展、使每个人处于最佳生活与工作环境有积极的意义。

1.1　人因工程学的命名与定义

人因工程学是研究人、机器及其工作环境之间相互作用的学科。该学科在其自身的发展过程中，逐步打破了各学科之间的界限，并有机地融合了各相关学科的理论，不断地完善自身的基本概念、理论体系、研究方法以及技术标准和规范，从而形成了一门研究和应用范围都极为广泛的综合性边缘学科。因此，它具有现代各门新兴边缘学科共有的特点，如学科命名多样化、学科定义不统一、学科边界模糊、学科内容综合性强、学科应用范围广等。

1. 学科命名

由于该学科研究和应用范围极其广泛，涉及众多学科，如工程学、管理学、心理学、生理学、劳动科学、环境科学等，各学科的专家学者都试图从自身领域角度出发进行学科命名和定义，以反映不同的研究重点。因此，关于命名至今国内外还没有统一。常见的名称主要有以下几种。

人类工效学，或简称为工效学，英文是“ergonomics”。这个名称在国际上用得最多，世界各国把它翻译或音译为本国文字，目前我国国家级学会的正式名称也是“中国人类工效学学会”，相应出版的学术刊物命名为《人类工效学》。

人因工程学或人的因素学（human factors）。这个名称在美国和一些西方国家用得最多，常在核电工业、一般生活领域或生活用品设计中使用，我国用该名称的也比较多。

人机工程学（ergonomics/man-machine engineering）或人机学。这是我国对“ergonomics”的最早翻译名称，目前工程技术方面的大多数人还喜欢用这个名称。

人–机器–环境系统工程学（man-machine-environment systems engineering）。我国航空航天领域首先采用人–机器–环境系统工程学这个名称，它涵盖的学科内容更为广泛。

其他类似名称，如“工程心理学”是本学科的早期名称，也是本学科的基础；“人素工程学”在我国一些军队中使用，是“human factors engineering”的另一种译名；“人机工程设计”“人因工程设计”“宜人性设计”，在我国工程设计人员中也较为常用。

2. 定义

人因工程的定义同它的命名一样，不同的研究者从不同的角度给出了定义。目前较为权威和使用最多的是国际人类工效学协会（International Ergonomics Association，IEA）和《中国企业管理百科全书》给出的定义。

国际人类工效学协会所下的定义为：研究人在某种工作中的解剖学、生理学和心理学等方面的各种因素；研究人和机器及环境的相互作用；研究在工作中、家庭生活中和休假时怎样统一考虑工作效率、人的健康、安全和舒适等问题。

《中国企业管理百科全书》将其定义为：研究人和机器、环境的相互作用及其合理结合，使设计的机器和环境系统适合人的生理、心理等特征，达到在生产中提高效率、安全、健康和舒适的目的。

从上述对该学科的命名和定义来看，尽管学科名称多样、定义不尽相同，但是在研究对象、研究方法、理论体系等方面并不存在根本上的区别。这正是人因工程学作为一门独立的学科存在的理由；同时也充分体现了学科边界模糊、学科内容综合性强、涉及面广等特点。

1.2 人因工程学的起源与发展

人因工程学起源于欧洲，形成于美国。其主要经历了以下几个发展阶段。

1. 人因工程学的萌芽阶段

20 世纪初，泰勒进行了著名的搬运生铁块实验和时间研究实验。他对工人的操作进行了时间研究，改进操作方法，制定标准时间，在不增加劳动强度的条件下提高了工作效率。与泰勒同期的吉尔布雷斯夫妇开展了动作研究，创立了通过动素分析，改进操作动作的方法。德国心理学家闵斯·托伯格倡导将心理学应用于生产实践，其代表作《心理学与工业效率》提出了心理学对人在工作中的适应性与提高效率的重要性。

这一时期，虽然已孕育着人因工程学的思想萌芽，但人机关系总的特点是以机器为中心，通过选拔和培训使人去适应机器。由于机器进步较快，而人难以适应，故伤害人身心的问题大量存在。

2. 人因工程学的兴起阶段

第一次世界大战为工作效率研究提供了重要背景。该阶段主要研究如何减轻疲劳以及人对机器的适应问题。

自1924年开始，在美国芝加哥西屋电气公司的霍桑工厂进行的长达8年的“霍桑实验”是对人的工作效率研究中的一个重要里程碑。实验得到的结论是工作效率不仅受物理的、生理的因素影响，还与组织因素、工作气氛和人际关系等因素有关。

3. 人因工程学的成长阶段

第二次世界大战以前，人与机器装备的匹配，主要是通过选拔和培训，使人去适应机器装备。第二次世界大战期间，由于战争的需要，首先在军事领域开始了与设计相关学科的综合研究与应用，从使人适应机器转入使机器适应人的新阶段。

1945 年第二次世界大战结束时，本学科研究与应用逐渐从军事领域向工业等领域发展，并逐步将军事领域的研究成果应用于解决工业与工程设计中的问题。此外，美国、日本和欧洲的许多国家先后成立了学会。为了加强国际交流，1960 年正式成立了国际人类工效学协会，这标志着该学科已发展成熟，国际人类工效学协会对推动各国的人因工程发展起到了重要作用。

4. 人因工程学的发展阶段

20 世纪 60 年代以后，人因工程学进入了一个新的发展时期。这个时期人因工程学的发展有三大基本趋势：一是研究领域不断扩大。研究领域扩大到人与工程设施、人与生产制造、人与技术工艺、人与方法标准、人与生活服务、人与组织管理等要素的相互协调适应上。二是应用范围越来越广泛。应用扩展到社会各行各业、人类生活的各个领域，如衣、食、住、行、学习、工作、文化、体育、休息等各种设施用具的科学化、宜人化。三是在高技术领域中发挥特殊作用。高技术与人类社会往往产生不协调的问题，只有综合应用包括人因工程在内的交叉学科理论和技术，才能使高技术与固有技术的长处相结合，协调人的多种价值目标，有效处理高技术社会的各种问题。

1.3　人因工程学的研究内容与应用领域

1.3.1　研究内容

人因工程学研究主要包括理论研究和应用研究，应用研究是该学科目前研究的侧重点。对于学科研究的主体方向，则由于各国科学和工业基础的不同，侧重点也不相同。例如，美国侧重工程和人际关系，法国侧重劳动生理学，苏联注重工程心理学。虽然各国对该学科研究的侧重点不同，但该学科的根本研究方向都是通过揭示人–机–环境之间相互关系的规律，以达到确保人–机–环境系统总体性能的最优化。该学科研究的主要内容可概括为以下几个方面。

（1）研究人的生理与心理特征。了解人的生理和心理特征，特别是了解人的生理和心理能力的局限性，是使人机系统更好地发挥作用的关键，因此了解人的生理和心理特征、能力是人因工程学的基本内容。人因工程学从学科的研究对象和目标出发，系统地研究人体特性，如人的感知特性、传递反应特性、信息加工能力；人的工作负荷与效能、疲劳；人体力量、人体尺寸、人体活动范围；影响效率和人为失误的因素、人的决策过程等。这些研究为人–机–环境系统设计和改善，以及制定有关标准提供科学依据，使设计的机器及工作系统、环境、作业都更好地适应于人，创造高效、安全、舒适和健康的工作条件。

（2）研究人机系统设计。人机系统的效能取决于它的总体设计，在系统设计时应该考虑充分发挥各自的特长，合理分配人与机器的功能，使其相互取长补短、有机结合，以保证系统整体功能最优。在显示装置的设计方面，机器与人的交互主要包括如何让人了解机器的真实状况。传统的内容包括机器上各种显示仪表的设计，现代的内容包括计算机显示器的设计。在控制装置的设计方面，人与机器的交互是指人操作与控制机器。传统的内容包括机器上各种操作手柄或脚踏板的设计，现代的内容包括计算机上的键盘和鼠标的设计，甚至汉字输入中的编码的设计也可以看成是人因工程学的内容，因为它影响到人输入汉字的效率。

（3）研究工作场所设计及其改善。工作场所设计包括工作场所总体布置、工作台或操纵台与座椅设计、工作条件设计等。该研究着眼于使人的工作条件、工作范围合理，以达到减少疲劳、提高工作效率的目的。

（4）研究系统的可靠性和安全性。人因工程研究人为失误的特征和规律，以及人的可靠性和安全性，找出导致人为失误的各种因素，以改进人-机-环境系统，通过主客观因素的相互补充和协调，克服不安全因素，搞好系统安全管理工作。

（5）研究工作环境及其改善。作业环境包括一般工作环境，如照明、颜色、噪声、振动、温度、湿度、空气粉尘、有害气体等，也包括高空、深水、地下、加减速、高低温、辐射等特殊工作环境。工作环境的研究主要关注的是人在各种工作环境之下的生理和心理状态，目的是创造最佳作业环境，提高工作效率。

（6）研究作业方法、作息制度及其改善。人因工程学主要研究人员从事体力作业、技能作业和脑力作业时的生理与心理反应、工作能力及信息处理特点；研究人体在作业时合理的能量消耗与负荷、工作与休息制度、作业程序、作业条件和方法；研究适宜作业的人机界面等。

1.3.2 应用领域

由于人因工程涉及人的工作、学习和生活，因此人因工程应用领域是非常宽泛的。人因工程学当前比较热门的应用方向如表 1-1 所示。

表 1-1 人因工程应用领域

应用方向	人因工程的具体应用
工作事故、健康与安全	事故与安全；事故调查；事故改造；健康与安全；健康人机工程；危险分析；健康与安全课题；健康与安全规则的应用；工业工作压力；机器防护；安全文化与安全管理；安全文化评价与改进；警示与提醒技术；安全概率分析
人体工作行为解剖学和人体测量	解剖学；人体测量；工作空间设计；生物力学；残疾人设施；姿势和生物力学负荷研究；工作中的滑倒、差错研究；脊椎病研究；听觉障碍研究
认知工效学和复杂任务	认知技能和决策研究；法律人机工程；团队工作；过程研究
计算机软件人机工程	软件设计；软件发展；软件人机工程；软件执行和可用性
计算机终端：设计与布局	计算机产品和外设的设计与布局；计算机终端工作站；显示屏设备与规则；显示屏健康与安全；手动操作；顺从测量；办公环境人机工程研究
显示与控制布局设计	显示与控制信息的选择与设计
控制室设计	控制台和控制室的布局设计；控制室人机工程

续表

应用方向	人因工程的具体应用
环境人机工程	环境状况和因素分析；噪声测量；工作中的听力损失；热环境；可视性与照明；工作环境人机工程；振动
专家论证：多工作环境	专家论证调查研究；法律人机工程；工业赔偿申诉；伤害诉讼；伤害原因；诉讼支持
人机界面设计与评价	人机界面的设计与发展；知识系统；人机界面形式；HCI/GUI 原型
人的可靠性	人的失误和可靠性研究；人的失误分析；人因审查；人因整合；人的可靠性评价
工业设计应用	信息设计；市场/用户研究；医疗设备；座椅设计与舒适性研究；座椅设计与分类；家具分类与选择
工业/商业工作空间设计	工业工作空间设计；工业人机工程；工作设计与组织；人体测量学与工作空间设计；工作空间设计与工作站设计；警告、标签与说明；工作负荷分析
管理与人机工程	变化管理；成本–利益分析；突发事故应变研究；人机战略实施；操作效能；操作负荷分析；标准化研究；人力资源管理；工作程序；人机规则和实践
手工操作负荷：安全与培训	手工操作评价与培训；手的操纵力；手工操作负荷
办公室人机工程与设计	办公自动化；办公室和办公设备设计；办公室设计人机工程
生理学方面和医学人机工程	生理学；生理能力；医学人机工程；医学设备；心理生理学；行为期望；行为标准
产品设计与顾客	人机工程销售与市场；产品设计与测试；产品发展；产品可靠性与安全性；产品缺陷；产品材质；服装人机工程
风险评估：多种工作状况	风险与成本——利益分析；风险评估与风险管理；风险预测；总体骨骼、肌肉风险研究
社会技术系统与人机工程	组织行为；组织变化；组织心理学；人机工程战略；社会技术系统；暴力评估与动机
系统分析	系统分析与设计；系统整合；系统需求；电信系统与产品；人机系统；人员配备研究；三维人体模型；实验设计；系统设计标准与类别；通信分析
任务分析	任务分析与工作设计；任务分析与综合
管理培训与人员培训	人机工程培训；整体培训；认知技能/决策分析；工程师培训；训练模型；培训需求分析
可用性评估	可用性评估与测试；可用性审核；可用性评估；可用性培训；试验与验证；仿真与试验；仿真研究；仿真与原型
用户需求与用户指导	用户文档；用户指导；用户手册与说明；用户界面设计与原型；用户需求分析与类别；用户实验管理
与工作有关的骨骼、肌肉问题	骨骼、肌肉紊乱；重复劳动的疲劳损伤；与工作有关的骨骼、肌肉管理问题；上肢损伤
车辆与交通人机工程	航空；直升机人机工程；头盔显示；乘客环境；铁路车辆与系统；交通设计；车辆设计；车辆人机工程；车辆安全性
其他特殊的人机工程应用	原子能；军队人机工程；军队系统；过程控制；文化调查；调查与研究方法；自动语音识别等

总的来说，人因工程是一门跨越和交叉多个学科的边缘学科，它的应用领域是非常广泛的，包括人、机、环境及其系统。

1.3.3 人因工程在服务业和制造业中的应用

人因工程在众多的产业部门中都有广泛的应用，其中最具有代表性、涵盖面最广的是服务业与制造业。制造业是国民经济的支柱，直接体现了一个国家的生产力水平；服务业能够为制造业的发展提供广阔的市场，是制造业面向市场的窗口。这两者的最大共同点是劳动力需求大，且最终服务于人。因此，研究人因工程在服务业与制造业之中的应用具有十分重要且积极的作用。

1. 人因工程在服务业中的应用

我国服务业发展迅速，服务需求较大，但服务业也面临着成本上升和顾客满意度下降等一系列问题。人因工程是一门注重人的因素的学科，把人因工程思想运用到服务业中能够极大提高被服务对象的满意度，有利于提高服务质量和服务效率，降低服务成本等。人因工程在服务业中的应用可以大致分为线上服务和线下服务两方面的应用。其中，人因工程在线上服务的应用主要表现在购物网站网页设计等方面的服务；线下服务主要体现在公共场所中的服务，如无障碍设施、公共场所照明设计、不同场所的座椅设计和公共设施安全通道设计等。具体如下。

1）人因工程在线上服务中的应用

随着互联网的发展与普及，网购成了当前的主流购物方式。网购给人们带来便捷购物服务的同时，也面临许多新的挑战。例如，购物网站网页的设计。购物网站网页是与用户直接接触的窗口，会直接影响购物体验，由于缺乏面对面的交流，网上虚拟电商只能通过可用性强、重视用户体验、满足用户需求、提高用户满意度的网页来吸引客户，电子商务网页设计的好坏直接影响着电商交易的成败。结合人因工程的网站设计能够最大限度考虑用户体验，满足用户使用需求。研究表明，能吸引用户重复访问的电子商务网站应具备以下特征。

（1）响应速度快。用户对自己进入的页面有一种心理上的控制欲望，若网页响应时间超过 10s，用户很大概率会放弃浏览该页面。

（2）色彩搭配合理。当人们打开网页时，最先注意的是色彩，其次是图像，最后才是文字。因此，设计出色彩和谐、均衡和重点突出的页面是吸引顾客的关键。

（3）页面布局合理。通常情况下，人眼在网页上只有一个视觉优势区，这一区域能得到人眼最大概率的注意。因此，在网页设计中应将最希望用户了解的重点信息放在最佳视域。

（4）简单方便。用户在浏览时的负担越少，网页对用户越具有吸引力。因此，在设计过程中应遵循减少烦琐、便于记忆的原则。

例子：图 1-7 是基于人因工程改进前、后的淘宝网界面设计。由图 1-7 可以看出改进后的界面更加简洁清楚，导航栏也更加详细，方便查找商品，能够增强购物体验，刺激消费。

淘宝商城
新品发售全场5折 还送现金红包
淘宝网
宝贝
淘宝商城
店铺
拍卖
搜索
首页
淘宝商城
电器城
导购资讯
吃喝玩乐
HiTao嗨淘
淘花影视
VIP专区
消费者保障
淘宝服务
更多
淘宝天下
彩票
淘宝旅行
机票
保险
免费试用
时装周
支付方式
阿里旺旺
淘江湖
七夕节快乐
送钻戒
淘宝商城·精选
男装疯抢
数码风尚III
秋冬鞋靴
包你满意
免费注册
登录
免费开店
公告
规则
安全保障
公益
手机充值
机票
彩票
大乐透
足彩
双色球
当前热点
热搜
ipad
七夕热卖
eneloop
SANYO

（a）改进前

（b）改进后

图 1-7 基于人因工程改进前、后的淘宝网界面设计

2）人因工程在线下服务中的应用

（1）无障碍设施。无障碍设施是指为了保障残疾人、老年人、儿童及其他行动不便者在居住、出行、工作、休闲娱乐和参加其他社会活动时，能够自主、安全、方便地通行和使用所建设的物质环境。

例如，无障碍电梯在设计时要充分考虑人因工程人体测量学知识。为了方便乘轮椅者转换位置和等候，一般电梯厅的深度不应小于 1 800mm，呼叫按钮的高度为 900~1 100mm，电梯入口的地面设置提示盲道标识，告知视觉残疾者电梯的准确位置和等候地点。电梯厢要有适当的宽度和高度，方便轮椅者回转，正面驶出电梯，厢内三面需设高 850mm 的扶手，扶手要易于抓握，安装要坚固。

（2）公共场所照明设计。公共场所是人群经常聚集、服务于人民大众的活动场所，是人们生活中不可缺少的组成部分。公共场所的照明能够给人创造舒适的视觉环境、良好照度的工作环境，还能起到美化空间的作用。公共场所照明环境的设计要充分运用人因工程的知识，综合考虑安全性、经济性、适用性等因素。

例如，楼梯间照明，楼梯间是连接上下空间的主要通道，所以照明必须充足，平均照度不应低于 100 lx，光线要柔和，应注意避免产生眩光。又如，餐厅、饭店的照明，餐厅、饭店的灯光要求柔和，不能太亮，也不能太暗，室内平均照度在 50~80 lx 即可。

（3）不同场所的座椅设计。座椅是最常见的设施之一，座椅的设计也充分结合了人因工程的知识。生活中诸如肯德基、麦当劳等快餐店的设施布置就非常人性化。

例子：如图 1-8 所示，洗手间水池一高一低，考虑了不同的身高条件。另外，如图 1-9 所示，设置了单人的就餐环境，多面向墙或窗外的餐桌适合单个顾客就餐，考虑了人的心理特性。又如，不锈钢座椅作为公共座椅的主流，是考虑到它易清洁、散热好，解决了很多人不想坐热椅子的问题。因此，在火车站、机场、医院等地被广泛使用。

图 1-8　洗手间水池

图 1-9　单人就餐座

（4）公共设施安全通道设计。酒店、影剧院、超市、大型娱乐场所等人员密集场所一旦发生如火灾等紧急事故，常因人员慌乱、拥挤而阻塞通道，发生互相踩踏的惨剧。因此，在进行安全通道设计时应当充分考虑人体尺寸。

2. 人因工程在制造业中的应用

制造业是国民经济的支柱，其发展状况直接影响着国家的经济基础和综合国力的强弱。制造业离不开人的参与，人作为制造系统的亲历者，是生产中最能动的因素，他们的工作直接关系着企业的生产效率和安全问题，在高度自动化、信息化和复杂化的制造系统中，他们不仅要使系统高效合理地运行，更要注意安全问题，所以人要身负增产增效、安全生产的重担。因此，在制造系统中，充分利用人因工程的理论，考虑人的柔性、适应性能力、技术水平与操作特点，使环境和技术更适合于人，营造一个合理的、适合人的功能和特点的制造环境，保护操作者的健康和能力，有助于充分调动人的积极性，发挥人在系统中的潜力，使制造系统的效率达到最优。

（1）作业姿势与腰酸病的分析。国内外很多研究表明职业性腰背损伤已成为当今世界最常见的职业相关疾病，其严重性已越来越引起人们的关注。欧美各国因职业性腰背痛，每年约丧失上千万个工作日，严重地影响了生产效率。因此，合理的作业姿势对于减少职业腰酸病、提高工作效率尤为重要。

（2）办公桌高度与疲劳。办公桌的高度，一般都是根据人体工程学的原理设计的。主要是考虑到人体的基本尺度、人体各方面的肢体活动范围以及运动规律。如果设计不合理，就会对工作中的操作造成不便，也容易使人产生疲劳，因此选择合适的办公桌高度是极为关键的。

（3）传送带的作业面高度。传送带是现代生产制造企业中常见的装置之一，其高度影响到操作人员的作业效率。合理的高度能极大地减少疲劳，降低操作人员腰疼病的发病率，过高和过低则都会起到反作用，增加疲劳感。

（4）生产机械的操纵器配置。操纵器是与人身体直接接触的工具。其中，最主要的是与手接触，当然也不乏与人其他身体部位接触的工具。操纵器是人用来完成各项工作的帮手。有时人要完成某项工作，光靠双手是无法实现的，需要借助一些工具来帮忙完成，这类工具我们统称为操纵器。因此，对于操纵器的设计和选择不仅要考虑操纵装置本身，如操纵装置的功能、形状、布置、运动状态及经济因素等，还要考虑人的操纵能力，如动作速度、肌力大小、连续工作的能力等。按人因工程的原则来设计和选择操纵装置，就是要使这两种因素协调，达到最佳的工作效率。

（5）仪表的认读性能。仪表是一种广泛应用的视觉显示装置，其种类很多。任何显示仪表，其功能都是将系统的有关信息输送给操作者，因而其人因工程学性能的优劣直接影响系统的工作效率。所以，在设计和选择仪表时，不仅要全面分析仪表的功能特点，还要考虑人的视力、认读习惯等因素，以提高使用者的认读效率。

（6）自动化系统的作业负担。自动化系统的应用，导致操作人员所用信息量明显增多。信息量的增多，不仅需要提高操作人员拥有信息的水平，而且还增加了对操作人员的要求，加重了作业负担。这些以信息解释、说明、翻译和其他形态增加的要求，将导致部分操作人员生产效率的下降。针对这些系统上的问题，需要提出新的人机设计模型，以简化人员的操作。同时需要加强对操作人员的培训，以使其适应现代自动化生产系统的生产方式。比较典型的就是机械化流水式的汽车生产，巨大的市场需求迫使企业快速生产，自动化系统的引入大大提高了生产力，但同样也给操作人员带来了挑战，如丰田的自动化生产流水线、各种自动化机械设备都需要专业人员操作。

（7）单调劳动与作业疲劳。在制造业中常常存在着大量重复、单调、枯燥的工作。例如，物流企业中的打包、复核；富士康工厂里的手机零部件组装；产品的出厂检验、贴标签；等等。长时间持续从事这类生产活动会导致工作能力减弱、注意力涣散、操作速度变慢、动作的协调性和灵活性降低、差错及事故发生率上升、工作效率降低、工作满意感降低等问题。针对这些问题，可以通过以下方法缓解疲劳和提升工效：一是适当休息以缓解疲劳；二是改进设备和工具，采用先进的生产技术和工艺，提高设备的机械化、自动化水平，这是提高劳动生产率、减轻劳动强度、彻底改善劳动条件的根本措施；三是改进工作方法，包括工作姿势、工作速度、搬运方法和操作的合理化，以及减少长时间单一作业姿势。

例子：富士康工厂 iPad 的生产过程中，组装一个 iPad 共需 325 道工序，包括一些工艺要求简单但工序重复性高的作业岗位，如抛光、打磨、激光打标、焊接、喷涂等作业岗位。目前这些工作逐渐被机器人取代以减少生产中的单调劳动与作业疲劳。

（8）机械设备的安全设计。为了保证安全生产，必须根据对机械设备的安全要求进行安全设计。在设计阶段采取本质安全（是指一般水平的操作者在判断错误和误操作的情况下，生产系统和设备仍能保证安全）的技术措施。把“安全第一、预防为主”作为主要方针，当安全和生产发生矛盾时，安全是首位的。因此，所有机械设备必须符合安全使用要求，在设备的使用寿命期内保证操作者的安全，应该要求操作者正确操作，但是把希望完全寄托于操作者的正确操作是危险的，必须使设备本身达到本质安全。在设计阶段必须考虑各种因素。经过综合分析，正确处理设备性能、产量、效率、可靠性、实用性、先进性、使用寿命、经济性和安全性之间的关系。

（9）各种作业的劳动负荷测定。劳动负荷测定的目的是确定合理的劳动强度，以制定合理的劳动定额和劳动报酬，保护劳动者的安全健康，调动劳动者的积极性，提高生产效率。所以，掌握本企业各工种、岗位的劳动负荷情况是劳动卫生、劳动安全和人力资源管理人员的重要工作内容。

（10）工厂作业环境及改善。作业环境通常指的是工厂的照明环境、色彩环境、噪声即振动环境和空气环境等。例如，不适的工厂照明、噪声环境会导致作业时的不舒适、紧张、疲劳、差错、事故等多米诺骨牌式的连锁反应，从而演变成劳动效率的大敌；而适当的照明，可以提高工作的速度与精确度，从而增加产量，提高质量，保障安全与卫生。反之，不适当的照明，会减慢工作速度，增加差错，并容易引发工伤事故。因此，考虑人的因素的作业环境不仅可以减少作业疲劳，还可以提高工作效率。

1.4 人因工程学的学科体系

人因工程学科在发展过程中有机融合了生理学、心理学、医学、卫生学、人体测量学、劳动科学、系统工程学、社会学和管理学等学科的知识和成果，形成了自身的理论体系、研究方法、标准和规范，研究和应用范围广泛并具有综合性。总的来说，人因工程学可以概括归纳为吸取了“人体科学”“工程科学”“环境科学”等学科的研究成果。

1. 人因工程与人体科学的关系

人因工程的核心是以人为本。人因工程与其他学科的关系就如同人体的大脑与躯体的关系。人体科学是人因工程的基础，在人体科学中，与人相关的研究子科目包括生理学、劳动卫生学、人体测量学、人体力学等，利用这些学科的研究方法，对人体结构特征和机能特征进行研究，提供人体各部分的尺寸、体重、体表面积、重心，以及人体各部分在活动时的相互关系和可及范围等人体结构特征参数；还提供人体各部分的出力范围、活动范围、动作速度、动作频率、重心变化，以及动作时的习惯等人体机能特征参数；分析人的视觉、听觉、触觉及肤觉等感受器官的机能特性；分析人在各种劳动时的生理变化、能量消耗、疲劳机理，以及人对各种劳动负荷的适应能力；探讨人在工作中影响心理状态的因素，以及心理因素对工作效率的影响等。人体科学研究了人体的物理心理性质，为人因工程学提供了科学原理和设计参数，为人因工程的研究打下了理论基础，使得人因工程学有理可依。

心理学也是人因工程学的主要基础学科之一。它是研究人的知觉、认知、反应的一门学科，它为人因工程学的研究提供了理论基础。心理学的重要分学科——工程心理学与人因工程学的内容非常接近。在美国，大部分从事人因工程学研究的人都曾经从事过心理学的研究。可以预料，随着计算机的普及，人在工作中越来越多地用到脑，而不是手，心理学在人因工程学中的地位将越来越重要。

2. 人因工程与工程科学的关系

人因工程想要有最佳的实现途径，必须与相关的工程科学学科相结合。这些工程科学包括技术科学、工程设计、工业工程、安全工程、系统工程、管理工程等。在这些技术性的学科的支持下，人因工程可以更好地为人服务。

人因工程学是工业工程学科的基础理论之一，而工业工程又是人因工程学广阔的应用领域之一，这就使两个学科构成了互存互补的关系。一方面，人因工程学为工业工程以“人”为核心的设计和管理思想的实施提供了理论依据；另一方面，工业工程则使人因工程学的应用范围扩大到前所未有的程度。工业工程中许多新思想和新技术的不断出现，会带来许多崭新的人因工程学研究课题，不断地向人因工程学现有的理论和应用成果提出新的挑战，进而推动人因工程学向更新的广度和深度发展，使人因工程学这门交叉学科理论更趋成熟，学科体系更加完善，学科应用前景更为广阔。

工程设计是人因工程研究的主要目的，它与人因工程学科之间自然存在着密切的关系。人因工程的研究内容运用到工程设计当中，会极大地提高工程合理性、安全性、舒适性，设计出更加符合需要的工程产品。

系统工程是为了最好地实现系统的目的，对系统的组成要素、组织结构、信息流、控制机构等进行分析研究的科学方法；而人因工程学研究的是人与物构成的系统，因此在研究对象、方法与解决实际问题方面，这两个学科有密切关系。

3. 人因工程与环境科学的关系

人生活在环境中，环境科学是研究环境与人如何拥有更好的相处方式的学科，主要包括环境保护学、环境医学、环境卫生学、环境心理学、环境监测学等。这些环境科学的分支，都关注如何使环境与人和谐相处。在人因工程学中，人与环境的优化是最为重要的内容。

除了以上学科外，人因工程学还需要社会学、统计学、信息技术、控制技术等学科的有关理论和方法。在应用时注意以人因工程学的理论方法为主体，融合其他学科知识来解决实际问题。

案例：人因工程在连锁超市中的应用

某超市为西南地区大型连锁超市，该超市门店营业面积达到12 500m^2，辐射半径5km内有60多个居民住宅区、4所中学、3所医院、5所小学，以及10多所幼儿园。该超市周围存在很多竞争对手，包括沃尔玛、红旗连锁等各型超市。该超市销售业绩一直不佳。通过对该超市空间尺寸、视觉环境和噪声环境调查发现，其存在内部空间尺寸设置不合理、超市内部过于吵闹、灯光设置不舒服等问题。因此，基于人因工程知识对该超市各相关环节进行改善与优化。

1. 超市空间尺寸分析与改善

图1-10和图1-11为改善前超市平面图，通过对超市的购物通道，生鲜区货架、展台，水产区水缸等空间尺寸进行测量，再与人因工程相关参考尺寸进行对比分析，得到具体相关尺寸数据，如表1-2所示。

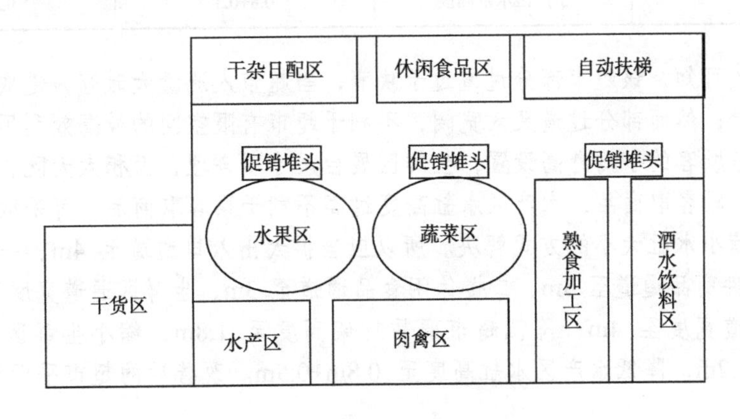

图1-10　改善前的二楼平面图

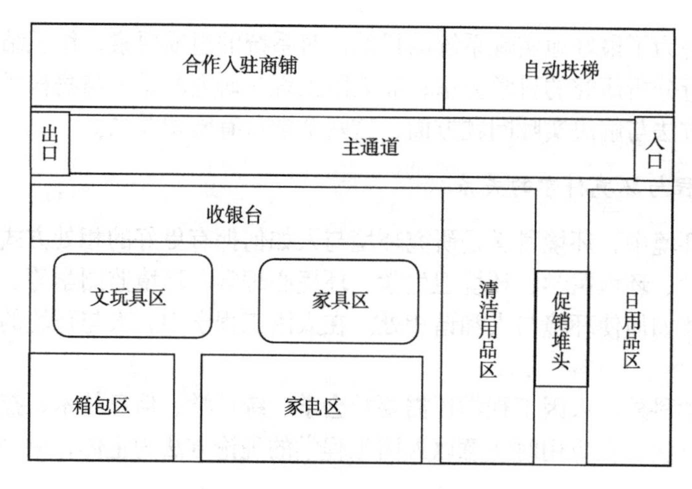

图 1-11 改善前的一楼平面图

表 1-2 超市人因工程尺寸表

序号	对象	人因工程参考尺寸/m	实际测量尺寸/m
1	出入口通道宽度	4	3
2	一楼主通道宽度	4	5.5~6
3	一楼副通道宽度	3	1.5~2
4	一楼大件商品通道宽度	3	2~2.5
5	二楼休闲食品通道宽度	3	2
6	生鲜区通道宽度	1.8	1~1.5
7	超市商品货架高度	1.8	2~2.5
8	生鲜区展台尺寸	1.2×1.2×1.2	0.8×0.8×0.8
9	水产区水缸高度	0.8+0.5	0.8+0.8

由表 1-2 可知，该超市部分过道过于狭窄，当超市人流量大时容易造成拥堵，影响顾客购物体验；然而部分过道又太宽阔，不利于超市有限空间的最高效利用；超市货架过高，应参考顾客的平均身高设置，生鲜区展台尺寸不合理，面积太大既占空间也不利于员工上货、顾客取商品，水产区水缸高度过高不利于顾客取商品，可采取降低水缸下底座高度不缩小水缸大小的方式解决。所以应当扩大出入口通道至 4m、一楼副通道至 3m、一楼大件商品通道至 3m、二楼休闲食品通道至 3m、生鲜区通道宽度至 1.8m，缩小一楼主通道宽度至 4m；降低超市商品货架高度至 1.8m，缩小生鲜区展台尺寸至 1.2m×1.2m×1.2m，降低水产区水缸高度至 0.8m+0.5m。改善后的超市平面图如图 1-12 和图 1-13 所示。

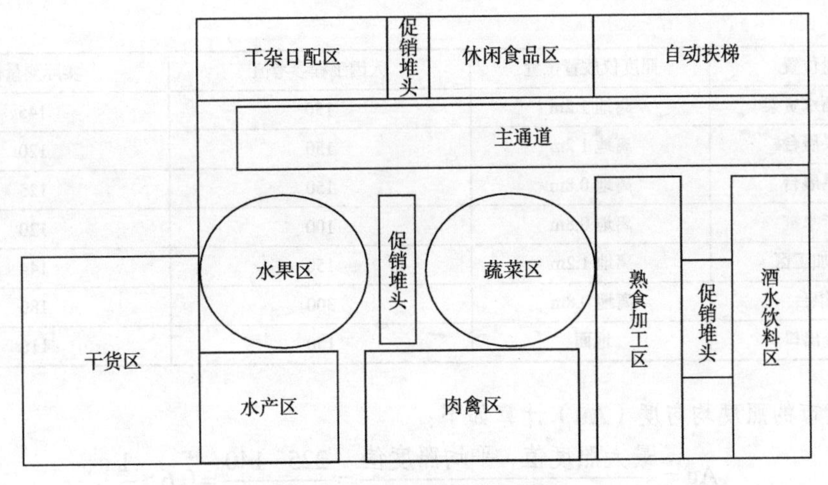

图1-12　改善后的二楼平面图

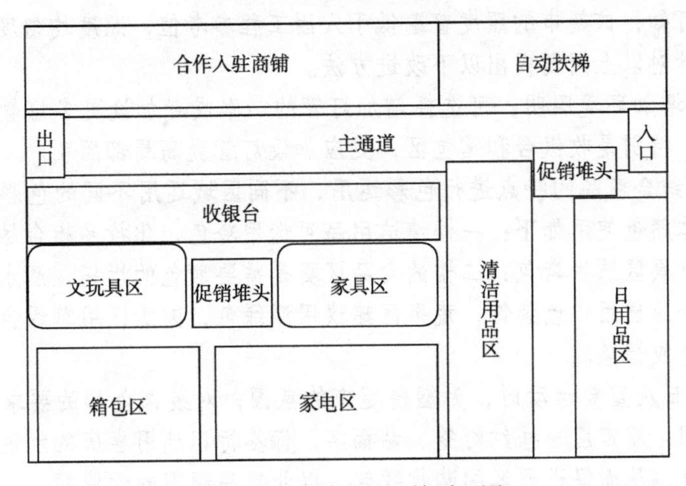

图1-13　改善后的一楼平面图

2. 超市视觉环境分析与改善

通过对该超市视觉环境的调查分析，发现超市货架展台等基本以黑色和白色为主题基调，不仅单调、缺少对比，更主要的是会使顾客产生视觉疲劳，影响顾客的购物体验。该超市不同区域照度测量值如表1-3所示。

表1-3　超市各位置照度测量值表　　单位：lx

测量位置	照度仪放置位置	人因工程参考值	实际测量值
超市入口	地面	150	118
一楼主通道	地面	150	141
一楼副通道	地面	100	113
箱包区	地面	200	140
化妆品专柜	离地1.2m	200	225
一楼促销堆头	离地1.2m	200	168
家电展台	离地1.2m	100	104

续表

测量位置	照度仪放置位置	人因工程参考值	实际测量值
二楼酒水货架	离地 1.2m	150	145
蔬果展台	离地 1.2m	150	120
冻品展台	离地 0.8m	150	125
水产水缸	离地 0.8m	100	120
熟食加工区	离地 1.2m	150	144
收银台	离地 0.8m	300	180
超市出口	地面	150	116

该超市的照度均匀度（Au）计算如下：

$$\mathrm{Au}=\frac{\text{最大照度值}-\text{平均照度值}}{\text{平均照度值}}=\frac{225-140}{140}=0.6>\frac{1}{3}$$

由表 1-3 可知，该超市的照度普遍低于人因工程参考值，照度均匀度高于 1/3 说明光照不均匀。针对以上问题提出以下改进方法。

（1）适当增加环境照明，可选择增加灯管的功率或者加设更多灯管，以此来提高超市整体照明，特别是收银台和箱包区，更应加设灯管提高局部照明。

（2）充分结合商品的特点进行色彩运用，不同区域运用不同的色彩，美化超市的内部结构，具体颜色使用如下：一楼清洁用品可选用冷色，化妆品柜台尽量选用时尚典雅的紫色，文玩具区选用素色；二楼的食品区更是需要颜色的烘托，酒水应选用醒目的红色，饮料牛奶应选用白色装饰，蔬果区建议用深绿色，肉禽区用草绿色衬托新鲜度，坚果干货用黄色或棕色。

（3）节假日及重要活动时，为塑造超市的氛围，对装饰色彩的要求也非常重要。例如，春节期间，超市应当挂红灯笼、贴福字，标签标识选用喜庆的红色，给顾客营造一种热闹的气氛，从而促进顾客的购物欲望，以此提高超市的营业额。

3. 超市噪声分析与改善

公共场所噪声过大会使顾客购物时心情烦躁，从而降低购买力。而且员工长时间处于噪声环境中会使注意力难以集中，心烦意乱，容易疲乏。正常交谈声音噪声级在 65dB 以下。许多国家针对噪声对不同工作性质的影响做过大量研究，结果表明：达到 70dB 的噪声级将会对各种工作产生影响。通过对该超市多方位置进行噪声测量得到其各位置噪声平均值，如表 1-4 所示。

表 1-4 超市各位置噪声平均值表 单位：dB

测量位置	平时噪声平均值	高峰噪声平均值
超市入口	60	80
一楼主通道中间	60	75
一楼促销堆头	60	80
一楼化妆品专柜	50	70
超市自动扶梯上	55	70
箱包区	50	70

续表

测量位置	平时噪声平均值	高峰噪声平均值
家电展台	50	65
二楼酒水货架	60	80
蔬果展台	65	90
冻品展台	65	85
水产水缸	60	80
二楼称重处	65	90
熟食加工区	55	75
收银台	60	90
超市出口	60	80

从表1-4可知，该超市平时的噪声都符合要求，但高峰期绝大部分区域的噪声都超出了70dB。由于超市的噪声大部分来源于顾客，所以超市应当采用合理的方法减弱高峰期的室内噪声。例如，高峰期活动时，适当减少促销堆头的占地面积，员工疏导人流从而缓解拥挤的顾客人群；客服部播放一些舒缓心情的背景音乐；墙壁天花板等采用吸声减噪材料；超市内悬挂粘贴“公共场所请勿大声喧哗”提示语；称重处、收银台加派人员，防止顾客因过长时间的排队而产生烦躁、抱怨的情绪。

综上，通过对超市货架及货柜的人性化设计增加商品的售出率，降低员工的烦冗操作；色彩与照明环境设计可以在视觉上满足顾客的购物体验，缓解员工长时间在室内工作的烦躁程度；声音和空气环境设计通过播放适当的背景音乐、降低噪声以及保持良好的空气环境增加顾客的购物时间，间接促进超市销售，从而充分占据市场，有效提高顾客回头率；超市空间的合理布局分配旨在将有限空间最大限度利用起来，既不浪费空间，也不使空间太过拥挤从而降低顾客购物体验。据统计，改进后该超市营业额与同时期相比增长了30%。

（资料来源：黄成，刘宇翔. 人因工程在Y超市的应用研究[D]. 西昌学院，2019）

【思考题】

1. 通过该案例，你认识到人因工程的重要性了吗？试举出一个身边运用到人因工程的例子。
2. 结合案例谈谈人因工程对我们的生活有哪些影响。

第 2 章　人因工程中人的因素

【学习目标】

人的因素是人–机–环境系统设计的重要考虑因素，无论是设备、工具设计、作业环境设计还是作业方式的安排，都要考虑人的生理特性。为了更好地学习后续课程，本章将介绍与人因工程密切相关的生理和运动方面的知识，包括人的感觉技能及特性、神经系统、认知系统、运动机能，并对人的心理因素进行详细分析。

【开篇案例】

汽车驾驶最重要的是安全性。有相关数据显示，汽车驾驶员在驾驶过程中，超过 80% 的信息源依靠视觉。关于汽车视野的设计包括以下方面。

（1）车身视野设计。加大车上透明玻璃的面积，扩大视野。通常情况下，大视野的驾驶背景更能在驾驶过程中增加预见性事件的处理时间，特别是在立柱需要靠近驾驶员的过程中，驾驶员可以通过视野中立柱与车辆外部视野的实际障碍来判断并将其降低，另外还能有效降低立柱的宽度，进而降低立柱对汽车驾驶员视野产生的影响。车辆前后盖高度也要降低，这都是在汽车设计中的要求与标准，以此方法来降低车身方面的因素对驾驶员视野产生的影响。

（2）座位视野设计。汽车驾驶员座位的左右偏向、高低情况都与驾驶员视野范围相关，所以身高、体重等方面的不同对驾驶员视野有着极大的影响，必须充分考虑到各种人群对汽车驾驶视野的需求。例如，通过加大驾驶员座位在上下、左右方向的调节幅度和范围等方式，来满足不同驾驶员的需求。

（3）后视镜视野设计。驾驶过程中，驾驶员需要通过后视镜来观察车辆行驶和交通情况。加强后视镜的反射范围、增加后视镜面积以及从相关角度进行调节，以满足驾驶员对后视镜的使用，从而有效掌握驾驶情况。

（4）夜间视野设计。由于夜间是驾驶员视野最差的时间，所以针对夜间驾驶设计更要确保万无一失。加强对近光灯、远光灯及转向灯等照明指示灯灯源的设计，以提高夜间驾驶员的视野范围和安全系数。灯光的配光性要严格根据国家的强制性规定，确保照明效果。

从人因工程学角度考虑，人与外界（机器、环境）直接发生联系的主要是感知觉系统、神经系统、运动系统，其他系统多是人体完成各种功能活动的辅助系统。人体活动过程中，各系统活动相互联系、相互制约，机器通过显示器将信息传递给人的感觉器官（眼、耳等），经中枢神经系统对信息进行处理后，通过信息的输出，指挥运动系统（手脚等）对机器进行操作。本章将重点介绍人的感知系统、神经系统、认知过程、个性心理及运动系统。

2.1 感知系统机能及其特征

感知，即意识对内外界信息的觉察、感觉、注意、知觉的一系列过程。感知可分为感觉过程和知觉过程。感觉过程中被感觉的信息包括有机体内部的生理状态、心理活动，也包含外部环境的存在以及存在关系信息。感觉不仅接收信息，也受到心理作用影响。人们通过感官得到了外部世界的信息，这些信息经过头脑的加工（综合与解释），产生的对事物整体的认识，就是知觉。知觉以感觉为基础，是现实刺激和已储存的知识经验相互作用的结果，是一种主动的、富有选择性的构造过程。知觉过程是对感觉信息进行有组织的处理，对事物存在形式进行理解性认识。

感知系统是人体产生感知反应的系统。人的信息处理的第一个阶段是感觉。在这一阶段，人通过眼、耳和其他感官接收外界的信息，然后由各种器官组成的感觉子系统把这些信息通过神经信号传递给中枢信息处理系统。感知系统由感觉器官及与其相关的记忆储存器组成，最重要的储存器是视觉的形象储存器和听觉的声像储存器，这些储存器的功能是将感觉到的信息进行暂时储存，且通常在12s之内把信息进行编码并输送到下一加工环节。在这段时间内，信息如果还无法进入中枢信息处理系统，就会消失。

2.1.1 感知觉概述

1. 感觉及其基本特性

1）感觉的定义

感觉是有机体对客观事物的个别属性的反映，是感觉器官受到外界的光波、声波、气味、温度、硬度等物理与化学刺激作用而得到的主观经验。感觉器官中的感受器是接收刺激的专门装置，基于眼、耳、鼻、舌和皮肤等感觉器官，产生了视觉、听觉、味觉、嗅觉、肤觉，此外还有运动觉、平衡觉等。人体的这些感觉既能接收外部环境的信息，又能感知自身所处的状态。

感觉是一种最简单又最基本的心理过程，在人的各种活动过程中起着极其重要的作用。人除了通过感觉分辨客观事物的个别属性和感知人体自身各个部位的状况外，其他高级的相对复杂的心理活动，如思维、情绪、意志等，都是以感觉为基础而产生的。因此，感觉是人们认识外部物质世界、了解自身状态的开端。

2）感觉的基本特性

一般来说，感觉的基本特性包括以下几种。

（1）适宜刺激。

人体的各种感觉器官都有各自最敏感的刺激形式。人体的一种感觉器官只对一种能量形式的刺激特别敏感，刺激本身必须达到一定的强度，才能对感受器官发生作用，这种刺激就是该感受器的适宜刺激。刺激超过一定强度，不但无效，反而会引起不适。各感觉器官的适宜刺激和识别特征如表 2-1 所示。

表 2-1　适宜刺激和识别特征

类型	感觉器官	刺激输入	刺激来源	对物体的感觉反应
视觉	眼	一定频率范围内的电磁波	外部	形状 大小 明暗 位置
听觉	耳	一定频率范围内的声波	外部	强弱 声调 声色 方向
嗅觉	鼻	挥发飞散性物质	外部	辣 香 臭
味觉	舌	被唾液溶解的物质	外部	酸 甜 苦 辣 咸 涩
触觉	皮肤	物化对皮肤的作用	表面接触	触觉 温度觉 痛觉
平衡觉	耳朵前庭器官	运动和位置变化	内外部	旋转 直线运动 摆动
深部感觉	机体神经和关节	外部物质对肌体的作用	内外部	撞击 重力 抗衡 姿势

（2）感觉阈限。

人的各种感受器都有一定的感受性和感觉阈限。感受性是指有机体对适宜刺激的感觉能力，它以感觉阈限来度量。感觉阈限是指能被感觉器官所感受的刺激强度范围。感受性与感觉阈限成反比，感觉阈限越低，感受性越敏锐。从人的感觉阈限来看，刺激本身必须达到一定强度才能对感受器官产生作用。

感觉阈限分为绝对感觉阈限和差别感觉阈限。绝对感觉阈限又分为感觉阈下限和感觉阈上限。感觉阈下限是刚刚能引起某种感觉的最小刺激量；感觉阈上限是能产生正常感觉的最大刺激量。例如，若声音频率低到某一点或高过某一点就听不到了，这两点便分别为感觉阈下限和感觉阈上限。

差别感觉阈限指的是刚刚引起差别感觉的两个同类刺激间的最小差异量。并不是任何刺激量的变化都能引起有机体的差别感觉，如在 100g 的物体上再加 1g，任何人都察觉不出重量的变化，至少需要在 100g 重量上再增减 3~4g，人们才能察觉出重量的变化，这增减的 3~4g 就是重量的差别感觉阈限。对最小差别量的感受能力即差别感受性，两者成反比。各类器官感觉阈限值如表 2-2 所示。

表 2-2　各类器官感觉阈限值

感觉类别	感觉阈	
	下限	上限
视觉	（2.2~5.7）$\times10^{-17}$J	（2.2~5.7）$\times10^{-8}$J
听觉	1×10^{-12}J/m^2	1×10^{-2}J/m^2
嗅觉	2×10^{-7}kg/m^3	
味觉	4×10^{-7}mol/L（硫酸试剂摩尔浓度）	
触觉	2.6×10^{-9}J	

（3）适应。

适应是在同一刺激物的持续作用下，人的感受性发生变化的过程。感觉器官经过连续刺激一段时间后，敏感性会降低，产生适应现象，如嗅觉器官经过持续刺激后将不再发生兴奋，通常说"久而不闻其臭"就是这个缘故。视觉适应中的暗适应约需 45min，明适应需 1~2min；听觉适应约需 15min；味觉适应约需 30s。

（4）相互作用。

在一定条件下，各种感觉器官对其适宜刺激的感受能力都将会因为受到其他刺激的干扰影响而降低，从而使感受性发生变化的现象称为感觉的相互作用。感觉的相互作用如下。

第一，同类感觉的相互影响，指某种感觉器官受到同类有差别的刺激而对该感官的感受性造成一定的影响的现象。例如，人在同时输入两个视觉信息时，往往只倾向于注意一个而忽略另一个；如果同时输入两个相等强度的听觉信息，则对其中一个信息的辨别能力将降低 50%。

第二，不同感觉的相互影响，指某种感觉器官受到刺激而对其他感官的感受性造成一定的影响的现象。例如，微痛刺激和某些嗅觉刺激，可能使嗅觉感受性提高；微光刺激能提高听觉感受性；强光刺激则会降低听觉感受性。其一般规律是弱的某种刺激往往能提高另一感觉的感受性，强的某种刺激则会使另一种感觉的感受性降低。

第三，不同感觉的补偿作用，指某种感觉消失以后可由其他感觉来弥补的现象。例如，聋哑人"以目代耳"，盲人"以耳代目"，通过触摸来阅读。

第四，联觉，指一种感觉兼有或引起另一种感觉的现象。例如，欣赏音乐，能产生一定的视觉效果，似乎看到了高山、流水、花草、飞鸟。

（5）对比。

对比是指同一感受器官接受两种完全不同但属于同一类的刺激物的作用，而使感受性发生变化的现象。感觉的对比分为同时对比和继时对比。同时对比指的是几个刺激物同时作用于同一感受器产生的对比现象，如黑人的牙齿比较白；继时对比指的是刺激物先后作用于同一感受器产生的对比现象，也称为先后对比或相继对比，如先吃药再吃糖，会觉得糖很甜。

（6）余觉。

刺激取消以后，感觉可以存在极短时间，这种现象称为"余觉"。例如，在暗室里急速转动一根燃烧着的火柴，可以看到一圈火花，这就是由许多火点留下的余觉组成的。

2. 知觉及其基本特征

1）知觉的定义

知觉是人脑对直接作用于感觉器官的客观事物和主观状况整体的反映。知觉是在感觉的基础上对客观事物所产生的更高一级的认识，在生活和生产活动中，人都是以知觉的形式直接反映事物，在心理学中把感觉和知觉统称为"感知觉"。

感觉和知觉都是人脑对直接作用于感官的刺激物的反映。但感觉所反映的只是事物的个别属性，如形状、大小、颜色等，通过感觉还不知道事物的意义，而知觉所反映的是包括各种属性在内的事物的整体，因而通过知觉就能知道所反映事物的意义了。例如，某事物，我们通过视觉器官感到它具有圆圆的形状、红红的颜色；通过嗅觉器官感到它特有的芳香气味；通过手的触摸感到它硬中带软；通过口腔品尝到它的酸甜味道，于是我们把这个事物反映成苹果，这就是知觉。

感知觉相互的联系是感觉反映个别，知觉反映整体，感觉是知觉的基础，知觉是感觉的深入。

2）知觉的基本特性

知觉在很大程度上受到人的知识、经验、情绪、态度等因素的制约和影响。因此，不同的人对同一事物会产生不同的知觉。知觉的基本特性包括以下几点。

（1）整体性。

在知觉时，把由许多部分或多种属性组成的对象看作具有一定结构的统一整体的特性称为整体性。知觉的整体性可使人们在感知自己熟悉的对象时，仅根据其主要特征便可将其作为一个整体而被知觉。

（2）选择性。

作用于感官的事物是很多的，但人不能同时知觉作用于感官的所有事物或清楚地知觉事物的全部。人们总是按照某种需要或目的，主动地、有意识地选择其中的少数事物作为知觉对象，对它产生突出清晰的知觉印象，而对同时作用于感官的周围其他事物则呈现隐退模糊的知觉印象，这种特性称为知觉的选择性。知觉对象与背景在一定条件下是可以转换的。

（3）理解性。

根据已有的知识经验去理解当前的感知对象，这种特性称为知觉的理解性。人们的知识经验不同，对知觉对象的理解也会有所不同。例如，人在听到熟悉的歌曲时，哪怕是其中的小段旋律，都能知道歌曲的剩余旋律。不同的人对该首歌曲的熟悉程度决定了人能知觉出该首歌曲所需的片段的长短，但这片段不能无限地小，总有一个合理的限度。又如，同一幅画，艺术欣赏水平高的人，不但能了解画的内容和寓意，还能根据自己的知识经验感知到画的许多细节；而缺乏艺术欣赏能力的人，则无法知觉到画中的细节。在复杂的环境中，知觉对象隐蔽、外部标志不鲜明、提供的信息不充分时，语言的提示或思维的推论可唤起过去的经验，帮助人们去理解当前的知觉对象，使之完整化。

（4）恒常性。

人们总是根据已往的印象、知识、经验去知觉当前的知觉对象，当知觉的条件在一定范围内发生改变时，知觉对象仍保持相对不变，这种特性称为知觉恒常性。知觉恒常性主要有以下几方面。

第一，大小恒常性，即大小知觉恒常性。人对物体的知觉大小不完全随视像大小而变化，它趋向于保持物体的实际大小。大小知觉恒常性主要是过去经验的作用，如同一个人站在离我们 3m、5m、15m、30m 的不同距离处，他在我们视网膜上的折像随距离的不同而改变着（服从视角定律）。但我们看到这个人的大小是不变的，仍然按他的实际大小来感知。

第二，形状恒常性，即形状知觉恒常性。人从不同角度观察物体，当物体位置发生变化时，物体在视网膜上的投射位置也发生了变化，但人仍然能够按照物体原来的形状来知觉。人的过去经验在形状恒常性中起着重要作用。

第三，明度恒常性。在不同照明条件下，人知觉到的明度不因物体实际亮度的改变而变化，仍倾向于把物体的表面亮度知觉为不变。在强烈的阳光下煤块反射的光量远大于黄昏时白粉笔反射的光量，但即使在这种情况下，人们还是把煤块知觉为黑色的，把粉笔知觉为白色的，这就是明度恒常性现象。

第四，颜色恒常性。知觉时，不管实际的光线如何，我们认为一件东西的颜色是相同的，这种倾向称为颜色恒常性，如不管在强光下还是在昏暗的光线里，煤看起来总是黑的。

（5）错觉。

错觉指的是对外界事物不正确的知觉。错觉是知觉恒常性的颠倒，如空间错觉；大小、形状、方向、距离和运动错觉等。日常生活中有许多错觉的例子。例如，在法国海军旗上，蓝∶白∶红的比例为 30∶33∶37，我们却感觉这三种颜色面积相等。这是因为我们的眼睛相当于一个聚焦系统，晶状体充当了凸透镜。当蓝光和红光一样远、一样大时，经过眼球的晶状体折射后，蓝光折射得更厉害，所以在清晰度范围内，蓝光图像在视网膜上的图像范围略大。在历史上，法国海军旗的蓝、白、红三色条纹的宽度曾经制成一样宽，但人们观察飘扬在空中的旗帜时，总觉得蓝带比红带宽。于是经过精密的计算，蓝、白、红三色按 30∶33∶37 的比例制成了旗帜，看上去条纹就一样宽了。又如，在高速公路上以 100km/h 的速度驾驶，会觉得车速很慢；而在普通公路上以 100km/h 的速度驾驶，则会有一种风驰电掣的感觉。这就是因为我们的视觉受到了在同一条公路上的其他车辆车速的影响。

基于不同感受器官产生不同的感觉。人的感觉包括视觉、听觉、味觉、嗅觉、肤觉、运动觉、平衡觉等。每种感觉通道主要由三部分组成：一是直接受刺激的感受器，如眼、耳、口、鼻、皮肤等；二是传入神经，又称为感觉神经；三是神经中枢，特别是大脑皮层感觉区。人在受到刺激后，经过这三部分的活动才能产生感觉。每一种感觉通道都有其特殊的功能和作用，但是也有其局限性，这种局限性可能会影响信息输入，从而影响更高水平的信息处理系统。下面主要介绍人因工程中应用较多的几种感觉通道的结构及其功能。

2.1.2　视觉

1. 视觉系统

眼睛是视觉的感觉器官。人的眼睛近似球形，位于眼眶内。眼球包括眼球壁、眼内腔和内容物、神经、血管等组织。眼球壁分为外、中、内三层。外层由角膜、巩膜组成；中层又称葡萄膜、色素膜，具有丰富的色素和血管，包括虹膜、睫状体和脉络膜三部分；内层为视网膜，是一层透明的膜，也是视觉形成的神经信息传递的第一站，具有很精细的网络结构及丰富的代谢和生理功能。视网膜是视觉接收器的所在，本身也是一个复杂的神经中心。眼睛的感觉是视网膜中的视杆细胞和视锥细胞所致，它们是接收信息的主要细胞，但具有不同的功能，如表 2-3 所示。

表 2-3 视网膜视杆细胞和视锥细胞的不同性质

视杆细胞	视锥细胞
1. 在低水平照明时（如夜间）起作用 2. 区别黑白 3. 对光谱绿色部分最敏感，在视网膜远离中心处最多 4. 对极弱的刺激敏感	1. 在高水平照明时（如白天）起作用 2. 区别颜色 3. 对光谱黄色部分最敏感，在视网膜的中部最多 4. 主要在识别空间位置和要求敏锐地看物体时起作用

眼内腔包括前房、后房和玻璃体腔。眼内容物包括房水、晶状体和玻璃体，三者均透明，与角膜一起共称为屈光介质。另外，眼睛还包括视神经、视路及眼附属器。眼附属器包括眼睑、结膜、泪腺、眼外肌和眼眶。

视觉是由眼睛、视神经和视觉中枢的共同活动完成的。视觉是所有感觉中神经数量最多的感觉器。在人们认知世界的过程中，有 80%~90%的信息是通过视觉系统获得的。因此，视觉系统是人与外界相联系的最主要途径。

视觉系统主要是一对眼睛，它们由视神经与大脑视神经表层相连，连接两眼的两支视神经在大脑底部视觉交叉处相遇，在交叉处视神经部分交叠，然后再终止到和眼睛相反方向的大脑视神经表层上。这样，可使两眼左边的视神经纤维终止到大脑左边的视神经皮层上；而两眼右边的视神经纤维终止到大脑右边的视神经皮层上。大脑两半球对于处理各种不同信息的功能并不都相同。就视觉系统的信息而言，在分析文字上，左半球较强；而对于数字的分辨上，右半球较强。视觉信息的性质不同，在大脑左右半球上所产生的效应也不同。因此，当信息发生在极短时间内或者要求做出非常迅速的反应时，上述视神经的交叉就会起到很重要的互补作用。

2. 视觉刺激

视觉的适宜刺激是光。光是放射的电磁波，如图 2-1 所示，呈波形的放射电磁波组成广大的光谱，其波长差异极大。在正常情况下，人的两眼所能感觉到的波长是 380~780nm。光谱上的光波波长小于 380nm 的一段称为紫外线；光波波长大于 780nm 的一段称为红外线，而这两部分波长的光都不能引起人的光觉。因此，若照射两眼的光波波长在可见光谱短的一端，人就知觉到紫色；如光波波长在可见光谱长的一端，人就知觉到红色。在可见光谱两端之间的波长将产生蓝、绿、黄各色的知觉；将各种不同波长的光混合起来，可以产生各种不同颜色的知觉，将所有可见的波长的光混合起来则产生白色。

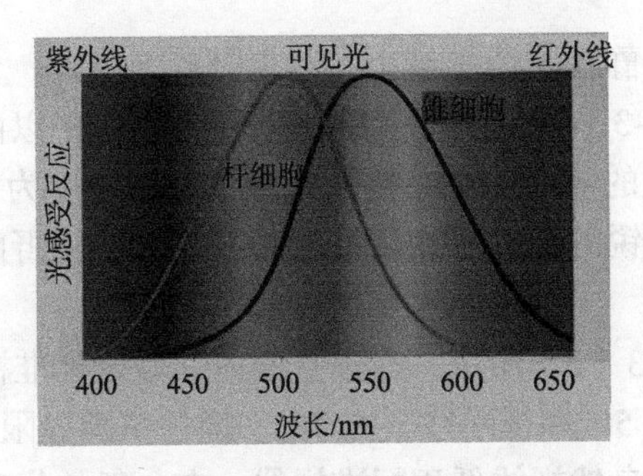

图 2-1　全部电磁光谱中的可见光谱

资料来源：七彩缤纷谈色觉[EB/OL]. http://www.qiuzhi5.com/32/2016/0523/198656.html，2016-05-23

3. 视觉机能

视觉机能是视觉器官对客观事物识别能力的总称。它包括视角、视力、视野、视距、色觉和视觉适应等。

1）视角与视力

视角是确定被看物尺寸范围的两端点光线射入眼球的相交角度，如图 2-2 所示。

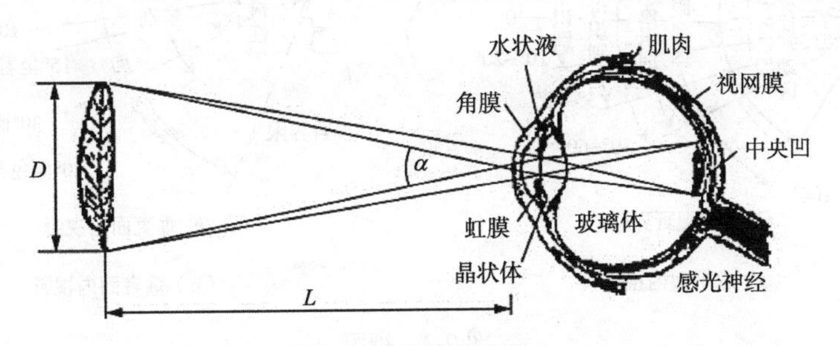

图 2-2　眼睛的视角

资料来源：丁玉兰. 人因工程学[M]. 上海：上海交通大学出版社，2004

视角的大小与观察距离以及被看物体上两端点的直线距离有关，可用式 $\alpha = 2\arctan\dfrac{D}{2L}$ 表示，其中 α 是视角，单位为“ °”；D 是被看物体上两端点的直线距离；L 是眼睛到被看物体的距离。

视力是眼睛分辨物体细微结构能力的一个生理尺度，以临界视角（指眼睛能分辨被看物体最近两点的视角）的倒数来表示，即视力=1/能够分辨的最小物体的视角。检查人眼视力的标准规定，当临界视角为1′ 时，视力等于1.0，此时视力为正常。当视力下降时，临界视角必然要大于 1′ ，于是视力用相应的小于 1.0 的数值表示。视力的大小还随年龄、观察对象的亮度、背景的亮度以及两者之间亮度对比等条件的变化而变化。

2）视野与视距

视野是头部和眼睛在规定的条件下，人眼可观察到的水平面与垂直面内的空间范围，一般用角度表示，按照眼球的工作状态可以划分为静视野、注视野和动视野三种。静视野是在头部固定、眼球静止不动的状态下自然可见的范围；注视野是在头部固定而转动眼珠注视某一中心时的可见范围；动视野是在头部固定而自由转动眼珠时的可见范围。在人的三种视野中，静视野范围最小，动视野范围最大。

水平面内视野如图 2-3（a）所示。双眼视区在左右 60°以内的区域，在这个区域里还包括汉字、字母和颜色的辨别范围，辨别汉字的视线角度为 10°~20°，辨别字母的视线角度为 5°~30°，人最敏锐的视力是在标准视线每侧 1°的视野内；单眼视野界限为标准视线每侧 94°~104°。

垂直面内视野如图 2-3（b）所示。在垂直面内，假定标准视线是水平的，定为 0°，则最大视区为视平线上方 50°和视平线下方 70°。颜色辨别界限为视平线以上 30°，视平线以下 40°。实际上人的自然视线低于标准视线，在一般的状态下，站立时自然视线低于水平线 10°，坐着时低于水平线 15°；在很松弛的状态下，站着和坐着的自然视线偏离标准线分别为 30°和 38°。观看展示物的最佳视区在低于标准视线 30°的区域里。

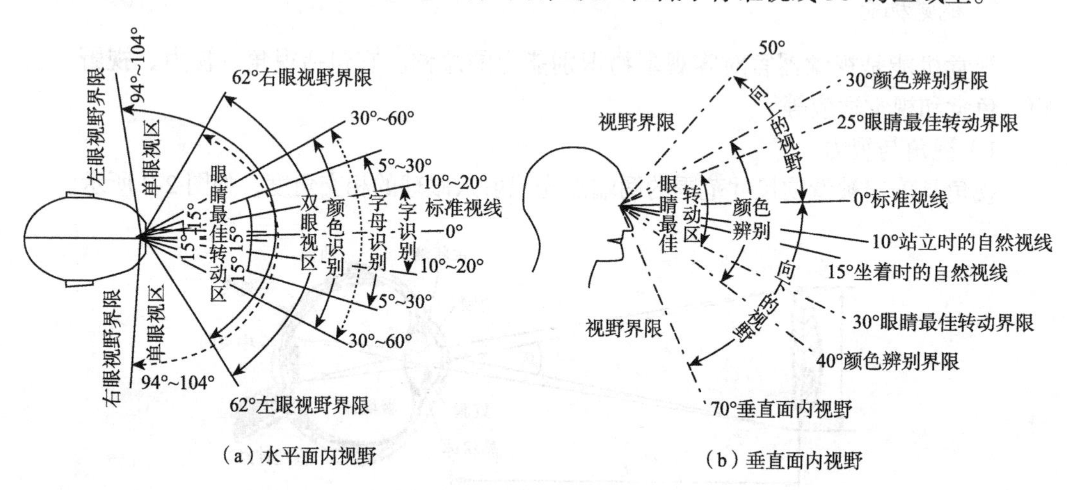

图 2-3 视野

资料来源：丁玉兰. 人因工程学[M]. 上海：上海交通大学出版社，2004

视距是指人在操作系统中正常的观察距离。观察物体时，视距过远或过近，对认读速度和准确性都不利，一般应根据观察物体的大小和形状以及工作要求确定视距，普通操作的视距范围在 38~76cm，在 56cm 处最为适宜。表 2-4 所示的是推荐采用的几种工作任务的视距。

表 2-4 任务视距的推荐值表

单位：cm

任务要求	举例	视距离	固定视野直径
最精细的工作	安装最小部件	12~25	20~40
精细工作	安装收音机、电视机	25~35（多为 30~32）	40~60
中等粗活	在印刷机、钻井机、机床旁工作	<50	60~80
粗活	包装、粗磨	50~150	80~250
远看	黑板、开汽车	>150	>250

3）中央视觉和周围视觉

人有两种视觉，即中央视觉和周围视觉。在视网膜上分布着视锥细胞多的中央部位，其感色力强，能清晰地分辨物体，这个部位的视觉称为中央视觉。视网膜上视杆细胞多的边缘部位感色力较差或不能感受，故分辨物体的能力差，但由于这部分的视野范围广，故能用于观察空间范围和正在运动的物体，称为周围视觉。

4）色觉与色视野

色觉是人对颜色的感觉，是物体表面反射不同波长的光线所致。视网膜除能辨别光的明暗外，还有很强的辨色能力，可以分辨出180多种颜色。不同颜色对人眼的刺激不同，所以视野也不同。一般情况下，人眼对白色的视野最大，对黄色、蓝色、红色的视野依次减小，而对绿色的视野最小。缺乏辨别某种颜色的能力，称为色盲；若辨别某种颜色的能力较弱，则称色弱。有色盲或色弱的人，不能正确地辨别各种颜色的信号，不宜从事飞行员、车辆驾驶员以及各种辨色能力要求高的工作。

5）视觉适应

视觉适应，指的是视觉适应周围环境光线条件的能力。人从亮处进入暗室时，最初看不清任何东西，经过一定时间，视觉敏感度才逐渐增加，恢复了在暗处的视力，这称为暗适应。相反，从暗处刚来到亮处，最初感到一片耀眼的光亮，不能看清物体，只有稍待片刻才能恢复视觉，这称为明适应。在过隧道的过程中可以很明显感受到这两种变化。

4. 视觉特征

一般来说，眼部视觉具有如下特征。

（1）眼睛沿水平方向运动比沿垂直方向运动更快且不易疲劳。一般先看到水平方向的物体，后看到垂直方向的物体。因此，很多仪表外形都设计成横向长方形。人眼对水平方向尺寸和比例的估计比对垂直方向尺寸和比例的估计的准确度高，因而，水平式仪表的误读率（28%）比垂直式仪表的误读率（35%）低。

（2）两眼的运动总是协调的、同步的，通常都以双眼视野为设计依据。视线的变化习惯于从左到右、从上到下和顺时针方向运动。因此仪表的刻度方向应遵循这一规律。

（3）眼睛是人的机体的一部分，具有一定的惰性。因此对直线轮廓比对曲线轮廓更易于接受；看单纯的形态比看复杂的形态顺眼和舒服。

（4）颜色对比与人眼辨色能力有一定关系。当人从远处辨认前方的多种不同颜色时，其易辨认的顺序是红、绿、黄、白，即红色最先被看到，所以危险等信号标志都采用红色。当两种颜色相配在一起时，则易辨认顺序是黄底黑字、黑底白字、蓝底白字、白底黑字。

2.1.3　听觉

1. 听觉系统

听觉系统主要包括耳、传导神经与大脑皮层听区等三个部分。人耳为听觉器官，严格地说，只有内耳的耳蜗起感音作用，外耳、中耳及内耳的其他部分是听觉的辅助部分。外界的声波通过外耳道传到鼓膜，引起鼓膜振动，然后经杠杆系统的传递，引起耳蜗中淋巴液及基底膜的振动，使基底膜表面的柯蒂氏器中的毛细胞产生兴奋。柯蒂氏器和其中所含的毛细胞是真正的声音感受装置，听神经纤维就分布在毛细胞下方的基底膜中，机械能形式的声波就在此处转变为听神经纤维上的神经冲动，并以神经冲动的不同频率和组合形式对声音信息进行编码，然后被传送到大脑皮层听觉中枢，从而产生听觉。

2. 听觉刺激

听觉是仅次于视觉的重要感觉，其适宜的刺激是声音。振动的物体是声音的声源，振动在弹性介质（气体、液体、固体）中以波的形式传播，所产生的弹性波称为声波，一定频率范围的声波作用于人耳就产生了声音的感觉。声音的声压必须超过某一最小值，才能使人产生听觉。能引起声音感觉的最小声压级称为听阈。不同频率的声音听阈不同，人类一般可以听到的声音频率为 20~20 000Hz，但对于 1 000~4 000Hz 声音的感受性最好。20Hz 以下和 20 000Hz 以上的振动强度再大，人耳也不能感受，不会产生听觉。健听人一般可听到上述频率内声强在 0~25dB 的声音。声强超过 120dB 可使人耳产生痛觉。

3. 听觉特征

人耳在某些方面类似于声学换能器，也就是通常所说的传声器。听觉可用以下的特征来描述。

1）频率响应

可听声主要取决于声音的频率 f，具有正常听力的青少年（年龄在 15~25 岁）能够察觉到的频率范围是 16~20 000Hz，而一般人的最佳听闻频率范围是 20~20 000Hz。可见人耳能听闻的频率比为

$$\frac{f_{\min}}{f_{\max}}=1:1\,000$$

听觉的频率响应特性对听觉传示装置的设计是很重要的。人到 25 岁以后，开始对 15 000Hz 以上频率的灵敏度显著降低，当频率高于 15 000Hz 时，听阈开始向下移动，而且随着年龄的增长，频率感受的上限连续逐年降低。但是，对 $f<1\,000$Hz 的低频率范围，听觉灵敏度几乎不受年龄的影响，如图 2-4 所示。听觉的频率响应特性对听觉传示装置的设计是很重要的。

2）听觉绝对阈限

听觉阈限分为听觉的绝对阈限和辨别阈限。听觉的绝对阈限是指刚刚能引起听觉所需的最小声音刺激强度。要经过多次测试才能确认某一刺激强度是否为阈限值，如某一声音刺激每次呈现都能引起感觉，它的强度就在绝对阈限以上；若每次呈现都不能引起感觉，它就在绝对阈限以下。在操作上，是指有 50%的次数能引起听觉，50%的刺激不能引起听觉的那种声音刺激强度。例如，以某一强度的声音刺激受测者 20 次，其中有

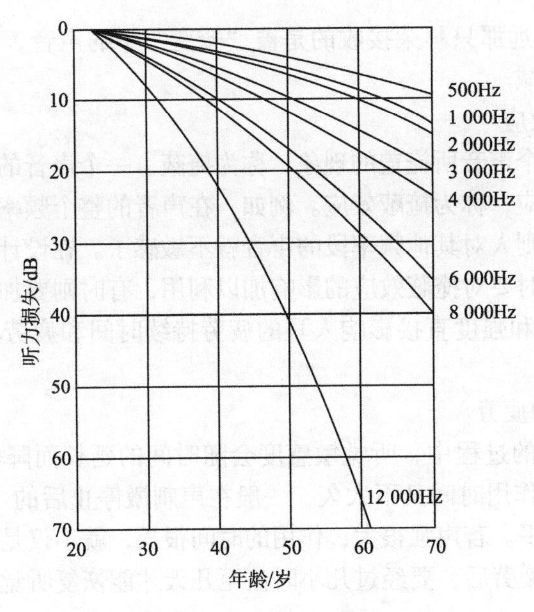

图 2-4　听力损失曲线

10 次能引起听觉反应，10 次未引起听觉反应，这个声音的强度就是该被测者的听力绝对阈值。听觉的绝对阈限与频率和声压有关。在阈限范围外的声音，人耳感受性降低，以致不能产生听觉。声波刺激作用的时间对听觉阈值有重要的影响，一般识别声音所需的最短持续时间为 20~50ms。

辨别阈限是指听觉系统能分辨出的两个声音的最小差异值。辨别阈限与声音的频率和强度都有关系。人耳对频率的感觉最灵敏，对强度的感觉次之。所需强度越大，说明其听力敏锐度越差；所需强度越小，则其敏锐度越好。另外，在频率 500Hz 以上的声频及声强，辨别阈限大体上趋于一个常数。

3）方向敏感度（双耳效应）

正常情况下，人的两耳听力是一致的，因此，根据声音到达两耳的强度和时间先后之差，可以判断声源的方向。人耳的听觉本领，绝大部分都涉及“双耳效应”，或称“立体声效应”，这是正常的双耳具有的特性，如声源在右侧时，声波到达左耳所需时间就稍长。声源与两耳间的距离每相差 1cm，传播时间就相差 0.029ms。这个时间差足以给判断声源的方位提供有效的信息。当听闻声压级为 50~70dB 时，这种效应基本上取决于下列条件：

$$时差\ \Delta t = t_2 - t_1$$

式中，t_1 为声信号从声源到达其相距较近的那只耳朵所需的时间；t_2 为同一信号到达距离较远的那只耳朵所需的时间。

实验结果指出，人耳可觉察到的声信号入射的最小偏角为 3°，在此情况下的时差 $\Delta t \approx t$。根据声音到达两耳的时间先后和响度差别，可判定声源的方向。

另外，头部的掩蔽效应及距离之差会使两耳感受到声强的差别，造成声音频谱的改变，由此同样可以判断声源的方位。靠近声源的那只耳朵几乎接收到形成完整声音的各频率成分；而到达较远那只耳朵接收的是被“畸变”了的声音，特别是中频与高频部分，会或多或少地衰减。

4）听觉的掩蔽效应

一个声音被另一个声音所掩盖的现象，称为掩蔽。一个声音的听阈因另一个声音的掩蔽作用而提高的效应，称为掩蔽效应。例如，在声音的整个频率谱中，如果某一个频率段的声音比较强，则人对其他频率段的声音就不敏感了。在设计听觉传递装置时，应当根据实际需要，有时要对掩蔽效应的影响加以利用，有时则要加以避免或克服。掩蔽声对人耳刺激的时间和强度直接影响人耳的疲劳持续时间和疲劳程度，刺激愈长、愈强，则疲劳愈严重。

5）听觉的适应和疲劳

在声音连续作用的过程中，听觉敏感度会随时间的延长而降低，这称为“听觉适应”。若声强不大，作用时间又不太久，一般在声刺激停止后的 10~20s，听觉敏感度就会恢复到原来的水平。若声强很大，作用的时间很长，就不仅是听觉适应问题，还会引起听觉疲劳。听觉疲劳后，要经过几小时甚至几天才能恢复听觉敏感度，严重的会引起听力减退甚至丧失。

2.1.4 其他感觉机能

我们可以把感觉分成两大类。第一类是外部感觉，有视觉、听觉、嗅觉、味觉和肤觉五种。这类感觉的感受器位于身体表面或接近身体表面的地方。第二类是反映机体本身各部分运动或内部器官发生变化的感觉，这类感觉的感觉器位于各有关组织的深处（如肌肉）或内部器官的表面（如胃壁、呼吸道）。这类感觉有运动觉、平衡觉和机体觉。下面主要简单介绍一下味觉、嗅觉、肤觉和平衡觉。

（1）味觉。味觉是指食物在人的口腔内对味觉器官化学感受系统的刺激并使人产生的一种感觉。从味觉的生理角度分类，只有四种基本味觉：酸、甜、苦、咸，它们是食物直接刺激味蕾产生的。在四种基本味觉中，人对咸味的感觉最快，对苦味的感觉最慢，但就人对味觉的敏感性来讲，苦味比其他味觉都敏感，更容易被觉察。味觉经面神经、舌神经和迷走神经的轴突进入脑干后终于孤束核，更换神经元，再经丘脑到达岛盖部的味觉区。

（2）嗅觉。嗅觉是一种由感官感受的知觉。它由嗅神经系统和鼻三叉神经系统两种感觉系统参与。嗅觉是外激素通信实现的前提。嗅觉感受器位于鼻腔上端的嗅黏膜上，其上分布着嗅觉细胞。嗅觉细胞受到刺激时，产生神经冲动，上传到嗅觉中枢而引起嗅觉。嗅觉是一种远感，即它是通过长距离感受化学刺激的感觉。相比之下，味觉是一种近感。人类嗅觉的灵敏度是很大的，通常用嗅觉阈来测定。嗅觉阈即能引起嗅觉的有气味物质的最小浓度。

（3）肤觉。皮肤是人体面积最大的结构之一，具有各式各样的机能和较强的再生能力。人的皮肤由表皮、真皮、皮下组织等三个主要层和皮肤衍生物（汗腺、毛发、皮脂腺、指甲）组成。肤觉是皮肤受到物理或化学刺激时产生的触觉、温觉、冷觉和痛觉等皮肤感觉的总称。但是区分触、温、冷、痛 4 种基本肤觉性质的观点也受到一些学者的批评，他们认为肤觉的种类很多，性质不同，不是这 4 种基本肤觉可以解释的。

（4）平衡觉。平衡觉是人类感觉中内部感觉的一种。它是由于人体位置重力方向发生变化刺激前庭感受器而产生的感觉，又称为静觉。平衡觉反映的是人体的姿势和地心引力的关系。凭着平衡觉，人们就能分辨自己是直立、平卧，是在做加速、减速，还是在做直线、曲线运动。其感受器是人体内耳中的前庭器官。影响平衡觉并导致失去平衡的原因有许多，如酒精、年龄、恐惧、突然的运动、热压、异常姿势等。了解上述现象，可使管理人员更好地进行作业安排，减少安全事故。

2.2　神经系统机能及其特征

2.2.1　神经系统的基本结构

神经系统是机体内对生理功能活动的调节起主导作用的系统，主要由神经组织组成，神经组织由神经细胞和神经胶质细胞组成。神经细胞也称神经元，具有接受刺激、整合信息和传导冲动的能力。神经胶质细胞对神经元起支持、保护、营养和绝缘等作用。神经元是高等动物神经系统的结构单位和功能单位。神经元呈三角形或多角形，可以分为树突、轴突和胞体这三个区域，如图 2-5 所示。

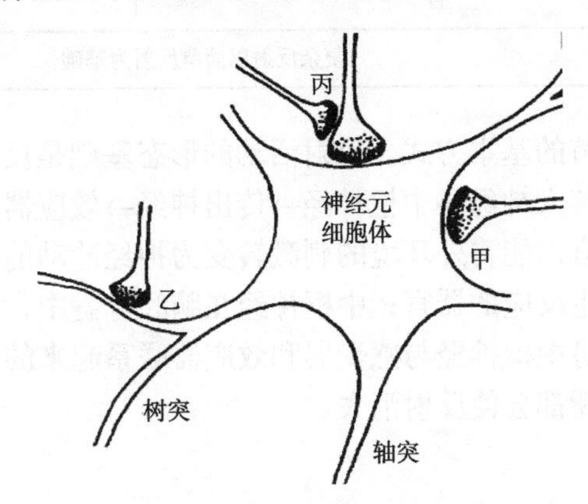

图 2-5　神经元结构

神经系统分为中枢神经系统和周围神经系统两大部分。中枢神经系统是人体神经系统的主体部分，由脑和脊髓组成。脑是中枢神经系统的高级部分，位于颅腔内，向后在枕骨大孔处与脊髓相延续；脊髓是中枢神经系统的低级部位，位于椎管内，外连周围神经，31 对脊神经分布于它的两侧，后端达盆骨中部中枢神经系统，接收全身各处的传入信息，经它整合加工后成为协调的运动性传出，或者储存在中枢神经系统内成为学习、记忆的神经基础。人类的思维活动也是中枢神经系统的功能，因此其主要功能是传递、储存和加工信息，产生各种心理活动，支配与控制动物的全部行为。周围神经是指脑和脊髓以外的所有神经，包括神经节、神经干、神经丛等。周围神经系统具有联络中枢神经和其他各系统器官的作用。

2.2.2 神经系统活动方式

人体对外界环境的感知及各种生命活动的调节时刻都离不开神经系统的作用，无论是简单的还是复杂的生命活动，都主要靠神经系统来调节。反射是神经调节的基本方式。反射，即神经系统对内、外环境的刺激所做出的反应。高等动物和人的反射有两种：一种是生来就有的先天性反射，称为非条件反射，如初生婴儿嘴唇碰到乳头就会吮奶；人进食时，口舌黏膜遇到食物，会引起唾沫分泌。另一种是条件反射，是动物个体在生活过程中适应环境变化，在非条件反射基础上逐渐形成的后天性反射。它是由信号刺激引起，在大脑皮质的参与下形成的。条件反射是脑的一项高级调节功能，它提高了动物和人适应环境的能力。根据结构基础的不同，又可把反射分为简单反射和复杂反射两种。简单反射和复杂反射的区别如表 2-5 所示。

表 2-5 简单反射和复杂反射的区别

类型	简单反射	复杂反射
形成过程	生来就有（先天性反射）	后天获得（后天性反射）
神经中枢	大脑皮层以下（脑干、脊髓）	大脑皮层参与
能否消退	否	是
联系	复杂反射以简单反射为基础	

反射是实现机能调节的基本方式。反射活动的形态基础是反射弧。反射弧的五个基本组成部分为感受器→传入神经→中枢神经→传出神经→效应器。其中，感受器是连接神经调节、受刺激的器官，能将外环境的刺激转变为神经冲动的特殊结构，是反射活动的起始处；效应器是产生反应的器官；中枢神经在脑和脊髓中，是反射弧的中枢整合部分；传入和传出神经是将中枢神经与感受器和效应器联系起来的通路。反射弧的 5 个组成部分中任何部分的中断都会使反射消失。

2.3 认知过程

认知是指人们对事物的认知过程，是人的头脑对客观事物和现象的反应过程。换句话说，就是人们对信息输入、变换、简约、加工、存储和使用的全过程，这是人的最基本的心理过程。

认知包括感知觉、注意、记忆、表象、思维、语言等。人脑接收外界输入的信息，经过大脑的加工处理，转换成内在的心理活动，进而支配人的行为，这个过程就是信息加工的过程，也就是认知过程。具体地，人的认知过程首先接收从感知系统传入的经过编码后的信息，并将这些信息存入中枢神经系统的工作记忆中，同时从长时记忆中提取以前存入的有关信息和加工规律，进行综合分析（对获得的信息进行编译、整理、选择、决定采用什么）后做出如何反应的决策，并将决策信息输送到运动系统。人在执行简单任务时，人的认知过程就是把感知系统输入信息与运动系统合适的输出行为连接起来，然而人类面临的系统任务是困难复杂的，往往要涉及学习、记忆提取、问题解决等过程，因而认知过程的活动相比其他系统更为复杂。下面主要介绍人的认知过程中较为关键的环节。

2.3.1　注意

注意是人的心理活动对一定对象的指向和集中，注意可以指向外部事物，也可以指向内部活动或行为。在人机系统中，许多事故的发生都可以从注意上找原因。例如，飞行员在追击敌机时可能因为没有注意到高度表指示的变化而发生毁机事故；汽车司机可能由于只顾前方道路变化没有注意到旁侧情况而碰到路旁的行人或车辆；打字员会由于与人谈话而打错字；等等。注意主要从三个方面对认知过程产生影响，即选择性、持续性和分配性。

首先，选择性。注意的选择性是指个体在同时呈现的两种或两种以上的刺激中选择一种进行注意，而忽略另外的刺激。在任何时候都有各种信息源同时对人产生作用，但人不可能对这些信息源传播的信息同时进行加工。人在一定的时间内，只能从众多的信息源中选择所需要的信息源进行加工。

其次，持续性。注意的持续性是指注意在一定时间内保持在某个认识的客体或活动上，也叫注意的稳定性。例如，雷达观察站的观测员长时间地注视雷达荧光屏上可能出现的光信号，注意是持续表现。注意的持续性是衡量注意品质的一个重要指标。可以说，没有持续的注意，人们就很难完成任何实践任务。

最后，分配性。注意的分配性是指个体在同一时间对两种或两种以上的刺激进行注意，或将注意分配到不同的活动中。许多工作都需要注意分配能力。例如，汽车司机在驾驶汽车时需手扶方向盘，脚踩油门，眼睛还要注意路标和行人等；学生上课时要一边听讲，一边做笔记；打字员要一边击键，一边看材料。注意分配是注意集中的对立物。一般来说，不利于注意集中的因素都有利于注意分配。

2.3.2　学习与记忆

神经生理学认为学习与记忆是脑的一种功能或一种属性，并且是一个多阶段的动态神经过程。学习主要是指人或动物通过神经系统接收外界环境信息而影响自身行为的过程。记忆是指获得的信息或经验在脑内储存和提取（再现）的神经活动过程，二者密切相关，若不通过学习，就谈不上获得的信息储存和再现，也就不存在记忆。若没有记忆，则获得的信息就会随时丢失，也就失去学习的意义。因此，学习与记忆是既有区别又不可分割的神经生理活动过程，是适应环境的重要方式。学习与记忆的基本过程包括以下几个步骤：一是获得，又称识记，是感知外界事物或接收外界信息（外界刺激）的阶段，也是通过感觉系统向脑内输入信号的阶段，即学习阶段。其中，注意力对信息的获得影响很大。二是巩固，巩固是获得的信息在脑内编码储存和保持的阶段。保持时间的长短和巩固程度的强弱，与该信息对个体的意义以及是否反复应用有关。三是再现，再现是将储存在脑内的信息提取出来，使之再现于意识中的过程，即回忆过程。

1. 学习

学习是与长时记忆密切相关的，学习来的信息必须存储在长时记忆内，作为经验的积累。在学习与使用学习来的知识或技能之间，人的活动会极大地影响遗忘。学习迁移造成的对记忆的干扰可以分为两类：先学的干扰和后学的干扰。

先学的干扰是指某人先学 A 事物，后学 B 事物，另一个人只学 B 事物，结果后者做B事物的成绩要优于前者，这叫作先学干扰，即先学的事物阻碍了后来事物的学习。例如，某人在甲厂学会了红灯作为水压过高的信号，后来到乙厂工作，但乙厂红灯表示有水通过管道，即管道在正常工作。出现紧急情况时，该工人就可能重新把红灯当作指示水压过高而关掉水管。

后学的干扰是指后学事物对先学事物的干扰。在后学干扰中，人们先学事物 A，后学事物B，但做事物A的成绩不如只学了事物A的人。后学的干扰与先学的干扰虽然干扰方向不同，但都不利于作业。

2. 记忆

人的大脑能够把输入或经过加工的信息存储起来，在需要时再把这些储存的信息取出。人把信息储存起来并在需要时取出，这一过程称为记忆。

根据信息的输入、加工、存储、提取方式的不同以及信息存储时间长短的不同，人的记忆系统可以分为感觉记忆、短时记忆和长时记忆三个阶段。

感觉记忆（也叫瞬时记忆）是指外部刺激引起的感性形象在作用停止后的很短时间内仍保持不变的状态。感觉记忆是记忆的初始阶段，它是外界刺激以极短的时间一次呈现后，一定数量的信息在感觉通道内迅速被登记并保持一瞬间的过程。

短时记忆（也叫工作记忆），是感觉记忆和长时记忆的中间阶段。短时记忆具有如下特点：信息保持时间很短，保持时间为 5~20s，最长不超过 1min；记忆容量小（信息一次呈现后立即正确记忆的最大量一般为 5~9 个互不关联的项目；对中断高度敏感）；以语音形式编码为主。极易受到干扰，受干扰的程度取决于短时记忆中存储的信息的多少。

长时记忆是保持 1min 以上到几年，甚至更长时间的记忆。人的知识经验就是保持在长时记忆中的信息。长时记忆的内容是以往信息加工的结果，比较稳定，具有备用的作用，对人的活动不会增加过多的负担。一切后天获得的经验，包括语言规则在内，都必然是长时记忆的组成部分。实际上，实验心理学中有许多是关系到把材料引入长时记忆，使材料得以保存、提取并给予适当解释的问题。

3. 遗忘

与记忆紧密相关的除了学习，便是遗忘。艾宾浩斯是德国著名的心理学家，他是发现记忆遗忘规律的第一人。如图 2-6 所示的艾宾浩斯遗忘曲线告诉人们，在学习中的遗忘是有规律的，遗忘的进程不是均衡的，不是固定地一天丢掉几个，转天又丢掉几个，而是在记忆的最初阶段遗忘的速度很快，后来就逐渐减慢了，在相当长的时间后，几乎就不再遗忘了，这就是遗忘的发展规律。

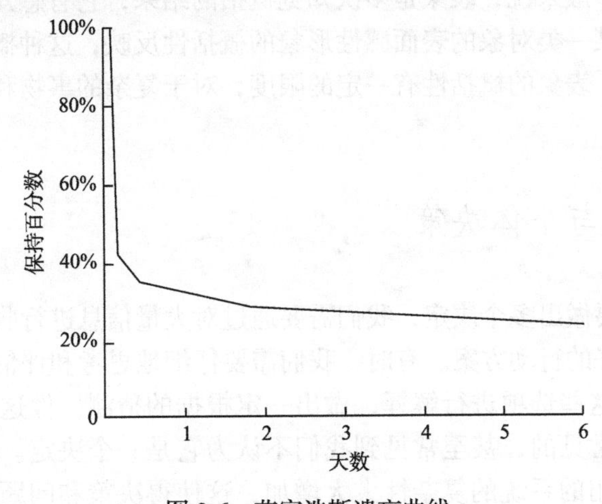

图 2-6　艾宾浩斯遗忘曲线

根据艾宾浩斯的研究，影响遗忘的因素主要有：

（1）时间因素：时间与记忆衰退成正比。艾宾浩斯在这方面做了大量研究，根据他的研究，有效地进行复习，保持良好的记忆质量，减少遗忘的消极因素是减少遗忘的措施。

（2）学习态度：所学内容是否需要、学习者是否有兴趣等，对遗忘快慢有相当大的影响。对于感兴趣的内容，遗忘就比较慢。

（3）记忆兴致与质量：对于动作熟练的、有意义的材料，遗忘较慢。

（4）学习程度：低度学习是指一次没有能够完全掌握学习内容、达到背诵程度的学习；过度学习是指达到背诵的程度之后还接着学习。低度学习比过度学习更容易遗忘，过度学习不容易遗忘，但由于花费时间较多，容易造成浪费。

（5）材料位置：记忆内容所在序列的位置会影响到记忆效果。位置在两边的容易记忆，遗忘较少，位置在中间的遗忘较多。

2.3.3 表象

表象是客观对象不在主体面前呈现时，在观念中所保持的客观对象的形象和客体形象在观念中复现的过程。表象是指基于知觉在头脑内形成的感性形象，包括记忆表象和创造表象。记忆表象是指感知过的事物不在面前而在脑中再现出来的该事物的形象；创造表象是指对知觉形象或记忆表象进行一定的加工改造而形成的新形象。在表象的分类上，反映某一具体客体的形象，称为个别表象或单一表象，反映关于一类对象共同特征的称为一般表象。表象有如下特征。

一是直观性。表象是在知觉的基础上产生的，构成表象的材料均来自过去知觉过的内容。因此表象是直观的感性反映，是知觉的概略再现。

二是概括性。一般来说，表象是多次知觉概括的结果，它有感知的原型，却不限于某个原型。这是对某一类对象的表面感性形象的概括性反映，这种概括常常表征为对象的轮廓而不是细节。表象的概括性有一定的限度，对于复杂的事物和关系，表象是难以囊括的。

2.3.4 思维与个体决策

每个人每天都要做出多个决定，我们需要通过对大量信息进行收集，处理复杂多样的信息并且选择最好的行动方案。有时，我们需要仔细地思考和评估各种不同的选项，并尽最大的能力对这些选项进行解释，做出一定根据的猜测。像这样做决定的事情在日常生活中是非常常见的，甚至常见到我们不认为它是一个决定。但在许多情况下，与我们发生交互作用的系统的复杂性大大增加，这使得决策和问题解决变得复杂并容易出错。

1. 思维

人不仅能直接感知个别、具体的事物源，认识事物的表面联系和关系，还能运用头脑中已有的知识和经验去间接、概括地认识事物，揭露事物的本质及其内在的联系和规律，形成对事物的概念，进行推理和判断，解决面临的各种各样的问题，这就是思维。

思维最基本的特征是概括性和间接性。概括性是在大量的感性材料的基础上，把一类事物的共同特征和事物间的内在联系及规律抽取出来加以认识。间接性是对客观事物进行非直接反映，如观云识雨、号脉诊病。

根据不同的标准可以对思维进行不同的分类。

（1）根据思维任务的性质、内容和解决问题的方法可分为直观动作思维、具体形象思维和抽象逻辑思维。直观动作思维，又称实践思维，它指的是解决问题的方式依赖于实际动作的思维。一般0~3岁的幼儿只能在动作中思考。直观动作思维的特点是以实际操作来解决直观的、具体的问题。具体形象思维是指利用头脑中具体形象或表象来进行的思维，它在问题解决中有重要的意义。艺术家、作家、设计师等更多地运用形象思维。另外，3~6 岁的儿童以具体形象思维为主。抽象逻辑思维，当人们面临的任务偏理论性的时候，要以概括、判断、推理等形式进行的思维即逻辑思维。抽象逻辑思维是以语词为基础，利用抽象的概念、判断、推理的形式来反映客观事物的本质特征和内在联系的思维。

（2）根据思维探索答案方法的不同可分为集中思维和发散思维。集中思维是指思考时思维朝一个方向前进，从而形成单一、确定的答案的认知过程。集中思维也叫聚敛思维或求同思维。发散思维，即思考者能从各种设想出发，做出合乎条件的多种解答，也叫求异思维。

（3）根据思维的创新程度，将思维分为常规性思维和创造性思维。常规性思维是指人们运用已经获得的知识经验，按照现成的方案、惯常的方法、固定的模式来解决问题的思维。创造性思维以独特、新颖的思维方式来解决问题，从而产生前所未有的新的思维成果。

思维过程，或称思维操作，是指运用存储在长时记忆中的知识经验，对外界输入的信息进行分析与综合、比较与分类、抽象与概括、具体化的过程。

在解决复杂问题时，思维过程可以分为发现问题、分析问题、提出假设和检验假设四个阶段。发现问题比解决问题更重要，因为后者仅仅是方法和实验的过程，而提出问题则要找到问题的关键、要害。分析问题，就是弄清楚问题的特点和条件，全面系统地把握与问题有关的制约因素，把问题分解成若干个局部因素，从而找出问题的关键所在。提出假设是问题解决的关键阶段。提出假设，考虑解答方法要注重以下几点：一是问题的明确程度；二是主体已有的知识检验；三是思维训练（逆向思维、发散思维、集中思维、侧向思维等）。检验假设是指通过一定的方法来确定所提出的假设是否符合客观规律。检验假设有两种方法，一是实际行动，即按照假设去具体解决问题；二是智力活动，即进行推论，这种方法用来检验不能用实际行动检验的假设。

2. 个体决策

在对信息进行了内部编码之后，信息就进入了人的信息处理的下一阶段，即中枢信息处理阶段，也叫决策阶段。在这里，人要对即时收到的信息和记忆中保存的信息进行分析、综合，做出决断。决策是人的信息处理过程中最复杂、最富有创造性的工作，也是人的信息处理系统的瓶颈，正是它极大地限制了人的信息处理能力。我们平常所谈到的“想”“思维”“思考”都发生在这里。一般认为，人的中枢信息处理系统是单通道的，即人在这个阶段，在某一时刻只能做一件事。

决策是人为了达到一定目标而选择行动方案的过程。由决策理论可知，在进行决策时首先要确定目标，找出可达到这个目标的各种方案，比较各种方案的优缺点，然后选出一个最优的（或满意的）方案。人在进行决策时会受到感情、性格、价值观等许多主观因素的影响，以下主要谈谈人的信息处理能力对人的决策能力的限制。

（1）人的计算能力是十分有限的，如很少有人能在不用笔的情况下准确地算出 8 564×6 543 等于多少。

（2）工作记忆的限制。在人进行决策的过程中，大量的信息需要临时储存起来，它们只能被存放在短时记忆里，人的短时记忆的能力是非常有限的，这就造成大量信息的丢失，也影响人的决策。

（3）长时记忆的限制。在进行决策的过程中，人需要从长时记忆中取出必要的信息。虽然人的长时记忆的容量是无限的，但这并不能保证人的记忆中有决策需要的一切信息。

（4）速度很慢。心理实验表明，人的大脑进行一个单位的运算，大约需要 0.1s，这个速度显然是非常慢的。在时间比较紧迫的情况下，大脑只能通过“偷工减料”来完成任务，这也影响人的决策效果。

充分、及时、准确的信息是科学决策的前提，而这一前提不会自然形成。决策方案的科学性由决策者所获取的信息的质量、数量和信息处理能力决定。因此，决策者应重视提高信息处理能力。正是因为人的决策系统有这么多的局限性，所以我们提倡计算机决策，但最好的计算机也不能完全代替人的决策。

2.4 个性心理

正常成人的心理现象，包括心理过程和个性心理（也称个性、人格）。心理过程除了上述的认知过程，还有情感过程和意志过程。人的个性心理是指个体在一定社会条件下形成的具有一定倾向性、比较稳定的独特心理特征的总和。人由于先天遗传的差异、后天环境的影响以及所从事的行业差异，形成不同的个性心理。人是人机系统中最为重要的要素，其个性心理对工作效率有极为关键的影响。因此本节着重介绍人的个性心理。人的个性心理包括个性心理倾向性和个性心理特征。其中个性心理倾向性主要受后天社会因素的影响，包括需要、动机、兴趣、态度、理想、价值观等；个性心理特征主要受生理属性影响，主要包括能力、气质、性格。

2.4.1 能力

能力是指个体顺利完成某些活动所具备的，并且直接影响活动效率的个性心理特征。能力总是与活动联系在一起，并在活动中表现出来。完成活动通常需要多种能力的结合。能力的影响因素主要有素质、知识、教育、环境、实践活动、主观努力程度等。能力可进行以下分类。

1. 一般能力和特殊能力

一般能力是指在进行各种活动中必须具备的基本能力。它保证人们有效地认识世界，也称智力。智力包括个体在认识活动中所必须具备的各种能力，如感知能力（观察力）、记忆力、想象力、思维能力、注意力等，其中抽象思维能力是核心，因为抽象思维能力支配着智力的诸多因素，并制约着能力发展的水平。

特殊能力是指在某种特殊活动范围内发生作用的能力，它是顺利完成某种专业活动的心理条件，如写作能力、管理能力、机械操作能力等。

2. 模仿能力和创造能力

模仿能力是指通过观察别人的行为、活动来学习各种知识，然后以相同的方式做出反应的能力，如学习书法时的模仿、“从孩子身上就可见到父母的身影”。

创造能力是指在活动中创造出独特新颖的、有社会价值的产品的能力，如科学发明、工具革新、小说创造等。创造能力有三个特点：独特性、变通性、流畅性。

3. 认知能力、操作能力和社交能力

认知能力是人脑进行信息加工、存储和提取的能力，它是人们成功地完成活动最重要的心理条件。知觉、记忆、注意、思维和想象的能力都被认为是认知能力。

操作能力是指人操纵自己的身体完成各项活动的能力，如劳动能力、实验操作能力等。操作能力是在操作技能的基础上发展起来的，又成为顺利地掌握操作技能的重要条件。认知能力和操作能力紧密地联系着。认知能力中必然有操作能力，操作能力中也一定有认知能力。

社交能力是指人们在社会交往活动中所表现出来的能力，如组织管理能力、解决纠纷能力、判断决策能力、语言感染能力等。社交能力中包含有认知能力和操作能力。

2.4.2　气质

气质是人的个性心理特征之一，它是指在人的认识、情感、语言、行动中，心理活动发生时力量的强弱、变化的快慢和均衡程度等稳定的动力特征，主要表现在情绪体验的快慢、强弱、表现的隐显以及动作的灵敏或迟钝方面，因而它给人的全部心理活动表现染上了一层浓厚的色彩。人的气质差异是先天形成的，受神经系统活动过程的特性制约。孩子刚一落生时，最先表现出来的差异就是气质差异，有的孩子爱哭好动，有的孩子平稳安静。

气质在社会所表现的，是一个人从内到外的一种内在的人格魅力。人格魅力有很多，如修养、品德、举止行为、待人接物、说话的感觉等，所表现的有高雅、高洁、恬静、温文尔雅、豪放大气、不拘小节等。所以，气质是自己长久的内在修养平衡以及文化修养的一种结合，是持之以恒的结果。对于气质类型的说法有很多种，当前学者较为公认的气质类型主要有兴奋型、活泼型、安静型、抑郁型。

情绪易激动，反应迅速，行动敏捷，暴躁而有力；性急，有一种强烈而迅速燃烧的热情，不能自制；在克服困难上有坚韧不拔的劲头，但不善于考虑能否做到，能以极大的热情投身于事业，也准备克服且正在克服通向目标的重重困难和障碍，但当精力消耗殆尽时，便失去信心，情绪顿时转为沮丧而一事无成，是兴奋型的特征。

灵活性高，易于适应环境变化，善于交际，在工作、学习中精力充沛而且效率高；对什么都感兴趣，但情感兴趣易于变化；有些投机取巧，易骄傲，受不了一成不变的生活；等等，是活泼型的特征。

反应比较缓慢，坚持而稳健地辛勤工作；动作缓慢而沉着，能克制冲动，严格恪守既定的工作制度和生活秩序；情绪不易激动，也不易流露感情；自制力强，不爱显露自己的才能；固定性有余而灵活性不足；等等，是安静型的特征。

高度的情绪易感性，主观上把很弱的刺激当作强作用来感受，常为微不足道的原因而动感情，且有力持久；行动表现上迟缓，有些孤僻；遇到困难时优柔寡断，面临危险时极度恐惧；等等，是抑郁型的特征。

2.4.3 性格

性格是指一个人在生活过程中所形成的对现实比较稳定的态度，以及与这种态度相适应的，习惯化了的行为方式中表现出来的人格特征。已形成的性格，通常是比较稳固的，贯穿并指导着人们的一切举止言谈。但是并非一成不变，而是可塑性的。性格可分为先天性格和后天性格。先天性格（也叫本性），由遗传基因决定，本性是人天生所具有的、不可改变的思维方式。本性是先天自然风气与感觉世界所形成的，如防御心、求知欲、荣誉感等。人的本性包括求生、感知等。后天性格是在成长过程中通过个体与环境的相互作用形成的，如腼腆的性格、暴躁的性格、果断的性格和优柔寡断的性格等。

性格的结构包括静态结构和动态结构。从组成性格的各个方面来分析，可以把性格的静态结构分解为态度特征、意志特征、情绪特征和理智特征四个组成部分。

性格的态度特征主要指的是一个人如何处理社会各方面的关系的性格特征，即他对社会、对集体、对工作、对劳动、对他人以及对待自己态度的性格特征。

性格的意志特征指的是一个人对自己的行为自觉地进行调节的特征。按照意志的品质，良好的意志特征是有远大理想、行动有计划、独立自主、不受别人左右；果断、勇敢、坚韧不拔，有毅力、自制力强；不良的意志特征是鼠目寸光、盲目性强、随大流、易受暗示、优柔寡断、放任自流或固执己见、怯懦、任性等。

性格的情绪特征指的是一个人的情绪对他的活动的影响，以及他对自己情绪的控制能力。良好的情绪特征是善于控制自己的情绪，情绪稳定，常常处于积极乐观的心境状态；不良的情绪特征是事无大小，都容易引起情绪反应，而且情绪对身体、工作和生活的影响较大，意志对情绪的控制能力又比较薄弱，情绪波动，心境又容易消极悲观。

性格的理智特征是指一个人在认知活动中的性格特征。例如，认知活动中的独立性和依存性，独立性者能根据自己的任务和兴趣主动地进行观察，善于独立思考；依存性者则容易受到无关因素的干扰，愿意借用现成的答案。又如，思维活动的精确性，有人能深思熟虑，看问题全面；有人则缺乏主见，人云亦云或钻牛角尖等。

另外，上述性格静态特征的几个方面并不是相互分离的，而是彼此关联，相互制约，有机地组成一个整体。一般来说，性格的态度特征是性格的核心，决定了性格的其他特征。例如，一个对社会、对集体有高度责任感的人，他对工作、对学习也一定是认真负责、兢兢业业的，他对别人也会是诚恳、热情的，对自己也是能严格要求的。

性格的各种特征并不是一成不变的机械组合，常常在不同的场合下会显露出一个人性格的不同侧面。鲁迅先生既“横眉冷对千夫指”，又“俯首甘为孺子牛”，充分表现了他性格的完美，又说明了性格的丰富性和统一性。

2.4.4　需要

需要是人感觉到有某种缺乏而力求满足的一种内心状态，是生理需求和社会需求在人脑中的反映。需要是个性倾向性的基础。根据需要的起源，需要可以分为生理需要和社会需要；根据需要的对象，需要可以分为物质需要和精神需要。需要可以保证人的正常生活、学习和工作；激励人的活动积极性，促使社会生产力的发展，推动社会不断进步。需要具有如下特点。

（1）广泛性。人的需要多种多样，有物质的需要、精神的需要，有生理的需要、社会需要，等等。

（2）社会历史性。人的各种各样的需要，受到当时所处的社会物质生活条件和科技发展水平所制约，人的需要还受到社会道德、法律规范的约束。

（3）动力性。需要是一切活动的原动力。

（4）周期性。有些需要总是周期性地出现，如吃饭、睡眠。

当前诸多的需要理论都对后世产生了一定的影响，本节重点介绍马斯洛需要层次理论。美国心理学家马斯洛认为人是一种不断需求的生物，人身上存在着一些共性的且和人生发展、人格健全密切相关的需要，为满足这一个又一个的需要，人产生了源源不断前进的动力。从这个意义上说，需要推动了人类历史发展。

马斯洛根据需要出现的先后及强弱顺序，把需要分为五个层次。层次由低到高依次是生理需要、安全需要、情感和归属的需要、尊重的需要、自我实现的需要。

生理需要，如呼吸、水、食物、睡眠、生理平衡等。如果这些需要（除性以外）任何一项得不到满足，人类个人的生理机能就无法正常运转，即人类的生命就会因此受到威胁。从这个意义上说，生理需要是推动人们行动最首要的动力。

安全需要，如人身安全、健康保障、资源所有性、财产所有性、道德保障、工作职位保障和家庭安全等。马斯洛认为，整个有机体是一个追求安全的机制，人的感受器官、效应器官、智能和其他能量主要是寻求安全的工具，甚至可以把科学和人生观都看成满足安全需要的一部分。

情感和归属的需要，如友情、爱情、亲情等。人人都希望得到相互的关心和照顾。感情上的需要比生理上的需要更细致，它和一个人的生理特性、经历、教育、宗教信仰都有关系。

尊重的需要，如自我尊重、信心、成就、尊重他人、被他人尊重等。人人都希望自己有稳定的社会地位，要求个人的能力和成就得到社会的承认。尊重的需要又可分为内部尊重和外部尊重。内部尊重是指一个人希望在各种不同情境中有实力、能胜任、充满信心、能独立自主。总之，内部尊重就是人的自尊。外部尊重是指一个人希望有地位、有威信，受到别人的尊重、信赖和高度评价。

自我实现的需要。这是最高层次的需要，它是指实现个人理想、抱负，发挥个人的能力到最大程度，达到自我实现境界，接受自己也接受他人，解决问题能力增强，自觉性提高，善于独立处事，要求不受打扰地独处，完成与自己的能力相称的一切事情的需要。也就是说，人必须干称职的工作，这样才会使他们感到最大的快乐。马斯洛提出，为满足自我实现需要所采取的途径是因人而异的。自我实现的需要是努力实现自己的潜力，使自己越来越成为自己所期望的人物。

需要层次的高低排序是有意义的。马斯洛认为，需要的产生由低级向高级的发展是波浪式的推进，人优先满足低层次的需要，当其没有得到完全满足时，高一级需要就产生了，而当低一级需要的高峰过去了但没有完全消失时，高一级需要就逐步增强，直到占绝对优势。例如，饥饿等生理需要得不到满足，人很难去寻求安全的需要，其主要行为只能朝着满足生理需要而努力；当生理需要得到基本满足后，安全就成为下一个需要的主体。从低级到高级，旧需要满足和新需要产生的过程是动态、逐步、有因果关系、交迭发展的模式。

2.4.5 动机

动机是由目标或对象引导、激发和维持个体活动的一种内在心理过程或内部动力。动机是一种内部的心理过程，不能直接观察，但可通过任务选择、努力程度、对活动的坚持性和语言表达等外部行为间接推断出来。人的动机是复杂多样的，也是多变的。大致可分为两大类：生理性动机和心理性动机。生理性动机是指那些具有生理基础行为的产生原因，如饥饿等；心理性动机是指人类心理基础行为产生的原因，如求学、交友、恋爱、争夺权力等。

动机作为个体活动的一种能力，在人的活动中，具有三种作用：一是引起和发动个体活动，即动机的引发作用；二是维持、增强或制止、减弱个体活动的力量，即动机的决策作用；三是引导个体活动朝向一定目标进行，即动机的选择作用。一个有着正确动机的人，能积极、持久地去从事某种有意义的活动，以求达到目的。

引起动机的因素主要有内部因素、目标引力和外部因素。内部因素包括迫切的需要、有效的兴趣、追求的理想；目标引力包括适宜的刺激强度、利于发展的条件、合理的报酬奖赏；外部因素包括外界压力、必须履行的职责、领导和亲友的期望、上级的督促检查。其中内部因素起决定作用，目标引力起激励作用，外部因素起鞭策作用。

动机与需要不同，需要是有机体内部的一种不平衡状态，它表现为有机体对内部环境或外部环境条件的一种稳定的需求，并成为机体活动的源泉。人的某种需要得到满足后，不平衡会暂时得到解除，当出现新的不平衡时，新的需要又会产生。马斯洛把人的需要分为五个层次，当低级层次的需要得到满足后，高级层次的需要才会出现。人们的需要和动机会促使他们去实现某个目标。需要和动机是紧密相关的。需要是内在想要做某些事情的强烈愿望。当某种需要没有得到满足时，人们就会去寻找满足需要的对象，从而产生活动动机。动机则是一种内在驱使人们做某些事的策动力。它通常基于需求或欲望，并导致了去达成某个适当目标的意图。因为需要和动机是如此密不可分，所以两者通常都被交互使用。当需要推动人们去从事一项活动时，需要就成为人的动机。

动机与工作效率的关系主要表现为动机强度与工作效率的关系。人们普遍认为，动机强度对行为影响越大，效率越高，反之，动机强度越低，效率越低。但心理学研究表明，中等强度的动机有利于任务的完成，工作效率最高，一旦动机超过这个水平，对行为反而产生一定的阻碍作用。

2.4.6 兴趣

兴趣是一种个人力求认识、掌握某种事物，并经常参与该种活动的心理倾向。根据兴趣的内容，分为物质的兴趣和精神的兴趣；根据兴趣的社会价值，分为高尚的兴趣和低级庸俗的兴趣；根据兴趣的倾向性，分为直接兴趣和间接兴趣；根据兴趣维持时间的长短，分为短暂的兴趣和稳定的兴趣。

兴趣可以丰富人的心理生活内容。当人们对生活有兴趣的时候，就会觉得生活内容丰富多彩，从而处于愉快的心境之中，对生活充满热情。对什么都不感兴趣或兴趣不足，会使生活枯燥无味，人处于苦闷之中，导致心理不健康。

兴趣对丰富知识、开发智力有重要意义。兴趣在使人成功地掌握知识的同时，也培养了全面细致的观察力，提高了敏锐、灵活的思考力，发展了丰富的想象力，锻炼了顽强的意志力。

兴趣是一种有浓厚情感的志趣活动，有助于创造性地完成当前活动。

2.5 运动系统机能及其特征

在认知活动之后，是人的运动系统，它执行中枢信息系统发出的命令，完成人的信息处理系统的输出。例如，汽车驾驶员为避免撞上前方突然出现的行人而刹住汽车，飞行员将瞄准器对准欲攻击的目标，等等。此类行为都是信息输出的表现。信息输出的实际形式是多种多样的，各类信息输出的质量取决于反应时间、运动的速度和准确性等因素。本节主要介绍人的运动输出特性。

2.5.1 人体运动系统

广义的运动系统由中枢神经系统、周围神经和神经肌接头部分、骨骼肌肉、心肺和代谢支持系统组成。狭义的运动系统由骨、关节和骨骼肌三个子系统组成，这三个子系统作为一个整体也是由多个要素组成的。

运动系统主要的功能是运动。当人体运动时，神经系统支配运动系统，使运动系统的三个子系统，即骨、关节和骨骼肌按照一定的杠杆运动，其他系统随着运动系统的变化而产生相应的变化，保证人体运动的完整性和稳定性。简单的移位和高级活动如语言、书写等，都是由骨、关节和骨骼肌实现的。运动系统的第二个功能是支持。构成人体基本形态，头、颈、胸、腹、四肢，维持体姿。运动系统的第三个功能是保护。由骨、关节和骨骼肌形成了多个体腔，颅腔、胸腔、腹腔和盆腔，保护脏器。

1. 骨杠杆

骨是运动的杠杆，关节是运动的枢纽，骨骼肌是运动的动力。骨、关节、骨骼肌三者在神经系统的支配和调节下协调一致，随着人的意愿，共同完成各种动作。在人体中，骨在肌拉力作用下围绕关节轴转动，它的作用和杠杆相同，称为骨杠杆。人体的骨杠杆运动有三种形式：平衡杠杆、省力杠杆和速度杠杆。平衡杠杆，其支点在力的作用点和重力作用点之间，如头颅进行的仰头和俯首运动。省力杠杆，其重力作用点在支点和力的作用点之间。行走时提起足跟的动作，这种杠杆可以克服较大的体重。速度杠杆，其力的作用点在重力作用点和支点之间。肘关节的活动必须以较大的力才能克服较小的重力，但速度和范围很大。

2. 关节活动范围

人体的运动是以关节为支点，通过附着于骨面的肌肉收缩，牵动骨骼改变位置而产生的。全身的骨与骨之间都通过关节连接，有的连接是不可以活动的或活动范围很小，称为不动关节；有的连接是可以活动的，称为关节。骨与骨之间除了由关节连接外，还由肌肉和韧带连接在一起。韧带除了有连接两骨、增加关节的稳固性的作用以外，还有限制关节运动的作用。因此，关节的活动范围有一定的限度，人体处于舒适时关节必然处在一定的舒适范围内，人体各关节正常范围见表 2-6。

表 2-6 人体各关节正常活动范围

关节	前后	左右	旋转	内外展	上下
颈椎	前屈 35°~45° 后伸 35°~45°	侧屈 45°	60°~80°		
腰椎	前屈 90° 后伸 30°	侧屈 20°~30°	30°		
肩关节	前屈 90° 后伸 45°		内旋 80° 外旋 30°	外展 90° 内收 20°~40°	上举 90°
肘关节	前屈 140° 过伸 0~10°	桡偏 25°~30° 尺偏 30°~40°	旋前 80°~90° 旋后 80°~90°		
腕关节	背伸 35°~60° 掌屈 50°~60°		旋前 80°~90° 旋后 80°~90°		
髋关节	屈曲 145° 后伸 40°		内旋 40°~50° 外旋 40°~50°	外展 30°~45° 内收 20°~30°	
膝关节	屈曲 145° 过伸 15°		内旋 10° 外旋 20°		
踝关节	背伸 20°~30° 跖屈 40°~50°		内旋 10° 外旋 20°		

3. 肌肉的工作机理

肌肉收缩是肌肉组织的基本特性，是指肌纤维在接受刺激后所发生的机械反应。身体姿势的维持、空间的移动、复杂的动作及呼吸运动等，都是通过肌肉收缩活动来实现的。肌肉收缩有向心收缩、离心收缩、等长收缩等形式。

向心收缩也称缩短收缩。当肌肉收缩产生的张力大于外加阻力时，肌肉缩短并牵拉着骨杠杆做向心运动，故称向心收缩。它是肌肉运动的主要形式，是人体实现屈肘、踢腿、挥臂等基本动作的基础。

离心收缩，是当肌肉收缩产生的张力小于外加阻力时，肌肉被拉长。它往往起到一个缓冲、制动、减速、克服重力的作用。例如，蹲起运动、下坡跑、下楼梯、从高处跳下等动作，相关肌群做离心收缩可避免运动损伤。

等长收缩指的是肌肉收缩产生张力但肌长度保持不变时的收缩形式。前两种收缩是实现人体各种运动所必需的，它们是动力性的，总称为动力性收缩。等长收缩则是静力性收缩。其中，等长收缩是肌肉对抗阻力，但肌纤维的长度维持不变的肌肉收缩方式。这样的收缩方式在日常生活中主要用于支持、固定、维持某种身体姿势，其固定功能还可为其他关节的运动创造适宜的条件，如提着重物不动、扶住快倒的东西、推推不动的墙等。需要注意的是，应尽量避免静态作用下的等长收缩。

2.5.2 人的运动输出特性

1. 影响肌体出力的因素

肢体的力量来自肌肉收缩，肌肉收缩时产生的力称为肌力。肌力的大小取决于以下几个生理因素：单个肌纤维的收缩力，人的一条肌纤维所发挥的力量为 0.01~0.02N，肌力是多条肌纤维的收缩力总和。肌肉的最大肌力为每平方厘米横截面上的 30~40N，由此可见一个人的肌力大小取决于其肌肉横截面积的大小，同时肌力还与肌肉收缩前的初长度、中枢神经系统的机能状态、肌肉对骨骼发生作用的机械条件等有关。

另外，人的肌力的大小还与施力部位、施力方向、施力姿势和方式等因素密切相关。只有在这些条件综合作用下，肌肉出力的能力和限度才是操纵力设计的依据。

1）施力部位

一般男性的肌力大于女性，表 2-7 为身体主要部位肌肉所产生力的大小。

表 2-7 身体主要部位肌肉所产生力的大小 单位：N

肌肉的部位			手臂肌肉	上臂肌中的肌肉	手臂弯曲时的肌肉	手臂伸直时的肌肉	拇指肌肉	背部肌肉（取于屈伸肌）
力的数值	男	右	382	284	284	225	118	1 196
		左	363	274	224	206	98	
	女	右	216	127	206	176	88	696
		左	196	127	196	167	78	

2）施力方向

坐姿时手操纵力的一般规律为：右手力量大于左手；手臂处于侧面下方时，推拉力都较弱，但其向上和向下的力较大；拉力略大于推力；向下的力略大于向上的力；向内的力大于向外的力。当前臂在水平线偏上一些位置时，能发挥出最大的力，即产生相当于体重的力量。这是许多操纵机构（如方向盘）置于人体正前上方的原因。手臂的最大拉力产生在肩的下方 180°的方位上，手臂的最大推力则产生在肩的上方 0°方向上。

3）施力姿势

人在动作时，采用不同的姿势，如坐姿、立姿、蹲姿、卧姿、单脚、半蹲或其他施力姿势，其所产生的力是不同的。图 2-7 是人体在不同姿态时的力量，表 2-8 是人体在不同姿态时的力量数据。

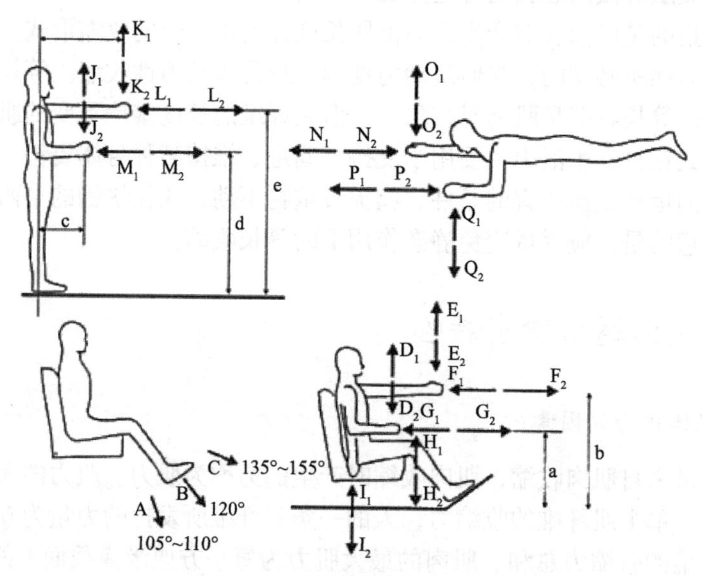

图 2-7 人体在不同姿态时的力量

资料来源：第五章人体生物力学与施力特征[EB/OL]. https://wenku.baidu.com/view/c54785c34228915f804d2b160b4e767f5acf802f.html，百度文库

表 2-8 人体在不同姿态时的力量数据 单位：N

项目	强壮男性	强壮女性	瘦弱男性	瘦弱女性
A	1 494	969	591	382
B	1 868	1 214	778	502
C	1 997	1 298	800	520
D_1	502	324	53	35
D_2	422	275	80	53
F_1	418	249	32	21
F_2	373	244	71	44
G_1	814	529	173	111
G_2	1 000	649	151	97
H_1	641	382	120	75

续表

项目	强壮男性	强壮女性	瘦弱男性	瘦弱女性
H_2	707	458	137	97
I_1	809	524	155	102
I_2	676	404	137	89
J_1	177	177	53	35
J_2	146	146	80	53
K_1	80	80	32	21
K_2	146	146	71	44
L_1	129	129	129	71
L_2	177	177	151	97
M_1	133	133	75	48
M_2	133	133	133	88
N_1	564	369	115	75
N_2	556	360	102	66
O_1	222	142	20	13
O_2	218	142	44	30
P_1	484	315	84	53
P_2	578	373	62	42
Q_1	435	280	44	31
Q_2	280	182	53	36

4）施力方式

肌肉施力时其收缩和舒张交替改变的施力方式称为动态施力，肌肉施力时其收缩持续保持的施力方式称为静态施力，其判断标准为肌肉施大力，持续10s以上。设计中应优先采用动态施力，应避免操作过程中的静态施力，应防止作业中人体姿势不自然引起的局部肌肉静态施力。作业中的人体姿势和施力方式尽量与产生最大肌力所要求的姿势和施力方式一致，以便用较强壮的肌肉群施力。

2. 肢体的动作速度与频率

肢体动作速度大小，在很大程度上取决于肢体肌肉收缩的速度。不同的肌肉，收缩速度也不同，如慢肌纤维收缩慢，快肌纤维收缩快。通常一块肌肉既含有慢肌纤维，也含有快肌纤维。操作运动速度还取决于动作方向和动作轨迹。例如，跑步时，直线跑和S形跑、向前跑和倒着跑都会影响运动速度。

肢体的动作频率取决于动作部位和动作方式。在操作系统设计时，对操作速度和频率的要求不得超过肢体运动的能力限度。

3. 反应时间

反应时间又称反应时，一般将外界刺激出现到操作者完成反应之间的时间间隔称为反应时，也叫反应潜伏期，反应并不能在给予刺激的同时立即发生，而是有一个反应过程，这种过程包括刺激使感觉器官产生活动，经由传入神经传递至大脑神经中枢，经过大脑加工处理，再从传出神经传到运动器官，运动反应器官接受神经冲动。因此，反应时间分为两部分：一是反应知觉时间即自出现刺激到开始运动反应的时间；二是运动时间即运动过程的时间。

反应时间又可以分为简单反应时间和选择反应时间。简单反应时间，是指给被试呈现单一刺激，同时要求他们只做单一的反应，这时刺激—反应之间的时间间隔就是反应时间，如要求被试一见到仪器呈现红色信号光就立刻按键。选择反应时间亦称复杂反应时间，指的是测试时呈现两种或两种以上的刺激，要求被试对每一种刺激做出相应的不同反应所需的时间。为了做出正确的反应，被试首先要辨别当前出现的是哪个刺激，再根据出现的刺激选择事先规定的反应。通常选择反应时间要比简单反应时间长20~200ms，这种反应时间更能体现人的智力和能力。在选择反应时间中，选择数越多，则选择反应时间越长；选择任务越复杂，则选择反应时间也越长。一般来说，影响反应时间的因素有以下几方面。

1）所刺激的感觉器官

这里分为两种情况，一是刺激作用于不同的感觉器官，其反应时间不同，如表 2-9 所示；二是刺激作用于同一器官的不同位置，其反应时间也不相同。

表 2-9 各种感觉器官的简单反应时间 单位：ms

感觉通道	反应时间	感觉通道	反应时间
触觉	117~182	温觉	180~240
听觉	120~182	嗅觉	210~390
视觉	150~225	痛觉	400~1 000
冷觉	150~230	味觉	308~1 082

2）刺激的性质与强度

人对各种不同性质刺激的反应时间是不同的，见表2-10。并且，对于同一种性质的刺激来说，一般情况是对弱刺激的反应时间较长，刺激增加到中等强度或极强时，反应时间短。

表 2-10 人对各种刺激的反应时间 单位：ms

刺激	反应时间
光	176
电击	143
声音	142
光和电击	142
光和声音	142
声音和电击	131
光、声音和电击	127

刺激信号与背景的对比程度也是影响反应时间的一种因素，信号越清晰易辨认，则

反应时间越短；反之，则反应时间越长。因此，在设计灯光信号时，要考虑信号与背景的亮度比；设计标志信号时，要考虑信号与背景的颜色对比。例如，在重要的控制室里要求有一定的隔光、隔音措施，就是为了保证操作者的反应速度。

当刺激信号的持续时间不同时，反应时间随刺激时间的增加而减少，表 2-11 为光刺激时间对反应时间影响的实验结果。由表 2-11 中数据可知，刺激信号的持续时间越长，反应时间越短。但这种影响关系也有一定的限度，当刺激持续时间达到某一界限时，再增加刺激时间，反应时间却不会再减少。

表 2-11　光刺激时间对反应时间的影响　　单位：ms

光刺激持续时间	3	6	12	24	48
反应时间	191	189	187	184	184

此外，刺激信号的数目对反应时间的影响程度最为明显，即反应时间随刺激信号数的增加而明显延长，在需要辨别两种刺激信号时，两种刺激信号的差异越大，则其可辨别性越好，则反应时间越短；反之，其反应时间越长。

3）年龄因素

人不同年龄时期的反应时间也不同，从幼儿到 25 岁这一时期反应时间随年龄的增加而逐渐缩短，起初减少得很快，以后放慢。

4）不同的动作部位

人体各部位动作一次的最少平均时间见表 2-12。由表 2-12 可知，即使同一部位，但动作特点不同，其所需要的最少平均时间也不同。另外，对于手的动作，随着出手距离增加，反应时间相应加长。

表 2-12　人体各部位动作一次的最少平均时间　　单位：s

动作部位	动作特点		最少平均时间
手	抓取	直线的 曲线的	0.07 0.22
	旋转	克服阻力的 不克服阻力的	0.72 0.22
脚	直线的 克服阻力的		0.36 0.72
腿	直线的 脚向侧面		0.36 0.72~1.46
躯干	弯曲 倾斜		0.72~1.62 1.26

另外，人的反应速度是有限的，一般条件反射反应时间为 0.1~0.5s，痛觉反应时间稍长。连续工作时，由于人的神经传递存在着 0.5s 左右的不应期，所以需要感觉指导的间断操作的间隙期一般应大于 0.5s；复杂的选择反应时间达 1~3s，要进行复杂判断和认知反应的时间平均达 3~5s。因此，在人机系统设计中必须考虑人的反应能力的限度。

4. 运动准确性

准确性是运动输出质量高低的另一个重要指标。在人体系统中，如果操作者发生反应错误或准确性不高，即使其反应时间和运动时间都极短，也不能实现系统目标，甚至会导致事故。

1）盲目定位运动的准确度

盲目定位运动主要借助于对运动轨迹的记忆及动觉反馈来完成。工程心理学家 P. M. 菲茨对盲目定位运动的准确性进行过研究，他让被试盲目手持铁笔去击触靶标中心，靶标分上、中、下三层排列，即中心层（参照层）、中心层以上 45°层和中心层以下 45°层。每层各排列 6~7 个靶标，使各靶标分别位于被试正前方，左、右 45°，左、右 90°和左、右 135°处。被试击中靶心记 0 分，落在靶外的记 6 分，其余各圈分别记 1、2、3、4、5。图 2-8 中每个圆代表被试击中相应位置靶标的准确性。圆的大小与击中靶标的准确性分数成反比，即圆越小，准确性越高。各个圆内的小黑圆（在四个象限中的圆）表示各象限的相对准确性。从图 2-8 描述的结果可以看出，盲目定位运动在前方位置具有最高的准确性，边侧位置的准确性最低。三种靶标高度相比，下层的准确性最高，中层次之，上层的准确性最低。此外，右侧的靶标比左侧的靶标的准确性高。

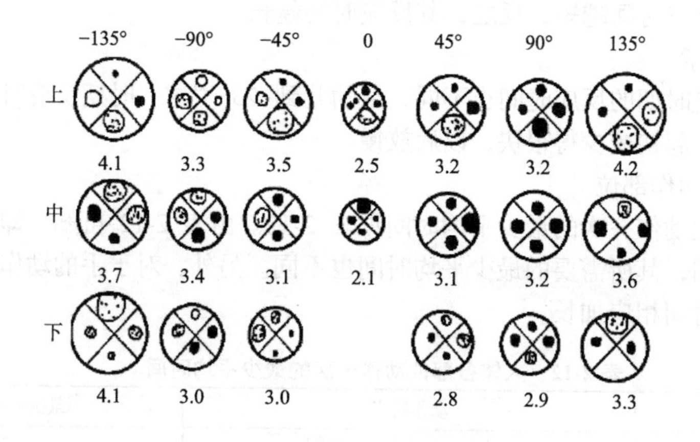

图 2-8 盲目定位运动的准确度

2）连续运动的准确度

关于连续运动的准确性可以用以下的实验方法来进行检测。如图 2-9 所示，当被试握着笔沿狭窄的槽运动时，笔尖碰到槽壁为一次错误，此错误可作为手臂颤抖的指标。实验结果如表 2-13 所示，由表 2-13 可知，在垂直面上，手臂作前后运动时颤抖最大，其颤抖是上下方向的；在水平面上，左右运动的颤抖最小，其颤抖方向是前后的。

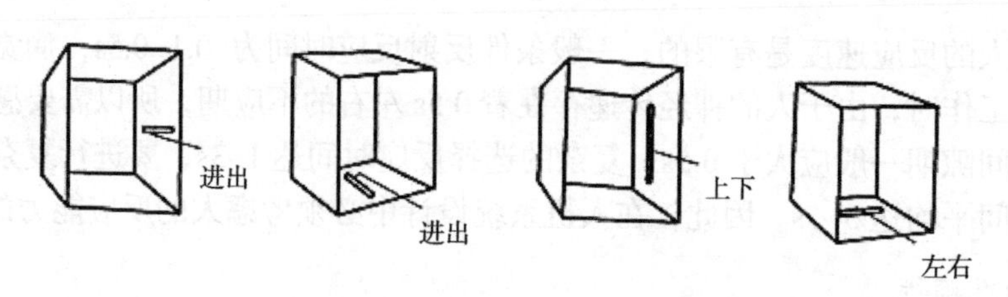

图 2-9 手臂运动方向对连续运动准确性的影响

表 2-13　手臂不同方向的颤动对连续运动准确性的影响　　单位：次

槽所在平面	垂直面	水平面	垂直面	水平面
运动方向	前后	前后	上下	左右
颤抖方向	上下	左右	前后	前后
错误次数	247	203	45	32

3）运动速度与准确性

运动速度与准确性两者之间存在着互相补偿的关系。一般来说，运动速度越慢，准确性越高。但速度慢到一定程度后，准确性的提高渐趋缓慢。这说明在人机系统设计中，过分强调速度而忽视准确性，或过分强调准确性而降低速度都是不利的。因此，我们要找到速度与准确性的最佳点，即运动时间较短但准确性较高的最优点。

4）操作方式与准确性

由于手的解剖学特点和手的部位随意控制能力不同，手的某些运动比另一些运动更灵活、更准确。一般有如下几个方面的规律。

（1）右手较左手快，右手由左向右运动又比由右向左快。

（2）手朝向身体比离开身体运动速度快。

（3）手从上往下比从下往上快。

（4）手在水平面内的运动速度比在垂直面内的运动速度快。

（5）手的旋转运动比直线运动快，且顺时针运动比逆时针运动快。

（6）手对向下按的按钮比向前按的按钮操作准确，水平安装的旋钮比垂直安装的旋钮操作准确。

（7）手操纵旋钮、指轮和滑块的准确性从大到小的顺序为旋钮、指轮、滑块。

（8）手操纵圆柱状手柄，直径 10mm 左右的比直径 30mm 以上的准确，L 形的柄头比圆形柄头准确，设置手臂支撑的手柄的操作比无手臂支撑的准确。

案例：小型剧场空间组合设计

剧场是当下民众生活中的重要组成部分，为了使小型剧场更好地保留地方戏剧文化，成为与民众共享的良好文化交流区域，本案例以观演空间表达和展现为核心，对小型剧场空间进行组合设计。

1. 观众厅空间设计遵循观众心理感知

18 世纪剧场设计评论家阿尔加罗蒂曾指出，“剧场有无活力和生气的关键在于观众”。因此，为观众提供观演空间的观众厅在剧场设计中是十分重要的主体部分，为观众营造良好的氛围和吸引力是观众厅设计的重心。

1）视觉设计

观众厅和舞台空间是设计的主体与核心，两者之间产生的效应是相互的。在小型剧场空间设计中，与大型剧场空间相比较，小型剧场空间的尺度更容易把控。在观众厅的空间组合设计中，首先考虑的是观众的观看视线，使厅内所有座位都能够看到舞台，观众的视点控制在台口线与观众厅中轴线交叉点上。因此，在设计时必须参照舞台台口的宽度和平面最大视角及观众席观看的极限俯视角来确定布局（图 2-10），同时在前排观众不妨碍后排观众视线的前提下，设计地面坡度等有关数值；另外还要考虑到观众通道的尺寸及布局，小型剧场中观众厅的排距为 0.8~1m，看点的净高为 1.1m。根据观众视距及视角范围来设计观众厅的座位组合，以保证厅内每个角度都能够达到良好的视野。

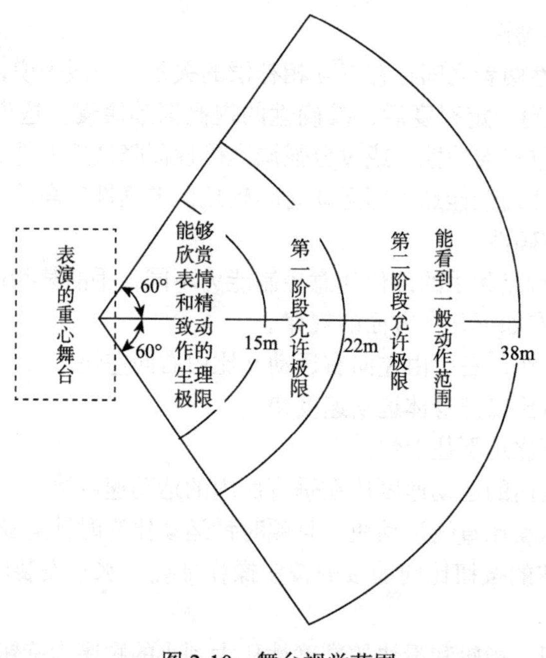

图 2-10 舞台视觉范围

2）听觉功能设计

在厅内建筑材料的选择和设计上应考虑周全。观众厅和舞台空间的屋顶采用细石混凝土封顶，以达到良好的隔声效果。在观众厅的出入口设置声闸，吊顶均进行强吸声处理，材料上通常多为木板、穿孔板等。内墙面采用木材，吸音性好，以及更能体现空间设计合理、精致细腻的特征。剧场空间室内材料选择，无论是吊顶还是墙面，都要充分考虑到声音的扩散性，应避免墙体采用凹面设计，以免产生声的聚焦和音质缺陷等。尽量采用凸面造型效果，达到场内声音的良好传播。

3）知觉设计

在剧场观演空间中，观众是主体。在设计中以观众的知觉作为设计的核心是十分必要的。人的知觉是通过自我对事物的认知、感触、再现实现的。人们对观演空间的感触直接导致当下人们更加注重厅堂的“亲密感”。观演空间设计时应该注重考虑观众对戏剧体验的全部过程。小型剧场空间相对于大型剧场空间而言，具有更好的亲密感。在空间尺度上，观众紧挨舞台空间，其存在感和参与感更强，甚至观众的知觉感受构成了舞台演出不可缺少的一部分，能够营造良好的“亲密感”空间。只有在剧场空间中认真思考这些设计因素，才能呈现出符合观众心理感知的空间环境。

2. 舞台空间设计应结合戏剧表达意境

舞台空间环境设计及审美，能有效引导观众对戏剧精神及文化价值的认可，在互动式的方式下产生戏剧的共鸣。在小型舞台空间设计中，剧场建筑空间与室内空间是固定不变的。利用灯光布景产生不同空间的转换，常用泛光灯和聚光灯来进行光度区分，形成光源的冷暖与强弱的对比，再现现实环境，使观众在观看演出时能够身临其境。小型剧场在观演空间布局设计中，舞台的尺度应结合与观众厅之间的距离进行综合考虑。为了避免空间布置影响演员的视觉感受，应避免观众厅中间通道正对舞台中央。从观众视线与演出者视线进行综合考虑来设计舞台空间，使舞台空间文化得到良好传播。

3. 门厅与休息厅空间设计营造戏剧文化内涵

门厅与休息厅空间是建筑物入口处非常重要的一个过渡型空间，在设计中应充分考虑观众的心理及行为需求。在观众进入门厅与休息厅时，应集中表现剧场的文化氛围。因此，从进入剧场门厅与休息厅，再进入观众厅，观众的认知起到了非常重要的作用。观众的视觉是随景进入的，观众在认同感中被曲艺文化所熏陶与感染，这无形中促进了其对剧场建筑的历史情节与文化价值的感知。

（资料来源：郑君芝. 对小型剧场空间组合设计的探析[J]. 当代戏剧，2017，（4）：63-65）

【思考题】

本案例考虑到了人体的哪些方面？这些因素对人的感官有什么影响？

第3章　人体测量技术

【学习目标】

人体测量学是人因工程学的重要组成部分。为了使各种与人体尺寸有关的设计能符合人的生理特点，使人在使用时处于舒适的状态和适宜的环境之中，就必须在设计中充分考虑人体尺寸。因此，本章的学习要求大家了解人体测量学的基本知识，熟悉人体测量方法以及人体测量数据的运用，了解人体测量数据库系统。

【开篇案例】

设计一台适合于人的机器或设备，首先应该考虑人舒适的操作状态。以汽车驾驶室为例，汽车驾驶室通常是根据人体测量的数据来进行设计的，为了达到最适合人体的设计，其在设计时通常会考虑以下几点。

（1）对人体各部位尺寸进行测量、统计和分析，在进行驾驶室布置设计时以此为依据，确定车内有效空间，以及各部件、总成（座椅、仪表板、方向盘等）布置关系和尺寸关系。

（2）对人体生理结构进行研究，使座椅设计及人体坐姿符合人体乘坐舒适性要求。

（3）根据对人体的操纵范围和操纵力的测定，确定各操纵装置的布置位置的作用力大小，使人体操纵时自然、迅速、准确、轻便，以降低操纵疲劳程度。

（4）通过对人眼的视觉特性、视野效果的研究、试验，校核驾驶员的信息系统，以保证驾驶员能获得正确的驾驶信息。

（5）根据人体的运动特点，研究汽车碰撞时对人体的合理保护，准确确定安全带的铰接点位置和对人体的约束力；研究振动对乘坐舒适性的影响，乘客上下车的方便性，以确定车门的开口位置和尺寸。

（6）根据人体的生理要求，合理确定和布置空调系统，研究人的心理特性和要求，设计一个舒适、美观、轻松的乘坐环境。

因此，结合以上几点要求，汽车驾驶室的设计在充分考虑了人体尺寸等生理特点的情况下，才能更好地提高驾驶员的安全性和舒适性，才能使驾驶员在使用时有更好的体验感。

3.1 人体测量概述

人体测量学是测量人体的科学。人体测量学是一门新兴的学科，它通过测量人体各部位尺寸来确定个体之间和群体之间在人体尺寸上的差别，用以研究人的形态特征，从而为各种工业设计和工程设计提供人体测量数据。人体尺寸数据是一个国家最基础的工程数据之一，是产品造型设计和空间布局设计的基本技术依据，其应用几乎涉及人类活动的所有领域，如服装鞋帽的尺码设计、建筑装修设计、家具设计、机械制造以及汽车、轮船、飞机等交通工具的座舱设计等。

3.1.1 人体测量的基本术语

《用于技术设计的人体测量基础项目》（GB/T 5703—2010）规定了人因工程学使用的成年人和青少年的人体测量术语，其只有在被测者基本姿势、测量基准面、测量方向、衣着和支撑面等符合下述条件时，才是有效的。

1. 基本姿势

人体测量的基本姿势主要有立姿和坐姿。立姿是指被测者挺胸直立，头部以眼耳平面定位，眼睛平视前方，肩部放松，上肢自然下垂，手伸直，手掌朝向体侧，手指轻贴大腿侧面，膝部自然伸直，左、右足后跟并拢，前端分开，使两足大致呈 45°夹角，体重均匀分布于两足。

坐姿是指被测者挺胸坐在被调节到腓骨头高度的平面上，头部以眼耳平面定位，眼睛平视前方，左、右大腿大致平行，膝弯曲大致成直角，足平放在地面上，手轻放在大腿上。

2. 测量基准面

人体测量时基准面的定位是由横轴、纵轴、垂直轴三个互相垂直的轴来决定的，如图 3-1 所示。

（1）矢状面。通过垂直轴和纵轴的平面及与其平行的所有平面都称为矢状面。在矢状面中，把通过人体正中线的矢状面称为正中矢状面。正中矢状面将人体分成左、右对称的两部分。

（2）冠状面。通过垂直轴和横轴的平面及与其平行的所有平面都称为冠状面。冠状面将人体分成前、后两部分。

（3）水平面。与矢状面及冠状面同时垂直的所有平面都称为水平面。水平面将人体分成上、下两部分。

（4）眼耳平面。通过左、右耳屏点及右眼眶下点的水平面称为眼耳平面或法兰克福平面。

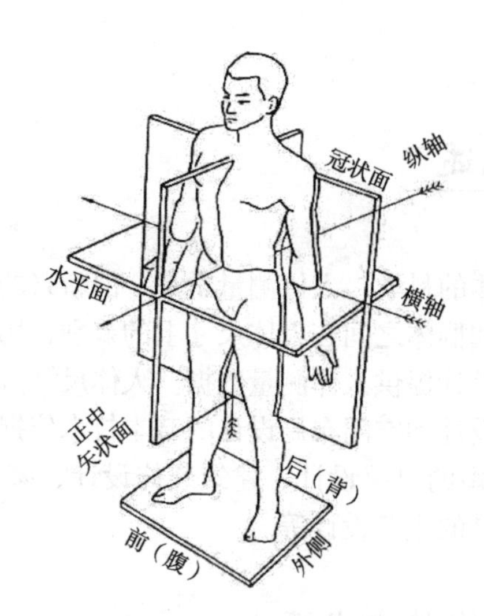

图 3-1　基准面和基准轴

资料来源：郭伏，钱省三. 人因工程学[M]. 北京：机械工业出版社，2005

3. 测量方向

（1）在人体上、下方向上，将上方称为头侧端，下方称为足侧端。

（2）在人体左、右方向上，将靠近正中矢状面的方向称为内侧，远离正中矢状面的方向称为外侧。

（3）在四肢上，将靠近四肢附着部位的称为近位，远离四肢附着部位的称为远位。

（4）对于上肢，将桡骨侧称为桡侧，尺骨侧称为尺侧。

（5）对于下肢，将胫骨侧称为胫侧，腓骨侧称为腓侧。

4. 衣着和支撑面

（1）被测者的衣着。测量时，被测者应裸体或尽可能少着装，且免冠赤足。

（2）支撑面。站立面（地面）、平台或座面应平坦、水平且不变形。

另外，对于可以在身体任何一侧进行的测量项目，建议在两侧都进行测量，如果做不到这一点，应注明此测量项目是在哪一侧测量的。

3.1.2　人体尺寸测量分类

人体测量学通过测量人体各部位尺寸来确定个体之间和群体之间在人体尺寸上的差别，用以研究人的形态特征，使设计更适于人。测量尺寸一般分为静态尺寸和动态尺寸。

静态尺寸一般是人体构造上的尺寸，是人体在静态、固定的标准状态下的测量尺寸，为静态下测出的男性身体处于站、坐、跪、卧、蹲等位置时的限制尺寸。静态人体尺寸一般为确定空间的大小、家具、服装、手动工具、产品界面元件等提供依据。动态人体测量，就是指被测者处于动作状态下所进行的人体尺寸测量。它通常是对手、上肢、下肢、脚所及的范围以及各关节能达到的距离和能转动的角度进行测量，一般是人体功能上的尺寸，是人在进行某种功能活动时肢体所达到的空间范围，对解决许多带有空间范围、流动位置的问题很有用处。所以动态尺寸强调人在活动过程中身体的动态特征。

3.1.3 人体测量方法

1. 测量方法

人体测量方法分为人工手工测量和三维数字化人体测量技术。其中，人工手工测量时应在呼气与吸气的中间进行。其次序为从头向下到脚，从身体的前面，经过侧面，再到后面。测量时只许轻触测点，不可紧压皮肤，以免影响测量的准确性。身体某些长度的测量，既可用直接测量法，也可用间接测量法以两种尺寸相加减。另外，测量项目应根据实际需要确定，具体测量方法详见《用于技术设计的人体测量基础项目》（GB/T 5703—2010）的有关规定。

而人体数字化及尺寸测量技术是采用激光三维传感系统获取人体轮廓点的三维空间坐标数据，通过对这些数据进行预处理、三维重建和模型编辑等操作获得人体的数字化表面模型，并以人体工程学理论定义和测量人体特征尺寸，得到人体特征的数字表达。三维数字化人体测量技术正在逐步走向成熟，并且已应用于很多领域，但在过程测量等方面，还存在很多有待改进、开发的地方。

2. 测量仪器

为了准确测量出人体的尺寸数据，需要使用专用的仪器进行测量。与测量方法一样，测量工具也分成了传统手工测量仪器和三维数字化测量仪器。现行的《中国成年人人体尺寸》（GB 10000—88）就是由传统手工测量仪器测量的数据。2010 年发布的《中国未成年人人体尺寸》（GB/T 26158—2010）已经采用了三维数字化测量仪器。

1）传统手工测量仪器

根据《用于技术设计的人体测量基础项目》（GB/T 5703—2010）的内容，推荐的人体测量的主要仪器有人体测高仪（包括圆杆直脚规和圆杆弯脚规）、直脚规、弯脚规、体重计和软尺。

（1）人体测高仪。

它主要用来测量身高、坐高、立姿和坐姿的眼高以及伸手向上所及的高度等立姿和坐姿的人体各部位高度尺寸。测高仪适用于读数值为 1mm、测量范围为 0~1 996mm 人体高度尺寸的测量。标准中所规定的人体测高仪由直尺 1、固定尺座 2、活动尺座 3、弯尺 4、主尺杆 5 和底层 6 组成，如图 3-2 所示。

（2）直脚规和弯脚规。

直角规用于测量两点间的直线距离，特别适宜测量距离较短的不规则部位的宽度或直径，如测量耳、脸、手、足等部位的尺寸。GB 5704.2—85 是人体测量用直脚规的技

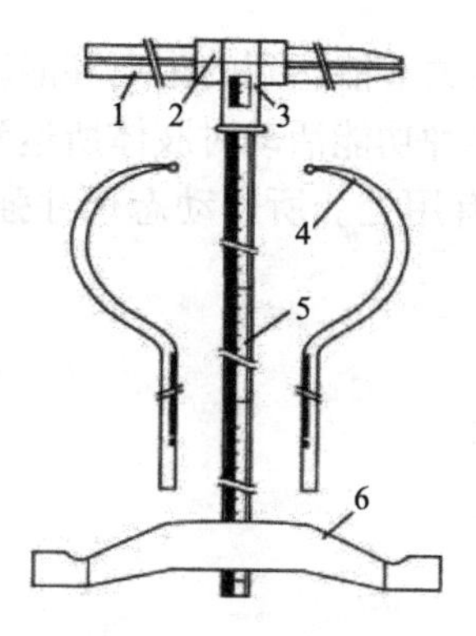

图 3-2 人体测高仪

资料来源：人体测量仪器（GB/T 5704—2008）[S]. 北京：全国人类工效学标准化技术委员会，2008

术标准，此种直脚规适用于读数值为 1mm 和 0.1mm、测量范围为 0~200mm 及 0~250mm 的人体尺寸的测量。直脚规根据有无游标读数分为 1 型和 2 型两种类型，图 3-3 是 2 型直角规。

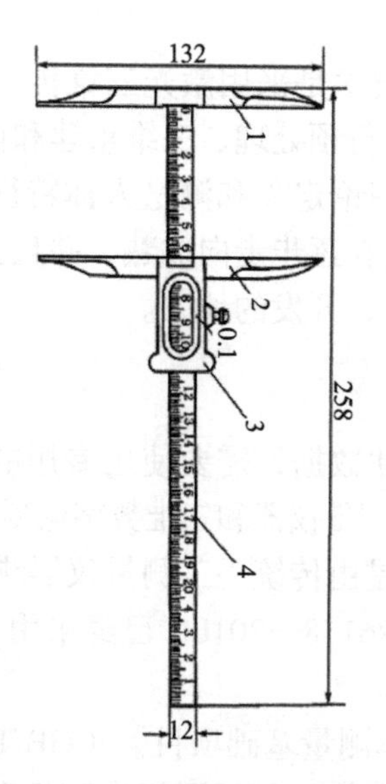

图 3-3 2 型直脚规

资料来源：人体测量仪器（GB/T 5704—2008）[S]. 北京：全国人类工效学标准化技术委员会，2008

弯脚规用于不能直接以直尺测量的两点间距离的测量，如测量肩宽、胸厚等。GB 5704.3—85 是人体测量用弯脚规的技术标准，此种弯脚规适用于读数值 1mm、测量范围为 0~300mm 的人体尺寸的测量。按其脚部形状的不同分为椭圆体形和尖端形，图 3-4 是尖端形弯脚规。

（3）软尺。

软尺是用于测量身体围长或弧长的工具，它很柔软，可卷起携带，形状似一根腰带，为使用方便，顶端黏附着金属薄片。软尺有两个单位，图 3-5 是人体测量用软尺，密度紧的一面以 cm 为单位，稀疏的一面以尺为单位，1m=3 尺=100cm，1 尺=33.333cm。

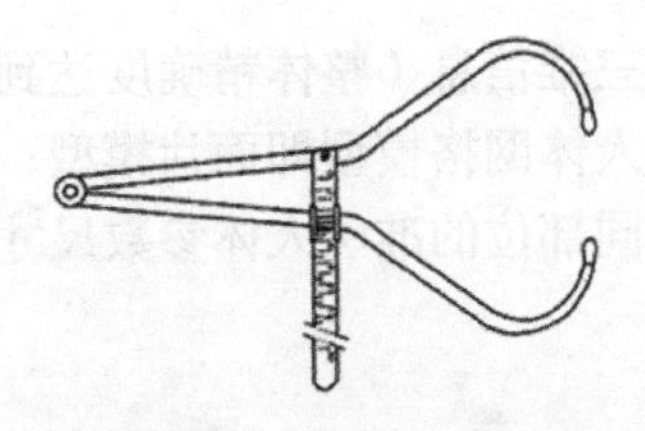

图 3-4　尖端形弯脚规

资料来源：人体测量仪器（GB/T 5704—2008）[S]. 北京：全国人类工效学标准化技术委员会，2008

图 3-5　人体测量用软尺

2）三维数字化测量仪器

三维人体测量技术出现于 20 世纪 80 年代中期，它可实现非接触式测量，并应用于人体数据库建立、服装量体定制、人体工程学、医学及博物馆陈列等技术领域。与手工测量方式相比，三维人体测量技术测量速度更快，且无主观人为因素引起的测量误差，因此结果更加可靠，目前已广泛运用于各大院校和研究机构的科研工作中。非接触三维人体测量技术基本是以光学为基础，结合软件应用技术、计算机图像学及传感技术等多种科学为一体的跨学科技术。按照测量方式的不同可分为被动式和主动式两大类。

被动式方法是指利用摄影成像技术，直接拍摄人体图像进行测量的方法，因过程中不需要对被测对象投射光束，故称为被动式三维测量方法。被动式人体测量技术根据拍摄采用的摄像机数可分为单目视觉法、双目视觉法和三目视觉法。单目视觉法即只采用一台摄像机，其仪器结构相对简单，摆放要求低，也不存在双目和三目中各个摄像机之间匹配的难题。被动式三维人体测量技术虽然简单易行、速度高、轻巧便携、成本低及自动化程度较高，但是其测量误差较大，不适用于标准测量或精确测量。

主动式方法是指测量仪器主动对被测物投射光束，通过电荷耦合器件相机得到被测人体表面所形成的图像，对不同角度所摄图像进行坐标转换后，拼合得到完整的点云图像，所得到的原始点云图还需进行图像增强、去噪、平滑及边缘锐化等处理，根据特征部位的定义提取相应的点云数据或进行算法计算得到需要的尺寸数据。主动式方法根据光源的不同可以分为基于普通光的扫描技术（如摩尔条纹法和白光相位法）、基于激光的扫描技术和基于红外的深度传感技术等。

主动式三维人体测量仪测试速度快且精确度高，但操作复杂，设备昂贵。如图 3-6 所示的 3D CaMega DCS 系列人体全身（半身）扫描系统充分利用光学三维扫描的快速以及白光对人体无害的优点，可在 3~5s 内对人体全身或半身进行多角度多方位的瞬间扫描。人体全身（半身）扫描系统通过计算机对多台光学三维扫描仪进行联动控制快速扫描，再通过计算机软件实现自动拼接，获得精确完整的人体点云数据，该云数据包含了完整人体各个部位的准确的三维信息（整体精确度达到0.5mm）。基于人体点云数据即点云数据模型可生成完整的人体网格模型即面片模型；基于人体点云数据，通过人体参数化数字处理软件可获得不同部位的准确人体参数尺寸。

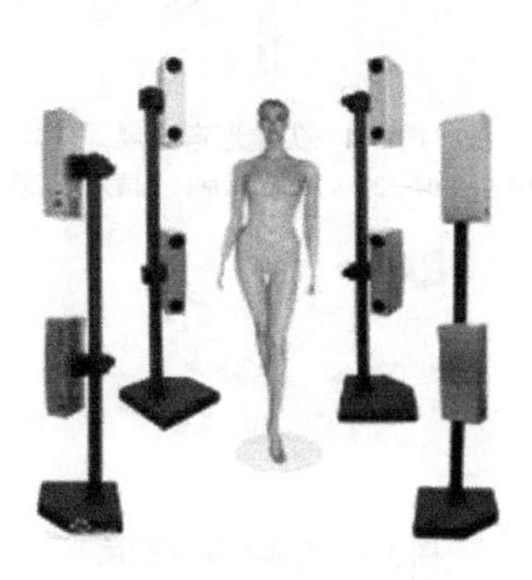

图 3-6 3D CaMega DCS 人体扫描仪

资料来源：郭云昕，张微，刘咏梅，等. 三维人体测量技术的现状和比较[J]. 国际纺织导报，2016，（8）：38-44

3.2 常用的人体测量数据

《中国成年人人体尺寸》（GB 10000—88）由国家技术监督局于 1988 年 12 月 10 日发布，于 1989 年 7 月 1 日正式实施。该标准由国家技术监督局提出，并由其负责起草，根据人类工效学要求提供了我国成年人人体尺寸的基础数值。其适用于工业产品、建筑设计、军事工业以及工业的技术改造设备更新及劳动安全保护。标准中所列数值，代表从事工业生产的法定中国成年人（男 18~60 岁，女 18~55 岁）。

3.2.1 我国成年人人体结构（静态）尺寸

1. 人体主要尺寸

GB 10000—88 给出了身高、体重、上臂长、前臂长、大腿长、小腿长共 6 项人体主要尺寸数据，如表 3-1 所示。

表 3-1 人体主要尺寸

项目	男（18~60 岁）							女（18~55 岁）						
	第 1	第 5	第 10	第 50	第 90	第 95	第 99	第 1	第 5	第 10	第 50	第 90	第 95	第 99
1.1 身高/mm	1 543	1 583	1 604	1 678	1 754	1 775	1 814	1 449	1 484	1 503	1 570	1 640	1 659	1 697
1.2 体重/kg	44	48	50	59	70	75	83	39	42	44	52	63	66	71
1.3 上臂长/mm	279	289	294	313	333	338	349	252	262	267	284	303	302	319
1.4 前臂长/mm	206	216	220	237	253	258	268	185	193	198	213	229	234	242

续表

项目	男（18~60 岁）							女（18~55 岁）						
	第 1	第 5	第 10	第 50	第 90	第 95	第 99	第 1	第 5	第 10	第 50	第 90	第 95	第 99
1.5 大腿长/mm	413	428	436	465	496	505	523	387	402	410	438	467	476	494
1.6 小腿长/mm	324	338	344	369	396	403	419	300	313	319	344	370	375	390

注：表中第 1、第 5、第 10、第 50、第 90、第 95、第 99 表示百分位数，下同。百分位数的含义见第 3.3.1 小节

2. 立姿人体尺寸

GB 10000—88 中提供的成年人立姿人体尺寸有眼高、肩高、肘高、手功能高、会阴高、胫骨点高，如图 3-7、表 3-2 所示。

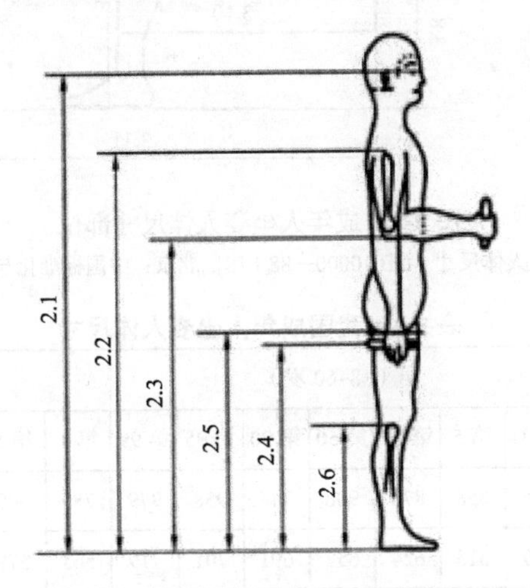

图 3-7　成年人立姿人体尺寸部位

资料来源：中国成年人人体尺寸（GB 10000—88）[S]. 北京：中国标准化与信息分类编码所，1988

表 3-2　我国成年人立姿人体尺寸

项目	男（18~60 岁）							女（18~55 岁）						
	第 1	第 5	第 10	第 50	第 90	第 95	第 99	第 1	第 5	第 10	第 50	第 90	第 95	第 99
2.1 眼高/mm	1 436	1 474	1 495	1 568	1 643	1 664	1 705	1 337	1 371	1 388	1 454	1 522	1 541	1 579
2.2 肩高/mm	1 244	1 281	1 299	1 367	1 435	1 455	1 494	1 166	1 195	1 211	1 271	1 333	1 350	1 385
2.3 肘高/mm	925	954	968	1024	1 079	1 096	1 128	873	899	913	960	1 009	1 023	1 050
2.4 手功能高/mm	206	216	220	237	253	258	268	185	193	198	213	229	234	242
2.5 会阴高/mm	413	428	436	465	496	505	523	387	402	410	438	467	476	494
2.6 胫骨点高/mm	324	338	344	369	396	403	419	300	313	319	344	370	375	390

3. 坐姿人体尺寸

GB 10000—88 的成年人坐姿人体尺寸包括坐高、坐姿颈椎点高、坐姿眼高、坐姿肩高、坐姿肘高、坐姿大腿厚、坐姿膝高、小腿加足高、坐深、臀膝距、坐姿下肢长共 11 项，如图 3-8、表 3-3 所示。

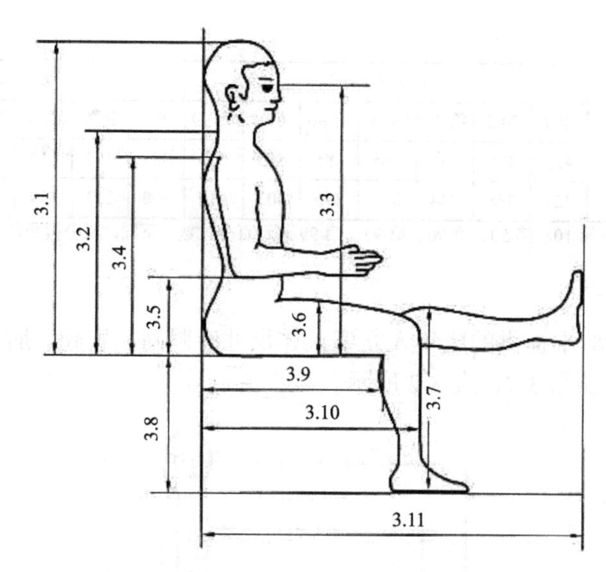

图 3-8 成年人坐姿人体尺寸部位

资料来源：中国成年人人体尺寸（GB 10000—88）[S]. 北京：中国标准化与信息分类编码所，1988

表 3-3 我国成年人坐姿人体尺寸

项目	男（18~60 岁）							女（18~55 岁）						
	第 1	第 5	第 10	第 50	第 90	第 95	第 99	第 1	第 5	第 10	第 50	第 90	第 95	第 99
3.1 坐高/mm	836	858	870	908	947	958	979	789	809	819	855	891	901	920
3.2 坐姿颈椎点高/mm	599	615	624	657	691	701	719	563	579	587	617	648	657	675
3.3 坐姿眼高/mm	729	749	761	798	836	847	868	678	695	704	739	773	783	803
3.4 坐姿肩高/mm	539	557	566	598	631	641	659	504	518	526	556	585	594	609
3.5 坐姿肘高/mm	214	228	235	263	291	298	312	201	215	223	251	277	284	299
3.6 坐姿大腿厚/mm	103	112	116	130	146	151	160	107	113	117	130	146	151	160
3.7 坐姿膝高/mm	441	456	461	493	523	532	549	410	424	431	458	485	493	507
3.8 小腿加足高/mm	372	383	389	413	439	448	463	331	342	350	382	399	405	417
3.9 坐深/mm	407	421	429	457	486	494	510	388	401	408	433	461	469	485
3.10 臀膝距/mm	499	515	524	554	585	595	613	481	495	502	529	561	570	587
3.11 坐姿下肢长/mm	892	921	937	992	1 046	1 063	1 096	826	851	865	912	960	975	1 005

4. 人体水平尺寸

GB 10000—88 提供的人体水平尺寸是指胸宽、胸厚、肩宽、最大肩宽、臀宽、坐姿臀宽、坐姿两肘间宽、胸围、腰围、臀围共 10 项。我国成年人人体水平测量部位如图 3-9 所示，尺寸如表 3-4 所示。

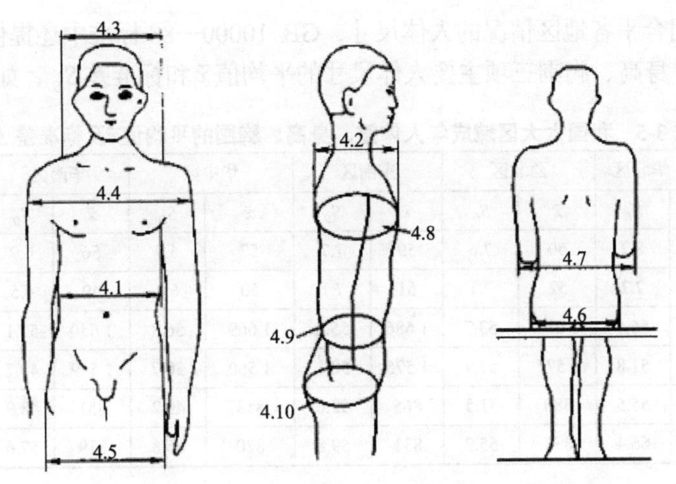

图 3-9　成年人人体水平测量部位

资料来源：中国成年人人体尺寸（GB 10000—88）[S]. 北京：中国标准化与信息分类编码所，1988

表 3-4　我国成年人人体水平尺寸

项目	男（18~60 岁）							女（18~55 岁）						
	第 1	第 5	第 10	第 50	第 90	第 95	第 99	第 1	第 5	第 10	第 50	第 90	第 95	第 99
4.1 胸宽/mm	242	253	259	280	307	315	331	219	233	239	260	289	299	319
4.2 胸厚/mm	176	186	191	212	237	245	261	159	170	176	199	230	239	260
4.3 肩宽/mm	330	344	351	375	397	403	415	304	320	328	351	371	377	387
4.4 最大肩宽/mm	383	398	405	431	460	469	486	347	363	371	397	428	438	458
4.5 臀宽/mm	273	282	288	306	327	334	346	275	290	296	317	340	346	360
4.6 坐姿臀宽/mm	284	295	300	321	347	355	369	295	310	318	344	374	382	400
4.7 坐姿两肘间宽/mm	353	371	381	422	473	489	518	326	348	360	404	460	478	509
4.8 胸围/mm	762	791	806	867	944	970	1 018	717	745	760	825	919	949	1 005
4.9 腰围/mm	620	650	665	735	859	895	960	622	659	680	772	904	950	1 025
4.10 臀围/mm	780	805	820	875	948	970	1 009	795	824	840	900	975	1 000	1 044

选用 GB 10000—88 人体水平尺寸中的数据时，应注意以下要点：一是表列数值均为裸体测量的结果，设计时应根据各地区不同的衣着进行修正。二是立姿时要求自然挺胸直立，坐姿时要求端坐。如果用于其他立、坐姿的设计（如放松的坐姿），要增加适当的修正量。三是由于我国地域辽阔，不同地区间人体尺寸差异较大，为了能选用合乎各地区普遍情况的人体尺寸，将全国划分为以下六个区域①：①东北、华北区，包括黑龙江、吉林、辽宁、内蒙古、山东、北京、天津、河北；②西北区，包括甘肃、青海、陕西、山西、西藏、宁夏、河南、新疆；③东南区，包括安徽、江苏、上海、浙江；④华中区，包括湖南、湖北、江西；⑤华南区，包括广东、广西、福建；⑥西南区，包括贵州、四川、云南。

① 未包含港澳台地区。另外，由于本标准颁布于 1988 年，当时海南省尚未设立，故选用广东省数据；当时重庆市尚未直辖，故选用四川省数据。

为了能选用合乎各地区情况的人体尺寸，GB 10000—88 标准中还提供了上述六大区域成年人体重、身高、胸围三项主要人体尺寸的平均值$\bar{x}$和标准差S_D，如表 3-5 所示。

表 3-5 我国六大区域成年人体重、身高、胸围的平均值$\bar{x}$及标准差S_D

项目		东北、华北区		西北区		东南区		华中区		华南区		西南区	
		$\bar{x}$	S_D	$\bar{x}$	S_D	$\bar{x}$	S_D	$\bar{x}$	S_D	$\bar{x}$	S_D	$\bar{x}$	S_D
体重/kg	男	64	8.2	60	7.6	59	7.7	57	6.9	56	6.9	55	6.8
	女	55	7.7	52	7.1	51	7.1	50	6.8	49	6.5	50	6.9
身高/mm	男	1 693	56.6	1 684	53.7	1 686	55.2	1 669	56.3	1 650	57.1	1 647	56.7
	女	1 586	51.8	1 575	51.9	1 575	50.8	1 560	50.7	1 549	49.7	1 546	53.9
胸围/mm	男	888	55.5	880	51.5	865	52.0	853	49.2	851	48.9	855	48.3
	女	848	66.4	837	55.9	831	59.8	820	55.8	819	57.6	809	58.8

3.2.2 我国成年人人体功能（动态）尺寸

GB 10000—88 标准中只提供了成年人人体结构尺寸的基础数据，并没有给出成年人有功能作用的尺寸数据，但我们在设计中常需要一些人体功能尺寸。动态人体测量通常是对手、上肢、下肢、脚所及的范围以及各关节能达到的距离和能转动的角度进行测量。由于人主要依靠上肢从事各项操作活动，因此本节只给出上肢功能（动态）尺寸。它包括上肢中指指尖点伸及距离和上肢握物伸及距离。表 3-6 是根据《工作空间人体尺寸》（GB/T 13547—92）得到的我国成年男女取立、坐、跑、跪、俯卧、爬等姿势的上肢功能尺寸的不同百分位数数据。

表 3-6 我国成年男女上肢功能尺寸

测量项目	男（18~60 岁）			女（18~55 岁）		
	第 5	第 50	第 95	第 5	第 50	第 95
立姿双手上举高/mm	1 971	2 108	2 245	1 845	1 968	2 089
立姿双手功能上举高/mm	1 869	2 003	2 138	1 741	1 860	1 976
立姿双手左右平展宽/mm	1 579	1 691	1 802	1 457	1 559	1 659
立姿双臂功能平展宽/mm	1 374	1 483	1 593	1 248	1 344	1 438
立姿双肘平展宽/mm	816	875	934	756	811	869
坐姿前臂手前伸长/mm	416	447	478	383	413	442
坐姿前臂手功能前伸长/mm	310	343	376	277	306	333
坐姿上肢前伸长/mm	777	834	892	712	764	818
坐姿上肢功能前伸长/mm	673	730	789	607	657	707
坐姿双手上举高/mm	1 249	1 339	1 426	1 173	1 251	1 328
跑姿体长/mm	592	626	661	553	587	624
跪姿体高/mm	1 190	1 260	1 330	1 137	1 196	1 258
俯卧体长/mm	2 000	2 127	2 257	1 867	1 982	2 102
俯卧体高/mm	364	372	383	359	369	384
爬姿体长/mm	1 247	1 315	1 384	1 183	1 239	1 296
爬姿体高/mm	761	798	836	694	738	783

3.3　人体测量数据的应用

3.3.1　人体测量中的主要统计指标

在人体测量中所得到的测量值都是离散的随机变量，因而可根据概率论与数理统计理论对测量数据进行统计分析，从而获得所需群体尺寸的统计规律和特征参数。在对人体测量数据做统计处理时，通常使用四个统计量，即均值、方差、标准差、百分位数。

1. 均值

表示样本的测量数据集中地趋向某一个值，该值称为平均值，简称均值。均值是描述测量数据位置特征的值，可用来衡量一定条件下的测量水平和概括表现测量数据的集中情况。对于有 n 个样本的测量值：$x_1, x_2, \cdots, x_n$，其均值为

$$\overline{x} = \frac{x_1 + x_2 + \cdots + x_n}{n} = \frac{1}{n}\sum_{i=1}^{n} x_i$$

2. 方差

描述测量数据在中心位置（均值）上波动程度差异的值叫均方差，通常称为方差。方差表明样本的测量值是变量，既趋向均值而又在一定范围内波动。对于均值为 x 的 n 个样本测量值：$x_1, x_2, \cdots, x_n$，其方差 S^2 的定义为

$$S^2 = \frac{1}{n-1}\left[\left(x_1 - x\right)^2 + \left(x_2 - x\right)^2 + \cdots + \left(x_n - x\right)^2\right] = \frac{1}{n-1}\sum_{i=1}^{n}\left(x_i - x\right)^2$$

3. 标准差

方差的平方根 S_D 就是标准差：

$$S_D = \left[\frac{1}{n-1}\sum_{i=1}^{n}\left(x_i - x\right)^2\right]^{\frac{1}{2}}$$

4. 百分位数

人体测量的数据常以百分位数表示人体尺寸等级，最常用的是第 5、第 50、第 95 三种百分位数。其中：

（1）第 5 百分位数表示“小”身材，指有 5%的人群身材尺寸小于此值，而有 95%的人群身材尺寸大于此值；

（2）第 50 百分位数表示“中”身材，指大于和小于此值的人群身材尺寸各为 50%；

（3）第 95 百分位数表示“大”身材，指有 95%的人群身材尺寸小于此值，而有 5%的人群身材尺寸大于此值。

那么如何求百分位数呢？

当已知某项人体测量尺寸的均值为$\bar{x}$，标准差为S_D，需求任一百分位数的人体测量尺寸x_α（百分位数）时，可通过$x_\alpha=\bar{x}\pm S_D K$计算得到，当求1%~50%的数据时，式中取“－”号；当求50%~99%的数据时，式中取“+”号；式中K为变换系数，设计中常用的百分位数与变换系数K的关系如表3-7所示。

表3-7 百分位数与变换系数K

百分位数	K	百分位数	K	百分位数	K
0.5%	2.576	25%	0.674	90%	1.282
1.0%	2.326	30%	0.524	95%	1.645
2.5%	1.960	50%	0.000	97.5%	1.960
5%	1.645	70%	0.524	99.0%	2.326
10%	1.282	75%	0.674	99.5%	2.576
15%	1.036	80%	0.842		
20%	0.842	85%	1.036		

那么在已知某人的测量尺寸x_i时，如何求对应的百分率？

第一步：求Z，即$Z=\dfrac{x_i-\bar{x}}{S_D}$，再根据$Z$值在正态分布表中查取概率$S$的数值。

第二步：求人体尺寸对应的百分率P，即$P=0.5+S$，其中P为尺寸小于等于x_i的人群占总体的百分比；S为概率数值，可根据上面公式求得的Z值，在正态分布表中查阅。

例3-1：设计适用于90%西北区女性使用的产品，试问应按怎样的身高范围设计该产品尺寸？

解：由表3-5查得西北区女性身高平均值$\bar{x}$=1 575mm，标准差S_D=51.9mm。要求产品适用于90%的人群，故应以第5百分位数为下限，第95百分位数为上限进行设计，由表3-7查得，5%与95%的变换系数$K=1.645$。

由公式可求得第5百分位数为：1 575−51.9×1.645=1 489.6（mm）

第95百分位数为：1 575＋51.9×1.645=1 660.4（mm）

结论：按身高1 489.6~1 660.4mm设计产品尺寸，将适用于90%的西北区女性。

例3-2：已知男性A身高1 700mm，试求有百分之几的东南区男性超过其高度？

解：由表3-5得东南区男性身高平均值$\bar{x}$=1 686mm，标准差S_D=55.2mm。则

$$Z=\frac{x_i-\bar{x}}{S_D}=\frac{1\,700-1\,686}{55.2}\approx 0.253\,6$$

根据Z值，查正态分布表得S=0.098 7（取近似值0.099），因此：

$$P=0.5+S=0.5+0.099=0.599$$

结论：身高在1 700mm以下的东南区男性为59.9%，超过男性A身高的东南区男性则为40.1%。

3.3.2　人体尺寸数据的应用

在运用人体测量数据进行设计时，应遵循以下几个准则。

1. 最大最小准则

该准则要求根据具体设计目的选用最小或最大人体参数。例如，人体身高常用于通道和门的最小高度设计，为尽可能使所有人（99%以上）通过时不致发生撞头事件，通道和门的最小高度设计应使用高百分位数身高数据；而操纵力设计则应按最小操纵力准则设计。例如，宿舍床位长度的设计往往依据人体身高最大准则，因为要保证床的尺寸能满足所有学生在宿舍就寝的要求。公共场所的座椅高度应依据人体立姿会阴高度最小准则设计，因为公共场所的座椅要满足所有人都可以方便就座。

2. 可调性准则

对与健康安全关系密切或减轻作业疲劳的设计应遵循可调性准则，在使用对象群体的5%~95%范围内可调。例如，汽车座椅在设计时在高度、靠背倾角、前后距离等尺度方向上都可调整以适应不同身材大小的人使用和允许变换工作状态。因为每个人的身体尺寸不同，动态尺寸也不同，可调性设计方便每个人都可以获得适合自己的驾驶舒适度。

3. 平均性准则

虽然平均这个概念在有关人使用的产品、用具设计中不太合理，但对于肘部平放高度设计数而言，由于主要是能使手臂得到舒适的休息，故选用第50百分位数较合理，对于中国人而言，这个高度在14~27.9cm较合理。例如，生活中门把手的高度，为了让身高很高的人不用弯腰去使用把手，也为了让身高矮的人不用过分抬手去使用把手，所以门把手的高度设计依据了平均性准则。

4. 使用最新人体数据准则

所有国家的人体尺度都会随着年代、社会经济的变化而不同。因此，应使用最新的人体数据进行设计。例如，学生的课桌尺寸国家标准发布于2002年，已经十几年没有更新过，根据2016年学者的调查，学生对桌下腿部活动空间满意度很低。这反映了2002年的设计已经不能满足现在学生的活动空间要求，需要根据最新的人体数据考虑重新设计课桌尺寸。

5. 地域性准则

一个国家的人体参数与地理区域分布、民族等因素有关，设计时必须考虑实际服务的区域和民族分布等因素。例如，地域的不同会导致相应地域的人群之间的生理差别，从而导致手型、手寸的差别，现在国际上还没有一种统一的戒指尺寸标准，就比如美国的5号戒指和中国的9号戒指是一样大的。

6. 功能修正与最小心理空间相结合准则

国家标准公布的有关人体数据是在裸体或穿单薄内衣的条件下测得的，测量时不穿鞋，而设计中所涉及的人体尺寸是在穿衣服、穿鞋甚至戴帽条件下的人体尺寸。这样，对测定的人体数据就需要修正，修正量记为功能修正量。另外，为了克服人们心理上产生的“空间压抑感”“高度恐惧感”等心理感受，或者为了满足人们“求美”“求奇”等心理需求，在产品最小功能尺寸上附加一项增量，称为心理修正量。考虑心理修正量的产品功能尺寸称为最佳功能尺寸。

产品的最小功能尺寸和最佳功能尺寸可由下式确定：

$$最小功能尺寸\ x_{\min} = x_{\alpha} + \Delta f$$

$$最佳功能尺寸\ x_{\text{opm}} = x_{\alpha} + \Delta f + \Delta p$$

式中，x_{α} 为第 α 百分位数人体尺寸数据；Δf 为功能修正量；Δp 为心理修正量。

功能修正量随产品不同而异，通常为正值，但有时为负值。正常人着装、穿鞋身材尺寸的修正量可参照表 3-8 中的数据确定。姿势修正量的常用数据如下：立姿时的身高、眼高减 10mm，坐姿时的坐高、眼高减 44mm。考虑操作功能修正量时应以上肢前展长为依据，而上肢前展长是后背至中指尖点的距离，因而对操作不同功能的控制器应做不同的修正，如按钮开关可减 12mm；推滑板推钮、搬动扳钮开关则减 25mm。

表 3-8　正常人着装、穿鞋身材尺寸的修正量　　单位：mm

项目	尺寸修正量	修正原因
站姿高、站姿眼高	25（男）20（女）	鞋高
坐姿高、坐姿眼高	3	裤厚
肩宽	13	衣
胸宽	8	衣
胸厚	18	衣
腹厚	23	衣
立姿臂宽	13	衣
坐姿臂宽	13	衣
肩高	10	衣（包括坐高 3 及肩 7）
两肘间宽	20	
肩—肘	8	手臂弯曲时，肩肘部衣物压紧
臂—手	5	
叉腰	8	腰部衣物收紧
大腿厚	13	
膝宽	8	
臀—膝	5	
足宽	13~20	鞋
足长	30~38	鞋
足—后腿	25~38	
项目	尺寸修正量	修正原因
肩宽	13	衣

7. 姿势与身材相关联准则

劳动姿势和身材大小要综合考虑，不能分开。因为人在工作的时候不是静止不动的，身体的尺寸也会随着人体姿势的改变而发生相应的变化，所以在设计时要考虑到人体当时的状态，并且要考虑到人的身材大小两种情况，将其结合起来作为选择设计尺寸的依据。例如，座椅宽度的设计就应该以人体参数中最大坐姿的臀宽作为设计依据，首先是因为椅子是为了让人坐的，所以设计时应考虑的是坐姿臀宽，而人的立姿臀宽和坐姿臀宽并不一样。其次每个人的身材不一样，要考虑到坐姿臀宽尺寸较大的人。

8. 合理选择百分位数和适用度准则

设计目标用途不同，选用的百分位数和适用度也不同。

（1）间距类设计，一般取较高百分位数；

（2）净空高度类设计，一般取高百分位数；

（3）属于可及距离类设计，一般应使用低百分位数；

（4）座面高度类设计，一般取低百分位数；

（5）隔断类设计，如果设计目的是私密性，应使用高百分位数；如果为了监视，则使用低百分位数；

（6）公共场所工作台面高度类设计，如果没有特别的作业要求，一般以肘部高度数据为依据，取低百分位数。

例 3-3：试设计适用于中国人的门框高度。

解：门框高度属于净空高度类设计。

根据人体数据运用准则，应选用中国男子立姿高第 99 百分位数为基本参数 x_α，查表 3-1，$x_\alpha = 1\,814$mm。鞋高（功能）修正量取 25mm，人头顶无压迫感最小高度（心理修正量）为 115mm，则门框最小高度和最佳高度分别为

$$x_{\min} = x_\alpha + \Delta f = 1\,814+25 = 1\,839\text{（mm）}$$

$$x_{\text{opm}} = x_\alpha + \Delta f + \Delta p = 1\,814+25+115=1\,954\text{（mm）}$$

3.4　人体测量数据库系统

建立适应各国人体特征的人体数据库系统，可以更好地适应现代化工业、农业和国防建设等。根据《建立人体测量数据库的一般要求》（GB/T 22187—2008）内容，大多数人体测量数据和由此派生的间接测量数据被应用于实现多种设计和服装号型划分，同时还被应用于下列范畴：人体基本描述、关键尺寸、包含个人装备的服装、搬运系统、头面部装备、鞋袜类、手套类、工作空间和间隙、交通车辆、运动生物力学、计算机人体模型和人体模板等。为确保设计能适合预期的用户人群，必须确认那些对保证个体与产品设备之间良好匹配起关键作用的测量项。目前世界上已有九十多个大规模的人体测量数据库，其中欧美国家占了大部分，亚洲国家约 10 个。主要人体尺寸数据库如表 3-9 所示。

表 3-9 主要人体尺寸数据库

国家	人体尺寸数据库
美国	航空航天局人体测量数据库、军队人体测量数据库、HenryDreyfuss 人体数据库等
英国	People Size 2000 人体数据库
韩国	Kriss 人体数据库
法国	Etas 人体数据库
中国	GB 10000—88 人体数据库

3.4.1 欧美国家人体测量数据库发展

1. 美国

美国的人体测量数据研究和应用最初主要集中在军事工业领域，有记载的人体测量工作始于 20 世纪初。1977 年美国航空医疗研究院建立了美国人体尺寸数据库，第一次将人体测量数据运用于研究和生产中。美国早期人体测量数据的采集基本由军方负责，约 10 年更新一次，研究成果汇编成手册或制定成标准后供美军内外使用。例如，美国航空航天局的人体测量与生物力学实验室从 1985 年开始采集航天员的人体几何尺寸和力学数据，并建立了航天员人体尺寸、握力及肌肉力量等数据库，此数据库的建立为航天任务规划、航天工具设计及航天员工作能力评估提供了参考依据和设计标准。

随着人体测量数据研究在民用领域兴起，如今美国所用的数据多由军民两方共同采集、协调研究。例如，2003 年，美国商务部、陆军部、海军部联合 20 多家企业、大学以及科研机构开展的“SizeUSA”全美人体尺寸测量项目，共测得有效样本 1 万多个。

2. 欧洲

欧洲国家的科技和工业非常发达，政府和企业在工业设计和劳动生产中非常注重人体测量的研究与应用，英、德等国已经形成了比较完善的人体测量基础数据调查和更新机制。英国是开展工效学研究最早的国家之一。英国的人体测量基础数据调查工作主要由英国贸易与工业部负责，1998 年，英国贸易与工业部颁布了成年人人体尺寸和力量测量手册。2001 年，英国贸易与工业部联合 17 家科研机构以及相关企业，在全英国范围内对 16~95 岁的公民进行了“SizeUK”全国性人体尺寸测量项目，样本达 11 000 多人，建立了英国国家人体尺寸数据库。同时，英国国防部也组织人体测量数据调查工作，在 2004 年发布实施的英国军用标准《系统设计人机工程系统标准》（DEF STAN00—25）中提供了最新的各类人体尺寸基础数据。德国早在 20 世纪 70 年代就开始采集人体尺寸基础数据，德国标准协会制定了诸如《人类工效学人体尺寸》《人的体力》等一批人体尺寸基础数据标准，并在 20 世纪 90 年代后进行了更新。2005 年，德国国家统计局联合 80 多个机构和公司，在全德境内的 30 多个城市完成了一次人体抽样测量，样本总数达 13 362 人，对其国民身体尺寸数据进行了更新。从 20 世纪末到 21 世纪初，波兰、荷兰、葡萄牙等国家分别对本国的老人和工人进行了人体测量工作。

3.4.2　中国人体测量数据库发展

1986~1987 年，中国标准化研究院在国家项目的支持下，对全国成年人（18~59 岁）进行了 22 000 多人次的人体测量工作，采集了包括人体尺寸、体重等 73 项工效学基础数据，在此基础上发布了我国成年人人体尺寸的国家标准《中国成年人人体尺寸》（GB 10000—88）。

2006~2007 年，在国家科技基础条件平台工作重点项目的支持下，中国标准化研究院组织完成了第 1 次全国未成年人人体尺寸测量工作，抽样地区涉及 10 多个省（自治区、直辖市），抽样样本量达 2 万余人，测量项目达 170 余项，于 2011 年发布了《中国未成年人人体尺寸》（GB/T 26158—2010）。

一般来说，人体尺寸数据具有较强的时效性，一般每 10 年就需修订 1 次，而我国现有成年人人体尺寸数据采集于 1986 年，至今还未曾修订。30 多年来，我国人民生活水平有了质的飞跃，体形发生了巨大变化，现有的成年人人体数据已无法准确反映当前我国国民的身体状况。因此，《中国成年人人体尺寸》（GB 10000—88）有待重建和完善。

3.4.3　相关软件

1. DELMIA

DELMIA 是由达索公司开发和运营的一款数字化企业的互动制造应用软件，它提供了工业上第一个和虚拟环境完全集成的商用人体工程模型。DELMIA/Human 可以在虚拟环境中快速建立人体运动原型，并对设计的作业进行人体工程分析。人体工程学仿真包含了操作可达性仿真、可维护性仿真、人体工程学/安全性仿真。人体建模 DELMIA/Human 提供了第 5、50 和 95 百分位数的男女人体模型库，这些模型都带有根据人体生物力学特性设定的人体反向运动特性。

2. JACK

JACK 最初是由宾夕法尼亚大学的人类模型和模拟中心开发的人机系统评价软件，在飞机、汽车设计方面发挥了巨大作用，目前是西门子 PLM 旗下的一员。使用 JACK 可以：①建立一个虚拟的环境；②创建一个虚拟人；③定义人体大小和形状；④把人放在环境中；⑤给人指派任务；⑥分析人体如何执行任务。

日本引进 JACK 后，在置换了本国的人体尺寸数据库后已广泛用于各种人机系统的设计。我国航天医学研究所较早地引进了该软件，北京航空航天大学等单位也先后引进了该软件，但由于我国没有建立通用的人体尺寸数据库，故该软件的功能和作用还没有充分发挥。

案例：基于人体测量数据的高铁司机室空间设计合理性研究

高速动车组司机室是列车驾驶作业空间，空间作业内容包括驾驶作业、活动作业和维修作业等，是动车组上人机交互行为最复杂的空间之一。

1. 高铁司机室评价准则

UIC651是国际铁路联盟针对机车、动车、动车组和驾驶拖车的标准规程，规程的制定不仅是为了便于国际联运，而且也对司机室的设计提出一般要求，是司机室设计的指导性文件。结合人体尺寸数据，主要针对司机作业空间、站立空间、视野范围等有着详细的规定。

司机作业空间是由多方因素共同决定的，主要取决于司机的生理特征、驾驶室造型设计以及设备的布置方式，手的理想触及半径如图3-10所示。

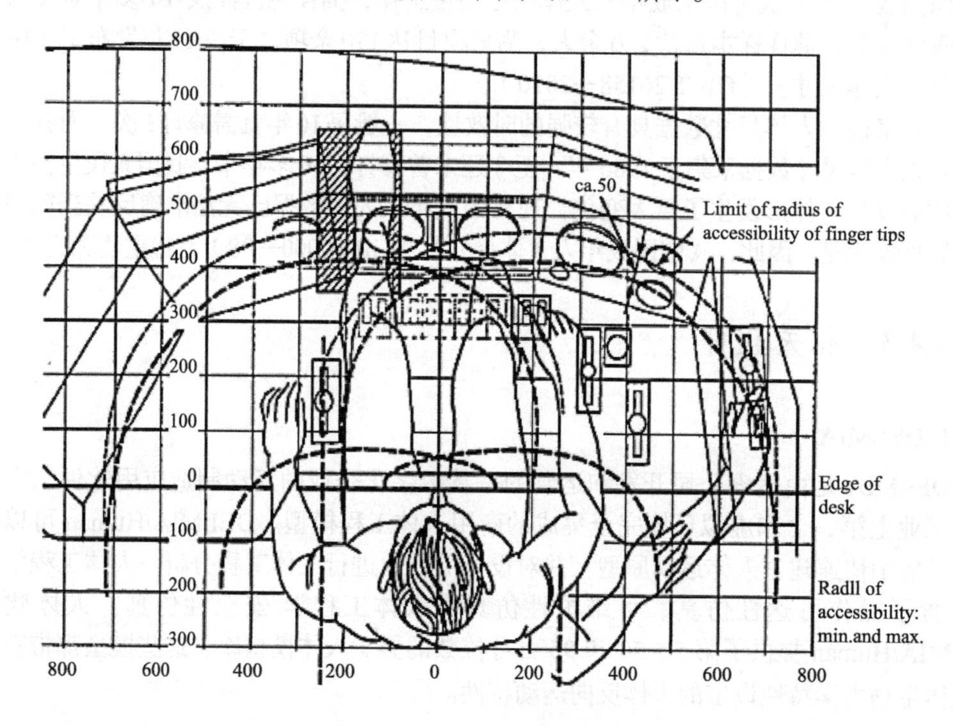

图3-10 司机手的理想触及半径

视野范围主要取决于司机的视点高度、遮挡物以及高低信号距离，参照表面内的每一点处能看见车端前部平面10m或10m以外的距轨道中央右侧或左侧2.5m处的高处信号和线路上方高达6.3m的高处信号，能看到前部平面15m或15m以外的轨道中央右侧或左侧1.75m处的低处信号。

2. 我国高铁司机人体测量数据

目前我国的轨道车辆司机多为男性，在最新中国成年人人体测量尺寸中，男性第5百分位数人体（下文用P5代指）的身高为159.1cm、第50百分位数人体（下文用P50代指）的身高为169.3cm、第95百分位数人体（下文用P95代指）的身高为179.7cm，分别建立了P5、P50及P95的数字人体用于后续分析。将P5的数字人体作为分析的下限，P95的数字人体作为分析的上限，而P50的数字人体作为分析的平均参数。P5、P50和P95的数字人体如图3-11所示。

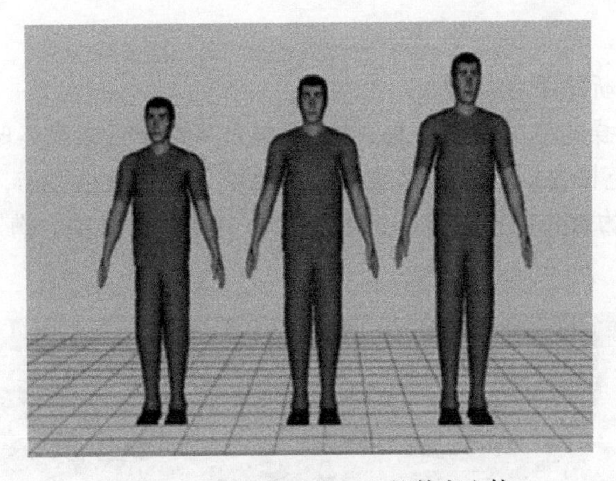

图3-11　P5、P50和P95的数字人体

3. 基于人体测量数据的高铁司机室空间分析

依据UIC651标准，应用最新人体测量数据，对动车组司机室内的操作空间、站立空间及驾驶视野进行分析。

1）操作空间分析

如图3-12所示，操作空间是指司机在司机操控台前的作业活动范围，分析操作空间目的是尽可能让所有人都可以操作操纵台上所有操作终端，所以选取P5，因为如果P5能够操作，P50和P95也就可以操作。所以这里选取P5，采用P5数字人体进行分析，调节P5数字人体姿态，与正常司机姿态一致，进行操作空间分析。

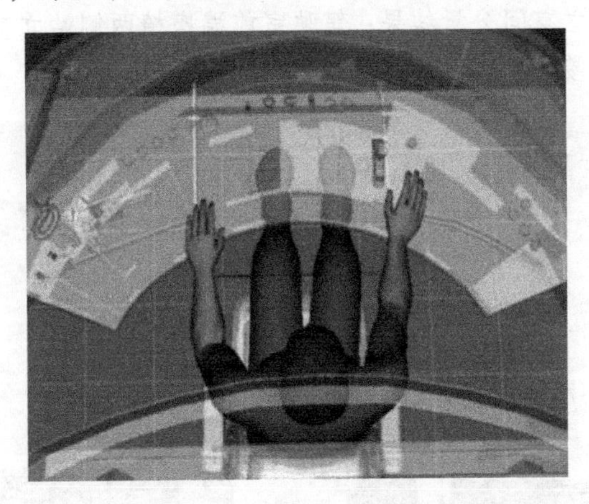

图3-12　操作空间分析

2）站立空间分析

分别采用P5和P95数字人体对驾驶室内部空间进行站立空间分析。

3）驾驶视野分析

采用P5及P95数字人体在坐姿情况下仿真分析是否满足UIC651要求的高处信号和低处信号视野要求。分析驾驶室模型分为两种：一种是遮阳帘处于全部展开状态，另一种是遮阳帘处于全部收拢状态。

4. 分析结果

1）操作空间分析结果

图 3-13 所示为操作空间分析结果：P5 数字人体处于正常坐姿时，车辆控制手柄处于右手的有效控制范围内；当腰部以理论最大活动范围（弯曲 85°，水平转动±40°）运动时，左/右手食指的操作空间包含了操纵台上所有的操作终端，满足 UIC651 对操作空间的要求。

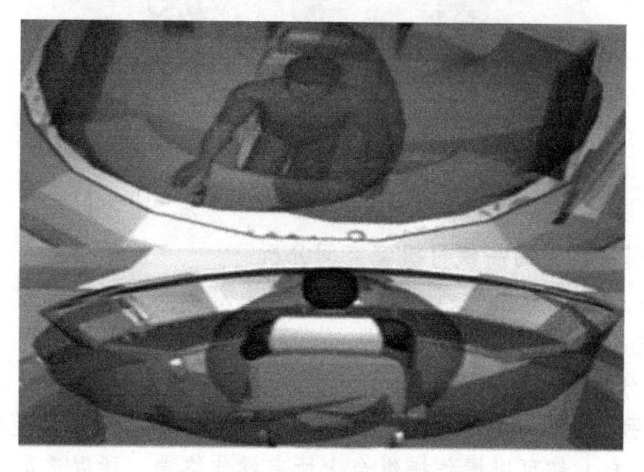

图 3-13　操作空间分析结果

2）站立空间分析结果

图 3-14 所示为站立空间分析结果：驾驶室前端座椅两侧站立空间预留不足，不满足 UIC651 对站立空间的要求。

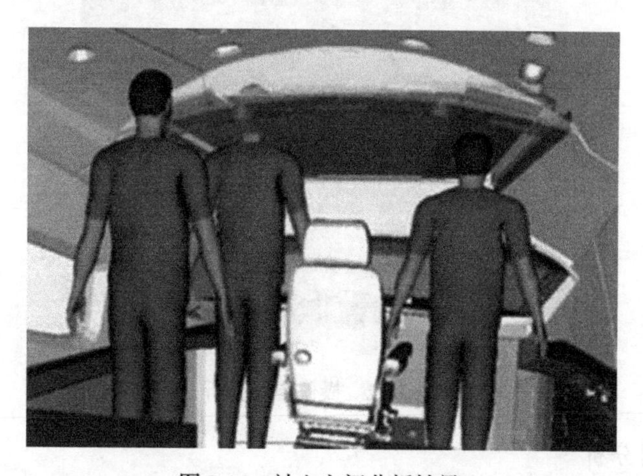

图 3-14　站立空间分析结果

3）视野分析结果

表 3-10 所示为视野分析结果。无论遮阳帘处于展开还是收拢的状态，P5 数字人体的视野分析结果均不满足 UIC651 对前方视野的要求；P95 数字人体的视野在遮阳帘收拢时，满足 UIC651 对前方视野的要求。

表 3-10　视野分析结果

数字人体	遮阳帘展开	遮阳帘收拢
P5	不满足	不满足
P95	不满足	满足

图 3-15 所示为 P5 数字人体的视野分析结果。其中，1 区视线代表视野被遮挡，2 区视线代表司机的有效视野范围。当遮阳帘展开时，P5 数字人体既无法看到高处信号，也无法看到低处信号；当遮阳帘收拢时，P5 数字人体可以看到高处信号，但无法看到低处信号。

（a）遮阳帘展开　　（b）遮阳帘收拢

图 3-15　P5 数字人体的视野分析结果

图 3-16 所示为 P95 数字人体的视野分析结果。当遮阳帘展开时，P95 数字人体可以看到低处信号，但无法看到高处信号；当遮阳帘收拢时，P95 数字人体既可以看到高处信号，又可以看到低处信号。

（a）遮阳帘展开　　（b）遮阳帘收拢

图 3-16　P95 数字人体的视野分析结果

5. 结论

采用最新中国人体测量数据分析后发现，某型高铁驾驶室的人机工程设计不完全满足 UIC651 的设计要求。

（资料来源：姜良奎. 最新人体数据在高铁人因工程分析中的应用研究[J]. 智能制造，2019，（1/2）：83-87）

【思考题】

1. 本案例中使用了哪些人体测量中的统计指标？
2. 建立人体测量数据库系统有什么意义？

第4章　工作负荷与作业疲劳

【学习目标】

本章通过对工作负荷进行概述说明，介绍体力负荷和脑力负荷的测量、劳动时的能量消耗，目的是使大家了解体力、脑力负荷相关概念和测量方法，掌握提高作业能力和降低疲劳的措施。

【开篇案例】

日常我们会看到如下的报道：

“我早上5点钟起来，太累了！”说完这句话后，刘某倒地不起，再也没有醒来，而他，不过27岁。记者随后采访得知，死者是某旅行社的一名导游，事发当天正带团到玉龙雪山游玩，当游客在观看表演时，前一秒还和其他导游闲聊的刘某突然向后倒去，经过一个多小时的抢救后，最终不治身亡。死因初步诊断为心脏骤停。

2015年3月24日，深圳36岁的IT男张某被发现猝死在公司租住酒店的马桶上面，当日凌晨1点他还发出了最后一封工作邮件。据其妻子闫女士说，张某经常加班到凌晨，有时甚至到早上五六点钟，第二天上午又接着照常上班。闫女士认为，张某猝死与长时间连续加班有关，“他为了这个项目把自己活活累死了”。不得不说，频频出现的猝死事件一个重要的原因就是过于劳累。近来的“过劳死”事件频频出现，先是深圳一名新婚才3个月的工程师在出租屋猝死，其家属称，死者曾连续工作34小时后，休息不到10小时又工作12小时，长时间超负荷劳动导致死亡；后又是技术研发人员林某被同事发现在睡梦中猝死，其大学毕业进入公司才4个月，死前曾在微博多次称，“工作压力大”“累”“困”，曾48小时不休不眠。

2019年著名的演员高某录制节目时，因为过度劳累引发心源性猝死。

……

不得不说，高强度工作负荷已成为猝死事件出现的最大诱因。年轻员工上班期间猝死，是否与高强度的工作有关？能否得到工伤保险待遇？用人单位应负哪些责任？是否应采取相应的机制预防此类事件的再次发生？随着社会的发展，工作负荷及工作疲劳被越来越多的人关注，研究人们的工作负荷问题也越来越重要。

4.1　工作负荷概述

工作负荷用来反映人在工作中承受压力的大小，是指单位时间内人体承受的工作量，旨在测定和评价人机系统的负荷状况，努力使其落入最佳工作负荷区域。

根据工作性质的差异分为体力工作负荷和脑力工作负荷两类。

（1）体力工作负荷，又称生理工作负荷，是指人体单位时间内承受的体力工作量的大小，主要表现为动态或静态肌肉用力的工作负荷。工作量越大，人体承受的体力工作负荷强度越大，但人体承受的体力工作负荷强度是有一定限度的。

（2）脑力工作负荷，又称心理工作负荷，是指单位时间内人体承受的心理活动工作量。它是一个多维概念，涉及工作要求、时间压力、操作者的能力和努力程度、行为表现和其他许多因素。目前对于脑力负荷的定义没有严格统一的描述。本书中，将脑力负荷定义为反映工作时人的信息系统被使用程度的指标。脑力负荷与人的闲置未用的信息处理能力之和就是人的信息处理能力。人的闲置未用的信息处理能力越大，脑力负荷就越小；人的闲置未用的信息处理能力越小，则脑力负荷越大。人的闲置未用的信息处理能力与人的信息处理能力、工作任务对人的要求、人工作时的努力程度等有关，因而脑力负荷也与这些因素有关。

一般情况下，人们把个体在正常环境中连续工作 8 小时且不发生过度疲劳的最大工作负荷值，称为最大可接受工作负荷水平。一般来说，体力工作负荷以疲劳感、肌肉酸痛感、沉重感等主观体验作为评定手段。脑力劳动者的工作负荷则以情绪状况、睡眠质量、脾气好坏作为最直接的指标。如果一个人的工作让自己感到力不从心、情绪低落，或者工作绩效下降、差错或事故发生率增加、个人满意感降低，就要考虑工作是否超负荷了。

工作负荷与人的工作绩效之间存在倒 U 形关系，即当工作负荷较低或较高时，人的工作绩效均较低。工作负荷很低时，大脑的兴奋性水平较低，注意力不易集中，这时人体对外界信号的反应较慢，易漏失或歪曲信号而导致错误。当工作负荷很高时，工作者的工作能力接近或达到极限水平，这时无论生理还是心理状况都已不能再适应继续工作的要求，并且由于剩余能力耗尽，工作者无法应付突发事件，从而更容易诱发各类事故。当心理负荷长期处于失衡状态时，则很容易患上各种职业病或诱发生理系统功能紊乱。

对操作者承受负荷的状况进行准确评定，既能保证工作量，又能防止操作者在最佳工作负荷水平外超负荷工作，因此是人因工程设计的一项重要任务。

4.2 体力工作负荷

4.2.1 体力工作负荷的测定

体力工作负荷水平可以运用人体的相关生理指标和生化指标的变化进行测定。因此，体力工作负荷主要从生理变化、生化变化、主观感受三个方面测定。

1. 生理变化测定

生理变化测定主要通过吸氧量、肺通气量、心率、血压和肌电图等生理变量的变化来测定体力工作负荷。

在体力工作负荷变化时，心肺功能是最容易引起变化的生理变量。大量研究表明，吸氧量、肺通气量、心率和血压随着工作负荷的增加而增加。生理变化的测定也可以使用某些派生的吸氧量和心率指标，如氧债指标、活动结束后心率恢复到活动前所需的时间、肌电图等。一般来说，体力负荷越大，人体在活动中氧债越大，心率恢复到活动前水平所需的时间越长，肌电图中的电位由容易分辨到不能区分，到最后无法分清。然而大部分生理测量需要仪器设备，这就限制了它们的使用。

例子：在阿波罗登月计划中，航天员通过带有生物传感器的制服，将心率、体温变化、呼吸、两导联心电图和氧消耗等参数从太空送往地面接收站，地面专家根据这些生理数据为航天员提供实时医疗监护和操作负荷状态的工效学指导。苏联“上升号”“联盟号”载人飞船上的设备记录了航天员的心率、血压、呼吸描述图、心电图、心震图、脑电图、眼电图、肌电图、体温及皮肤电活动，通过这些反映健康状态的生理指标监测了航天员完成任务的能力。

2. 生化变化测定

人体在较高负荷的体力运动中，器官物质代谢活动和能量代谢活动也相应增强。随着中高强度体力负荷的持续，人体体内一些生化物质将会发生显著变化，具体表现为血乳酸浓度、血红蛋白、血尿素尿蛋白等含量的变化。在体育运动学领域，这些生化指标常用来评定运动员的身体机能状态、疲劳状态和运动训练强度等。因此，人因工程中的作业疲劳度也可通过对生化指标的测定来评估。

在生化指标变化中，乳酸含量是较重要的，是经常被测定的项目。其中，安静时，血液中乳酸含量 10~15mg/100mL；中等强度作业时血液中乳酸含量略有增高；在较大强度作业时，血液中的乳酸含量可增加到 100~200mg/100mL 或更高。体力负荷对人体尿蛋白含量也有明显的影响，正常情况下，健康人的尿中虽含有微量的蛋白质成分，但含量极微，无法用常规的方法检测出来。在较强的体力活动后，人尿中的蛋白质含量会大幅度上升，即“运动性尿蛋白”现象，用常规的方法就可以测量出来。一般疲劳测定的项目，包括能耗率、皮电、脑诱发电位、肌电、瞳孔变化、乳酸、蛋白含量的变化等。

3. 主观感受测定

疲劳的特征之一是感觉体力不支、乏力等，通过适当的主观评定技术，可以将疲劳的这些特征描述出来。主观测量是对心理负荷最直观的测量，也是最容易实施的测量。与其他疲劳测定方法相比，主观评定具有省时、简易可行的特点，因此较为常用。主观感觉测定，它是通过自认劳累分级量表进行评价，最好的量表是那些明确地描述了最低点和最高点的量表。经过多次修改，目前普遍使用的是15点（6~20点）量表，如图4-1所示，该量表的特征是要求操作者根据工作中的主观体验感对承受的负荷程度进行评判。尽管主观评价容易获得，但它们也有一些限制，它们的定义就决定了它们是主观的，是对生活中事实的主观报告，与操作成绩并不总是一致的。评价者很有可能会有意识地扭曲他们的报告，使之偏高或偏低。

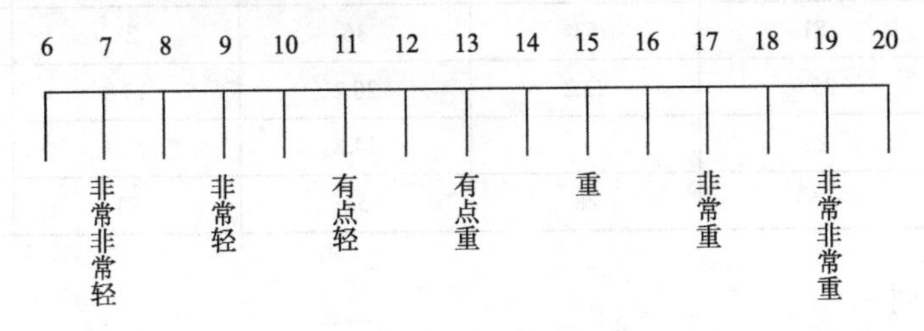

图 4-1　自认劳累分级量表

资料来源：郭伏，钱省三. 人因工程学[M]. 北京：机械工业出版社，2005：245-255

4.2.2　体力劳动时的能量消耗

人体活动需要能量，这些能量的供给是通过体内能源物质的分解放热来实现的。通常人体把能源物质转化为热能或机械功的过程称为能量代谢。肌肉能量代谢的主要能源物质是糖原和脂肪。人体活动的强度不同，消耗的能量也就不同。能量消耗过多，就有可能威胁到人的健康和安全。了解人体能量的产生机理和各类活动的能量代谢对恰当地设计人的活动具有重要意义。

1. 人体能量的产生机理

人的劳动从生理角度来讲，是体力劳动和脑力劳动相结合进行的。不同的工作，存在的体力劳动和脑力劳动的侧重比有差异。劳动时，全身器官系统都要消耗能量，由于骨骼肌约占体重的40%，所以体力劳动的能量消耗较大。体力劳动时，供给骨骼肌活动的能量来自细胞中的三磷酸腺苷（ATP）的分解。由于肌细胞的 ATP 的储量有限，所以在能量释放的同时，必须及时补充肌细胞中的 ATP。补充 ATP 的过程就称为产能。体力劳动时，补充消耗 ATP 的过程有三条途径，即 ATP-CP 系列、需氧系列和乳酸系列。

1）ATP-CP 系列

由磷酸肌酸（CP）与二磷酸腺苷（ADP）合成 ATP 的过程，称为 ATP-CP 系列。ATP-CP 系列产能的速度快，能在极短的时间内释放出能量，但由于 CP 在肌肉中的含量有限，安静时肌肉中的 CP 的浓度约为 ATP 的 5 倍，当肌肉收缩时，ATP 迅速分解，

CP 补充的能量仅供肌肉活动几秒至 1min，因此，这种能量供应适合短期剧烈活动，不是人体活动能量供应的主要形式。

例如，训练有素的短跑运动员跑百米的爆发力就是通过这种方式提供能量的。表 4-1 所示的是在短跑活动前 30s 内的不同阶段几种不同肌肉的新陈代谢变化，仅在 30s 后，肌肉中的糖原含量减少了大约 30%，CP 减少了 83%，而 ATP 减少了 23%，与此同时，肌肉乳酸量增长了 20 多倍。这些数据表明无氧代谢是短跑活动中最主要的供能方式。

表 4-1 安静状态以及短跑时不同能源和物质浓度

新陈代谢	安静	6s	10s	20s	30s
糖原	404		357	330	281
CP	81	53	36	21	14
ATP	25.6	23.2	20.2	19.8	19.6
磷酸根	2.9		14.8	17.4	16.2
乳酸	5	28	51	81	108

2）需氧系列

通过糖、脂肪、蛋白质的氧化磷酸化分解合成 ATP 的过程需要氧气的参与才能完全分解为代谢最终产物，即二氧化碳和水，并释放大量的能量，故称为需氧系列。需氧系列不产生疲劳物质从而能长时间持续地供应能量，而且它产生的能量很多。开始阶段，以糖的氧化磷酸化为主，随着时间的延长，脂肪的氧化磷酸化转为主要过程，正常情况下，一般不动用蛋白质做能源。在中等劳动强度下，ATP 以中等速度分解，1mol 葡萄糖能合成 38molATP；1mol 脂肪能合成 130molATP。因此需氧系列是人体活动能量供应的最主要形式。

3）乳酸系列

大强度劳动时，能量消耗较大，ATP 分解速度加快，需氧系列所合成的 ATP 由于供氧能力的限制，已不能满足机体的需要，必须依靠无氧糖酵解来提供能量，肌糖原合成 ATP 的同时产生乳酸，故称为乳酸系列。生成的乳酸一部分排出体外；另一部分在肝、肾内部又合成糖原。乳酸是一种强酸，它在人体内积聚过多将使人体内环境趋于酸性，继而出现酸中毒，这会使工作能力下降，最终导致活动无法进行下去。因此，乳酸供能也只能持续很短的时间，一般来说，它只能在数十秒时间内提供有效的能量。

例如，800m 以下的全力跑、短距离冲刺、摔跤等都是通过这种方式供能的。郭丽艳①对摔跤项目进行了能量代谢特点分析，选取了参加全国摔跤冠军赛的优秀运动员 9 名，对参赛运动员首场与末场两场比赛进行血乳酸、心率测试。最后研究结果表明运动员比赛时的能量代谢特征，主要供能方式是乳酸系列。

三种能量系统之间是互相联系的。ATP-CP 系统和乳酸能系统供给短暂的能源，是短暂剧烈活动或各种活动之初能量供应所必需的，有氧氧化系统则是长时间能量供应的

① 郭丽艳. 陕西省男子自由式摔跤运动员无氧代谢能力特点及训练方法研究[D]. 西安体育学院，2014.

重要形式。ATP-CP 的消耗通过有氧氧化和乳酸能系统释放的能量来恢复，乳酸能系统产生的乳酸则依赖活动后进一步氧化（彻底氧化成二氧化碳和水）或重新合成为糖原来消除。三个系统的供能状况及它与体力劳动的关系如表 4-2 所示。

表 4-2　三种产能过程的一般特性

名称	代谢需氧状况	供能速度	能源物质	产生 ATP 的量	体力劳动类型
ATP-CP 系列	无氧代谢	非常迅速	CP，储量有限	很少	任何劳动，包括短暂的极重劳动
需氧系列	有氧代谢	较慢	糖原、脂肪、蛋白质，不产生致疲劳性副产物	几乎不受限制	长期、较轻及中等劳动
乳酸系列	无氧代谢	迅速	糖原，产生的乳酸有致疲劳性	有限	短期较重及很重的劳动

2. 人的能量代谢

人体为维持生命而进行工作和运动所需要的能量，都来源于体内物质的分解代谢，也就是来自摄入体内营养物质的氧化。体内能量的产生、转移和消耗叫作能量代谢。能量代谢按机体所处的状态可以分为三种，即维持生命所必需的基础代谢、安静时维持某自然姿势时的安静代谢和作业时的能量代谢。

1）基础代谢

人体代谢的速率随人所处的条件不同而异。人体处于清醒、静卧、空腹（食后 10h 以上）、室温约 20℃这一基础条件下的能量代谢称为基础代谢。单位时间内的基础代谢量称为基础代谢率，用 B 表示，它反映单位时间内人体维持最基本的生命活动所消耗的最低限度的能量。中国人正常的基础代谢率平均值如表 4-3 所示。健康人的基础代谢率是比较稳定的，一般不超过正常平均值的 15%。要计算基础代谢量，首先要知道人体表面积。中国人体表面积的公式为

$$\text{人体表面积}\ S\ (\text{m}^2) = 0.006\,1 \times \text{身高}\ (\text{cm}) + 0.012\,8 \times \text{体重}\ (\text{kg}) - 0.152\,9$$

则基础代谢量=基础代谢率平均值（B）×人体表面积（S）×持续时间（t）=BSt

表 4-3　中国人正常的基础代谢率平均值　　单位：kJ/（$\text{m}^2 \cdot \text{h}$）

年龄	11~15 岁	16~17 岁	18~19 岁	20~30 岁	31~40 岁	41~50 岁	51 岁及以上
男性	195.5	193.4	166.2	157.8	158.7	154.1	149.1
女性	172.5	181.7	154.1	146.4	142.4	142.4	138.6

例 4-1：身高 180cm、体重 85kg 的 22 岁男子一天的基础代谢量是多少？

解：人体表面积 S=0.006 1×180+0.012 8×80−0.152 9=1.969 1（m^2）

一天的基础代谢量=157.8×1.969 1×24=7 457.4（kJ）

2）安静代谢

安静代谢是作业或劳动开始之前，机体仅为了保持各部位的平衡及某种姿势所对应的能量代谢。测定安静代谢量一般是在作业前或作业后，被测者坐在椅子上并保持安静状态，通过呼气取样采用呼气分析法进行的。安静状态可通过呼吸次数或脉搏数判断。安静代谢量包括基础代谢量和维持体位平衡及某种姿势所增加的代谢量两部分。通常也可以将常温下基础代谢量的 20%作为维持体位平衡及某种姿势所增加的代谢量。因此，

安静代谢量应为基础代谢量的 120%。安静代谢率用 R 表示，即

$$R=1.2B$$

$$安静代谢量=RSt=1.2BSt$$

式中，R 为安静代谢率[kJ/（m^2·h）]；S 为人体表面积（m^2）；t 为持续时间（h）。

3）能量代谢

人体进行作业或运动时所消耗的总能量，叫能量代谢量。能量代谢量包括基础代谢量、维持体位增加的代谢量和作业时增加的代谢量三部分，也可以表示为安静代谢量与作业时增加的代谢量之和。能量代谢率记为 M。能量代谢量是计算作业者一天的能量消耗和需要补给热量的依据，也是评价作业负荷的重要指标。

能量代谢量=能量代谢率 M[kJ/（h·m^2）]×人体表面积 S（m^2）×持续时间 t（h）

4）相对能量代谢率

体力劳动强度不同，所消耗的能量不同。为了消除劳动者个体之间的差异因素，常用活动代谢率与基础代谢率之比，即相对能量代谢率（relative metabolic rate，RMR）来衡量劳动强度的大小，即 RMR 为

$$\text{RMB}=\frac{能量代谢量-安静代谢量}{基础代谢量}或$$

$$\text{RMR}=\frac{能量代谢率-安静代谢率}{基础代谢率}=\frac{M-R}{B}=\frac{M-1.2B}{B}$$

由上可推出：

$$M=(\text{RMR}+1.2)B$$

计算能量代谢量时，首先需要准备必要的 RMR 资料，可以利用专家已经积累的大量的系统的 RMR 数据。然后通过对研究的某项具体作业，观察分析作业者的动作、负荷和疲劳等方面的特征，与现有的资料加以对照比较，即可以判断确定该项作业的 RMR 值。

例 4-2：某纺织女工身高 1.60m，体重 45kg，基础代谢率平均值约为 136.5kJ/（m^2·h），连续作业 4 个小时，当 RMR=3 时，试问能量消耗为多少？作业时增加的代谢量为多少？

解：人体表面积=0.006 1×身高（cm）+0.012 8×体重（kg）−0.152 9

=0.006 1×160+0.012 8×45−0.152 9

=1.399 1（m^2）

能量消耗量=（RMR+1.2）×基础代谢率平均值×人体表面积×作业时间

=（3+1.2）×136.5×1.399 1×4

=3 208.416（kJ）

作业时增加的代谢量=RMR×基础代谢率

=RMR×基础代谢率平均值×人体表面积×作业时间

=3×136.5×1.399 1×4

=2 291.726（kJ）

4.2.3　作业时的氧耗动态

人体在代谢过程中所需要的氧，经呼吸系统从外界吸入，并由循环系统输送至组织，代谢产物二氧化碳又由循环系统输送至呼吸系统，排出体外，从而保证了人体能量代谢的正常进行。能量产生和消耗可以从人体消耗的氧量上反映出来。

1. 动态作业的氧消耗动态

动态作业是在保持肌肉张力不变的情况下，经肌肉交替收缩和舒张、运用关节活动来进行的作业。动态作业时人体所需氧量的大小，主要取决于劳动强度和作业时间。劳动强度越大，持续时间越长，需氧量也越多。人体在作业过程中，每分钟所需要的氧量，即氧需能否得到满足，主要取决于循环系统的机能，其次取决于呼吸器官的功能。血液每分钟能供应的最大氧量称为最大摄氧量或氧上限，正常成年人一般不超过 3L/min，常锻炼者可达 4L/min 以上，老年人只有 1~2L/min。

从事体力作业的过程中，氧需量随着劳动强度的加大而增加，但人的摄氧能力却有一定的限度。因此，当氧需量超过最大摄氧量时，人体能量的供应依赖于能源物质的无氧糖酵解，造成体内的氧亏负，这种状态称为氧债。氧债与劳动负荷的关系如图 4-2 所示。

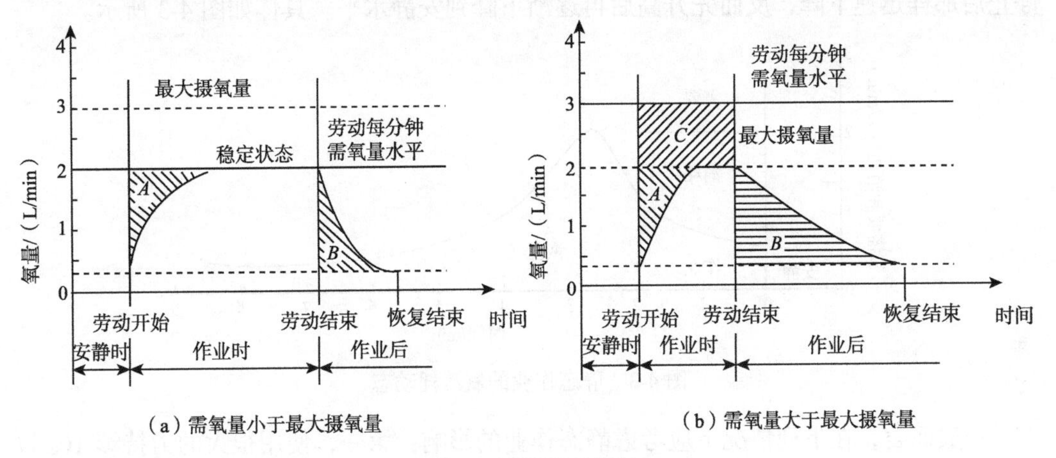

（a）需氧量小于最大摄氧量　　（b）需氧量大于最大摄氧量

图 4-2　氧债及其补偿

资料来源：马如宏. 人因工程[M]. 北京：北京大学出版社，2011

当作业中需氧量小于最大摄氧量时，在劳动开始 2~3min 内，由于心肺功能的生理惰性，不能与肌肉的收缩活动同步进入工作状态，因此，肌肉暂时在氧供给不足的条件下工作，略有氧债产生，如图 4-2（a）中的 A 区所示。此后，随着心肺功能惰性的逐渐克服，呼吸、循环系统的活动逐渐加强，氧的供应得到满足，机体处于摄氧量与需氧量保持动态平衡的稳定状态，在这种状态下，作业可以持续较长时间。稳定状态工作结束后，恢复期所需偿还的氧债，如图 4-2（a）中的 B 区所示。在理论上，A 区应等于 B 区。

当作业中劳动强度过大，心肺功能的生理惰性通过调节机能逐渐克服后，需氧量仍超过最大摄氧量时，稳定状态即被破坏。此时，机体在缺氧状态下工作，可持续时间仅仅局限在人的氧债能力范围之内。一般人的氧债能力约为 10L。如果劳动强度使劳动者每分钟的供氧量平均为 4L，而劳动者的最大摄氧量仅为 3L/min，这样体内每分钟将以产生 7g 乳酸作为代价来透支 1L 氧，即劳动每坚持 1min，必然增加 1L 氧债，如图 4-2（b）中的 *A* 区所示，直到氧债能力衰竭为止。在这种情况下，即使劳动初期心肺功能处于惰性状态时的氧债［图 4-2（b）中的 *A* 区］忽略不计，劳动者的作业时间最多也只能持续 10min 即达到氧债的衰竭状态。恢复期需要偿还的氧债，应大于 *A* 区与 *C* 区之和。

体力作业若使劳动者氧债衰竭，可导致血液中的乳酸含量急剧上升，pH 下降。这对肌肉、心脏、肾脏及神经系统都将产生不良影响。因此，合理安排作业间的休息，对于重体力劳动是至关重要的。

2. 静态作业的氧消耗动态

静态作业是依靠肌肉等长收缩来维持一定体位所进行的作业。在日常生活和工作中，人们的身体不得不经常进行静态作业，如站立时，大腿、臀部、背部和颈部的肌肉都处于静态作业下。在劳动中，静态作业所占的比重与劳动姿势及熟练程度有关。任何作业均含有静态作业成分，它可随着劳动姿势的改变、操作熟练及工具的改进而减少。静态作业的特点是能量消耗水平不高，但容易疲劳。即使劳动强度很大，氧需也达不到氧上限，通常每分钟不超过 1L。但在作业停止后数分钟内，氧消耗不仅不像动态作业停止后那样迅速下降，反而先升高后再逐渐下降到安静水平。具体如图 4-3 所示。

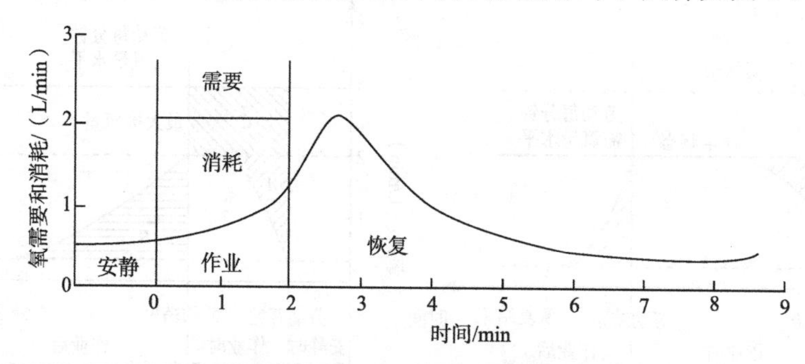

图 4-3 静态作业的氧消耗动态

一般而言，在下列情况下应考虑静态作业的影响：第一，使用很大的力持续 10s 以上；第二，使用中等程度的力持续 1min 以上；第三，使用轻度的力（人最大力的 1/3 左右）持续 4min 以上。

在大致相当的条件下，相对于动态作业，静态作业导致更高的能量消耗，心跳增加，需要更长的消除疲劳时间。因此，平时作业时应尽量减少不必要的静态作业。

例子：超市收银员上班时多保持站立姿势，工作不久后便会感觉膝盖发木，且快速分装物品、拎置购物袋等动作使腰、臂都有酸痛感；经过 6h 的站立、忙碌，收银员感觉就像晕车一样，双腿走路时打弯都有些不利索，小腿和脚部轻微肿胀，并伴有头晕的症状。这正是由于长期的静态作业导致的体力疲劳。针对这种情况，研究人员对山东潍坊北宫街的佳乐家超市收银台进行改进，增加了隐形座椅，收银员闲着的时候，可以坐下来休息。研究发现，增加座椅后，员工作业情绪更高，不仅工作效率大幅提升，工作一天下来，身体也不如以往那么容易疲累。

4.2.4　劳动强度分级

劳动强度是指作业者在生产过程中的体力消耗及紧张程度。劳动强度不同，单位时间人体所消耗的能量也不同。目前国内外对劳动强度分级的能量消耗指标主要有两种：一种是相对指标，即 RMR；另一种是绝对指标，如 8h 的能耗量、劳动强度指数等。

1. 以相对能量代谢指标分级

依作业时的 RMR 指标评价劳动强度标准的典型代表是日本能率协会的划分标准，它将劳动强度分为五个等级，如表 4-4 所示。

表 4-4　劳动强度分级

劳动强度分级	RMR	作业特点	工种举例
极轻劳动	0~1	手指作业；脑力作业；坐姿或重心不动的立姿；疲劳属于精神或姿势方面的疲劳	制图员、电话交换员、修理仪表的修理工
轻劳动	1~2	手指作业为主以及上肢作业；以一定速度工作长时间后呈现局部疲劳	司机、打字员、在桌上修理器具的修理工
中劳动	2~4	几乎立姿，身体水平移动为主，速度相当于普通步行；上肢作业用力；可持续几小时	车工、铣工
重劳动	4~7	全身作业为主，全身用力；全身疲劳，持续 10~20min 想休息	土建工、炼钢工
极重劳动	＞7	短时间内全身用强力快速作业；呼吸困难，持续 2~5min 就想休息	采煤工、伐木工

作业的 RMR 越高，规定的作业率应越低。通常来说，RMR 不超过 2.7 的作业为适宜的作业；RMR 小于 4 的作业可以持续工作，但考虑到精神疲劳，也应安排适当休息；RMR 大于 4 的作业不能连续进行；RMR 大于 7 的作业应实行机械化。

2. 以能耗量指标分级

人体各种生理活动所需的能量来源于糖、脂肪、蛋白质等物质在体内代谢所伴随的能量代谢。肌肉活动对能量代谢的影响最为显著。人体在运动或劳动时耗氧量显著增加，这是因为占体重约 40%的全身骨骼肌需要补给能量。由于最紧张的脑力劳动的能量消耗量不会超过基础代谢的 10%，而肌肉活动的能量消耗却可达基础代谢的 10~25 倍，故用能量消耗来划分体力劳动强度的大小。不同劳动的能耗量与 RMR 指标对照表如表 4-5 所示，该资料为日本劳动研究所发表。

表 4-5　不同劳动的能耗量与 RMR 指标对照表

性别	等级	主作业的 RMR	8h 劳动能耗量/kJ	一天能耗量/kJ
男	A	0~1	2 303~3 852	7 746~9 211
	B	1~2	3 852~5 234	9 211~10 676
	C	2~4	5 234~7 327	10 676~12 770
	D	4~7	7 327~9 085	12 770~14 654
	E	7~11	9 085~10 844	14 654~16 329

续表

性别	等级	主作业的 RMR	8h 劳动能耗量/kJ	一天能耗量/kJ
女	A	0~1	1 926~3 014	6 908~8 039
	B	1~2	3 014~4 270	8 039~9 295
	C	2~4	4 270~5 945	9 295~10 970
	D	4~7	5 945~7 453	10 970~12 477
	E	7~11	7 453~8 918	12 477~13 942

3. 以劳动强度指数分级

我国于 1984 年颁布了体力劳动强度分级标准 GB 3869—83，该标准以劳动强度指数分级，1997 年重新确定标准 GB 3869—1997 代替 GB 3869—83，该标准是以劳动时间率和工作日平均能量代谢率为依据制定的，规定了体力劳动强度分级的划分原则和级别，是劳动安全卫生和管理的依据。应用这一标准能明确工人体力劳动强度的重点工种或工序，以便有重点、有计划地减轻工人的体力劳动强度，提高劳动生产率。我国体力劳动强度分级标准如表 4-6 所示。体力劳动强度指数用于区分体力劳动强度等级。指数大反映体力劳动强度等级大；指数小反映体力劳动强度等级小。

表 4-6　我国体力劳动强度分级标准

体力劳动强度级别	体力劳动强度指数
Ⅰ	≤15
Ⅱ	16~20
Ⅲ	21~25
Ⅳ	>25

4. 以氧耗、心率等指标分级

研究表明，以能量消耗为指标划分劳动强度时，耗氧量、心率、直肠温度、出汗率、乳酸浓度和 RMR 等具有同等意义。典型的代表是 1983 年国际劳工局的划分标准，它将工农业生产的劳动强度划分为 6 个等级，如表 4-7 所示。

表 4-7　用于评价劳动强度的指标和分级标准

劳动强度等级	很轻	轻	中等	重	很重	极重
耗氧量/（L/min）	<0.5	0.5~1.0	1.0~1.5	1.5~2.0	2.0~2.5	>2.5
能耗量/（kJ/min）	<10.5	10.5~21.0	21.0~31.5	31.5~42.0	42.0~52.5	>52.5
心率/（beats/min）	<75	75~100	100~125	125~150	150~175	>175
直肠温度/℃		<37.5	37.5~38	38~38.5	38.5~39.0	>39.0
出汗率/（mL/h）			200~400	400~600	600~800	>800

4.3　脑力工作负荷

4.3.1　脑力工作负荷的测量方法

脑力负荷超出操作者的承受范围会影响到工作的效率和安全，而脑力负荷严重不足易引起操作者对工作的厌倦、单调情绪并降低能力。因此，对脑力负荷评估就是要尽量使之处于合适的范围，使人的信息处理能力在长时间既不过重，也不过轻，以保证人们安全、健康、舒适地工作，并取得满意的工作效果。脑力负荷作为一个多维的概念，其测量方法也具有多样性，可归纳为主观测量法、生理测量法和工作测量法，其中工作测量法又分为主任务测量法和辅助任务测量法。

1. 主观测量法

主观测量法是最流行也是简单并且实用的脑力负荷测量方法。操作人员首先执行某一脑力类型的工作，然后根据自己的主观感受给出对操作活动难度顺序的排序。主观测量法具有以下特点。

（1）主观测量法是脑力负荷测量中唯一的直接测量方法。它引导操作者对脑力负荷（如操作难度、时间压力、紧张程度等）等进行某种判断，这种判断过程直接涉及脑力负荷本质，具有较高的直显效度，易被评价者接受。

（2）主观测量法一般在事后进行，不会对主操作产生干扰。

（3）主观测量法一般使用统一的评定维度，不同情境的负荷评价结果可相互比较；而主任务测量法与生理测量法大都采用不同的绩效指标或生化指标，很难实现相互比较。

（4）主观测量法使用简单、省时。它不需要特定的仪器设备，评价人员只需要阅读有关指导语或通过简短的培训即可进行测量，适用于多种操作情境，数据收集和分析也容易进行。

主观测量法在 1995 年之前的发展体系已经较为完备，很多测量脑力负荷的主观工具都很经典。影响最大的几个主观测量工具是库柏-哈柏（Cooper-Harper）法、NASA-TLX 脑力负荷主观量表和主观负荷评价（SWAT）量表。

1）库柏-哈柏法

库柏-哈柏法是在 1969 年由 Cooper 和 Harper 提出的，是评价飞机驾驶难易程度的一种方法，用于飞机操纵特性的评定，它的建立基于飞行员工作负荷与操纵质量直接相关的假设。这种方法把飞机驾驶的难易程度分为 10 个等级，飞行员在驾驶飞机之后，根据自己的感觉，对照各种困难程度的定义，给出自己对这种飞机的评价，如表 4-8 所示。

表 4-8 Cooper-Harper 飞机性能评价表

飞机的特性	对驾驶员的要求	评价等级
优良，人们所希望的	脑力负荷不是在驾驶中应该考虑的	1
很好，有可忽略的缺点	脑力负荷不是在驾驶中应该考虑的	2
不错，只有轻微的不足	为驾驶飞机，需驾驶员做少量努力	3
小但令人不愉快的不足	需要驾驶员一定的努力	4
中度的、客观的不足	为达到要求，需要相当大的努力	5
非常明显但可忍的不足	为达到合适的驾驶，需要非常大的努力	6
严重的缺陷	要达到合格的驾驶，需要驾驶员最大的努力；飞机是否可控不是问题	7
严重的缺陷	为控制飞机需要相当大的努力	8
严重的缺陷	为控制飞机需要非常大的努力	9
严重的缺陷	如不改进，飞机驾驶时可能失控	10

在20世纪60年代后期，美国空军用库柏–哈柏法评价新式飞机操作的难易程度并取得了很大的成功。由于飞机操作的难易程度与脑力负荷是极为相关的，后来，人们对库柏–哈柏法进行了改进，把评价表中的飞机驾驶困难程度改为工作困难程度，使之适合评价一般任务的脑力负荷。

2）NASA-TLX 脑力负荷主观量表

NASA-TLX 脑力负荷主观量表是由美国国家航空航天局开发的，其全称是 National Aeronautics and Space Administration-Task Load Index，相比一维的库柏–哈柏法，NASA-TLX 是一个多维脑力负荷评价量表。该量表由六个影响脑力负荷的因素组成，即脑力需求、体力需求、时间需求、努力程度、业绩水平及受挫程度，每一个因素均用一条分为 20 等分的直线表示，直线分别以低、高字样进行表示。尽管体力需求也包含在总脑力负荷的评价中，但它并不用于评价体力负荷，而是分析执行任务中的体力活动对脑力负荷大小的潜在影响。各因素详细说明如表 4-9 所示。

表 4-9 NASA-TLX 脑力负荷主观量表条目说明

条目名称	条目说明
脑力需求	指完成工作过程中需付出多大的脑力活动（如思考、决策、计算、记忆、观察、搜查）；该项工作是容易还是困难，是简单还是复杂，要求严格还是不严格
体力需求	指完成工作过程中需付出多大的体力（如推、拉、转身、动作控制、进行活动的程度等），该任务从体力方面对您而言是容易还是困难，是缓慢还是快速，肌肉感到松弛还是紧张，动作轻松还是费力
时间需求	指工作运行速率或节奏，其节奏是缓慢并使人感到从容不迫，还是快速而令人感到慌乱
努力程度	指完成您的工作需付出的努力是小还是大（脑力及体力）
业绩水平	指对完成目标取得的成绩怎么样，对取得的成绩，您的满意程度有多大
受挫程度	指在工作中，您的沮丧感、烦恼程度是小还是大

使用 NASA-TLX 脑力负荷主观量表进行脑力负荷的评价包括两个过程：一是要求调查对象在认真阅读上述各因素的详细说明后，根据自己所执行的工作实际情况，分别

在代表六个因素的直线上相应的位置做标记，如图 4-4 所示。二是采用两两比较的方法，将六个因素进行两两配对，共可组成 15 个对子，要求研究对象在完成某一项任务之后，根据脑力负荷的六个因素在 0~100 范围内给出自己的评价，选出每对中对总脑力负荷贡献更大的那一个因素，根据每一个因素被选中的次数确定该因素对总脑力负荷的权重。

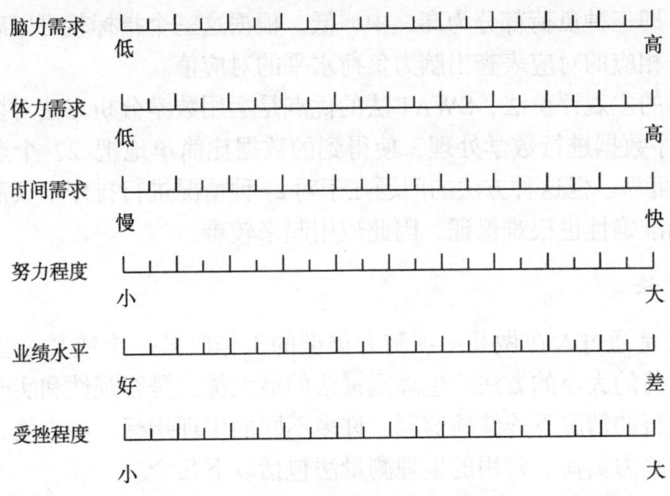

图 4-4　NASA-TLX 脑力负荷主观量表

资料来源：曾庆新，庄达民，马银香. 脑力负荷与目标辨认[J]. 航空学报，2007，（S1）：76-80

3）主观负荷评价（SWAT）量表

SWAT 是英语"subjective workload assessment technique"的缩写，翻译为"主观负荷评价技术"。SWAT 量表是美国空军某基地航空医学研究所开发的一个多维脑力负荷评价量表。如表 4-10 所示，该量表由时间负荷、努力负荷、心理紧张负荷三要素组成，其中，时间负荷反映了人们在执行任务过程中可用的空闲时间的多少；努力负荷反映了执行任务需要付出多大的努力；心理紧张负荷测量的是执行任务过程中产生的焦虑、不称心等心理状态表现的程度。每一因素均分为轻、中、重三个等级。

表 4-10　SWAT 量表详细说明

维度水平描述	时间负荷	努力负荷	心理紧张负荷
1	经常有空余时间，各项活动之间很少有冲突或相互干扰	很少意识到心理努力活动几乎是自动的，很少或不需注意力	很少出现慌乱、危险、挫折或焦虑，工作容易适应
2	偶尔有空余时间，各项活动之间经常出现冲突或相互干扰	需要一定的努力或集中注意力。由于不确定性、不可预见性或对工作任务不熟悉，工作有些复杂	由于慌乱、挫折和焦虑而产生中等程度的压力，增加了负荷。为了保持适当的业绩，需要相当的努力
3	几乎从未有过空余时间，各项活动之间冲突不断	需要十分努力和聚精会神，工作内容十分复杂，要求集中注意力	由于慌乱、挫折和焦虑而产生相当大的压力，需要极大的努力

该种方法的三个因素及每个因素的三个状态，共形成 27（3×3×3）个脑力负荷水平。这 27 个脑力负荷水平被定义在 0~100 范围内。显然，当三个因素都为 1 时，其对应的脑力负荷水平为0；当三个因素都为3时，其对应的脑力负荷水平为100。其他情况

下的脑力负荷水平的确定方法为：用27张卡片分别代表27种情况，操作人员首先根据自己的主观观点对这 27 张卡片进行排序，然后研究人员根据数学中的合成分析方法把这 27 种情况分别与 0~100 范围内的某一点对应起来，如（1，1，1）对应于 0，（1，2，1）对应于15.2，（3，3，2）对应于79.5等。当27种情况下的脑力负荷水平确定之后，就要求操作人员完成某一任务，然后给出这项任务的时间负荷、努力负荷、心理紧张负荷的程度，即三种负荷都分为高、中、低。根据这三个指标就可以确定脑力负荷的状态，然后根据相应的对应表查出脑力负荷水平的对应值。

相对于其他的主观评价法，SWAT法的优点是运用数学分析方法对操作人员给出的27 种情况的排序数据进行数学处理，使得到的数据比简单地把 27 个点平均地确定在0~100范围内更可靠。但这种方法的问题在于对27种情况进行排序不仅需要相当长的时间，而且排序的准确性也很难保证，因此应用起来较难。

2. 生理测量法

生理测量法是通过人在做某一项脑力类型的工作时某一个或某一些生理指标的变化来判断脑力负荷的大小的方法。生理测量法的最大优点是客观性和实时性，并且在不影响工作任务执行的情况下连续地监测。许多不同的生理指标，如心跳、呼吸、瞳孔等被推荐用来测量脑力负荷。常用的生理测量法包括以下几个。

（1）心电活动测量法。一般采用心电监护仪、多导生理仪等仪器记录心电图，将信号放大后分析心电活动变化，其中以心率及心率变异性与脑力负荷的关系研究较多。例如，Wilson 研究了飞行训练中工作负荷与多种生理指标的关系，发现心率和心率变异性在不同的阶段变化非常显著，脑力负荷加重时心率加快，而心率变异性则减少①。

（2）眼电活动测量法。研究脑力负荷和眼电活动的关系时，一般通过眼动仪等仪器记录眼电图信号，然后通过电脑将信号放大，分析不同脑力负荷下眨眼信号的变化。有研究表明，随着工作任务难度的增加，相邻两次眨眼间隔时间延长，眨眼率会下降。

（3）脑电活动测量法：主要有脑事件相关电位测量法（event-related potential，ERP）和脑地形图（electrical brain mapping，EBM）两种。

脑事件相关电位测量法与脑的认知活动密切相关，是近年来比较新的脑力负荷评价指标。脑活动特别是其中的晚发正波成分 P300 与认知活动关系最为密切，被认为是脑认知活动的窗口，可反映任务的脑力负荷，其波幅可以反映诱发其产生的刺激任务的脑力资源的多少。

脑地形图是利用头皮电极和微机技术研究脑诱发电位的时间和空间变化的一种方法。由于作业的种类和难度的不同，头部电活动类型和脑诱发电位成分有明显的差异，我们可以运用这种差异研制功能性的脑地图集，并可以运用这种地图集确定各种认知作业间的认知功能的相似处和差异，进而探讨作业脑力负荷。

（4）磁共振成像技术（magnetic resonance imaging，MRI）。它在脑力负荷的研究中有着广泛的应用前景。各种认知活动在功能上都有高灵敏度的显示成像工作方式，我

① Wilson G F，Fullenkamp P，Davis Z，et al. Evoked potential，cardiac，blink and respiration measurement of pilot workload in air-to-ground missions[J]. Aviation Space and Environmental Medicine，1994，（65）：100-105.

们可以检测到作业前后 MRI 信号强度变化的大小和速度，通过“差图法”或“信号强度-时间”关系曲线，可以直观描述信号强度的变化规律，分析认知作业的种类和脑力负荷。

用生理测量法测量脑力负荷远远没有达到人们的期望。这里最主要的问题是可靠性。生理测量法假定脑力负荷的变化会引起某些生理指标的变化，但是其他许多与脑力负荷无关的因素也可能会引起这些变化。因此，由于脑力负荷而引起的某一生理指标的变化会被其他因素放大或缩小。另一个局限是不同的工作占用不同的脑力资源，因而会产生不同的生理反应。一项生理指标对某一类工作适用，对另一类工作则可能不适用。

总之，用生理测量法测量脑力负荷的结果远不能令人满意，但由于其比较客观，而且许多人确信脑力负荷的变化会引起某些生理指标的变化，也就是说，生理测量法在理论上是成立的，因此仍有许多人在进行这方面的研究。

3. 工作测量法

工作测量法是以工作者在执行工作时的表现作为脑力负荷的衡量指标，反映操作者在模拟或实际操作环境中执行任务的能力，包括主任务测量法、辅助任务测量法。假设操作者在工作中同时需要做两个任务，但只将其主要精力放在其中一个任务上，该任务称为主任务；当其有剩余的精力时再做另一任务，此任务称为辅助任务。主任务和辅助任务的区分必须事先予以特别的说明。

1）主任务测量法

主任务测量法是通过测量操作人员执行主任务的表现来反映主任务脑力负荷的轻重的方法。采用这种方法的前提是，当工作变得更加困难时，需要更多的脑力资源，而随着脑力负荷的增加，人的表现通常会发生改变，因此人的表现可以用来作为脑力负荷的一个衡量指标。它直接反映了操作人员的努力程度。一般来说，单一的工作表现很难反映脑力负荷的水平，通常以表现的变化来反映脑力负荷大小的变化。

常用的主任务测量法主要是对速度和准确率的测量。速度测量是测量操作人员执行一项任务时的反应时间（一般称为反应时）或完成的数量大小；准确率是测量工作人员完成任务的质量高低，也常常用完成任务的错误率加以代替。

前面提到，工作表现与脑力负荷的关系并不是简单的线性关系，只有在任务需求超过了操作人员通过努力进行补偿的情况下，随脑力负荷的变化，业绩变化才比较明显，此时用主任务测量反映脑力负荷变化的敏感性才最好。

2）辅助任务测量法

辅助任务测量法也称为次任务测量法。这种方法通过测量人们完成辅助任务的表现间接反映主任务的脑力负荷大小，它是操作人员做主任务时剩余能力的一个反映指标，即通过辅助任务的表现水平反映主任务尚未用到的能力，其观察指标随辅助任务性质的不同而不同。因此与主任务测量法一样，很难用于不同工作间的相互比较。

并不是所有的任务都可以作为辅助任务，辅助任务必须满足以下几个条件：第一，它必须是细分的，即被试在这项任务中不管花费多少精力，都应该能够显示出来；第二，它必须与主任务使用相同的资源；第三，它必须对主任务没有干扰或干扰很小。下面是常用的辅助任务。

（1）选择反应。一般是向被试在一定的时间间隔或不相等的时间间隔显示一个信号，被试要根据信号的不同做出不同的反应。在主任务的脑力负荷较轻时，反应时间要可靠些；当主任务的脑力负荷较高时，反应率能更好地反映出来。

（2）追踪。追踪任务属于反应性质的任务，追踪阶数不同对追踪任务的困难程度影响很大。高阶追踪任务实际上成了一个涉及人的中枢信息处理系统负荷的任务。用追踪任务测量脑力负荷比较有影响的研究是临界追踪任务。通过临界值的变化就可以了解主任务的脑力负荷。其中，在单独做追踪时，临界值会高些；与主任务一起做这项任务时，临界值会下降。

（3）监视。监视任务一般要求被试判断某一种信号是否已经出现，业绩指标是信号侦探率。在单独做监视任务时，信号侦探率会等于或接近 1。当被试在完成主任务时，监视任务的信号侦探率就会下降，下降的幅度就是人的大脑被占用的情况，即主任务的脑力负荷。监视任务被认为主要是感觉类型的任务，特别是视觉感觉方面的任务，故用它来测量需要视觉的主任务的脑力负荷时效果要好些，对其他任务类型的效果会差些。

（4）记忆。用记忆作为辅助任务来测量脑力负荷的研究特别多，这些研究大都使用短期记忆任务。值得注意的是，记忆任务本身脑力负荷较高，这可能会影响主任务的业绩或人对主任务困难程度的判断。

（5）脑力计算。各种各样的算术计算也被用来作为测量脑力负荷的辅助任务。一般人们用简单的加法运算，但也有用乘法和除法的。显然脑力计算涉及人的中枢信息处理，被认为是中枢处理系统负荷最重的一种任务。

（6）复述。复述任务要求被试重复他所见到或听到的某一个词或数字。通常不要求被试对听到的内容进行转换。因此，复述主要涉及人的感觉子系统，被认为是一项感觉负荷非常重的任务。

（7）简单反应。除了选择反应任务之外，简单反应任务有时也用来作为测量脑力负荷的辅助任务。简单反应任务就是要求被试一发现某一出现的目标，就尽快地做出反应，目标和反应方法都是唯一的。

辅助测量法测量的是人的剩余的信息处理能力，因此曾经被认为是检测操作人员脑力负荷的一种敏感方法，特别是在预计的低负荷或中等负荷的情况下。该方法最大的缺点就是对主任务的干扰，当工作人员要求同时做两件任务时，除非主任务的要求很低或工作人员对辅助任务的注意力很低，否则辅助任务总是干扰主任务，这种干扰的潜在危害使这种方法很少用于实验室以外的场所。

4.3.2 脑力工作负荷的影响因素

测量人的脑力负荷是一项非常困难的事情，原因之一就是影响脑力负荷的因素太多，如工作内容、操作人员的能力、人的性情、工作动机、系统对业绩的要求、系统错误的后果等。由于脑力负荷是以人为研究对象的，所以下面把人从人机系统中分解出来。一般来说，影响脑力负荷的主要有三类因素，即工作内容、人的能力及工作绩效。这三个要素对脑力负荷的测量都有着十分重要的影响。

1. 工作内容

工作内容（工作时间、强度、难度、环境等）对脑力负荷有直接影响。在其他条件不变的情况下，工作内容越多、越复杂，操作人员所承受的脑力负荷就越大。工作内容是一个非常笼统的概念，因此人们又把工作内容分为时间压力、工作强度、工作任务的困难程度等。显然，这些因素与脑力负荷都是相关的。

（1）脑力负荷首先与完成任务所需要的时间有关。一项任务所需要的时间越长，脑力负荷就越大。脑力负荷不仅与人工作的时间长短有关，还与在单位时间内的工作量有关。在单位时间内完成的工作越多，脑力负荷就越大。时间压力简单地说就是在完成任务时时间的紧迫感。时间越紧，人的脑力负荷就越大；工作越困难，脑力负荷就越大。

（2）仅用时间来考虑工作任务对脑力负荷的影响是不够的，脑力负荷还与工作任务的强度有关。工作强度是指单位时间内的工作需求。工作强度越大，脑力负荷就越大。

（3）完成任务的时间和任务的强度是工作任务的两个独立因素，在这两个因素的基础上，又产生了相互交叉的概念和因素，即工作任务的困难程度，包括工作困难因素和工作环境因素。困难是一个综合的概念，它既包括了时间的长短，也包括了工作任务的强度。工作环境影响人对信息的接收，在照明不好或有噪声的情况下，人接收工作信息困难，影响下一步的信息处理，这将增加人们的脑力负荷。在适度的照度下，可以增强眼睛的辨色能力，从而减少识别物体色彩的错误率；可以增强物体的轮廓立体感觉，有利于辨认物体的高低、深浅、远近及相对位置，减少脑力疲劳，使工作失误率降低，还可以扩大视野，防止错误和工伤事故的发生。

2. 人的能力

在脑力劳动中，个体之间的脑力劳动能力存在差异，干同样的工作，能力越强的人脑力负荷越小，能力越弱的人脑力负荷越大。人的能力并不是一成不变的，而是可以随着训练的增加而提高的，特别是在某一技能的学习阶段更是如此。人工作时是否努力、认真，对脑力负荷也有影响。努力程度对脑力负荷的影响趋势是不确定的。一般来说，当人们努力工作时，脑力负荷是增加的，因为这时人对工作的标准提高了，同时做了平时可不做的事情，使工作内容也增加。有时，人在努力工作时，主动放弃休息时间，增加工作时间，这也增加脑力负荷。人更努力时，可以使自己的能力提高，研究发现操作人员更努力时，反应加快，由于能力的提高，脑力负荷反而降低。

3. 工作绩效

脑力负荷的适当与否对系统的绩效、操作者的满意感及安全和健康均有很大的影响。许多研究发现，工作绩效与脑力负荷强度存在明显的依赖关系。例如，当人机系统中呈现的信息量较大时，操作者由于“脑力超负荷”而处于应激状态。这时操作者往往由于难以同时完成对全部信息的感知和加工而出现感知信息的遗漏或错误感知、控制或决策失误。然而，当信息呈现较少时，操作者由于久久得不到目标信息的强化而处于一种单调枯燥、注意力容易分散的状况，属于“脑力低负荷”状态。这时，操作者会出现反应时延长、反应敏感性较差，即使目标信息真的出现，也可能发生漏报等情况。在这两种情形下，操作者的工作绩效往往会降低。只有让操作者从事中等脑力负荷强度的工作，才能取得较好的操作效果。

4.4 作业疲劳

作业疲劳是指在作业过程中，操作者由于生理和心理状态的变化，产生作业机能衰退、劳动能力下降，有时伴有疲倦感等自觉症状的现象。作业疲劳是劳动生理的正常表现，疲劳程度的轻重取决于劳动强度的大小和持续劳动时间的长短。疲劳可通过适当的休息予以消除。但任由疲劳持续发展，很可能引起严重的后果。

4.4.1 作业疲劳的分类

作业疲劳通常分为体力疲劳和脑力疲劳，也叫肉体疲劳和精神疲劳。

（1）体力疲劳。体力疲劳也被称为生理疲劳。生理疲劳分为一般疲劳和肌肉疲劳。一般疲劳是指全身性身体疲惫的感觉；肌肉疲劳是长时间持续体力劳动或静态施力，造成肌肉组织缺氧、代谢物（包括乳酸和二氧化碳）无法及时分解排出，在肌肉组织里面累积导致肌肉酸痛。体力疲劳以肌肉疲劳为主要形式。

（2）脑力疲劳。当前关于脑力疲劳的界定可以分为三类：第一类，从现象角度出发，强调个体的主观感受，即个体所体验到的一种身心状态。第二类，从行为角度出发，关注个体的作业绩效，以作业效率和结果作为评价疲劳的指标，认为绩效的下降是疲劳状态的具体体现。第三类，从生理角度出发，考察个体各类生理指标和生理机能的变化，如心率变化、脑电位变化、眼动指标变化等，认为脑力疲劳是伴随多种变化产生的。

4.4.2 疲劳对人体与工作的影响

疲劳是现代人紧张生活状态的一个真实反映，人在疲劳时，其身体、生理机能会发生如下变化，致使作业中容易发生事故。

（1）在主观方面，人会出现身体不适，头晕、头痛，控制意志能力降低，注意力涣散、信心不足、工作能力下降等，从而较易发生事故。

（2）在身体与心理方面，疲劳导致感觉机能、运动代谢机能发生明显变化，脸色苍白，多虚汗，作业动作失调，语言含糊不清，无效动作增加，从而较易发生事故。

（3）在工作方面，疲劳导致继续工作能力下降，工作效率降低，工作质量下降，工作速度减慢，动作不准确，反应迟钝，从而引起事故。

例子： 某年 8 月 25 日上午，某厂在进行锅炉过热器泄漏检修中，张某连续工作两天两夜，第三天准备用电梯运送氧气、乙炔气瓶时，在锅炉 46.7m 运转层按下电梯按钮，46.7m 层门打开，但因电梯层门闭锁装置故障，电梯实际停在 63.7m，而张某由于过度疲劳，导致精神不济，反应迟钝，踏空落入电梯井道底坑，抢救无效死亡。

（4）疲劳引起的困倦，导致作业时人为失误增加。根据事故致因理论，造成事故的原因是人的不安全行为和物的不安全状态两大因素时空交叉。物的不安全状态具有一定的稳定性，而人的因素具有很大的随意性和偶然性，有资料统计表明，约 70%以上的事故是由人的不安全行为造成的。由此可见，消除疲劳以减少失误、消除人的不安全行为，可有效避免事故的发生。

例子： 某日中午在高雄后火车站九如路上发生一起交通事故，当时车流量相当大，肇事车辆从对向车道高速冲撞正在等红灯的轿车，连撞 2 辆，肇事司机下车后还摇摇晃晃，神情相当恍惚，还坐在地上睡着了。警方调查后发现他并未酒驾也未服用违禁药物，单纯只是疲劳驾驶。

（5）疲劳导致一种省能心态，在省能心态的支配下，人做事嫌麻烦，图省事，总想以较少的能量消耗取得较大的成效，在生产操作中有不到位的现象，从而容易导致事故的发生。

例子： 36 岁的王某从事物流生意多年，在去襄阳送货时，当其驾车行至安陆一下坡路段时，因长时间疲劳驾驶而出现省能心态，图省事，想喝水，又觉得停车太麻烦，在一只手握着方向盘的情况下，另外一只手提起旁边的暖水瓶想倒杯水，没想到方向失控，车辆侧翻于路边 5m 多深沟内，致使双腿骨折，同时全身又被放在驾驶室里的暖水瓶严重烫伤，车辆报废。

4.4.3　作业疲劳的测量

正确评价作业疲劳度是提高工作舒适度的关键，更是预防疲劳引起的职业病的关键。测定疲劳的方法应满足如下几个标准：①测定结果应当是客观的表达，以数据为依托，而不是仅仅依赖于作业者的主观解释。②测定的结果应当定量化表示疲劳的程度。③测定方法不能导致额外的疲劳或使被测者分神，以免使测量结果发生偏差。④测定疲劳时，不能使被测者不愉快或造成心理负担或病态感觉，影响测量。

迄今为止，人们尚无法清楚地解释疲劳的本质，还没有方法直接测定疲劳，也没有哪种方法能测定所有的疲劳，只能通过对劳动者的生理、心理等指标来间接测定，从而判断作业者疲劳程度。疲劳可以从三种特征上表露出来：身体的生理状态发生特殊变化，如心率、血压、呼吸及血液中的乳酸含量等发生变化；进行特定作业时的作业能力下降，如对特定信号的反应速度、正确率、感受能力下降，工作绩效下降等；还有疲劳的自我体验。下面介绍几种主要方法。

1. 生理参数法

生理参数法主要依靠仪器设备对某些生理参数进行测量，并依据选定生理参数的变化情况来判断是否疲劳。

生理参数法往往并不是选定某个生理参数作为评价指标，一般是结合心率、心电、脑电等几个生理参数作为作业疲劳的综合评价指标。生理参数法能够比较客观地反映生理作业疲劳情况，避免了人为主观因素的干扰，是研究生理原因引起作业疲劳的主要方法。在实际劳动过程中生理参数法往往会受到测量设备的适用限制，测量方法相对复杂。上述原因限制了作业疲劳的生理参数法的应用。

2. 生物化学法

生物化学法是通过检查受试者的血液、尿液、汗液及唾液等液体成分的变化来判断疲劳的方法。生物化学法和生理参数法类似，能够客观评价受试者的作业疲劳情况。因为要持续或间隔一段时间后采样分析，所以往往会中断受试者作业，而且容易引起受试者的反感。此外，生物化学法还可能对受试者的身体造成一定的创伤，故目前应用较少。

3. 生理心理测试法

生理心理测试法包括以下几种方法。

（1）膝腱反射机能测定法。这是通过测定由疲劳造成的反射机能钝化程度来判断疲劳的方法。当用锤子叩击四头肌时，膝部会出现反跳现象，这在生理学上称为膝跳反射。随着疲劳的增加，引起膝跳反射所需的叩击力量随之增加。一般以能引起膝跳反射的最小叩击力量（以锤子的下落角表示）来表示膝跳反射的敏感性（或称阈值）。例如，如果锤长 15cm、重 150g，则轻度疲劳时阈值增加 5°~10°，重度疲劳时阈值增加 15°~30°。随着工作过程的持续进行，疲劳会逐渐积累起来。适当的休息可以消除或减轻疲劳。

（2）触二点辨别阈值测定法。采用两个短距离的针状物同时刺激作业者皮肤表面，当两个刺激点间距离小到刚刚使被试感到是一个点时的距离称作触二点辨别阈或两点阈。作业机体疲劳时感觉机能迟钝，两点刺激敏感阈限增大，因此，可以根据这种阈值的变化判别疲劳程度。

（3）皮肤划痕消退时间测定法。用类似于粗圆笔尖的尖锐物在皮肤上划痕，即刻显现一道白色痕迹，测量痕迹慢慢消退的时间，疲劳程度越大，消退得越慢。

（4）连续色名呼叫检查法。这是通过检查作业者识别各种颜色并能正确叫出各种颜色名的能力来判别作业者的疲劳程度的方法。测试者准备五种颜色板若干块，快速抽取色板，同时让作业者回答，作业者在疲劳状态下回答速度较慢，且错误率相对较高。根据作业者的回答速度和错误率，可以判断作业者的疲劳程度。

4. 疲劳症状调查法

该法通过对作业者本人的主观感受即自觉症状的调查统计来判断作业疲劳程度。该方法简易、省时，不仅切实可行，且具有较高的精确性。值得强调的是，调查的症状应真实，有代表性，尽可能调查全作业组人员。另外，选择量表时应注意量表的信度和效度。具体见表 4-11。

表 4-11　日本产业卫生学会提出的自觉症状的调查内容

姓名：	年龄：	记录：　　　　年　月　日	
作业内容：			
种类	身体症状（A）	精神症状（B）	神经感觉症状（C）
1	头重	头脑不清	眼睛疲倦
2	头痛	思想不集中	眼睛发干、发滞
3	全身不适	不爱说话	动作不灵活、失误
4	打哈欠	急躁	站立不稳
5	腿软	精神涣散	味觉变化
6	身体某处不适	对事物冷淡	眩晕
7	出冷汗	常忘事	眼皮或肌肉发抖
8	口干	易出错	耳鸣、听力下降
9	呼吸困难	对事不放心	手脚打战
10	肩痛	困倦	动作不准确

4.4.4　降低疲劳和提高作业能力的途径

作业疲劳是工作效率降低的重要原因，提高作业能力首先应尽可能克服工作过程中的体力疲劳和脑力疲劳。当前降低疲劳的途径主要是控制劳动强度和时间、改进操作方法、增强个人管理、制定相关制度、加强科学管理等。具体途径如下。

1. 改进操作方法并合理使用体力

选择适宜的劳动姿势和方式可以减轻疲劳。任何作业都应选择适宜的姿势和体位，以维持身体的平衡与稳定，避免把体力浪费在身体内耗和不合理的动作上。

1）选择正确作业姿势和体位

采取适宜的作业姿势能有效缓解疲劳，能坐姿作业的一定要坐姿作业。另外，直立姿势时，身体各部分的重心恰好垂直于其支承物，因而肌肉负荷最小，这是人类特有的最佳抗重力机制。直立姿势作业时，四肢或躯干任何部分的重心从平衡位置移开，都会增加肌肉负荷，使肌肉收缩而使血液阻断，引起肌肉局部疲劳。因此，作业时应尽可能采取平衡姿势。

例子：现在的工厂都使用流水线作业，将每道基本工序分开给工人做，这样可以简化单位工作量。如图 4-5 所示，由于坐姿作业，取放产品过程中作业人员身体有倾斜现象。在装配过程中由于坐着操作时产品位置相对于操作工人来说过高，手臂整体操作高于肩部，手臂需要上台，故长时间作业肩膀容易疲劳，从而降低作业效率。

图 4-5 站立及坐姿手臂疲劳度对比说明

资料来源：坐姿作业和站立作业的差别对比及案例分析[EB/OL]. https://m.sohu.com/a/133832489_177747#read，2017-04-13

经过大量相关研究发现，当人员站立作业时，手臂整体操作低于肩部，手臂自然下垂，且作业过程中取消员工抬手装配整机动作以及缩小员工与产品的距离，使长时间作业不易疲劳，站立式比坐姿作业生产效率提升 13.99%。降低站立作业劳动改善方案：①站立作业每 2h 休息一次（可以考虑 10min 休息不算入上班时间）；②穿平底或中跟鞋以便全脚掌平均受力；③安装脚踏板让两脚轮换承受身体重心。

通过以上数据分析，站姿作业比坐姿作业更有利，站立作业易疲劳可以根据以上措施改善。

2）合理设计作业中的用力方法

第一，合理安排负荷，使单位劳动成果所消耗的能量最少。以负重步行为例，当负荷重量小于作业者体重的40%时，单位作业量的耗氧量基本不变；当负荷重量超过作业者体重的40%时，单位作业量的耗氧量急剧增加。因此，最佳负荷重量限额为作业者体重的 40%。

第二，要按生物力学原理，把力用到完成某一操作动作的做功上去。如向下用力时，站立姿势相比坐立姿势更有效，因为能够利用头和躯干的重量与伸直了的上肢协调起来提供较大的力。

第三，利用人体活动特点获得力量和准确性。当进行较精确的作业时，肢体处于运动范围的中间部位时，便可获得准确的动作。因此，坐姿作业动作比立姿作业时准确得多。

第四，利用人体的动作经济原则，保持动作自然、对称、有节奏。动作自然是为了让最适合运动的肌群及符合自然位置的关节参与动作；动作对称是为了保证用力后不破坏身体的平衡和稳定；动作有节奏是为了使能量不致因为肢体的过度减速而被浪费。对于熟练的操作者而言，还应学会改变自己的动作，运用肌群轮流完成同一作业，避免过早发生疲劳。

第五，降低动作能级。能用手指完成的作业，不用手臂动作去实现；能用手臂完成的作业，不用全身运动去实现。

第六，充分考虑不同体位时的用力特点。屈肘肌群产生力量的大小取决于手的取向（手掌朝向肩时可获得最大的力）和前臂与上臂的角度（90°时可获得最大的力）。人坐在有固定靠背和把手的椅子上而脚蹬踩时，所产生的力量最大，坐姿不易发生向下的力。立姿时最大的拉力产生在肩的下方 180°的方位。坐姿时两手不同方向，用力大小的顺序是推压力、水平拉力、向上活动、向下活动、由侧面向中轴运动、离体侧向运动。推压时，两腿前伸呈钝角的用力效果优于呈直角时的用力效果。

2. *减弱脑力疲劳*

单调感是脑力疲劳产生的主要原因。克服单调感的主要措施有：

（1）合理调整工作过程中的脑力负荷。过高的脑力负荷使作业者的精神处于经常的紧绷状态，久而久之，将产生比较严重的脑力疲劳，直接影响工作效率。要适时地为操作者营造良好的工作氛围，从不同侧面引导作业者保持平衡的作业脑力负荷，从而最大限度地消除脑力疲劳，提高工效。

（2）操作再设计与操作变换。根据作业者的生理和心理特点重新设计作业内容，使作业内容丰富化，已成为提高生产效率的一种趋势，如沃尔克（Walker）在国际商用机器公司对电动打字机框架装配操作进行了合并。合并前，由辅助装配工完成框架装配的简单操作，然后在流水线上由正式装配工调整，再由检验工进行检验。合并后，辅助装配工变为正式装配工，进行装配、调整、检验，并负责看管设备运行，既提高了产品质量，也减少了缺勤和工伤事故。操作变换即用一种单调操作代替另一种单调操作。

（3）利用音乐消除单调感觉。在单调工作情境中用音乐来减轻操作者的厌烦感是常用的方法。大量研究表明，尽管有 1%~10%的个体受到音乐的干扰（主要是老年人），感到烦躁，但大部分工人更喜欢在有音乐的条件下工作。另外，人们还发现，乐曲比演唱有更好的效果，受到更多人的欢迎。但必须指出，音乐只起着类似于“兴奋剂”的作用，它能使被单调工作弄得十分厌烦的操作者活跃起来，重新充满工作活力，却不能减轻由体力劳动诱发的肌肉疲劳。

3. *提高身体素质和专业技能*

体质决定了我们对于某些疾病的易感性和对疲劳的忍受程度。针对个人体质的不同和不同作业的需要，通过合理休息，供给合理营养，改善环境卫生，加强对疾病的防治以及加强体育锻炼，使职工的身体各部分肌肉得到均衡发展，以增强作业者体质，提高作业者抑制疲劳的能力。另外，提高操作者的技术熟练程度也能提高抑制疲劳的能力，从而提高作业能力。

（1）保证一定的睡眠。正常情况下，对于成年人来说，精神和体力的恢复需要睡眠 8h。老年人因新陈代谢减弱，只要 6~7h 即可。睡眠的效果，不仅取决于时间的长短，更重要的是睡眠质量。

（2）加强身体锻炼。锻炼不仅使人强壮有力，而且能提高全身器官、系统的机能。体育活动又是积极休息的一种形式，可以缓解脑力疲劳，促进新陈代谢，改善大脑的营养状态，而且可以增强神经系统的稳定性并提高其反应速度和灵活性。此外，体育锻炼还可以锻炼人的意志，培养顽强拼搏的性格，使人心情愉快。锻炼身体还具有一定的镇静作用，可消除积蓄的紧张感。

（3）补充营养，合理膳食。要养成吃早餐的习惯，而且应该吃含糖量低而含蛋白质高的食物。有的人不吃早餐或吃得不饱，往往在上午九点就有了疲劳感。这就是人体血糖降低引起的，而血糖是劳动者大脑和身体不可或缺的能量来源。

（4）开展技术教育和培训。疲劳与技术熟练程度密切相关，技术熟练的员工作业中无用动作少，技巧能力强，完成同样工作所消耗的能量比不熟练工人少许多。

4. 改进生产组织和劳动制度

生产组织和劳动制度是产生疲劳的重要影响因素，包括经济作业速度、工作日制度、轮班工作制度和作业休息时间等。

（1）经济作业速度。经济作业速度是指进行某项作业能耗最小的作业速度。按这一速度操作经济合理又不易疲劳，持续作业时间长。表 4-12 所示的是在不同速度下负重步行百米的耗氧量，从表中可以看出，以 60m/min 的速度步行能耗最少，因此称之为经济作业速度。

表 4-12 在不同速度下负重步行百米的耗氧量

速度/（m/min）	10	30	40	50	60	70	80	90	110	130	150
耗氧量/L	1.4	0.8	0.7	0.65	0.5	0.6	0.67	0.8	1.25	1.75	2.5

在作业中过快操作会造成作业者的强负荷；过慢会引起情绪焦躁、烦恼，使动作间断，注意力不集中。合适的作业速度不易确定，可由速度相同的人组成作业班组，也可以根据不同作业者的速度潜力来设计操作组合。

例子：别尔姆电话机厂的 TAH-60 电话机装配传送带在不同的时间段采取不同的工作速率，很受工人欢迎。实行自主速率还是规定速率，会对工人产生不同心理影响。研究表明，自主速率优于规定速率。又如，美国一家生产玩具的工厂，女工们抱怨作业速率太快，经讨论同意后自行拟订了三种速度，结果劳动生产率大幅度提高，三周内产量增加了 30%~50%。

（2）加强科学管理，改进工作日制度。工作日的时间长短取决于很多因素。许多发达国家实行每周工作 32~36h、5 个工作日的制度。某些有毒、有害物的加工生产，环境条件恶劣，对于必须佩戴特殊防护用品进行工作的车间、班组，也可以适当缩短工作时间。当然，最为理想的是工人在完成任务的条件下自由掌握作业时间，也就是弹性工作时间，这在国外使用比较广泛。

（3）科学制定轮班工作制度。轮班制分为单班制、两班制、三班制或四班制等。应当根据行业的特点、劳动性质和劳动者身心需要安排轮班方式，如纺织企业的“四班三运转”，煤炭企业的“四六轮班”，冶金、矿山企业的“四八交叉作业”。轮班工作制的突出问题是疲劳，改善睡眠时间本身就足以引起疲劳。每周轮班制使得工人体内生理机能刚开始适应或没来得及适应新的节律，又进入新的人为节律控制周期，所以工人始终处于和外界节律不相协调的状态。长期将影响工人健康和工作效率，从而影响安全生产。因此，对工作轮班制的确定必须考虑合理性、可行性，尽量减少对生物节律的干扰，必要时要改善夜班作业的场所及其劳动、生活条件。

（4）合理安排作业休息时间。休息是消除疲劳最主要的途径之一。无论轻劳动还是重劳动，脑力劳动还是体力劳动，都应规定休息时间。休息频率、休息方式、休息时间及休息日制度等应根据具体作业性质而定。在高温或恶劣环境下的重体力劳动，需要多次的长时间休息，每次 20~30min；劳动强度不大却精神紧张的作业，应多次休息，但每次休息的时间不必很长。一般轻体力劳动只需要在上、下午各安排一次工间休息即可。

5. 改善工作条件和工作环境

（1）提高作业机械化和自动化程度。改善工作条件，提高作业的机械化、自动化程度是减轻疲劳、克服单调感和提高作业安全可靠性的根本措施。死亡事故数据统计说明，我国机械化程度较低的中等煤矿事故死亡人数和 20 世纪 50 年代美国机械化程度相当的煤矿的数字是相近的。各国发展的趋势，都倾向由机器人去完成危险、有毒和有害的工作。这些都说明提高作业机械化、自动化水平，是减少作业人员、提高劳动生产率、减轻人员疲劳、提高生产安全水平的有力措施。这一观点应着力宣传并争取条件加以实施。

例子： 惠州某知名电子科技公司于 2017 年 3 月进行生产线整体升级改造，定制了电器自动成品包装流水线，采用全自动化包装设备与生产线有效对接，在生产后实现全自动化包装。根据客户现场设计包装解决方案，结合客户自身包装要求选择了合适的自动包装设备，最终实现预算合理。主要配套的定制型大尺寸包装设备为自动开箱、装箱和封箱包装机，自动打包机，自动贴标机，自动传输系统等。自动化包装线投产后生产效率有效提升了 50%，极大地降低了大件货物包装人员的工作强度，避免了由人员疲劳操作失误造成的产品损害隐患，实现节约耗材 20%。

（2）不舒适的工作环境会加重操作者的体力疲劳和脑力疲劳，所以应改善工作环境，使其达到“舒适的范围”。同时要合理布置工作地，使操作者在劳动过程中感到安全、舒适、方便，对单调的工作也有调节作用。另外，应创造安静的环境。噪声较小和合适的室内照明环境有利于大脑的思考。通过古典音乐放松的短暂休息（如 15min），可以在持续的脑力认知任务工作中抵消脑力疲劳的积累，提高工作效率。对于已经存在的脑力疲劳，可以通过亲近自然（如美丽风景和动物）来有效缓解，因为绿色通过视觉刺激能给大脑带来放松的效果。

案例 1：煤矿工人体能负荷与工伤事故关系研究

多年来安全问题一直困扰着中国的煤炭生产。矿井事故对矿工的生命与健康威胁很大，体力负荷过重导致的疲劳是事故发生不可忽视的原因。本案例在调查矿工劳动负荷现状与工伤事故发生趋势的基础上，分析疲劳对工伤事故发生的潜在影响并提出减轻负荷、避免重度疲劳和预防事故的对策。

1. 调查对象

北京某煤矿。对该矿井下212名矿工做了一般身体检查与测定，即心电图、血压等生理指标及疲劳问卷调查。工人平均年龄34.6岁。对其中具有代表性的36名矿工做了心脏负荷能力测定。调查该矿近5年各类工伤事故发生资料、情况，内容包括事故发生的地点、时间、伤亡人数、伤亡程度等。

2. 调查方法

（1）采用BHL6000心率仪测定工人工作时的心血管负荷指数（%CVL）等指标，确定其心脏负荷能力与疲劳之间的关系。用下列基本参数和标准来评价心率：心血管负荷指数（%CVL）用工作期间平均心率Hrw超出安静状态下心率Hrrest的数值与8小时工作班中容许最大心率Hrmax8h超出Hrrest数值之比来表示：

$$\%\mathrm{CVL}=100\times\frac{\mathrm{Hrw}-\mathrm{Hrrest}}{\mathrm{Hrmax8h}-\mathrm{Hrrest}}$$

心血管负荷指数（%CVL）在下列范围进行评价：①0<%CVL≤30%，无危险；②30%<%CVL≤60%，建议采取改进措施；③60%<%CVL≤100%，短期内采取必要措施；④%CVL>100%，不允许，必须立即采取措施。

（2）使用负荷、疲劳的标准化问询表，调查工人对工作环境、工作负荷的反映，推算出其主观劳动负荷指数（SWI）和主观疲劳指数（FIX），见表4-13。问卷内容为6个负荷因素：疲劳、危险度评估、工作复杂程度、必要的注意力、工作节奏和可靠性。另有两个补充因素：对工作的兴趣、工作独立性。SWI计算方法：$\mathrm{SWI}=\frac{\text{负荷因素}-\text{补充因素}}{N}$。其中，$N$=所考虑的因素，一般为8个。

表4-13 SWI与FIX关系表

用SWI得出	FIX
FIX<0	根本无影响
FIX=1	轻微影响，不要求采取措施
FIX=2	中等影响，有些因素可引起问题，应当改进
FIX=3	有影响，导致问题的因素必须在短期内改进
FIX=4	影响严重，立即采取改进措施
FIX=5	痛苦不可忍受，不允许在这样的条件下工作，立即采取必要措施

3. 结果分析

（1）1981~1994年的14年间，就百万吨死亡率和工伤事故频率而言，无论是北京矿务局还是某煤矿都呈下降的趋势（图4-6、图4-7）。

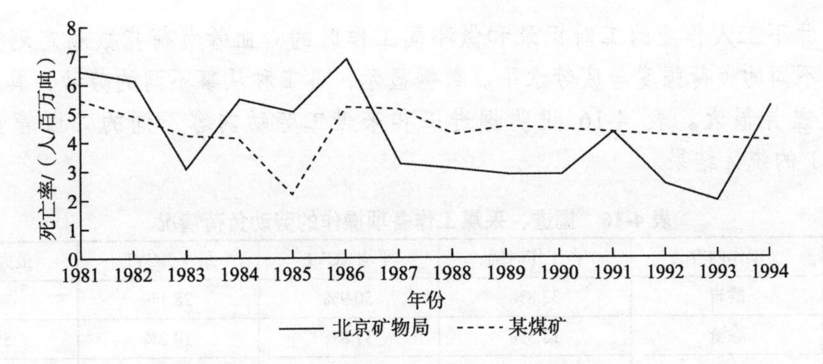

图 4-6　北京矿务局、某煤矿百万吨死亡率

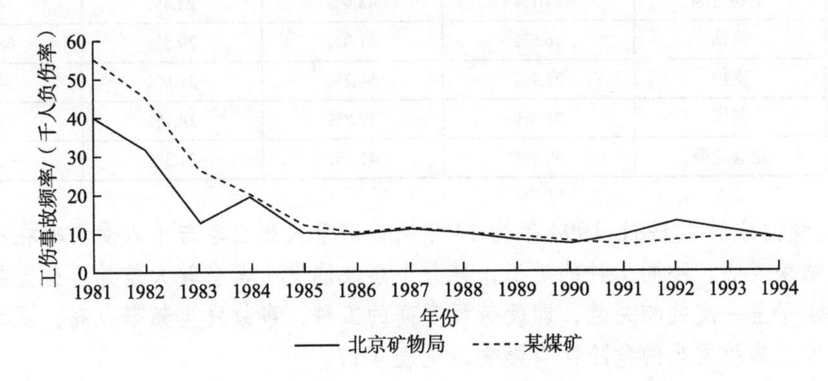

图 4-7　北京矿务局、某煤矿工伤事故频率

（2）劳动负荷测定和主负荷疲劳标准问询表的调查结果显示，受测工人总的负荷强度与疲劳水平略有超出疲劳界限，但不同的工种差异很大，采煤工、掘进工的负荷最大，疲劳较为严重，而机电工与运输工则相对较轻。统计结果见表 4-14、表 4-15。

表 4-14　不同工种人群主观疲劳指数（FIX）统计数据

工种	观察对象	占比	FIX
掘进	45	21.2%	2.26±1.15
采煤	103	48.6%	2.58±1.25
机电	32	15.1%	1.35±1.05
运输	26	15.1%	1.35±1.15
合计	206		2.13±1.17

表 4-15　不同工种人群心血管负荷指数（%CVL）

工种	观察对象	占比	%CVL
掘进	45	21.2%	41.3±8.0
采煤	103	48.6%	38.8±10.2
机电	32	15.1%	28.5±9.6
运输	26	15.1%	19.6±6.8
合计	206		34.32±1.17

依据井下工人作业的工时记录和做不同工作时的心血管负荷指数测定划分了在工作中若干不同的负荷强度与疲劳水平。数据显示，各工种从事不同的劳动，其负荷及疲劳的程度差异很大。表 4-16 说明掘进工和采煤工劳动内容不同的心血管负荷指数（%CVL）的统计结果。

表 4-16　掘进、采煤工作各项操作的劳动负荷情况

工种	操作内容	占工作时间	平均%CVL	最小%CVL	最大%CVL
掘进	凿岩	33.8%	50.9%	28.1%	76.2%
	除渣	13.3%	31.8%	10.2%	59.1%
	辅助	25.8%	43.1%	17.2%	69.0%
	走巷道等	27.1%	48.4%	23.4%	74.1%
采煤	打钻	16.5%	41.0%	29.5%	68.3%
	支护	21.4%	54.2%	21.9%	74.6%
	装煤	21.4%	37.8%	14.1%	82.5%
	走巷道等	40.7%	41.1%	21.3%	60.3%

（3）我们分析了 1981~1994 年的 14 年间该矿千人死亡率与千人受伤率在不同工种的分布。结果表明，不同工种的矿工，其井下事故的发生率有较大差异。此差异与各工种的疲劳水平呈一定的相关性，即疲劳程度高的工种，事故发生频率也高，反之则低；而疲劳程度对事故发生的危险性有影响，见表 4-17。

表 4-17　1981~1994 年不同工种事故发生危险性与疲劳关系分析

工种	%CVL	FIX	年平均千人死亡率	年平均千人受伤率
掘进	41.3	2.26	1.76%	60.74%
采煤	38.8	2.58	1.44%	34.18%
机电	28.5	1.35	0.56%	20.73%
运输	19.6	1.35	0.19%	9.04%
全矿			0.49%	14.89%

煤矿生产早班（8：00~15：00）、中班（16：00~23：00）、晚班（0：00~7：00）及换班日中工伤事故发生频率见图 4-8。数据显示，常规三班生产中，晚班事故发生频率最高，早班与中班较为接近，而换班日事故的比率是正常班的 1.53 倍，明显高于正常班；其中又以换班的晚班，事故发生频率最高。

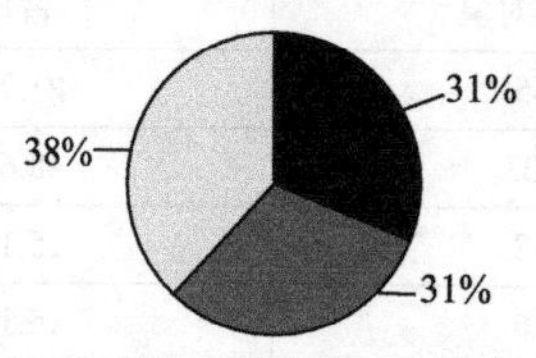

图 4-8　早中晚三班事故发生频率

图 4-9 的分析显示，在班中不同的时间，事故发生的频度有很大差异，从上班后的第一小时开始逐渐增加，在第四小时达到高峰，以后又呈下降趋势。工时记录与%CVL 测定分析表明，从第二、第三小时到第五、第六小时是工作量最紧张、负荷最大又最容易疲劳的时间。根据图 4-8 中所列出的数据，推算出各个工种在工作班中每个工作类别的%CVL 值，并据此划分为高、中、轻三个负荷与疲劳等级，再分析在不同负荷与疲劳条件下工伤事故发生频率（图 4-10）。

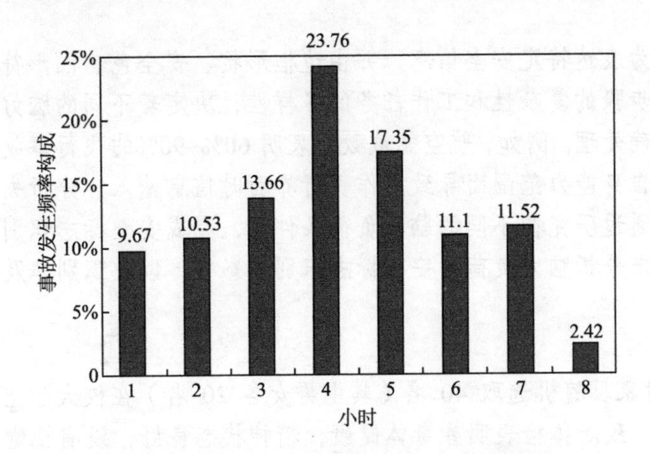

图 4-9　班中不同时间事故发生频率的构成

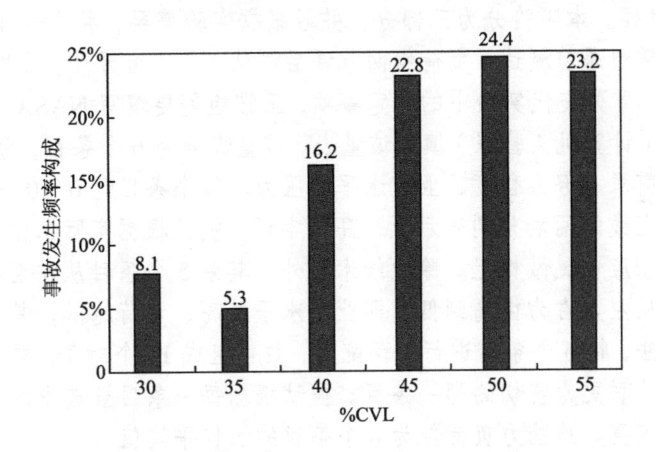

图 4-10　不同劳动负荷条件下事故发生的构成比

煤矿井下事故的原因很多，也很复杂，很难用一种原因或一两个模式去评价和预测。本案例的一些数据显示：在疲劳状态下事故发生的危险性可能会有所增加，因此，科学合理安排进度，减轻体力负荷，避免疲劳，对预防事故的发生、保证劳动安全具有十分重要的意义。

（资料来源：邢娟娟，刘卫东，孙学京，等. 中国煤矿工人体能负荷、疲劳与工伤事故[J]. 中国安全科学学报，1996，6（5）：31-34）

【思考题】

矿下作业高强度劳动时所造成的疲劳对事故发生频率的影响颇大。你有哪些好的建议可以减轻疲劳，从而提高工人的劳动安全度？

案例 2：脑力负荷对安全标志识别的影响

安全标志是为表达特定安全信息，并由边框形状、安全色、图形符号或文字构成的一类标志。工作步骤的复杂性和工作任务的多样性，决定着不同的脑力负荷水平，进而影响对标志的正确处理。例如，航空领域数据表明60%~90%的飞行事故及事故征候是由于脑力负荷超出自身能力范围而导致操作飞行界面时信息输入、分析失误从而决策错误造成的。本案例通过研究在不同的脑力负荷条件下，完成安全标志识别任务的识别率和识别反应时间，来分析脑力负荷对安全标志识别的影响，以及识别率及识别反应时间的性别差异。

1. 实验

（1）实验对象。随机选取 40 名（其中男女各 20 名）在校大学生，年龄为 21~22 岁且受教育程度一致。体检表明皆身体健康，精神状态良好，没有视觉功能障碍，先前均没有做过类似实验。

（2）实验过程。本实验分为三部分，并且根据实验需要，将上述 40 名实验对象随机分为两组（正常组课前测试、负荷组两节课后测试），每组男性、女性各 10 名，实验地点为计算机房。首先交代实验中的注意事项，正常组需要填写 NASA-TLX 量表，而负荷组则需在课后（计算机实验课）填写该量表。该量表分为 6 个条目，分别为心智需求、体力需求、时间需求、努力程度、业绩水平和压力。每个条目记 0~20 分，以一条 20 等分的直线表示，直线的两端分别表示低、高等字样。被试根据实际工作时间，在代表每个条目的直线的相应位置做标记。除业绩水平外，其余 5 个条目从左至右均为负荷逐渐增加，业绩水平从左至右为由高到低，即业绩水平越高，负荷越低，其得分就越低。然后采用两两比较法，将 6 个条目进行两两配对，共可组成 15 个对子。要求被试选出每对中与总脑力负荷关联更为密切的那一条目。被试根据每一条目被选中的次数确定该条目对总脑力负荷的权重。总脑力负荷值为 6 个条目的加权平均值。

随后两组进入机房，每人一台计算机，打开心理实验专用软件编程（该软件可记录每题得分和答题速度），最后，被试需继续对上述信息量较高的安全标志的标志特性进行测试。此时，投影屏将依次播放这 50 个安全标志，被试需在观察完每张标志后，在问卷中对此标志的 4 个特性（具体性、简明性、明确性、语义接近性）进行打分。每个标志特性的得分取值为 0~10 分，程度依次升高，即 10 分表示完全同意，0 分表示完全不同意。

2. 实验结果

1）两组脑力负荷分值

通过两组被试在实验前填写 NASA-TLX 量表，得出每组的脑力负荷分值。结果表明，负荷组在两节课后的脑力负荷平均分值高于正常组 3.162 分，且每组别女性的脑力负荷低于同组别的男性。正常组中男性脑力负荷最高分为 10.78 分，女性脑力负荷最高分为 9.38 分。负荷组中男性脑力负荷最高分为 16.32 分，女性脑力负荷最高分为 14.66 分。两组脑力负荷分均值具体见表 4-18。

表 4-18　两组脑力负荷得分均值　　单位：分

类型	正常组	负荷组
男性	9.799	12.826
女性	8.775	12.072
均值	9.287	12.449

2）两组标志识别率及反应时间

正常组中，男性的识别率相对于女性较高且反应时间相对于女性较短。其中男性识别率平均为 65.8%，反应时间平均为 3 823.62ms。女性识别率平均为 64.8%，反应时间平均为 4 826.76ms。正常组的平均识别率和反应时间分别为 65.3%、4 325.19ms。

负荷组经过两节课后，与正常组相比，标志识别率降低，反应时间变长。男女性别对安全标志识别率及反应时间差异在负荷组中也有表现：男性识别率平均为 64.6%，反应时间平均为 7 079.96ms；女性识别率平均为 63.2%，反应时间平均为 8 459.57ms。负荷组的平均识别率和反应时间分别为 63.9%、7 769.77ms。

3）两组的识别率和反应时间对比

如图 4-11 所示，正常组的识别率分值稍高于负荷组。其中正常组的数值分布较为集中，多数脑力负荷为 8~10，识别率为 0.4~0.7，识别率分值最高者出现在该组，为 0.78 分；负荷组数值分布则较为分散，识别率分值最低者在本组，为 0.32 分。负荷组的反应时间长于正常组，其中反应时间最长者出现在负荷组，为 12 448.1ms，反应时间最短者出现在正常组，为 752.78ms；总体上看，正常组的反应时间随脑力负荷的增大而缩短，负荷组的反应时间则与脑力负荷的增加无相关关系，但大体上负荷组的反应时间随脑力负荷的增加而延长，且随着增加呈平缓变动趋势。

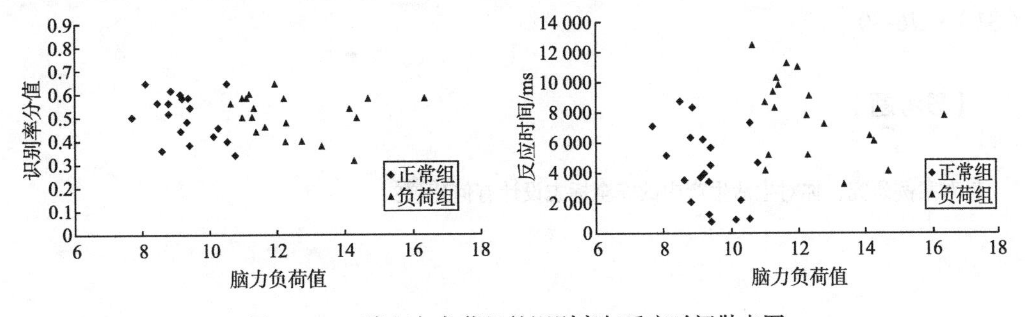

图 4-11　正常组与负荷组的识别率与反应时间散点图

4）不同脑力负荷下的标志特性分析

为进一步研究不同脑力负荷程度下对 4 个标志特性影响的差异性，通过 SPSS 18.0

软件对实验所得两组标志特性评价数据进行独立样本 T 检验差异分析。

由表 4-19 可知，4 个标志特性之间均存在显著的正相关关系，即其中一个标志特性的变化会引起其他标志特性的正向改变。结果表示，最强的相关性来自简明性与明确性（r=0.945），相关性稍低的为具体性与简明性（r=0.908），最弱的相关性则是具体性与语义接近性（r=0.722）。

表 4-19　标志特性皮尔逊相关系数值

特性	具体性	简明性	明确性	语义接近性
具体性	1			
简明性	0.908	1		
明确性	0.841	0.945	1	
语义接近性	0.722	0.862	0.867	1

3. 结论

（1）实验结果表明作业强度的提高必然会使脑力负荷增加。超出人们脑力负荷承受范围时，脑力负荷会影响标志的识别率及反应时间。可能是由于过高的脑力负荷降低了人们的应变能力而增加了其紧张程度，进而降低其识别能力。因此，适量的脑力负荷是完成安全标志的正确识别所必需的，过高的脑力负荷将会影响作业人员对安全标志的正确识别，进而影响其作业安全及身心健康。

（2）在工作量等同增加的情况下，男性的脑力负荷高于女性。可能是由于个体成长过程中，家庭、学校、社会对个体性别的思维意识产生潜在的影响，因此导致对安全标志有不同的识别程度：男性在安全标志识别率上优于女性，识别速度方面快于女性。因此男性比女性有更好的处理脑力负荷的能力，从而男性对安全标志有更好的识别能力。

（3）实验结果显示，设计越简单越利于人们对标志的识别。使用简单、概括的语言传送特定信息的标志是现代人克服文字障碍的重要视觉符号。

（资料来源：曾庆新，庄达民，马银香. 脑力负荷与目标辨认[J]. 航空学报，2007，(S1)：76-80）

【思考题】

针对案例研究，你对生活生产中的安全标志设计有何建议？

第5章　人机系统分析与评价

【学习目标】

本章首先对人机系统进行了概述说明，其次介绍了人机系统设计思想与程序、人机系统评价概述，最后介绍了人机系统分析评价方法。目的是使大家了解人机系统和人机系统设计的相关知识，掌握人机系统设计方法与步骤，并且能够运用评价方法对人机系统进行评价。

【开篇案例】

1. 飞机人机系统设计

在一次完整的飞行中，飞行员主要操作油门和三个界面（升降舵、副翼、方向舵）。然而在大型客机里，要考虑到的东西会更多，除了导航、空地对话、灯光之外，还要考虑客货舱的增压（高空空气稀薄）和温度调控、关乎操纵面的液压、电力、火警的警报及灭火、发动机内部的各种不同的参数、燃油管理等。因此，飞机人机系统的设计显得极其重要。老式飞机内部系统中，各种表盘显示器、控制器，过于繁杂，不便读取。现代飞机人机系统中，驾驶舱开始使用大面积显示屏，驾驶舱的操纵也进一步迈向更友好、更人性化、更简单的方向，大大方便了操作员操作，减少失误。

2. 智能家居人机交互系统

智能家居目前比较火，而且以后也会成为市场的主流，应用前景较广阔。小米智能家居具有较强的代表性，它把人机系统完美地融合在了一起，可以实现用声音向机器下达命令，控制机器做出反应，如躺在床上就可以控制窗帘、灯具的开关。

5.1　人机系统概述

5.1.1　人机系统含义

系统是由相互作用、相互依赖的若干组成部分结合而成的，具有特定功能的有机整体，系统主要有以下三方面内涵。

（1）系统是由若干要素（部分）组成的。这些要素可能是一些个体或零件，也可能其本身就是一个系统（或称为子系统），如运算器、控制器、存储器、输入/输出设备组成了计算机的硬件系统，而硬件系统又是计算机系统的一个子系统。

（2）系统有一定的结构。一个系统是其构成要素的集合，这些要素相互联系、相互制约。系统内部各要素之间相对稳定的联系方式、组织秩序及失控关系的内在表现形式，就是系统的结构。例如，钟表是由齿轮、发条、指针等零部件按一定的方式装配而成的，但一堆齿轮、发条、指针随意放在一起却不能构成钟表；人体由各个器官组成，但各个器官简单拼凑在一起不能称为一个有行为能力的人。

（3）系统有一定的功能。系统的功能是指系统与外部环境在相互联系和相互作用中表现出来的性质、能力和功能。例如，信息系统的功能是进行信息的收集、传递、储存、加工、维护和使用，辅助决策者进行决策，帮助企业实现目标。

人机系统是指为了完成某特定目标，由相互作用、相互依存的人、机器、显示器、控制器、作业环境等子系统构成的整体系统。人机系统的基本结构如图 5-1 所示。人机系统中的人是指机器的操作者或使用者；机器的含义是广义的，是指人所操纵或使用的各种机器、设备、工具等的总称。人机系统是通过人的感觉器官（如耳、眼）和运动器官（如手、脚）与机器的相互作用、相互依存来完成某特定生产过程的。例如，人骑自行车、人驾驶汽车、人操纵机器、人控制自动化生产、人使用计算机等都属于人机系统的范畴。

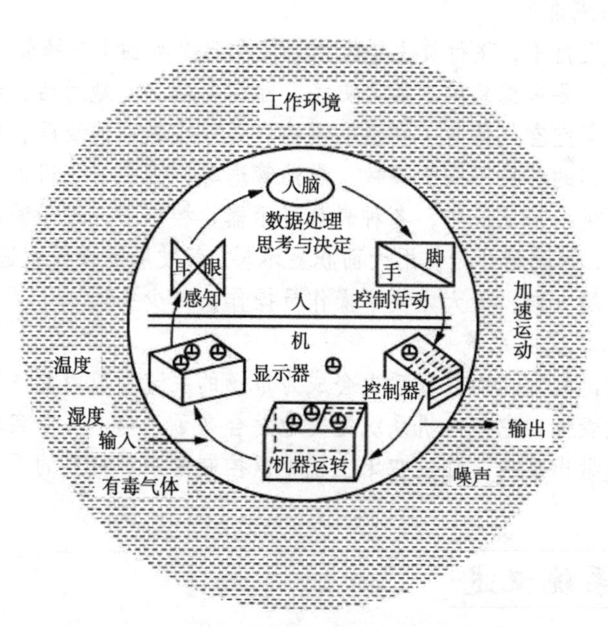

图 5-1　人机系统示意图

资料来源：马如宏. 人因工程[M]. 北京：北京大学出版社，2011

人机系统是为了实现人类的目的而设计的，也由于能满足人类的需要而存在。因此，人机系统乃至系统内的组成单元，都不过是人类某种能力的扩大，或是依据人类的指示而执行一定的功能或机能。人因工程学的最大特点是把人、机、环境看作一个系统的三要素，在深入研究三要素各性能和特征的基础上，强调从全系统的总体性能出发，运用系统论、控制论和优化论的基础理论，使系统三要素形成最佳组合的优化系统。

5.1.2　人机系统基本模式

人机系统基本模式主要由人的子系统、机器的子系统和人机界面所组成。如图 5-2 所示，其中，人的子系统可概括为 S-O-R（感受刺激–大脑信息加工–做出反应）；机器的子系统可概括为 C-M-D（控制装置–机器运转–显示装置）。

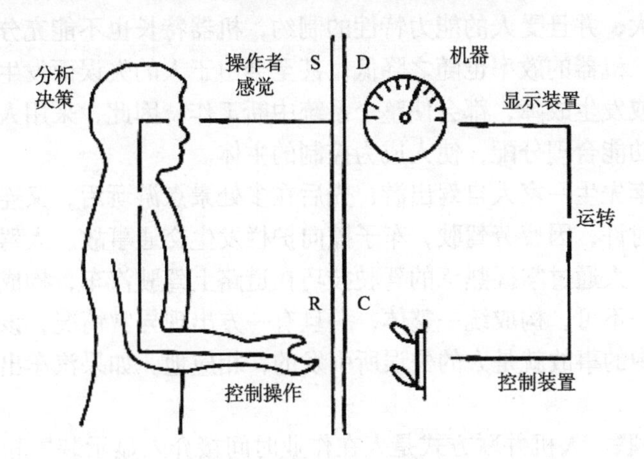

图 5-2　人机系统基本模式

资料来源：郭伏，钱省三. 人因工程学[M]. 北京：机械工业出版社，2005

在人机系统中，人与机器之间存在着信息环路，人机交互具有信息传递的性质。系统能否正常工作，取决于信息传递过程能否持续有效地进行。

5.1.3　人机系统的类型

人机系统有简单和复杂之分，类型多样。常见的分类方法如下所示。

1. 按人机结合方式分类

按人机结合方式，人机系统可以分为人机串联、人机并联和人机串并联，见图 5-3~图 5-5。

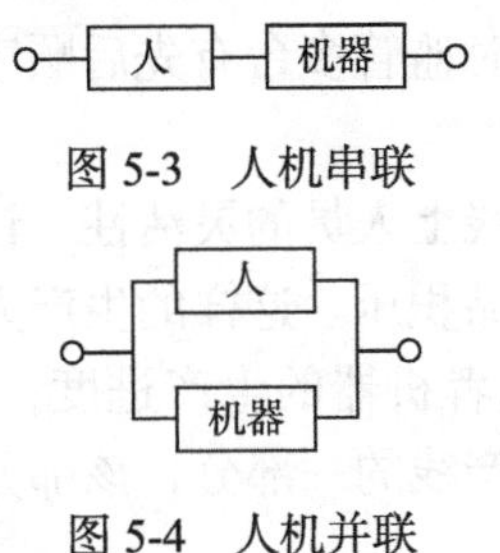

图 5-3　人机串联

图 5-4　人机并联

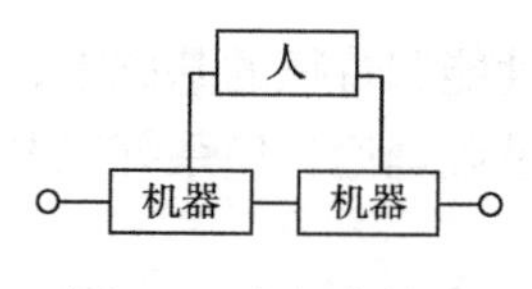

图 5-5　人机串并联

（1）人机串联。人机串联方式是人通过机器的作用产生输出，如钳工锉削、人驾驶拖拉机等，如图 5-3 所示。采用人机串联系统时，必须首先进行人机功能合理分配，使人成为控制的主体。人机串联方式是作业时人直接介入工作系统，操纵工具和机器，因此导致人和机器的特性互相干扰，虽然人机结合使人的长处和作用增大了，但人的弱点也会同时被放大，并且受人的能力特性的制约，机器特长也不能充分发挥。例如，当人的能力下降时，机器的效率也随之降低，甚至会由于人的失误而发生事故；人与机任何一方停止活动或发生故障，都会使整个系统中断工作。因此，采用人机串联系统时，必须先进行人机功能合理分配，使人成为控制的主体。

例子： 某日李先生一家人自驾出游，先后在多处景点游玩后，又连续驾驶 7 个多小时，于当日 15 时许，因疲劳驾驶，车子撞向护栏发生交通事故。人驾驶汽车就是典型的人机串联系统，人通过掌握熟练的驾驶技巧在道路上驾驶汽车，构成串联人机系统，人与汽车二者缺一不可，构成统一整体，一旦有一方出现异常情况，该人机系统就不能正常运转。案例中的事故就是人的失误所引发的，相应地，如果汽车出现故障也可能导致事故。

（2）人机并联。人机并联方式是人在作业时间接介入显示装置和控制装置等工作系统，间接作用于机器产生输出，人的作用以监视、管理为主，手工作业为辅，如监控化工流程、监控自动化设备等，如图 5-4 所示。人机并联时人与机的功能是互相补充的，具有较高的可靠性。例如，机器的自动化运转可弥补人的能力特性的不足，但人与机结合不可能是恒常的，当系统正常时，机器以自动运转为主，人不受系统的约束；当系统出现异常时，机器由自动变为手动，人机结合方式由并联变为串联，人必须直接介入系统之中，要求人迅速而正确地判断和操作。

例子： 无人驾驶汽车。自动驾驶汽车与驾驶员属于人机并联结合方式，在正常情况下汽车可以自动行驶，解放了人的双手，这就避免了因人疲劳驾驶而出现事故。同样，当自动驾驶系统出现故障时，可以改为手动驾驶。该人机结合方式能够弥补人机串联结合方式的弊端，使得人机系统更为安全、有效。

（3）人机串并联。人机串并联又称混合方式，是最常见的结合方式，如图 5-5 所示。这种结合方式实际上就是人机串联和人机并联方式的综合，往往同时兼有这两种方式的基本特性。例如，一个人同时监管多台有先后顺序且自动化水平较高的机床；一个人监管流水线上多个工位；等等。

例子： U 形布局能提高生产线上人员的灵活性，让每个工人流动完成多项任务，节约劳动成本，减少工序间的在制品积压。这样的生产方式必须做到人机串并联结合，使一个人能够同时监督几个工位或者机器的生产进度，做到统筹生产，把握生产节拍。图 5-6 所示的是某发动机装配生产线的一部分，该部分主要由一个人负责缸孔涂油、装入活塞、装连杆盖、拧紧连杆螺栓、内装件检查，是一个典型的人机串并联结合方式在 U 形布局生产线上应用的例子。

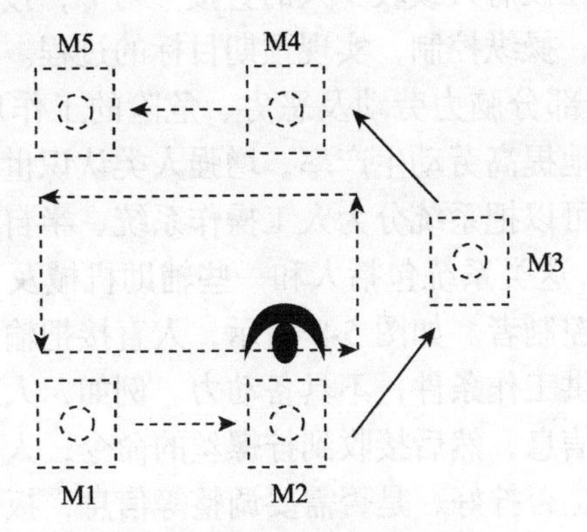

图 5-6　发动机装配生产线

资料来源：马云松. U 型装配线工人行为建模与一人多机系统仿真实验研究[D]. 吉林大学，2018

2. 按有无反馈控制分类

反馈是指系统的输出量与系统输入量结合后重新对系统发生作用，可以分为开环人机系统和闭环人机系统两类。

（1）开环人机系统。如图 5-7 所示，开环人机系统的特征是，系统中没有反馈回路，系统输出不对系统的控制发生作用，所提供的反馈信息不能控制下一步的操作，即系统的输出对系统的控制作用没有直接影响，如操纵普通车床加工工件，就属开环人机系统。

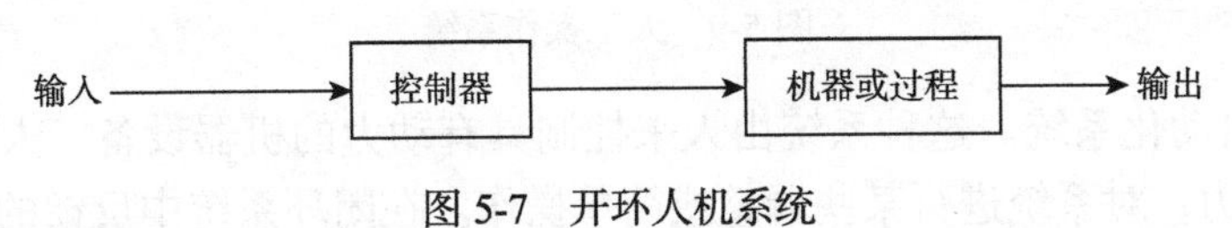

图 5-7　开环人机系统

（2）闭环人机系统。闭环人机系统也叫反馈控制人机系统，如图 5-8 所示。其特点是，系统的输出直接作用于系统的控制，即系统过去的行动结果反馈回去控制未来的行动。例如，在普通车床加工工件，再配上质量检测构成反馈，则称为人工闭环人机系统；若由自动控制装置来代替人的工作，如利用自动车床加工工件，人只起监督作用，则称为自动闭环人机系统。

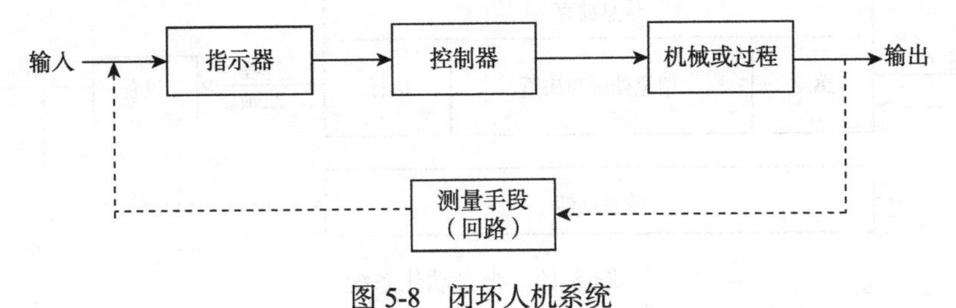

图 5-8　闭环人机系统

3. 按系统自动化程度分类

系统自动化是指系统在没有人或较少人的直接参与下，按照人的要求，经过自动检测、信息处理、分析判断、操纵控制，实现预期目标的过程。采用自动化技术不仅可以把人从繁重的体力劳动、部分脑力劳动及恶劣、危险的工作环境中解放出来，而且能扩展人的器官功能，极大地提高劳动生产率，增强人类认识世界和改造世界的能力。按照系统自动化程度的不同可以把系统分为人工操作系统、半自动化系统、自动化系统。

（1）人工操作系统。这类系统包括人和一些辅助机械及手工工具，由人提供作业动力，并作为生产过程的控制者。如图 5-9 所示，人直接把输入转变为输出，机械和工具只能增强人的力量和提供工作条件，不具备动力。例如，人工手动拧螺丝。首先在人的大脑里储存了拧螺丝的信息，然后接收到拧螺丝的命令，人体自身充当该系统的动力源，实时给大脑反馈螺丝是否拧好、是否需要调整等信息，扳手在该系统中充当辅助工具的角色。

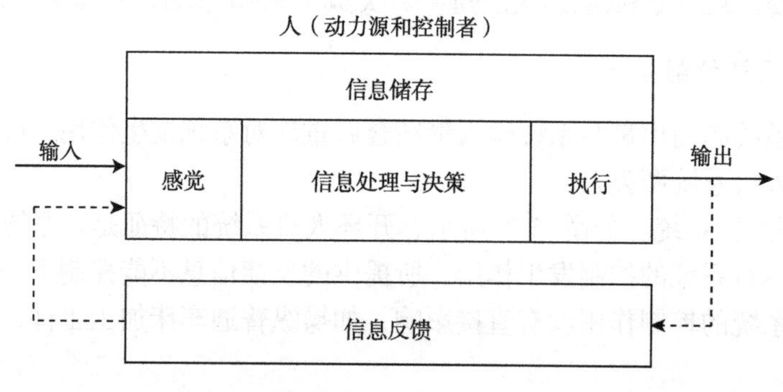

图 5-9　人工操作系统

（2）半自动化系统。这种系统由人来控制具有动力的机器设备，人也可能为系统提供少量的动力，对系统进行某些调整或简单操作。在闭环系统中反馈的信息，经人的处理成为进一步操纵机器的依据，如图 5-10 所示。通过不断地反复调整，保证人机系统得以正常运行。例如，自动化拧螺丝机，人通过电脑系统控制设备机械手臂，掌握操作信息并反馈给人。在电脑里输入相应的控制程序，选取不同的工具对应不同的螺丝，该系统的动力源为电力，人起到控制的作用，不充当动力源。

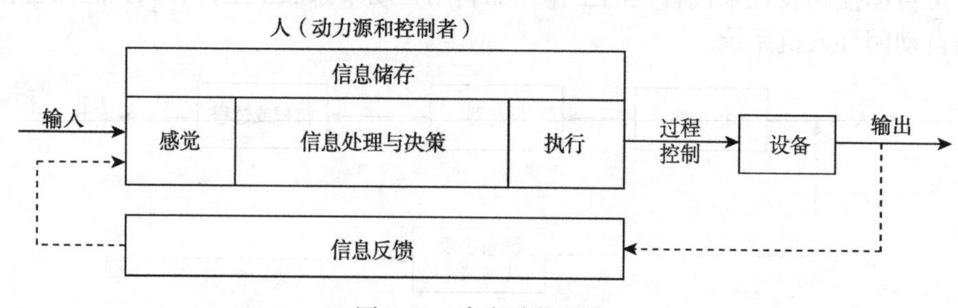

图 5-10　半自动化系统

（3）自动化系统。这类系统中机器完全替代了人的工作，机器本身是一个闭环系统，它能自动进行信息接收、存储、处理和执行，人只是起到监督和管理的作用，如图 5-11 所示。系统的能源从外部获得，人的具体功能是启动、制动、编程、维修和调试等。为了安全运行，系统必须对可能产生的意外情况设有预报及应急处理的功能。例如，无人侦察机可以实现自动巡航与侦察。该机装有光电/红外侦察设备、全球定位系统（global positioning system，GPS）导航设备和具有全天候侦察能力的合成孔径雷达。人可以通过电脑远程监视、操控机器，使机器完成一系列的侦察、打击敌对目标的任务。

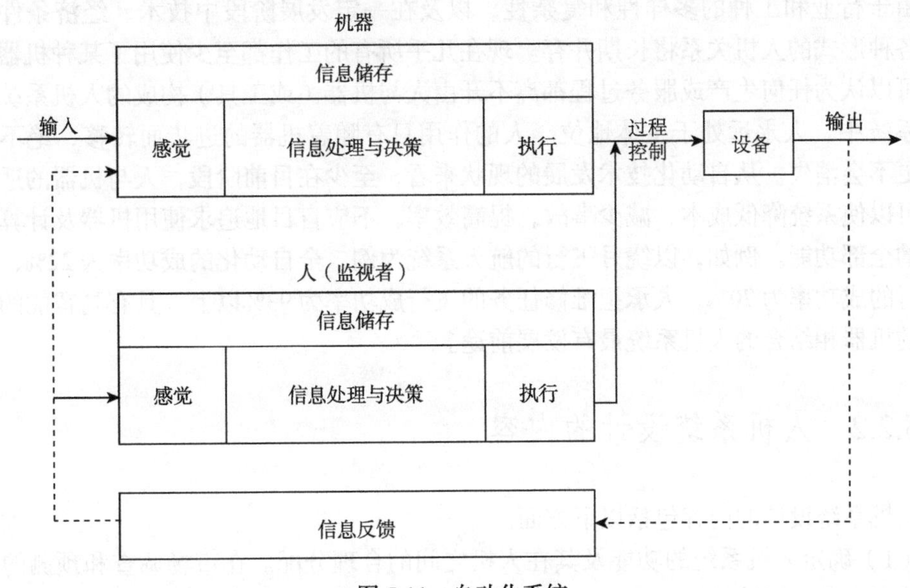

图 5-11　自动化系统

5.2　人机系统设计的过程

5.2.1　人机系统设计思想的发展

人机系统设计是把解决系统的安全、高效、经济问题，特别是有关人的效能、安全和身心健康问题等作为设计目标，从功能分析入手，合理地将系统的各项功能分配给人和机器，从而达到系统的最佳匹配。随着社会的发展和技术的进步，人机系统设计思想也在不断地发展和变化，主要经历了以下三个阶段。

（1）人适应机器阶段。这一阶段的设计思想是让人来适应机器。即先设计好机器，再根据机器的运行要求来选拔和培训人员。

（2）机器适应人阶段。随着机械自动化程度的提高，人的能力已远远跟不上机器的要求，原来的设计思想已显示出其不足，从而产生让机器适应人的设计思想，即根据人的特性，设计出最符合人操作的机器设备、器具；最醒目的显示器；最方便使用的控制器；如何使设计的机器尽可能地代替人的工作；等等。这一阶段思想的局限性在于没有对机器和人进行合理的功能分配，而让机器或人承担了其不擅长的工作，最终导致人机系统没能发挥最优功能而达到最高效率。

（3）人与机器相互适应阶段。当人们认识到“机器适应人”的局限性时，自然就出现了人与机器相互适应的系统设计思想，它综合了前两个阶段的思想，将系统的整体价值作为系统设计所追求的目标，从功能分析入手，在一定的技术和经济水平条件下合理地把系统的各项功能分配给机器和人，从而达到系统的最佳匹配。

由于行业和工种的多样性和复杂性，以及在一定发展阶段中技术、经济条件的制约，各种形式的人机关系将长期并存。现在几乎所有的工作都至少使用了某种机器或工具，可以认为任何生产或服务过程都离不开由人与机器（或工具）构成的人机系统。在人机系统中，人永远处于主体地位。人的作用只有随着机器的进步而转移，绝不会减少，更不会消失。从自动化技术发展的现状来看，至少在目前阶段，人与机器的适当配合，可以使系统降低成本，减少事故，提高效率。不应盲目地追求使用机器及计算机代替人的全部功能。例如，以绕月飞行的航天系统为例，全自动化的成功率为22%，人参与飞行的成功率为70%，人承担维修任务的飞行成功率为93%以上。具有高智能的人与先进的机器相结合的人机系统最有发展前途。

5.2.2 人机系统设计的内容

人机系统设计的内容包括以下方面。

（1）确定人机系统的功能及其在人机之间的合理分配。在市场调查和预测的基础上，确定产品的设计目标，明确人机系统的功能，以便在人与机器之间合理地进行功能分配。

（2）人机系统的可靠性设计。可靠性的数量指标为可靠度，人机系统的可靠度是由机器的可靠度与人的操作可靠度两部分构成的。

（3）作业环境的设计和控制。根据人机系统的具体特点，分析其作业环境因素对操作者和机器的影响，对环境条件进行合理设计和适当控制，为操作者创造比较安全而舒适的工作环境，以减轻疲劳，提高工效，避免或减少误操作，并提高机器的工作效率和使用可靠性。

5.2.3 人机系统设计的程序

人机系统的设计过程可分解为若干个阶段，每个阶段由相互联系的一系列设计活动组成，各阶段之间具有时间形式上的顺序性，只有上一阶段的设计活动完成以后，才能进行下一阶段的设计活动。人机系统设计分析的过程如图 5-12 所示。

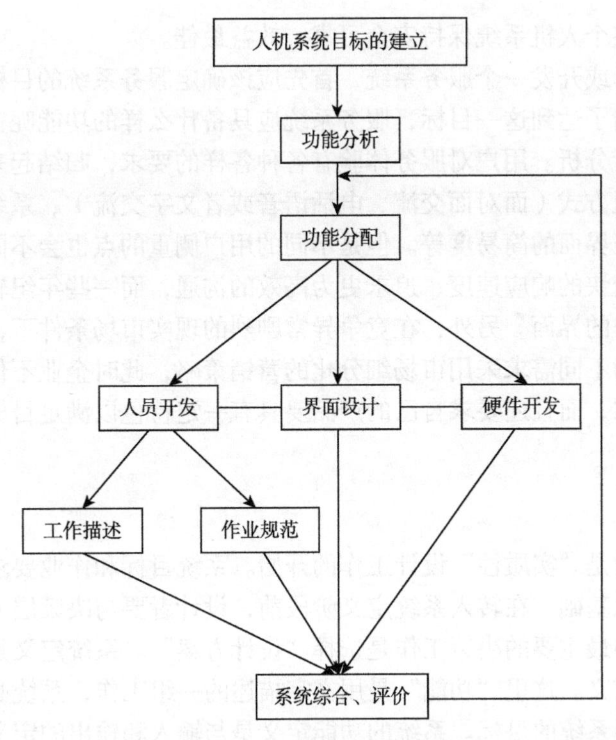

图 5-12　人机系统设计分析过程

1. 系统目标和作业要求

人机系统设计的第一个步骤是定义系统目标和作业要求。“系统目标”一般要用比较抽象、概括的文字来叙述，并且是一句话。

从内容上讲，系统作业要求的定义应包括：系统做什么？做的标准是什么？如何进行测量？从工效学的角度，系统定义阶段就要开始考虑人的因素。应从以下方面进行调研：一是系统未来的使用者。对未来系统使用者的特性，包括心理的、生理的、组织（社会性）的各个方面进行数据收集，要了解“谁”是使用者。二是目前同类系统的使用和操作。同类系统的操作比较，可采用访谈法调研，并初步掌握其作业流程。三是使用者的作业需求，即与作业相关的心理要求，如作业满意度、作业的标准和时间限制等。由于人具有较大个性特征差异，因此应十分注意数据统计的可靠性，选取正确的调查样本。最后是确保系统目标体现使用者的需求。

一些设计研究证明，设计者甚至是有经验的设计者，会先预想一个设计，然后再凑合一个系统目标和作业要求。这种“异程序”设计存在两个主要问题：第一，它是用目标来适应设计。系统定义阶段，各种设计方案必须在定义系统目标和作业要求后提出。第二，它限制了其他也许是更好的设计方案的产生。优秀设计的产生必定是多方案比较的结果，这也是一条设计原则。

一般来说，人机系统设计的总目标是：根据人的特性，设计出最符合人操作的机器、最适合手动的工具、最方便使用的控制器、最醒目的显示器、最舒适的座椅、最舒适的工作姿势和操作程序，以及最有效、最经济的作业方法和预定标准时间，最舒适的工作环境等，使整个人机系统保持安全可靠、效益最佳。

例如，要设计或开发一个服务系统，首先应该确定服务系统的目标是为特定用户提供相应的服务。为了达到这一目标，服务系统应具备什么样的功能呢？我们可以从用户的需求入手来进行分析。用户对服务体验有各种各样的要求，归结起来可分为信息反馈难易度、服务沟通方式（面对面交流、电话语音或者文字交流）、系统响应速度、解决困难的效率、系统界面的简易度等。但是不同的用户侧重的点也会不同。例如，较年轻的用户更加青睐较快的响应速度、追求更为高效的沟通，而一些年纪较大的用户则更加喜欢简单、易操作的界面。另外，在竞争异常剧烈的现实市场条件下，企业为争夺市场常常会根据用户的不同需求采用市场细分化的营销策略，此时企业不仅要求自己的产品能满足用户的要求，而且还要求自己的产品要具有一定特色以满足目标市场提出的特殊要求。

2. 系统定义

系统定义阶段是“实质性”设计工作的开始。系统目标和作业要求的定义已经为系统定义提供了概念基础。在转入系统定义阶段前，设计者要与决策层人员一起做出一些重要的决策，其中最主要的决策工作是选择“设计方案”。系统定义是对系统的输入、输出及其功能的定义。这里“功能”是用文字描述的一组工作，系统必须完成自己的功能任务，才能实现系统的目标。系统的功能定义是与输入和输出的定义同时进行的。

在系统定义阶段，应避免“功能分配”，只定义功能是什么，不定义怎样实现功能。系统定义阶段必须进行的另一个重要工作是收集和整理有关使用者的资料，其意义是进一步定义“使用者”。主要包括两方面内容：一是使用者的群体特征（如人数、职业类型等）；二是使用者的个体特征（如感觉、认知、反应能力等）。

3. 初步设计

进入初步设计阶段，系统设计进展加快，往往会做出一些无法预见的改变和修改。系统的各个硬件、各个专业的设计活动都全面展开，这时应始终注意工效学的要求与各个硬件及设计决策的协调一致性。系统总体设计的中心思想就是要制定人机系统设计与整个系统设计相协调的一种设计方法，保证系统设计的全过程都有工效学专业设计人员的参与，都考虑到人的因素。

人机系统的初步设计是指围绕系统设计所进行的功能分析与分配、作业要求研究及作业分析。

1）功能分析与分配

功能分析包括描述、确定和分解系统功能的过程。功能的描述和确定是根据系统目标进行的；功能分解的原则是保证功能分配有确切的功能含义，因此功能分解的程度取决于功能分配的要求。从方法论上讲，分解也包含设计师的主观判断和经验。

功能分配是指把已定义的系统功能，按照一定的分配原则“分配”给人、硬件或软件。对于可能由人实现的系统功能，必须研究的内容包括：第一，人是否有“能力”实现该功能，这是基于对期望的“使用人”的人力资源而判断的；第二，预测人是否乐意长时间从事这一功能。这是因为人也许具备完成某项作业的技能和知识，但缺乏做好作业的作业动机，也不能保证系统功能的正常。

（1）功能分析。

人与机器的功能和特性在很多方面有着显著的不同，为充分发挥各自的优点，需要结合二者的长处和弱点进行人机功能的合理分配。在这之前我们首先要充分了解各自的特点。

第一，人优于机器的功能。

a. 在感知觉方面，人的某些感官的感受能力比机器优越。例如，人的听觉器官对音色的分辨力及嗅觉器官对某些化学物质的感受性等，都优于机器。

b. 人能运用多种通道接收信息。当一种信息通道有障碍时可用其他通道补偿，而机器只能按设计的固定结构和方法输入信息。

c. 人具有高度的灵活性和可塑性，能随机应变，采用灵活的程序。人能根据情境改变工作方法，能学习和适应环境，能应付意外事件和排除故障，而机器应付偶然事件的程序是非常复杂的。因此，任何高度复杂的自动系统都离不开人的参与。

d. 人能长期大量储存信息并能综合利用记忆信息进行分析和判断。

e. 人具有总结和利用经验，除旧布新、改进工作的能力。创新是人特有的能力，也是人区别于机器的重要指标，而机器无论多么复杂，只能按照人预先编排好的程序工作。

f. 人能进行归纳推理。在获得实际观察资料的基础上，归纳出一般结论，形成概念，并能创造发明。

g. 人最重要的特点是有感情、意识和个性，具有能动性，能继承人类历史、文化和精神遗产。人在社会生活中，接受社会的影响，有明显的社会性。

第二，机器优于人的功能。

a. 机器能平稳而准确地运用巨大动力，而人受身体结构和生理特性的限制，可使用的力量较小。例如，面对集装箱等重物，单凭人力往往束手无策，而起重机则可以轻松应对。

b. 机器动作速度快，信息传递、加工和反应的速度快。

c. 机器的精度高，产生的误差可随机器精度的提高而减小，而人的操作精度不如机器，对刺激的感受也有限。

d. 机器的稳定性好，做重复性工作，不存在疲劳和单调问题。人的工作易受身心因素和环境条件等影响，因此在感受外界作用和操作的稳定性方面不如机器。

e. 机器的感受和反应能力一般比人高。机器可接收超声、辐射、微波、电磁波和磁场等信号；还可以做出人做不到的反应，如发射电讯信号、发出激光等。

f. 机器能同时完成多种操作，而且可以保持较高的效率和准确度。人一般只能同时完成 1~2 项操作，而且两项操作容易相互干扰，难以持久地进行。

g. 机器能在恶劣的环境条件下工作。在高压、低压、高温、低温、超重、缺氧、辐射、振动等条件下，机器可以很好地工作，而人则无法耐受，如福岛核电站事故中机器人发挥了重要作用，各种搜救机器人能适应极度危险复杂的环境。

（2）功能分配。

在人机系统中，充分发挥人与机器各自的特长，互补所短，恰当地分配人机任务，以达到人机系统整体的最佳效率与总体功能，这是人机系统设计的基础，称为人机功能分配。人机功能分配必须建立在对人和机器特性充分分析比较的基础上。在人机系统设计中，对人和机进行功能分配，通常应综合考虑以下问题。

a. 人机功能分配应考虑的问题：人与机械的性能、负荷能力、潜力及局限性；人进行规定操作所需的训练时间和精力限度；对异常情况的适应性和反应能力的人机对比；人的个体差异的统计；机械代替人的效果和成本。

b. 通常由“人”承担的工作：程序设计；意外事件处理；变化频繁的作业；“机”的维修；长时期大量储存信息；研究、决策、设计；等等。

c. 通常由“机”承担的工作：枯燥、单调的作业和笨重的作业；危险性较大的作业，如救火、空间技术、放射环境及有毒作业等；粉尘作业；喷漆、涂料、电镀、焊接、铆接等；自动校正、自动检测、高精度装配等；特殊目的作业，如病房服务、为盲人引路、壁行机（用于船壳焊接）、象鼻机（仿象鼻运动搬运重物）等；高阶运算；快速操作；可靠性的、高精度的和程序固定的作业。

d. 人与机的功能匹配。人机功能匹配时应当遵循以下原则：人机应达到最佳匹配，使系统整体效能最优；人和机器的相互配合。主要表现在人监控机器，机器一旦出现异常情况，人可以采取相应措施。机器监督人，以防止人产生失误时导致整个系统发生故障，一旦人员操作失误，机器则可以报警提醒；显示器与人的信息感觉通道特性的匹配；控制器与人体运动反应特性的匹配；显示器与控制器之间的匹配；环境条件与人的有关特性的匹配；人、机、环境要素与作业之间的匹配；等等。

2）作业要求

每一项分配给人的功能都对人的作业提出作业品质的要求，如精度、速度、技能、培训时间、满意度。设计者必须确定作业要求，并作为以后人机界面设计、作业辅助设计的参考依据。

3）作业分析

作业分析是按照作业对人的能力、技能、知识、态度的要求，对分配给人的功能做进一步的分解和研究。作业分析包括两方面内容：一是子功能的分解与再分解，因为一项功能可能分解为若干层次的子功能群；二是每一层次的子功能的输入和输出的确定，即引起人的功能活动的刺激输入和人的功能活动的输出反应，是刺激—反应过程的确定。作业分析除了对系统正常条件下的功能过程进行分析和研究以外，还应研究非正常条件下人的功能，如偶发事件的处理过程。美国三里岛核电站设计中，缺乏对事故的处理过程中人的因素的充分分析和研究，延误了人的正确判断时间，后来引发了重大事故，是一个典型的事例。

4. 人机界面设计

完成初步设计，确定了系统的总性能和人的作业，就开始转入人机界面设计。人机系统中，人与机器之间存在一个相互作用的“界面”，所有的人与机器的交流都发生在这个界面上，一般称为人机界面，是人机关系非要重要的环节。

人机界面设计主要是指显示、控制及它们之间的关系的设计，应使人机界面的设计符合人机信息交流的规律和特性。

显示是指有目的的信息传递，视觉和听觉是人接收信息传递的主要感觉通道。显示设计必须首先考虑：传递信息的内容和方式；传递信息的目的或功能；显示装置的类型；传递信息的对象。控制器是指操作人员用来改变系统状态的装置。控制器的设计必须首先考虑：控制的功能；控制操作的作业标准；控制过程的人机信息交换；人员的作业负荷。作业空间也是人机界面设计的内容。作业空间的设计主要参考人体尺寸的数据。系统设计时，选取人体尺寸必须保证样本与总体的一致性，根据使用者这个总体选择相应的人体尺寸。同时，要注意动态作业空间、有效作业空间与一般人体尺寸的静态计算范围的差异。

一般来说人机界面设计分三个步骤：①尺寸、参数计算，绘制平面图；②功能模型测试，确定实际空间关系的适宜性；③实际尺寸模型验证。

人机界面设计是人机系统总体设计各阶段中较为“硬化”的设计活动，直接对产品的硬件进行设计，因此更要求与其他专业设计相互配合。经验表明，许多人会以这样或那样的理由来拒绝工效学的要求，设计者应“据理力争”，以国家已经颁布的工效学标准为依据，坚持为用户设计的原则。

5. 系统检验和评价

系统设计最后通过生产制造转变为一个实体。其中每一个生产环节、每一个部件（硬件、软件）都要经过检验，然后整个系统再做检验。因此，设计和检验、制造和检验都是不可分割的过程。系统检验是验证系统是否达到系统定义和设计的各种目标。人机系统的验证应在系统开发的各个时期进行，如初步设计、人机界面设计等都可进行局部的验证。设计完成时，需整体验证，因为系统不同单元的人因性能、系统设计各个阶段的人因测试及单个属性的人因性能都符合系统要求，并不能保证系统的整体符合系统的人因性能要求。对于系统设计的不同阶段、各个子系统及整个系统，人因工程都要全面地、全过程地参与设计与评估。

人机系统评价就是试验该系统是否具备完成既定目标的功能，并进行安全性、舒适性及社会性因素的分析、评价。对系统评价时具体应注意：人与机的功能分配和组合是否正确；人的特性是否充分考虑和得到满足；能适用的人员占人群的多大百分位数；作业是否舒适；是否采取了防止人为失误的措施；等等。

5.2.4　人机系统设计的步骤

为了更清楚、更直观地理解人机系统设计的过程，把人机系统设计的步骤列表，如表 5-1 所示。

表 5-1 人机系统设计步骤

各阶段	各阶段的主要内容	人机系统设计中的注意事项	人因工程学专家的设计事例
明确系统的重要事项	确定目标	主要人员的要求和制约条件	对主要人员的特性、训练等有关问题的调查和预测
	确定使命	系统使用上的制约条件和环境上的制约条件；组成系统中人员的数量和质量	对安全性和舒适性有关条件的检验
	明确适用条件	能够确保主要人员的数量和质量，能够得到的训练设备	预测对精神、动机的影响
系统分析和系统规划	详细划分系统的主要事项	详细划分系统的主要事项及其性能	设想系统的性能
	分析系统的功能	对各项设想进行比较	实施系统的轮廓及其分布图
	系统构思的发展（对可能的构思进行分析评价）	系统的功能分配；与设计有关的必要条件，与人员有关的必要条件功能分析；主要人员的配备与训练方案的制订	对人机功能分配和系统功能的各种方案进行比较研究；对各种性能的作业进行分析调查，决定必要的信息显示与控制的种类
	选择最佳设想和必要的设计条件	人机系统的试验评价设想；与其他专家组进行权衡	根据功能分配，预测所需人员的数量和质量，以及训练计划和设备；提出试验评价的方法；设想与其他子系统的关系和准备采取的对策
系统设计	预备设计（大纲的设计）	设计时应考虑与人有关的因素	准备适用的人因工程数据
	设计细则	设计细则与人的作业的关系	提出人因工程设计标准；关于信息与控制必要性的研究与实现方法的选择与开发；研究作业性能；居住性的研究
	具体设计	在系统的最终构成阶段，协调人机系统；操作和保养的详细分析研究（提高可靠性和维修性）；设计适应性高的机器；人所处空间的安排	参与系统设计最终方案的确定；最后决定人机之间的功能分配，使人在作业过程中，信息、联络、行动能够迅速、准确地进行；对安全性的考虑；显示装置、控制装置的选择和设计；控制面板的配置提高维修性对策；空间设计、人员和机器的配置决定照明、温度、噪声等环境条件和保护措施
	人员的培养计划	人员的指导训练和配备计划与其他专家小组的折中方案	决定使用说明书的内容和式样；决定系统的运行和保养所需人员的数量和质量，训练计划的开展和器材的配置
系统的试验和评价	规划阶段的评价；模型制作阶段原型、最终模型缺陷诊断、修改的建议	人因工程学实验评价；根据实验数据的分析、修改设计	设计图纸阶段的评价；模型或操纵训练用模拟装置的人机关系评价；确定评价标准（试验法、数据种类、分析法等）；对安全性、舒适性、工作热情的影响评价；机械设计的变动、使用程序的变动，人的作业内容变动，人员素质的提高，训练方法的改善，对系统规划的反馈
生产	生产	以上几项为准	以上几项为准
使用	使用、保养	以上几项为准	以上几项为准

首先，设定一个系统，分析研究该系统的目标和功能，以及必要的和制约的条件，进行系统的分析和规划。这里主要是指系统的功能分析、人的时间和动作分析、工序分析、职务分析等，其中包括人进行作业的必要条件和必需的信息，分析人的判断和操纵动作。在系统设计阶段，功能分配要充分考虑和研究人的因素。当考虑信息处理的可靠性时，既要提高机器设备的可靠性，又要提高控制机器设备的人的可靠性，保证整体人机系统的可靠性得到提高。其次，对机器设备进行人因工程设计，必须保证人使用时得心应手。它包括人机界面设计，还要为提高人机系统的安全性及可靠性采取具体对策，必要时还要制订对操作人员的选择和训练计划。最后，对人机系统进行试验和评价，试

验该系统是否具有完成既定目标的功能，并进行安全性、可靠性等分析和评价。

综上所述，人机系统的设计步骤可归纳如下：①明确系统的目的和条件；②进行人和机器的功能分配；③进行人和机器的相互配合；④对系统或机器进行设计；⑤对系统进行分析评价。

5.3 人机系统分析评价概述

5.3.1 系统分析评价概述

人机系统由人、机器、作业环境等子系统构成，各子系统相互作用达到系统的目标。系统分析是运用系统的方法，对系统和子系统的可行设计方案进行定性和定量的分析与评价，以便提高对系统的认识，选择优化方案。

按照系统分析的过程，系统分析评价可以理解为：根据系统的目标、类型和性质，用有效的标准测定出系统的状态，采用一定的评价准则进行比较并做出判断的活动。人机系统分析与评价可用于以下方面。

（1）系统功能分析。通过功能分析，研究系统要达到目标应具备哪些功能。功能分析包括功能描述、功能确定和功能分解。功能描述和功能确定根据系统目标进行，功能分解的原则是保证功能分配有确切的含义。

（2）作业分析。作业分析是指对已分配给人的功能进行分析，其目的是使作业与作业者之间建立协调一致的关系。从设计角度看，作业分析可以使设计者更加深入地了解人机系统，特别是了解人机相互作用和人的作业，为人机系统设计提供有效的依据。

（3）确定制约因素。从人、机、环境各个方面分析影响系统功能、可靠性和安全性等的限制因素，并对系统的安全性和可靠性等进行评价。

系统分析评价不能以单个因素作为目标来进行，需要综合多方面的因素，考虑多个目标，是一个运用标准对事物的准确性、实效性、经济性及满意度等方面进行评估的过程。

人因工程学中有关的系统分析评价方法很多。评价方法一般可以分为定性评价和定量评价两种。定性分析方法有人的失误分析法、操作顺序图法、时间线图法、连接分析法、功能流程图法等；定量分析方法有功能分析法、人机可靠性分析法、环境指数分析法、人机系统信息传递法、人机安全性分析方法等。还有些评价方法是定量与定性相结合的方法，如人的因素评价方法（主观评价法、生理和心理指数评价法等）。

5.3.2 系统评价目的

评价是对现有的工业产品的人机系统进行评价。主要是使有关人员了解现有产品的优缺点和存在的问题，为今后改进产品设计提供依据和积累资料；也是对人机系统规划和设计阶段的评价，主要是在规划和设计阶段预测到系统可能占有的优势和存在的不足并及时改进。因此，人机系统评价目的即根据评价结果，对系统进行调整，发扬优点，改善薄弱环节，消除不良因素或潜在危险以达到系统的最优化。

为了能够更好地进行评价，需要注意：一是评价方法的客观性。评价时应防止评价者主观因素的影响，为此应提供可靠的数据，其数据取值范围不宜过大，否则将使评价人员无所依从，同时对评价结果应进行检查。二是评价方法的通用性。评价方法应适应评价同一级的各种系统。三是评价指标的综合性。能反映评价对象各个方面的最重要的功能和因素，这样才能真实地反映被评对象的实际情况。

5.4 人机系统分析评价方法

人机系统分析评价方法众多，本节主要重点介绍连接分析法及海洛德分析评价法。

5.4.1 连接分析法

连接分析评价法，又叫链式分析法，是一种对人、机械、过程和系统进行评价的简便方法，它用“连接”来表示人、机之间的关系。

1. 连接及其表示方法

连接是指人机系统中，人与机、机与机、人与人之间的相互作用关系。因此相应的连接形式有：人-机连接、机-机连接和人-人连接。人-机连接是指作业者通过感觉器官接收机器发出的信息或作业者对机器实施控制操作而产生的作用关系；机-机连接是指机械装置之间所存在的依次控制关系；人-人连接是指作业者之间通过信息联络，协调系统正常运行而产生的作用关系。

按连接性质，人机系统的连接方式主要有以下两种。

（1）对应连接。即作业者通过感觉器官接收他人或机器装置发出的信息或作业者根据获得的信息进行操纵而形成的作用关系，如操作人员观察显示器后进行操作。这种以视觉、听觉或触觉来接收指示形成的对应连接称为显示指示型对应连接。操作人员得到信息后，以各种反应动作操纵控制器而进行的连接称为反应动作型对应连接。

例子：某工厂因生产需要需进行温度和湿度检测，以保持一个较为恒定的温度和湿度。当温度和湿度出现异常时，技术员可以通过监测设备做出相应的改进措施，如手动调整空调温度或者增减湿度等。因此操作者和检测设备之间便形成了对应关系，操作者通过观察检测设备的信息进行操作，这种以视觉来接收指示的对应连接即显示指示型对应连接。操作者在得到设备给出的信息后，手动调整空调温度或者增减湿度等各种反应动作操纵控制器而进行的连接称为反应动作型对应连接。

（2）逐次连接。人在作业过程中，需要多次逐个的连续动作才能达到目的，这种由逐次动作达到一个目的而形成的连接称为逐次连接。按人、机的各种关联特征还可将连接分为操作连接、语言连接和行走连接等。

例子：运用逐次连接分析可优化控制盘布置，使各控制器的位置得到合理安排，减少动作线路的交叉及控制动作所经过的距离。图 5-13 为机载雷达的控制盘示意图，标有数字的线是控制动作的正常连贯顺序。其中图 5-13（a）是初始设计示意图，该操作动作既不规则又曲折。当操作连续进行时，通过对各个“连接”的分析，按每个操作的先后顺序，画出手从控制器到控制器的连续动作，得出控制器的最佳排列方案，使手的动作更趋于顺序化和协调化，如图 5-13（b）所示。

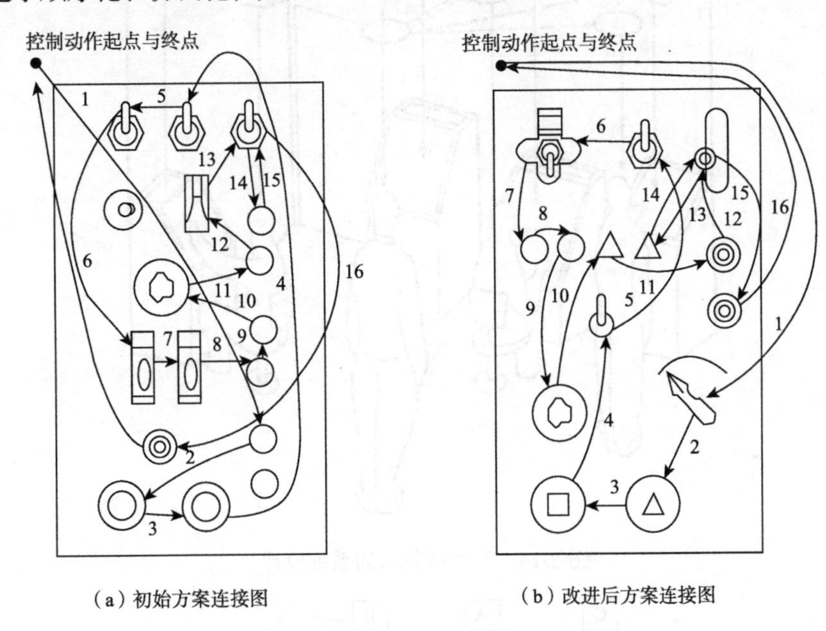

（a）初始方案连接图　　（b）改进后方案连接图

图 5-13　机载雷达的控制盘示意图

2. 连接分析的目的

根据视看频率、重要程度，运用连接分析可合理配置显示器与操作者的相对位置，以求达到视距适当、视线通畅，便于观察；根据作业者对控制器的操作频率、重要程度，通过连接分析可将控制器布置在适当的区域内，以便于操作，提高操作准确性。连接分析还可以帮助设计者合理配置机器之间的位置，降低物流指数。可见，连接分析的目的是合理配置各子系统的相对位置及其信息传递方式，减少信息传递环节，使信息传递简洁、通畅，提高系统的可靠性和工作效率。因此连接分析是一种简单实用、优化系统设计的系统分析方法。

3. 连接分析法的步骤及优化原则

1）绘制连接关系图

运用特定的符号把人机系统中的操作者、设备及它们之间的关系用连接关系图表示出来。圆形表示操作者，矩形表示设备，细实线表示操作连接，虚线表示听觉连接，点划线表示视觉连接。

例子：如图 5-14 所示的系统设计中，作业者“3”“1”“4”分别对显示器和控制装置“C”“A”“D”进行监视和控制，作业者“2”对显示器“C”“A”“B”的显示内容进行监视，并对作业者“3”“1”“4”发布指示。其连接关系如图 5-15 所示。

图 5-14 利用控制台的系统设计

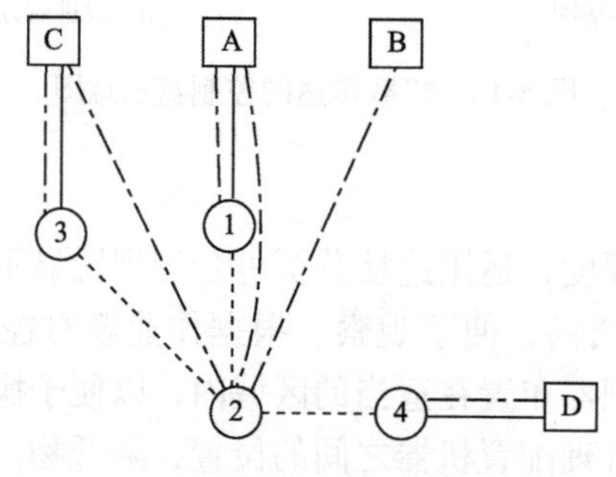

图 5-15 连接关系图

2）综合评价

对于较为复杂的人机系统，仅使用上述图解很难达到理想的效果。必须同时引入系统的“重要程度”和“使用频率”两个因素进行优化。

（1）重要程度。请有经验的人员确定连接的重要程度。

（2）使用频率。按使用频率的大小对连接进行分析。

（3）综合评价。若单纯以相对重要性评价与优化，则重要性大的相对靠近配置，重要性小的相对远离配置，会忽视经常使用的装置；若按使用频率的大小对连接进行评价与优化，又会忽视紧急操作时连接使用频率小的问题。因此，单纯用相对重要性或使用频率对连接进行评价与优化都不合适。综上所述，应尽量采用综合评价方法进行优化为宜。即按相对重要性和使用频率两者（相对值）之乘积的大小来进行评价。综合评价中，各连接的重要程度和使用频率可根据调查统计和经验确定其分数值。一般用四级记分："极重要"和"频率极高"者为 4 分；"重要"和"频率高"者为 3 分；"一般"和"一般频率"者为 2 分；"不重要"和"频率低"者为 1 分。因此，综合评价值=重要程度×频率。

例子：图 5-16（a）为是某连接图，在连接分析图中以综合评价值表示两个要素之间的关系。连线上所标的数值是重要性和使用频率的乘积值，即综合评价值。在进行方案分析中，既考虑减少交叉点数，又考虑综合评价值，将（a）方案调整为（b）方案，如图（b）所示，与改进前相比，连接更流畅且易使用。

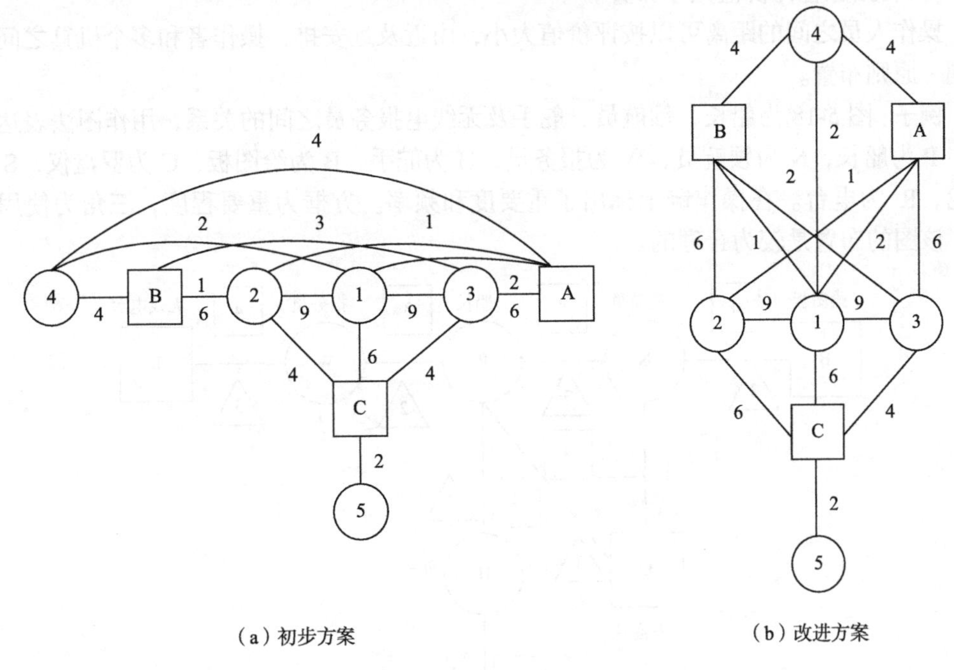

图 5-16　采用综合评价值的连接分析

3）优化

通常运用如下优化原则重新调整各要素位置，使人、机器及作业空间得到合理配置。

（1）减少不必要交叉。

操作人员与其操纵装置的连线尽可能不交叉，以免在操作过程中互相干扰、碰撞。该原则适合分析多工种、多人协同工作，并考虑空间位置的配合，如危险作业区和危险作业点应隔离。

例子：如图 5-17 所示，可以看出图 5-17（a）中的位置安排不合理，操作时人员行走路线有交叉，有的行走路线过长，十分不便。图 5-17（b）是改进后的位置，克服了以上缺点。

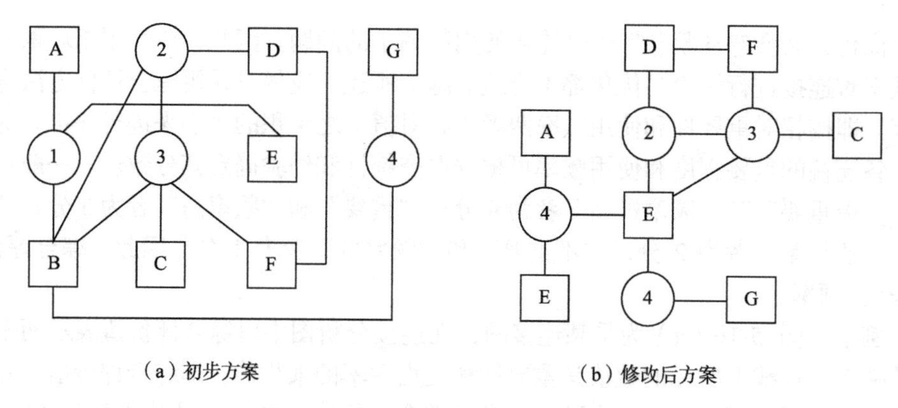

（a）初步方案　　（b）修改后方案

图 5-17　连接方案的优化

（2）按综合评价值大小布置。

操作人员之间的距离可以按评价值大小，由近及远安排，操作者和多个机具之间也按同一原则布置。

例子：图 5-18 为船长、领航员、舵手及无线电报务员之间的关系，用作图法表达。图中 P 为船长，N 为领航员，W 为报务员，H 为舵手，B 为绘图板，C 为罗盘仪，S 为舵轮，R 为电台。在操作链上标出了重要度和频率。方框为重要程度，三角为使用频率。该图的布置是较为合理的。

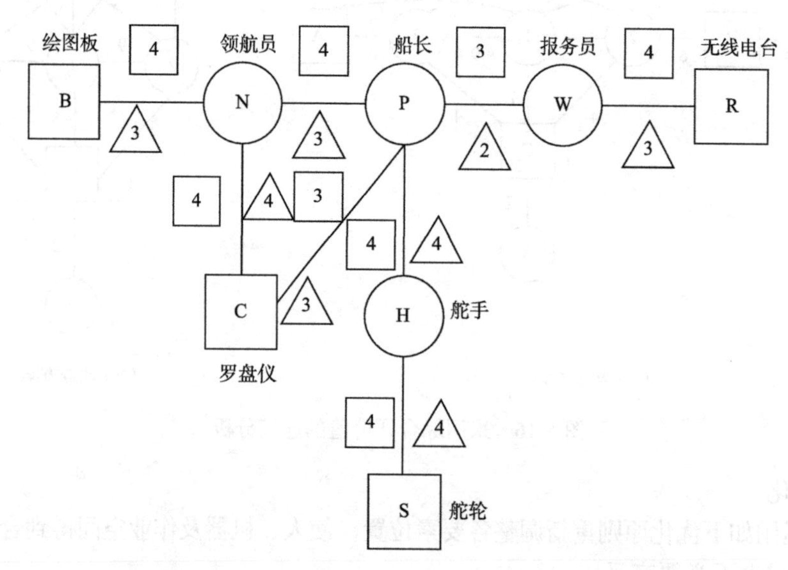

图 5-18　船长、领航员、舵手及无线电报务员间的关系

（3）按感觉特性配置系统的连接。

从显示器获得信息或操纵控制器时，人与显示器或人与控制器之间形成视觉连接、听觉连接或触觉连接（控制、操纵连接）。视觉连接和触觉连接应配置在操作者前面，这由人感觉特性所决定，而听觉连接可不受此限制，因此，连接分析除运用上述减少交叉、综合评价值原则外，还应考虑应用感觉特性配置系统的连接方式。

例子: 图 5-19 为 3 人操作 5 台机器的连接，小圆圈中的数值表示连接综合评价值。其中，图（a）为改进前的配置，图（b）为改进后的配置，视觉、触觉连接配置在人的前方，听觉连接配置在人的两侧。

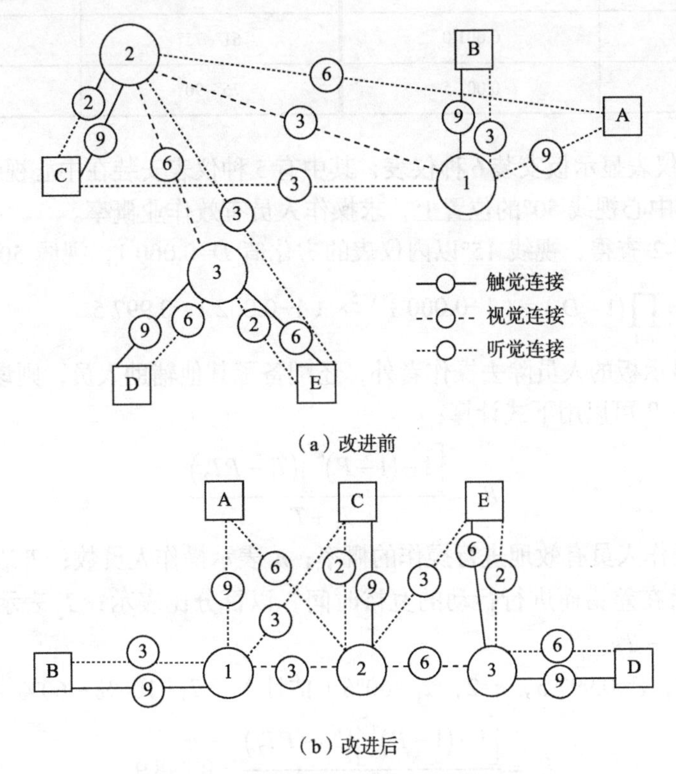

图 5-19　运用感觉特性配置系统连接

5.4.2　海洛德分析评价法

海洛德分析评价法是人的失误与可靠性分析逻辑推演法。它通过计算系统的可靠性，分析评价仪表、控制器的配置和安装位置是否适合于人的操作。一般先求出人执行任务时的成败概率，而后对系统进行评价。

人眼在视中心线上下各 15°的正常视线区域内，最不容易发生错误。因此在该范围内设置仪表或控制器时，误读率或误操作率极小，离开该区域越远，误读率和误操作率越高。如表 5-2 所示，从视中心线为基准向外，每 15°划分一个区域，在不同的扇形区域内规定相应的误读概率即劣化值 D_i。如果显示控制板上的仪表被安排在 15°以内最佳位置上，其劣化值为 0.000 1~0.000 5。在配置仪表时，应该研究如何使其劣化值尽量小。有效作业概率 $P=\prod_{i=1}^{n}\left(1-D_i\right)$。

表 5-2　视区与劣化值 D 的关系

视线上下的角度区域	劣化值 D	视线上下的角度区域	劣化值 D
0°~15°	0.000 1~0.000 5	46°~60°	0.002 0
16°~30°	0.001 0	61°~75°	0.002 5
31°~45°	0.001 5	76°~90°	0.003 0

例 5-1：某仪表显示板安装 6 种仪表，其中有 5 种仪表安装在中心视线 15°之内，有 1 种仪表安装在中心视线 50°的位置上，求操作人员有效作业概率。

解：由表 5-2 查得，视线 15°以内仪表的劣化值 D=0.000 1，视线 50°的仪表劣化值为 0.002，则 $P=\prod_{i=1}^{n}\left(1-D_i\right)=(1-0.0001)^5\times(1-0.002)=0.9975$

若监视该显示板的人员除去操作者外，还配备了其他辅助人员，则该系统中操作人员有效作业概率 R_s 可以用下式计算：

$$R_s=\frac{\left[1-(1-P)^n\right](T_1-PT_2)}{T_1+T_2}$$

式中，P 表示操作人员有效地进行操作的概率；n 表示操作人员数；T_1 表示辅助人员修正主操作人员潜在差错而进行行动的宽裕时间，以百分比表示；T_2 表示剩余时间的百分比，T_2=100% − T_1。

在例 5-1 中，P=0.997 5，n=2，T_1=60%（估计），T_2=100% − 60%=40%，则

$$R_s=\frac{\left[1-(1-P)^n\right](T_1-PT_2)}{T_1+T_2}=0.9989$$

用海洛德分析评价法可进一步分析各种仪表和功能，表 5-3 中列出了 3 种指示仪表与不同使用功能之间的对应关系，其数值为不同类型仪表在完成不同功能时的劣化值。

表 5-3　各种类型仪表与使用功能使用组合的劣化值 D

功能	指针运动式	刻度盘运动式	数字式
读数用	0.001 0	0.001 0	0.000 5
检查用	0.000 5	0.002 0	0.002 0
调节用	0.000 5	0.001 0	0.000 5
追踪用	0.000 5	0.001 0	0.002 0
合计	0.002 5	0.005 0	0.005 0

从表 5-3 可以看出，指针运动式 4 种功能最优。如果知道仪表属于哪种类型及其使用功能，通过表 5-3 可得到相应劣化值 D，就能准确地进行评价。

案例：汽车人机一体化系统

汽车人机一体化系统是指由人、汽车机器及其环境在行驶过程中组成的统一和谐的系统。其中，人主要指驾驶员和乘客，驾驶员是关键的环节；汽车机器主要指车身、发动机、底盘、轮胎和紧急救助装置（如安全带和安全气囊）等；环境包括车内环境（主要指车厢内的封闭空间）和车外环境（如路面、交通状况和天气条件等）。驾驶员驾车的过程就是人机一体化系统的运作过程，其实质是人、车和环境三者之间信息交换的过程，构成人–车–环境信息流的闭环系统。

友好的人机界面是人机一体化系统的一个重要特点。汽车系统的人机界面指的是乘车人员和汽车机器之间相互作用的区域，其具体内容包括显示、操纵、几何位置、照明、声音、振动和温度等方面。人机之间就是通过这种人–硬件界面进行信息交换的。这种硬件界面设计必须与人的身心特性相匹配。例如，显示器的特性必须设计成与人接收信息的各种感觉器官的特点相适应，控制器的特性必须设计成与人的手足等效应器官的特点相适应。汽车人机一体化的一个重要方面便是使汽车的人机界面优化，乘员和汽车相互协调，在提高系统工效的同时，保障乘员身心健康。大量的经验教训表明，人机界面不合理、人机关系不协调将影响系统运行的安全性。按照人机一体化思想，在汽车系统总体设计时除考虑人机界面等因素，还必须重新安排系统内人、机各自的地位，合理分配各自的任务，实现人机关系的协调和人机功能的互补。

人机一体化思想从新的角度、以新的思路设计新型智能系统，必须充分考虑多个方面和多种因素，引进并应用最新思想和技术，及时调整和改进方法，以适应各种复杂的条件，解决更多的实际问题。例如，根据人机一体化思想来设计汽车人机一体化智能系统，使系统拥有人机联合诊断功能。人机联合诊断即采取人和智能机器共同判断、共同决策，当人的判断出现偏差或失误时，计算机智能系统将及时予以纠正，避免发生操作失误，从而使系统既能充分发挥专家的经验知识和现场操作人员的主观能动性，又能克服人的主观因素的弊端，实现人机功能的互补，突破传统设计方法的局限。

图 5-20 为新型的汽车人机一体化智能系统简图，它将通过人、机器和计算机三者之间的有机结合，充分利用先进的计算机技术，帮助人们用更直观、更适宜和更简单的方法处理复杂的多因素问题。新型系统实现人机互补，发展“伙伴”的合作关系，是高度人机协调配合的一体化系统，它有利于调动驾驶员的积极性，增加工作中的愉悦感，激发人的创造力。该系统在完善自动化和智能化性能的基础上，充分实现人机功能互补。人和机器的交流主要通过友好的人机界面完成。人对汽车机器的感官反应包括视觉和听觉等方面，而汽车对人的感知即机器感知的实现，将使系统发生质的飞跃。总之，新型的人机交流是全方位的、立体的、多媒介的和双向的交流。系统首先应具备智能化故障诊断和紧急救助的功能，实现人机联合诊断。在微机内存有由知识库和推理机等构成的智能化软件，人、计算机和汽车机器将实现双向的实时交互。系统的运作将把发生故障或失误的概率降为极小或对危急情况提前预报，一旦发生故障或危险，系统将以最快速度响应和解决。图 5-21 为其排除故障或危急情况的一个典型过程。人机联合诊断将采取

人和机器共同判断和决策，当人的行为发生失误时计算机智能系统将及时提醒并纠正，避免操作失误。例如，当驾驶员瞌睡时，系统可通过灵敏感应器及时探测出来，并发出警报，若他仍无反应，感应器会立即切断电源和油路并即时停车。当然，汽车在实际运行的过程中遇到的各种情况极其复杂，建立一个完善的汽车人机联合诊断系统是一项艰巨的任务。

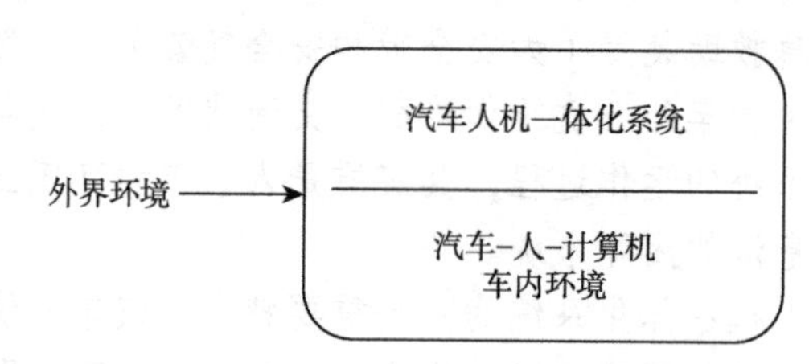

图 5-20 汽车人机一体化智能系统简图

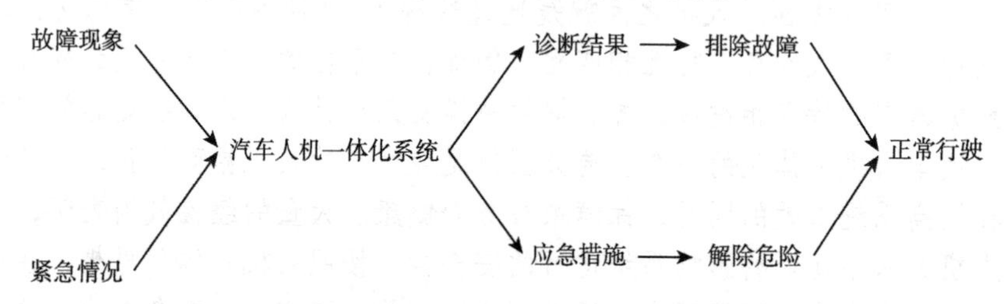

图 5-21 汽车人机联合诊断示意图

目前，许多用于汽车的新型控制系统不断出现，如制动防抱死系统、防撞系统、纠偏系统、智能综合控制系统和自动约束系统等，都将是未来完善的汽车人机一体化系统的有机组成部分，其发展趋势是逐渐将人从繁杂劳累的驾驶工作中解放出来，最终实现无人驾驶或有人监督驾驶，使人只要从事适合自己的事情，配合智能机器完成自己力所能及的工作即可。

（资料来源：袁泉，谭灏，张岩. 汽车人机一体化系统及其应用初探[J]. 机械设计与制造工程，1999，28（2）：16-17）

【思考题】

1. 简述汽车人机一体化系统设计之中运用到的人机系统设计程序。
2. 试结合该案例设计适宜的汽车人机系统。
3. 请尝试运用一种人机系统分析评价方法对汽车人机一体化系统进行分析。

第 6 章　人机界面设计

【学习目标】

通过本章学习了解人机界面设计的定义及其发展，了解显示器和控制器的新发展；理解主要显示器和主要控制器的设计；掌握显示器和控制器的设计原则和要求及设计要考虑的各种因素，掌握显示–控制器组合设计。

【开篇案例】

家用（冰箱）Haier/海尔 BCD-231WDBB 是家用厨房内最为常见的家电产品之一。在公共空间如餐厅、酒店也都有配备，其作用就是使食物或其他物品保持冷态，具有储藏、冷冻的功能。下面以该产品为例对其进行人机界面分析，见表 6-1。

表 6-1　Haier 冰箱人机界面分析

项目	把手（a）	存储空间（b）	显示部分、按钮（c）
图片			
位置	符合大众身高结构，一般根据实际冰箱高度设计，如此冰箱总高 1 722mm，三门设计，把手分别约 55cm、95cm、130cm	三门设计，区分两个不同的存储空间，即冷藏室和冷冻室。上门与下门等比例分布，中门 5~18℃全温区变温	一般在人眼可以看见、手可以触及的范围内。此冰箱在面板中间高约 165cm 的位置
形状	隐藏式把手设计，使机器整体统一美观。把手形状呈长方形凹槽，适用于大多数家庭成员的高度差异	三个存储空间均为长方形，中间有长方形隔板分割，阶梯式分割方式，适用于不同食材的存放。冷冻室采用抽屉设计，极大拓展了冷冻空间，抽屉装饰有仿金属材质亮银色饰条，质感强，坚固耐用	竖立的长方形，与整体机器相统一，整体感强。从上到下分为四个区域，用黑色实线区分，分别是温区选择、温度调节、功能选择和设定。上面三个区域为 LED 灯的液晶显示，设定按钮呈圆形，触摸式按钮，反应灵敏易操作

续表

项目	把手（a）	存储空间（b）	显示部分、按钮（c）
功能	此把手设计即运用手部动作，通过抓、拉来实施对冰箱开门的控制。外观大方，开门方便，不积灰尘，容易清理	冷藏室主要储存新鲜的食物或是烹饪过的食物，海鲜肉类在放入冷冻室24小时低温排毒后放入冷藏室保存。冷冻室一般保存海鲜肉类等需要保存较长时间不食用的食物	此冰箱显示按钮部分采用电脑控温，冷藏冷冻的温度可通过设定按钮进行分开调节，并有记忆报警功能。温区选择显示三个白色正方形灯光上下分布，温度调节显示白色摄氏温度，功能选择显示智能、假日、省电三个功能

注：LED：light-emitting diode，发光二极管

6.1 人机界面设计概述

6.1.1 人机界面设计定义

人机界面是指人和机器在信息交换和功能上接触或互相影响的领域。信息交换和功能接触或互相影响是指人和机器的硬接触和软接触，人机界面不仅包括点线面的直接接触，还包括远距离的信息传递与控制的作用空间。

人机界面设计主要是指显示器、控制器及它们之间关系的设计，应使人机界面符合人机信息交流的规律和特性。在人机界面上，向人表示机械运转状态的仪表或器件叫显示器；供人操纵机械运转的装置或器件叫控制器。对机械来说，控制器执行的功能是输入，显示器执行的功能是输出。对人来说，通过感受器接收机械的输出效应（如显示器所显示的数值）是输入；通过运动器操纵控制器，执行人的意图和指令则是输出。如果把感受器、中枢神经系统和运动器作为人的三个要素，而把机械的显示器、机体和控制器作为机械的三个要素，并将各要素之间的关系用图表示出来，则得到人机界面三要素基本模型，如图6-1所示。

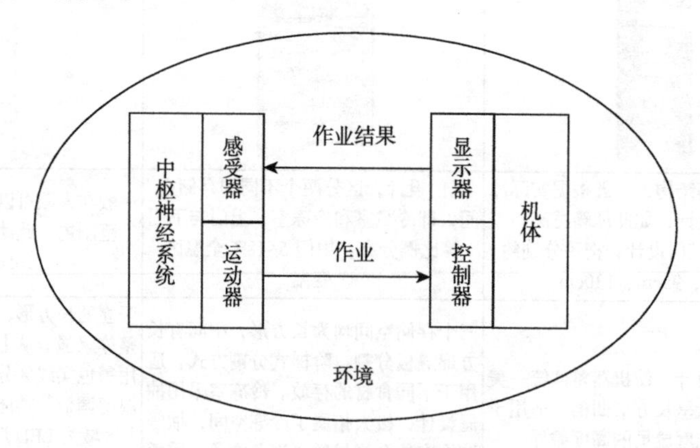

图6-1　三要素基本模型图

资料来源：郭伏，钱省三. 人因工程学[M]. 北京：机械工业出版社，2005

例子：司机在驾驶车辆的时候，作为感受器的眼睛、耳朵和身体感受分别从外部环

境和车辆的显示器接收信息，反馈给中枢神经。中枢神经又会控制作为运动器的手和脚对车辆控制器进行控制，车辆的控制器就会把信息传递给车体进行相应作业，车体在进行作业的同时也会把相应信息反映到车辆的显示器从而让人的感受器接收信息。司机-汽车的三要素就是这样构成的。

6.1.2 人机界面的发展

人机界面的发展趋于人性化、便捷化。随着人工智能技术的发展，人机界面在操作方式、显示器显示方式等方面的发展更智能更方便。人机界面总体朝智能化、多层次互动方向发展。

（1）操作方式多元化。相比之前手动控制方式为主的人机界面设计，现今语音操作的方式比重逐渐增大。通过语音操控硬件提高工作效率，解放双手。

（2）智能助理普遍化。通用型人工智能的出现，使智能助理所覆盖的场景变大，智能助理不仅体现在手机、音箱等设备上，还有不断发展的智能家具、虚拟现实（virtual reality，VR）体验等能提供人性化的交互体验和个性化的服务体验，使服务覆盖不同场景。

（3）界面呈现载体变化。传统人机界面通过硬件载体实现信息的传递，而未来人机界面将不拘泥于屏幕显示。视觉界面的呈现载体从二维平面向三维空间延伸，VR、增强现实、脑机接口、全息投影等新型交互方式将被逐渐应用于人机界面，用户通过语音和手势即可操作。

（4）界面信息呈现形式改变。随着多媒体技术的发展，信息的呈现由静态向动态化转变，动态的视频信息将占据主导地位。越来越多的信息以三维形式呈现，更加直观、易理解，用户的体验更加真实。信息的呈现方式由单一的文字转变为语音、图像、视频的多样化呈现。

6.2 显示器设计概述

6.2.1 显示器定义及分类

显示器是人机系统中人机界面的重要组成部分之一。机器和设备中，专门用来向人们传递性能参数、运转状态、工作指令及其他信息的装置，称为显示器。

因此，显示器的特征就是能够把机器设备等的有关信息以人能够接收的形式显示给人。人依据显示器所显示的机器运转状态和参数，才能对机器进行有效的操纵和控制。优良的显示器是发挥机器效能的必要条件之一。

在人机系统中，按人接收信息的感觉通道的不同，可将显示器分为视觉显示、听觉显示和触觉显示等，三种显示方式传递的信息特征如表6-2所示。其中以视觉和听觉显示应用最为广泛，触觉显示是利用人的皮肤受触压或运动刺激后产生的感觉而向人们传递信息的一种方式，除特殊环境外，一般较少使用。本节将对视觉显示器和听觉显示器做详细介绍。

表 6-2 三种显示方式传递的信息特征

显示方式	传递的信息特征
视觉显示	1. 比较复杂、抽象的信息或含有科学技术术语的信息、文字、图表、公式等 2. 传递的信息很长或需要延迟者 3. 需用方位、距离等空间状态说明的信息 4. 以后有可能被引用的信息
听觉显示	1. 较短或无须延迟的信息 2. 简单且要求快速传递的信息 3. 视觉通道负荷过重的场合 4. 所处环境不适合视觉通道传递的信息
触觉显示	1. 视、听觉通道负荷过重的场合 2. 使用视、听觉通道传递信息有困难的场合 3. 简单并要求快速传递的信息

6.2.2 视觉显示器设计概述

人机系统中通过人的视觉通道向人传递信息的装置是视觉显示器。在人机系统中处于十分重要的地位。根据显示信息的方式，可分为动态显示器和静态显示器，定量显示器和定性显示器。动态显示器如温度计、电视、雷达等；静态显示器如广告牌、交通标志和各种形式的印刷符号等；定量显示器如速度盘和标尺；定性显示器如红绿灯。根据其功能特点，可分为读数显示器、核查显示器、警戒显示器、追踪显示器和调节显示器。

视觉显示器的设计要遵循如下基本原则：一是准确性原则。设计显示器的目的是使人们准确地获得机器的信息，正确地控制机器设备，避免事故。二是简单性原则。为了读数迅速、准确，显示器应尽量用简单明了的方式显示所传达的信息；应使传递信息的形式尽量能直接表达信息的内容，以减少译码的错误；不使用不利于识读的装饰；尽量符合使用目的，如供状态识读的仪表，就是越简单越清晰越好。三是一致性原则。应使显示器的指针运动方向与机器本身或其控制器的运动方向一致。

6.2.3 听觉显示器设计概述

在人机系统中，还可利用声音这一媒介来显示、传递人与机之间的信息。由于人的听觉具有反应快、能感知方向、感知信息的范围广、不受照明条件和物体障碍的限制等特点，而且还具有强迫人注意的特点，因此声音传示信息的应用范围很大。用声音信号作为信息载体，可使传递和显示的信息含义准确、接收迅速、信息量较大等；但易受噪声的干扰，若有多个声音信号同时存在时则会相互干扰。

随着电子语音技术的发展，听觉显示器的应用领域越来越广泛。经常使用的听觉显示器有无线电广播、电视、电话、对话器及其他录音、放音的电声装置等。需要注意的是，听觉显示器传递的信息，其载体，即声波应在人耳能感知的范围内。例如，各种音响报警装置、扬声器和医生的听诊器属听觉显示器，而超声探测器、水声测深器等是声波装置，则不属听觉显示器。一般来说，听觉显示器可分为两大类：一类是音响及报警装置，通过显示传递自然声、乐声等非语音信号的方式向相关人员传递信息的显示器，如下课的钟声；另一类是语音听觉显示器，语音听觉显示器是通过显示传递人类语音信号的方式向相关人员传递信息的显示器，如“请输入密码”“如需人工服务请拨1”。

在设计听觉显示器时，总的目标是听觉显示能提供关于重要事件的有意义的信息，与此同时又不会转移用户在当前主要任务上的注意力。听觉显示器的设计一般遵循以下基本原则：一是限制声音警示的数量。优化的声音警示数量最多有6个需要立即行动的信号和2个预见性的、需要注意的信号，并且多个声音信号间应有明显差别。二是标准化。在不同场合使用的听觉信号应尽可能地标准化，尽量使用清晰、明确的声音。采用声音的强度、频率、持续时间等维度做信息代码时，应避免使用极端值。代码数目不应超过使用者的绝对辨别能力。三是合适的用语。对语言警报来说，字词长短要合适，字、词、语句间距要适当，语句太长会浪费时间，太短又含义不明。对声音警报来说，听觉刺激所代表的意义，一般应与人们判断事物时所能达到的共识和自然规律相一致。四是保证不被噪声影响。由于噪声的掩蔽作用会使信号的觉察阈限升高，所以只有将信号的响度提高到足以抵消掩蔽效应的水平，才能正确觉察信号。对于要求快速反应且要保证100%的可探测性的信号，必须要高于环境和背景噪声15dB。

6.3　视觉显示器设计

6.3.1　仪表的设计

仪表是一种应用最广的信息显示器，它在生产过程中起着重要作用，仪表显示的好坏直接影响工作效率。

1. 仪表的分类

仪表可分为数字式仪表和模拟式仪表。数字式仪表是直接用数码来显示有关参数或工作状态的显示器，其认读过程简单、直观，只要对单一数字或符号辨认识别即可，如各种数码显示屏、机械的和电子的数字计数器等。模拟式仪表是通过刻度盘上的指针来显示信息的。模拟式仪表的认读过程首先要确定指针所指的刻度值，如常见的机械式手表、电流表、电压表及汽车上的油量表等。模拟式与数字式显示仪表的具体功能特点如表6-3所示。

表 6-3　模拟式仪表与数字式仪表的功能特点

比较项目	模拟式仪表		数字式仪表
	指针活动式	指针固定式	
数量信息	中：指针活动时读数困难	中：刻度移动时读数困难	好：能读出精确数值，速度快，差错少
质量信息	好：易判定指针位置，不需要读出数值和刻度时，能迅速发现指针变动趋势	差：不需要读出数值和刻度时，难以确定变化方向和大小	差：必须读出数值，否则难以得知变化方向和大小
调节性能	好：指针运动与调节活动具有简单而直接的关系，便于调节与控制	中：指针的变动不便于监控，快速调节时难以读数	好：数字调节的监测结果准确，快速调节时难以读数
监控性能	好：能很快地确定指针位置并进行监控，指针位置与监控活动最简单	中：指针无变化利于监控，但指针位置与监控活动关系不明显	差：无法根据指针的位置变化来进行监控
一般性能	中：占用面积大，仪表照明可设在控制台上，刻度的长短有限，且在使用多指针显示时认读性差	中：占用面积小，仪表须有局部照明，由于只在很小范围内认读，其认读性好	好：占用面积小，照明面积也最小，刻度的长短只受字符、转鼓的限制
综合性能	价格低，可靠性高，稳定性好，易于显示信号的变化趋势，易于判断信号值与额定值之差		精度高，认读速度快，无视读误差，过载能力强

2. 仪表刻度盘设计

刻度盘设计的内容包括刻度盘的形状和大小。其中，常见的刻度盘的形状如表 6-4 所示，有圆形和直线形等。刻度盘的形状主要取决于仪表的功能和人的视觉运动规律，以数量识读仪表为例，其指示值必须能使识读者精确、迅速地识读。实验研究表明，不同形式刻度盘的误读率亦不同，不同形式刻度盘的误读率比较如表 6-5 所示。刻度盘大小，取决于刻度盘上标记的数量和人的观察距离。表 6-6 为实验得到的圆形刻度盘的最小直径与标记数量和观察距离的关系。当刻度盘尺寸增大时，刻度、刻度线、指针和字符等均可增大，这样可提高清晰度。但不是越大越好，因为刻度盘尺寸过大时，眼睛扫描路线过长，反而影响读数的速度和准确度，同时也扩大了安装面积，使仪表盘不紧凑也不经济。当然也不宜过小，过小使刻度标记密集而不清晰，不利于认读，效果同样不好。

表 6-4　不同形状的刻度盘

类别	圆形指示器		
刻度盘	圆形	半圆形	偏心圆形
简图			

类别	直线形指示器			说明
刻度盘	水平直线	竖直直线	开窗式	
简图				开窗式的刻度盘也可以是其他形状

表 6-5　不同形式刻度盘的读数错误率比较（取圆形仪表为 100%）

类型	最大可见刻度盘尺寸/mm	读数错误率
开窗式	423	45%
圆形	540	100%
半圆形	110	153%
水平直线形	180	252%
竖直直线形	180	325%

表 6-6　圆形刻度盘最小直径与标记数量和观察距离的关系

刻度标记数量	刻度盘最小直径/mm	
	观察距离为 500mm	观察距离为 900mm
38	25.4	25.4
50	25.4	32.5
70	25.4	45.5
100	36.4	64.3
150	54.4	98.0
200	72.8	129.6
300	109.0	196.0

3. 仪表刻度设计

刻度盘上最小刻度线间的距离称为刻度。刻度的设计包括刻度的大小、刻度线的类型、刻度线的宽度、刻度线的长度和刻度方向等，这些都影响着显示器的识读速度、识读准确性。

（1）刻度的大小。刻度大小可根据人眼的最小分辨能力和刻度盘的材料性质而定。图 6-2 为刻度大小对读数误差的影响的经验曲线。刻度大小还受所用材料的限制，但不得小于表 6-7 所列数值。

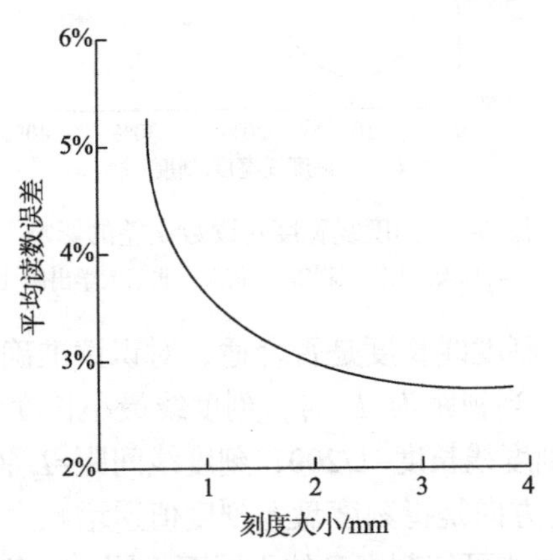

图 6-2　刻度大小对读数误差的影响

资料来源：马如宏. 人因工程[M]. 北京：北京大学出版社，2011

表 6-7　不同材料对应的最小刻度值

材料名称	钢	铝	黄铜	锌白铜
刻度大小/mm	1.0	1.0	0.5	0.5

（2）刻度线的类型。刻度线一般有三级：长刻度线、中刻度线和短刻度线，其高度与视距有关，如表 6-8 所示。

表 6-8　视距与刻度线高度的关系

观察距离/m	刻度线高度/mm			字符高度/mm
	长刻度线	中刻度线	短刻度线	
0.5 以内	5.6	4.1	2.3	2.3
0.5~0.92	10.2	7.1	4.3	4.3
0.92~1.83	19.8	14.3	8.7	8.7
1.83~3.66	40.0	28.4	17.3	17.3
3.66~6.10	66.8	47.5	28.8	28.8

（3）刻度线的宽度。刻度线的宽度取决于刻度的大小，一般取刻度大小的5%~15%；普通刻度线的宽度常取为（0.1 ± 0.02）mm；远距离观察可取0.6~0.8mm，带有精密装置取 0.001 5~0.1mm。图 6-3 为刻度线相对宽度与读数误差之间的关系。当刻度线宽度为刻度大小的 10%左右时，读数的误差最小。

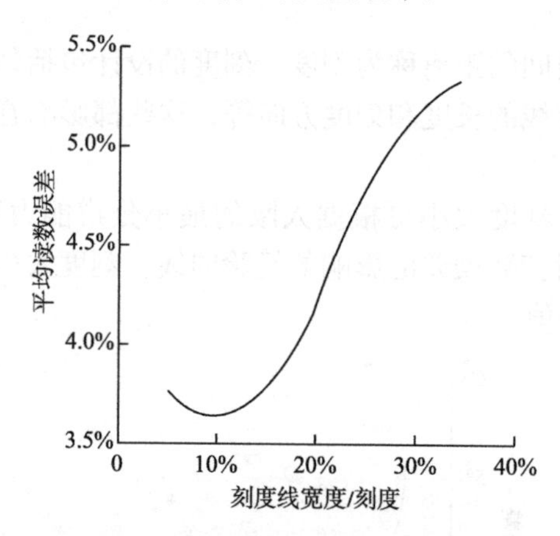

图 6-3　刻度线宽度对读数误差的影响

资料来源：马如宏. 人因工程[M]. 北京：北京大学出版社，2011

（4）刻度线的长度。刻度线长度是否合适，对识读准确性影响甚大。刻度线长度受照明条件和视距的限制。当视距为 L 时，刻度线最小长度为：长刻度线长度=L/90；中刻度线长度=L/125；短刻度线长度=L/200；刻度线间距=L/600。

（5）刻度方向。刻度方向是指刻度盘上刻度值递增顺序和认读方向。它的设计必须遵循视觉运动规律，而形式可依刻度盘的不同而不同，一般情况下是从左到右、从上到下、顺时针方向等。圆形或扇形仪表刻度读数方向与顺时针方向一致；垂直和水平带式仪表读数方向分别为自上而下和从左到右。

4. 仪表刻度值与刻度读数进级

当表盘上的刻度比较多时，宜将刻度分为大刻度标记、中刻度标记和小刻度标记。一般情况下，最大刻度必须标数，最小刻度不标数。并且数字的标注应取整数，避免采用小数或分数，避免换算。每一刻度线最好为被测量的1、3或5个单位值，或这些单位值的 10*n* 倍。

标尺上刻度间的数值关系称为刻度读数进级。刻度盘的数字进级方法和递增方向，对提高判读效率、减少误读也有重要作用。数字进级方法可参考美国海军研究结果，见表 6-9。一般应采用表中“优”的进级法，在不得已的情况下才使用“可”，绝对禁止使用“差”的进级法。

表 6-9　数字累进法

优	可	差
1 2 3 4 5 5 10 15 20 25 10 20 30 40 50 50 100 150 200 250	2 4 6 8 10 20 40 60 80 100 200 400 600 800 1000	3 6 9 12 4 8 12 16 1.25 2.5 5 7.5 15 30 45 60

5. 仪表指针设计

模拟显示多是靠指针显示。指针的设计主要考虑指针的形状、长宽度及指针的零点位置的设计。

（1）指针的形状。指针的形状要简洁、明了、不加任何装饰，具有明显的指针性形状。一般以头部尖、尾部平、中间宽或狭长三角形为好。

（2）指针的长宽度。指针的长度对认读效率影响很大，研究发现，当指针与刻度线间距超过 6mm 时，距离越大，认读误差越大。小于 6mm 时，距离越小，认读误差越小。指针与刻度间距最好为 1~2mm，不要重叠。指针的针尖宽度也很重要。图 6-4 为指针优劣比较。

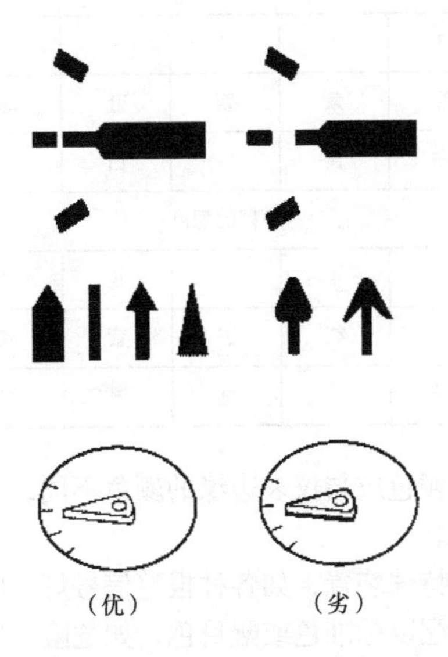

图 6-4　指针优劣比较

（3）零点位置。仪表指针零点位置一般在时钟的12点或9点。如图6-5所示，当多个检查仪表排列在一起时，指针的正常位置应处于同一方向，以9点位置为优，但也可以采用上下相对的方向。如果需要排成一竖列，则以指向12点位置为优。如果超过6个仪表，则应排成2行，以免观察者眼睛和身体有较大的移动。

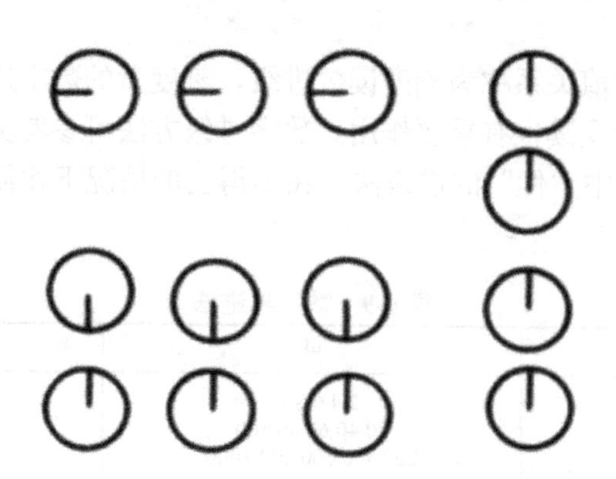

图6-5　多个检查仪表排在一起时指针的零点位置

6. 仪表指针、刻度和表盘的配色

仪表的颜色设计主要是刻度盘面、刻度线和数码、字符及指针的颜色匹配设计，它对仪表的造型设计、仪表的认读有很大的影响。仪表指针及刻度线的颜色同表盘颜色的配色关系要符合人的色觉原理。如表6-10所示，最清晰的搭配是黑与黄，最模糊的搭配是黑与蓝，其余的搭配介于这两者之间。

表6-10　配色级次

清晰的配色										
序号	1	2	3	4	5	6	7	8	9	10
背景色	黑	黄	黑	紫	紫	蓝	绿	白	黑	黄
主体色	黄	黑	白	黄	白	白	白	黑	绿	蓝
模糊的配色										
序号	1	2	3	4	5	6	7	8	9	10
背景色	黄	白	红	红	黑	紫	灰	红	绿	黑
主体色	白	黄	绿	蓝	紫	黑	绿	紫	红	蓝

一般来说，指针与刻度颜色应与仪表边缘的颜色不同，后者宜用浅色，其深度应介于指针色和表盘色之间为好。

在显示仪表中常常有些特殊装置，如各种报警信号灯、图形信号显示等。对这些特殊装置，要进行重点处理，配以标准色或醒目色，如危险、安全、停顿、运行或方向性等，配以不同的颜色可以使操纵者很快察觉，从而进行处理。但醒目色不能大面积使用，否则会过分刺激人眼，引起视觉疲劳。

6.3.2　荧光屏的设计

随着电子和信息技术的发展，在视觉信息显示方面，荧光屏显示器得到了广泛的应用，如图文电视屏幕、计算机的显示器、示波器、彩超及雷达等。使用荧光屏显示信息有其独特的优点，它既能显示图形、符号、信号，又能显示文字；既能做追踪显示，又能显示多媒体的图文动态画面，因而得到迅速发展，并且随着这方面技术的不断发展，它将在人机信息交换中发挥愈来愈重要的作用。目前常用的荧光屏显示器包括 CRT（cathode-ray tube，阴极射线管）显示器、液晶显示器（liquid crystal display ，LCD）、LED 显示器。下面主要介绍最初的 CRT 显示器和现在使用最广泛的 LED 显示器。

1. CRT 显示器

CRT 显示器学名为“阴极射线显像管”，是一种使用阴极射线管的显示器。CRT 显示器大部分人都见过、甚至用过，曾是 20 世纪 90 年代的主流显示器，不管是电脑还是彩电，都用这种显示器。对于 CRT 显示器的设计主要考虑以下方面。

（1）亮度。CRT 屏幕亮度越高，屏幕内容越易觉察，但是当 CRT 屏幕亮度超过 70cd/m^2 时，视敏度不再继续有较大的改善，所以屏幕亮度不应超 70cd/m^2。为了在屏面上突出目标，屏面的亮度不宜调节到最亮，屏幕调节成合适的亮度时，工作效率最优。

（2）刷新率。刷新率指的是每秒钟刷新图像的次数。CRT 的屏幕刷新频率因分辨率、色彩数量的不同而不同，分辨率越高，刷新率就越低。一般来讲，CRT 屏幕的刷新率要达到 75Hz 以上，人眼才不易感觉出屏幕的闪烁。

（3）分辨率。分辨率是 CRT 屏幕图像的精密度，是指显示器所能显示的点数的多少。CRT 显示器的视频带宽可以看作每秒钟所扫描的像素点数的总和，一般采用 MHz（兆赫兹）为单位。

2. LED 显示器

LED 显示器，是一种通过控制半导体发光二极管的显示方式，用来显示文字、图形、图像、动画、视频、录像信号等各种信息的显示屏幕。LED 屏是由大量的发光二极管拼凑出来的屏幕，不论是简单的户外宣传 LED 屏，还是室内的高清 LED 屏，仔细看看，都能看到无数的 LED 光点。

（1）亮度。图 6-6 为 LED 显示器亮度主观评价实验得到的数据拟合后的主观评价曲线。在实验中，对于不同的场景，亮度的改变对其影响也不同。随着亮度的增加，绿色画面看起来更加清晰，更加舒服；而白色逐渐变得更加刺眼。在低亮度情况下，画面不清晰，黑白边缘特别明显。亮度在 1 200cd/m^2 左右时，各个场景画面都能接受，视觉上比较舒服，不容易引起视觉疲劳。

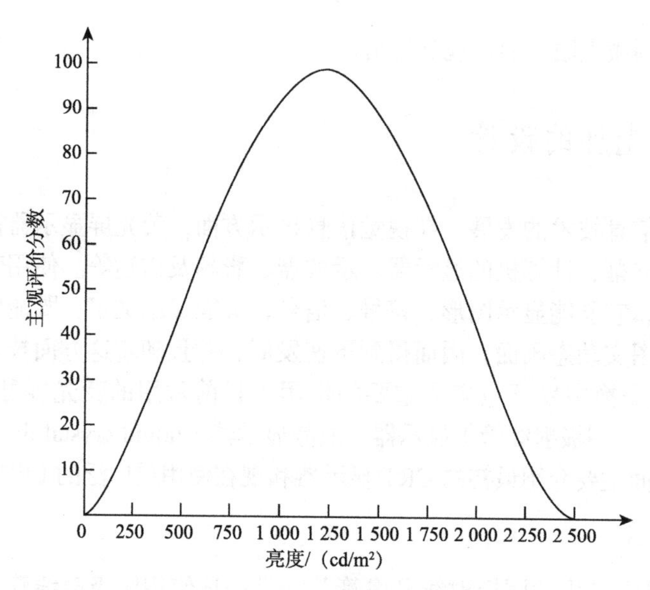

图 6-6 LED 屏幕不同亮度评价分数

资料来源：袁胜春，罗昌虎，王伙荣. 室内 LED 显示屏主观效果评价影响因素[J]. 现代显示，2012，23（9）：117-120

（2）刷新率。通过实验结果分析得到，在刷新率 60Hz 时 LED 显示屏上还能看到明暗的刷新条纹，视频几乎不能观看；刷新率为 120Hz 时，屏幕上的条纹几乎看不到，但是画面闪烁严重；只有到 180Hz 后，画面才基本不会出现闪烁的情况，180Hz 是该显示屏的临界频率。对于大于 180Hz 的刷新率，画面几乎没有明显的区别，只有更加细腻，更加清晰，人眼视觉感知不太明显。所以，LED 屏幕刷新率必须大于 180Hz，人眼才能长时间观看，不容易引起疲劳。实验结果见表 6-11。

表 6-11 LED 屏幕刷新率变化时人眼感知实验

刷新率/Hz	60	120	180	240	300
视觉效果	出现明暗的换行线，闪烁严重	只有闪烁现象	几乎看不到闪烁	画面更细腻	与 240Hz 几乎没有区别

3. 荧光屏的形状和尺寸

屏面有矩形和圆形两种，屏面坐标也相应有直角坐标和极坐标两种。从目标观察和工作效率上来看，直角坐标优于极坐标。常用的是方形屏面直角坐标，如计算机显示屏和数控机床显示屏等。

屏面的大小与视距有关。一般视距的范围是 500~700mm，此时屏面的大小以在水平和垂直方向对人眼形成不小于 30°的视角为宜。计算机常用屏面尺寸（对角线长）为 300~350mm，也有的采用 508mm 以上的屏面，但采用大屏面时，只能适宜远距离观察。一般情况下，最佳屏面尺寸应根据显示目标的大小、观察精度及分辨率等因素综合考虑确定。

6.3.3　信号灯显示的设计

信号灯是以灯光形式传递信息的显示器。用来显示危险或紧急状态的信号灯称为警告灯，它们是航天、航空、航海、公路交通和中央控制室中常见的显示形式。信号灯和警告灯的设置主要为了使人能及时注意到某种状态的发生，以做出正确的应答。信号灯的主要作用有两个：一是指示性的，即引起操作者的注意，或指示操作，具有传递信息的作用；二是显示工作状态，即反映某个指令、某种操作或某种运行过程的执行情况。因此对信号灯的设计要充分考虑其亮度和颜色要求。

（1）信号灯亮度要求。信号灯必须有足够的亮度，在高强度背景光下使用的信号灯需要有较高的亮度才能保证被识别。信号灯标志的正确辨认率有随信号灯亮度增强而提高的趋势。亮度达到 1 000cd/m^2 时，信号灯可达完全正确辨认的程度。在变化不定的环境照明下使用的信号灯，其亮度应随着环境照明亮度的不同而变化，不管信号灯的亮度如何变化，只要它的亮度与背景光亮度的对比达到一定的水平，人就能察觉和正确辨认它显示的信号标志。

另外，信号灯光可以表现为亮度持续不变的稳光，也可以表现为亮度有规律起伏变化的闪光。其采用闪光形式有两个明显的作用：一是与稳光相比它更容易引起人的注意；二是可以通过闪光频率变化增大信号灯的信息编码维度，扩大信号灯编码范围。信号灯使用闪光要注意：①闪动速度。灯光闪动的速度不能过快也不能过慢。一般认为闪动速度：3~10 次/秒。②闪频代码数目。闪动频率的代码不可超过四种，两种最好。③防止环境灯光干扰。由于闪光比稳定光更能吸引人的注意，因此，警告信号灯宜用闪光。使用单个闪光信号时，以 3~10 次/秒的闪光速度为宜。

（2）信号灯的颜色要求。信号灯颜色的选择要注意不与使用场合颜色发生混淆。在一个复杂的人机系统中有多处使用颜色信号灯或同一使用者需要在多处使用颜色信号灯时，相同颜色在意义上应尽量保持一致；信号灯颜色的含义应尽可能与人们在日常生活中对颜色形成的习惯联系或与已有概念相一致。信号灯颜色及其含义见表 6-12。

表 6-12　信号灯颜色及其含义

灯色	含义	说明	举例
红	危险或警告	有危险或须立即采取行动	有触电危险
黄	注意	情况有变化或即将发生变化	温升异常或压力异常
绿	安全	正常或允许进行	自动控制运行正常
蓝	按需要指定用意	除红黄绿三色外的任何指定用意	遥控指示
白	无特定用意	任何用意	表示正在执行

6.3.4　视觉显示器的位置排列

一个良好的设计和位置排列能更好地提高操作者的工作效率。根据使用需求，适宜的位置可以有效地提高操作者在使用显示器时的效率；视觉显示器的位置排列要考虑观察角度、视野范围等人的视觉特性，这样才能使人在观察显示器时方便省时。

（1）观察角度。研究表明，水平方向上液晶显示的字符辨认效果受观察角度的影响，随着观察角度的增大，字符辨认的错误率随之增加。如表 6-13 所示，最佳观察角度为水平视线下偏 15°。如在电影院看电影时座位不同，视野自然不同，当坐于前排时，头需上扬，时间久后会导致身体不舒适。

表 6-13 不同视线角度与误读概率

视线上下的角度区域	误读概率
0°~15°	0.001~0.005
15°~30°	0.001 0
30°~45°	0.001 5
45°~60°	0.002 0
60°~75°	0.002 5
75°~90°	0.003 0

（2）视野范围。人眼对视野不同区域的察觉和辨认能力不同。如图 6-7 所示，随着显示器从视野中心远离，认读的准确性下降，而无错认读的时间增加。同时在大约 24°的水平视野范围内，无错认读时间无明显变化，但是以后就开始急剧地上升，这说明此区域为最佳视野工作区。因此，一般常用显示器装置应布置在 20°~40°的水平视野范围内；而最重要的仪表，应设置在视野中心 3°范围内，这一视野范围内人的视觉工作效率最优；40°~60°只允许设置次要的仪表。除了不常用和不重要的仪表外，一般不宜设置在 80°水平视野之外。所有仪表原则上都应设在人不必转头或转身即可看见的视野范围之内。

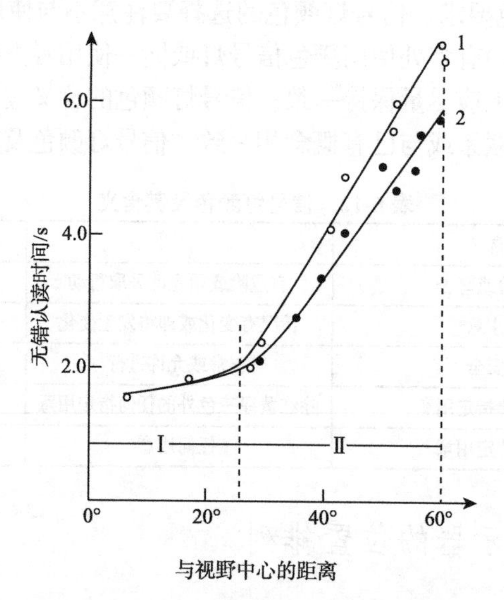

图 6-7 无错认读时间与视野中心的关系

资料来源：姚军财，申静，何军锋，等. 基于 CRT 显示器的人眼对比度敏感测量[J]. 液晶与显示，2008，23（6）：788-793

例 6-1：飞行员驾驶飞机着陆时会观察仪表，针对其眼睛的运动规律进行记录分析，其中 5 个主要仪表的眼睛转移频率如图 6-8 所示。试问如何改进仪表的布局？

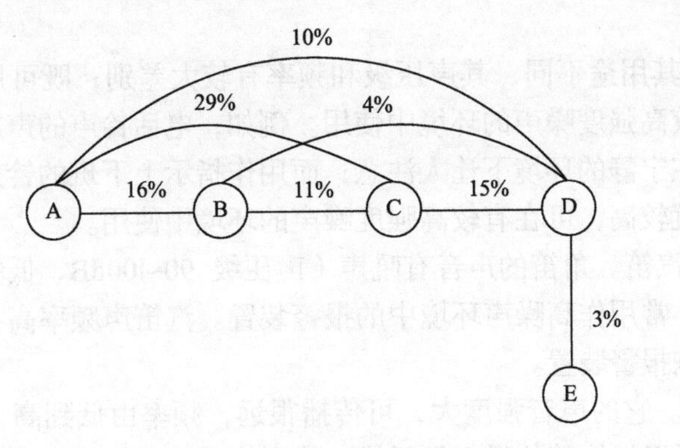

图 6-8　仪表布局及眼睛转移频率

解：从图 6-8 中我们看出，A、C 的转移频率最大为 29%，那么最好将这两个仪表挨着摆放，其次是 A、B。以 A、B、C 为出发点，我们很容易改进仪表的布局，改进后的仪表布局如图 6-9 所示，这样就更方便了飞行员的观察，缩减眼睛疲劳的时间。

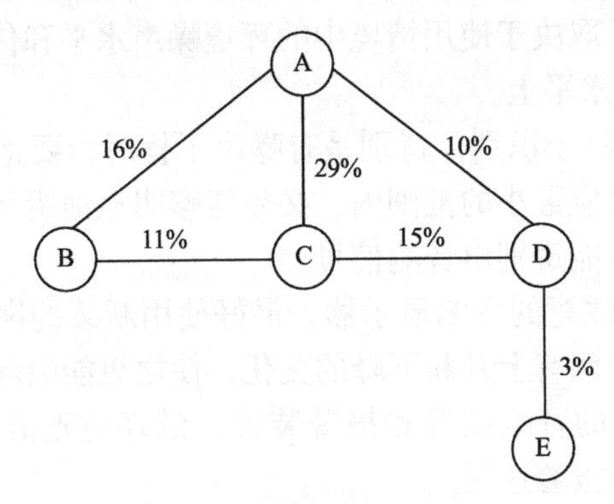

图 6-9　改进后仪表布局

6.4　听觉显示器设计

6.4.1　音响及报警装置

1. 音响及报警装置的类型及特点

常见的音响即报警装置主要有：

（1）蜂鸣器。它是音响装置中声压级最低，频率也较低的装置。蜂鸣器发出的声音柔和，不会使人紧张或惊恐，因此更适用于较宁静的环境，常配合信号灯一起使用，作为指示性听觉显示器，提醒操作者注意或指示操作者去完成某种操作，也可用作指示某种操作正在进行，还可以用作报警器用。例如，汽车驾驶员在操纵汽车转弯时，驾驶室的显示仪表板上就有一个信号灯亮和蜂鸣器鸣笛，显示汽车正在转弯，直至转弯结束。

（2）铃。因其用途不同，其声压级和频率有较大差别；既可用在宁静的环境下让人注意，也可在较高强度噪声的环境中使用。例如，电话铃声的声压级和频率只稍大于蜂鸣器，主要是在宁静的环境下让人注意；而用作指示上下班的铃声和报警器的铃声，其声压级和频率就较高，可在有较高强度噪声的环境中使用。

（3）角笛和汽笛。角笛的声音有吼声（声压级 90~100dB、低频）和尖叫声（高声强、高频）两种。常用作高噪声环境中的报警装置。汽笛声频率高，声强也高，较适合于紧急状态的音响报警装置。

（4）警报器。它的声音强度大，可传播很远，频率由低到高，发出的声调有上升和下降的变化，可以抵抗其他噪声的干扰，特别能引起人们的注意，并强制性地使人们接受，主要用作危急状态报警。

2. 音响及报警装置的设计原则

（1）音响信号必须保证位于信号接收范围的人员能够识别并按照规定的方式做出反应；报警信号的强度，取决于使用情境中的环境噪声水平和传送的距离，最好能够使信噪比保持在 8~15dB 的水平上。

（2）音响信号必须易于识别，特别是有噪声干扰时，要把音响显示器和报警装置的频率选择在噪声掩蔽效应最小的范围内，必须能够明显地听到并能与其他噪声或信号区别，使人们在噪声中也能辨别出音响信号。

（3）对于为引起人注意的音响显示器，最好使用断续的声音信号；而报警装置最好采用变频的方法，使音调有上升和下降的变化，使之更能引起人们注意。

（4）显示重要信号的音响装置和报警装置，最好与光信号同时使用，组成“视听”双重报警信号，以防报警遗漏。

（5）要求音响信号传播距离很远和穿越障碍物时，应加大声波的强度，使用较低的频率。

（6）在小范围内使用音响信号，应注意音响信号装置的多少。当音响信号装置太多时，会因几个音响信号同时显示而互相干扰、混淆，遮掩了需要的信息。这种情况下可舍去一些次要的音响装置，而保留较重要的，以减小彼此间的影响。

6.4.2 语音听觉显示器

语音听觉显示器是通过显示传递人类语音信号的方式向人传递信息的显示器，如无线电广播、电视、电话、报话机和对话器等。用语言作为信息载体，可使传递和显示的信息含义准确、接收迅速、信息量较大等；但易受噪声的干扰。并且，在需显示的内容较多时，用一个语音听觉显示器可代替多个音响装置，表达更准确，各信息内容不易混淆。通常情况下，在一些非职业性领域中，如娱乐、广播、电视等，采用语音听觉显示器比音响装置更符合人们的习惯。

在设计语音听觉显示器时应注意以下几个问题。

（1）语言的清晰度。语言的清晰度是指人耳对通过它的音语（音节、词或语句）中正确听到和理解的百分数。语言清晰度可用标准的语句表通过听觉显示器来进行测量，若听对的语句或单词占总数的20%，则该听觉显示器的语言清晰度就是20%。对于听对和未听对的记分方法有专门的规定，此处不做叙述。表6-14是语言清晰度（室内）与主观感觉的关系。由此可知，设计一个语音听觉显示器，其语言的清晰度必须在75%以上，才能正确显示信息。

表6-14 语言清晰度与主观感觉的关系

语言清晰度	人的主观感觉
96%	语言听觉完全满意
85%~96%	很满意
75%~85%	满意
65%~75%	语言可以听懂，但非常费劲
65%以下	不满意

（2）语音的强度。语音听觉显示器输出的语音，其强度直接影响语言清晰度。当语音强度增至刺激阈限以上时，清晰度的百分数逐渐增加。不同的研究结果表明，语音的平均感觉阈限为25~30dB（即测听材料可有50%被听清楚），而汉语的平均感觉阈限是27dB，最好在60~80dB。当语音强度接近120dB时，受话者将有不舒服的感觉；达到130dB时，受话者耳朵有发痒的感觉，再高便达到了听觉痛阈，将损害耳朵的功能。

（3）噪声对语音听觉显示器的影响。语音听觉显示器在噪声环境中工作时，噪声将影响语音传示的清晰度。语音的觉察阈限和清晰度阈限随噪声强度的增加而增加。当噪声声压大于60dB时，阈限的变动与噪声强度成正比。

6.5 控制器设计

控制器是人机系统的重要组成部分，在人机系统中，人通过显示器获得信息之后，需要通过运动系统将大脑的分析决策结果传递给系统，从而使其按人预定的目标工作。它是人用以将信息传递给机器，或运用人的力量来开动机器，使之执行控制功能，实现调整、改变机器运行状态的装置。按照控制的特点，控制器的定义又分为狭义的控制器和广义的控制器。

狭义的控制器在负责控制命令的传递过程中，本身不具有分析选择的智能，即控制器没有采用程序控制的机制。大多数传统的控制工具都在这个狭义的定义之内，它们一般需要人以特定的身体部位来触发控制。

广义的控制器在狭义控制器的基础上，还包括了采用建立在计算机技术之上的各种智能型程序控制。由于程控技术的采用，控制器本身具有了一定的分析能力，因而为通过声音或眼睛等方式进行控制提供了可能。例如，老式洗衣机，只能通过人根据洗衣机的按键对其进行控制来达到人想要的操作；而新式的洗衣机已经具有智能程序的控制，可以根据人以往的操作自动为人提供更人性化的操作选择，而且人不仅仅可以通过按键进行控制，还可以通过声音等进行控制。

本节主要介绍狭义的控制器。控制器的分类方式很多，为了便于分析研究，我们将其从不同的角度分类，如表 6-15 所示。

表 6-15　控制器分类

分类依据	细分项目	定义	举例
根据操作部位	手控制器	操控其的人体部位是手，故称为手动控制器	开关、选择器、旋钮、曲柄、杠杆和手轮等；按钮、刹车等
	足控制器	操控其的人体部位是脚，故称为脚动控制器	脚踏板、脚踏钮、刹车等
	其他方式	主要有声控、光控或利用敏感元件的换能方式实现控制的元件	
根据输入信息的特点	离散位选控制器	用于控制不连续的信息变化，只能用于分级调节，所控制对象的状态变化是跃进式的	按钮、键盘等
	连续调节控制器	所控制的状态是连续的	手柄、踏板、操纵杆等
根据运动方式	平移动式控制器	通过前后或者左右移动改变控制量的控制器	操纵杆、键盘、摇柄等
	旋转式控制器	通过转动改变控制量的控制器	手轮、旋钮等
	牵拉控制器	此类控制器在约束力消失后，通过回弹力可以使其返回到起始位置，或者用力使其在相反方向上运动	拉环、拉手、拉钮等

例 6-2：生活中有哪些常见的控制器？

答：如电脑的开关、鼠标、键盘；手机的按键、触摸屏、手写笔；电视机的开关、遥控器、固定按钮；电灯的开关、遥控器；汽车的方向盘、刹车踏板、各种转向灯的控制；生活中各种家用电器的定时旋钮。

6.5.1　控制器的设计要求

1. 控制器的设计及选用原则

控制器是人机系统的重要组成部分，也是人机界面设计的一项重要内容，控制器的设计是否得当，直接关系到整个系统的工作效率、安全运行及使用者操作的舒适性。在设计与选择控制器时，不仅要考虑其本身的功能、转速、能耗、耐久性及外观等，还必须考虑与操作者有关的人的因素方面的一些基本原则。具体应该遵循以下原则。

（1）控制器应根据人体测量数据、生物力学及人体运动特征进行设计。对于控制器的操纵力、操纵速度、安装位置、排列布置等，应按总体操作者中第 5 百分位数操作者的能力来设计，使控制器适合于大多数人的使用。

（2）控制器的操纵力、操作方向、操作速度、操作行程（包括线位移行程和角位移行程）、操作准确度控制要求，都应与人的施力和运动输出特性相适应。

（3）在有多个控制器的情况下，各控制器在形状、尺寸大小、色彩、质感等方面，尽量给予明显区别，使它们易于识别，以避免互相混淆；安装位置要根据系统的运行程序、作用的顺序来配置，以保证安全、准确和迅速地进行操作。

（4）让操作者在合理的体位下操作，考虑控制器操作的依托支撑要求，减轻操作者疲劳和单调厌倦的感觉。

（5）控制器的操作运动与显示器或与被控对象，应有正确的互动协调关系。此种互动关系应与人的自然行为倾向一致。

（6）形状美观、式样新颖，结构简单。合理设计多功能控制器，如带指示灯的按钮，能把操纵和显示功能结合起来等。

2. 控制器的编码原则

对具有多个控制器的系统，为了提高操作者辨认控制器的效果，应对其进行不同形式的编码，以互相区别，避免混淆。常见的控制器编码方式有形状编码、大小编码、位置编码、颜色编码、标记编码、操作方法编码和质地编码等。每一种编码方式都有优缺点和弊端，往往需要把它们组合起来使用，以弥补各自不足之处。

选择编码方式主要考虑以下条件：操作者使用控制器的任务要求；辨认控制器的速度和准确性；需要采用编码方式的控制器数目；可用的控制板空间；照明条件；影响操作者感觉辨认能力的因素；等等。

1）形状编码

形状编码利用控制器外观形状变化来进行区分。在形状编码标准手册中，设计人员可以查阅各种标准化了的形状，这些不同的形状保证使用者只需要通过触觉就能将其区分开来。形状编码应注意三点：一是控制器的形状和它的功能最好有逻辑上的联系，这样便于形象记忆；二是控制器的形状应该在不同的目视或戴着手套的情况下单靠触觉就能分辨清楚；三是控制器的形状应使操作者在无视觉指导下，仅凭触觉也能分辨不同的控制器，因此，编码所选用的各种形状不宜过分复杂。

例子：图6-10所示的是飞机驾驶室的各种控制器。飞机驾驶室各种控制器都有不用的形状来区分不同的用处，如熄火器控制器的形状就和其他控制器不一样，紧急情况下，可以减少错误操作引起的危险。

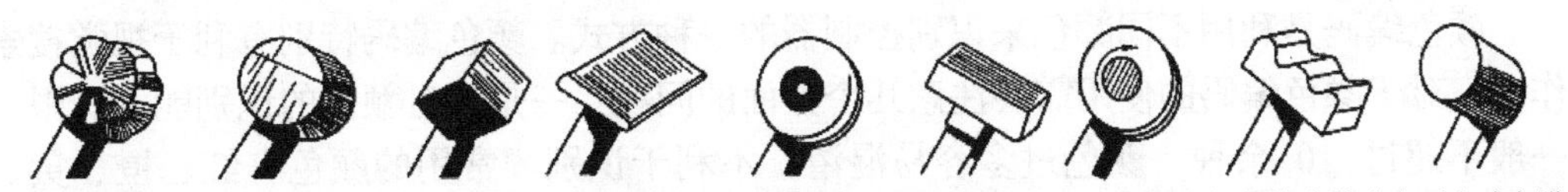

（a）增加器（b）混合器（c）化油器（d）起落副翼（e）起落架（f）熄火器（g）动力节流器（h）转速器（i）反向动力器

图6-10 飞机驾驶室控制器

2）大小编码

大小编码是通过控制器的不同尺寸来区分控制器的一种方式。这种编码可以为视觉和触觉提供信息。但人仅凭触觉识别大小的能力很弱，因此，实际工作中，尺寸很少被作为唯一的编码方式。并且，作为编码方式的一种，大小编码不如形状编码有效。为了保证控制编码的有效性，大小编码往往与形状编码等其他编码方式结合在一起被用于控制器设计中。

例子: 如图 6-11 所示的游戏手柄，它设计了很多圆形的按钮，但是这些按钮功能不一样，所以为了区分，这些圆形按钮的大小也被设计得不一样。

图 6-11 游戏手柄

3）位置编码

利用安装位置的不同来区分控制器，称为位置编码。把控制器安装在不同的位置，并实现标准化，此时操作者可以不用眼睛辨认就能操作而不会错位。通过位置编码方式来区分控制器的主要难度是如何设计控制器之间的位置间距，从而保证操作者能够准确地把不同的控制器区分开来。

例子: 如图 6-12 所示，将汽车上的离合器踏板、制动器踏板和加速器踏板设置在不同的位置，当汽车司机在驾驶中把脚从汽车的油门换到刹闸时，不用眼看就能操作。一般来说，A 为左脚休息的位置，B 为左脚操作离合器踏板时的位置，C 为右脚操作刹车（制动）踏板时的位置，D 为右脚操作油门（加速）踏板时的位置。

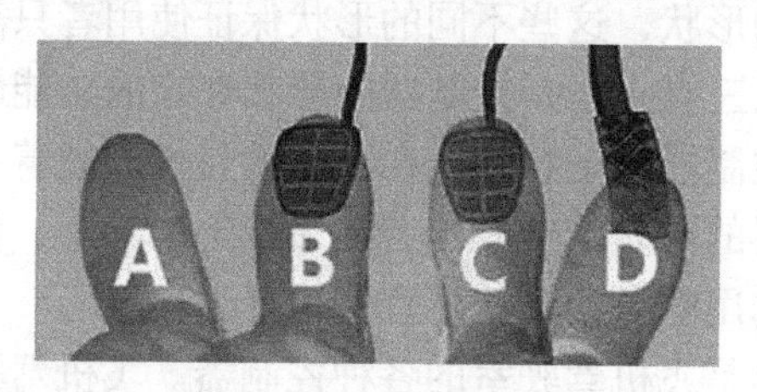

图 6-12 汽车踏板位置

4）颜色编码

颜色编码是利用不同颜色来识别控制器的一种方式。颜色编码特别有利于视觉搜索作业。对于颜色编码的使用需要注意几个方面的问题：一是人对颜色的识别能力有限，一般不超过 10 余种，颜色过多容易混淆，不利于识别。常用的颜色有红、橙、黄、绿、蓝等。二是由于不同颜色在公众常识中代表不同的含义，在采用颜色编码时，应该注意到在颜色的挑选时要保持与常识的一致性。三是应考虑与照明条件相匹配及色调、明度与彩度三者的关系。颜色编码只在操作者能够看到的情况下才有效，因此其对照明条件有一定要求。另外，当控制器有可能被弄脏的情况下，颜色编码也可能失效。

5）标记编码

标记编码是通过标注图形符号或文字来识别控制器的一种方式。在控制器的上面或旁边，用符号或文字标明其功能，有助于提高识别效率。若标注图形符号，应采用常规、通用的标志符号，简明易辨；若标注文字，应通俗易懂，简单明了，尽量避免用难懂的专业术语。使用标记编码，需要一定的空间和良好的照明条件，标记必须清晰可辨。例如，键盘上那么多按键，标上字母和数字后都能分得清清楚楚，这在电话机、家用机器、科教仪器仪表上都被广泛采用。但是这种编码方法有如下缺点：一是要求较高的照明条件；二是在紧迫的操作中不太适用，因为用眼睛聚集观看标记是需要一定时间的。

6）操作方法编码

操作方法编码是指用不同的操作方法、操作方向和阻力大小等因素的变化进行编码，通过手感、脚感加以识别。这种编码很少单独使用，而是作为与其他编码组合使用时的一种备用方式，以证实控制器最初的选择是否正确。它不能用于时间紧迫或准确度高的控制场合。它是通过来自不同操作方法产生的运动差异来辨认的。采用操作方法编码时，每个控制器都有自己独特的驱动方式，如拉、推、旋转、滑动、按压等。为了有效地使用这种编码，需要使每个控制器的动作方向、移动量和阻力等有明显区别。

例子：如图 6-13 所示，由于紧急制动的特殊性，手刹的设计采用了手动按钮和推或拉的控制方式，这是汽车所有控制器里为数不多的按操作方法编码设计的控制器。

图 6-13　汽车手刹

7）质地编码

控制器表面材料的质地也是编码的一种形式。由于对质地的分辨需要较敏锐的触觉，因此这种编码方式通常在手控控制器中采用。常见的设计方案包括使用不同的手柄材料和在手柄表面刻画不同的纹路两种方法。在采用质地作为编码时，需要注意以下两点：一是人手的触觉在环境因素影响下会发生变化，因此，对于在寒冷、水下等环境下使用的控制器，利用质地编码时常会发生失效的情况；二是当操作者必须戴手套完成控制时，质地编码也常常失效。

例子：如图 6-14 所示，汽车钥匙往往都会有遥控汽车和手动开门或点火两个作用，所以在汽车钥匙的设计上采用了不同材质的按钮来区分手动操作还是远程遥控的控制目的。下方的皮质或塑料材质的按钮一般起着遥控汽车的作用，上方的金属按钮起着弹出钥匙进行手动操作的作用。

图 6-14　汽车钥匙

3. 控制器的设计参数

1）控制器的尺寸

控制器的尺寸与其使用目的和使用方法有密切关系。控制器的尺寸设计不仅应与操纵者的身体部位尺寸相适应，而且还必须考虑操作者的操作方式。对于手动控制器，实验结果表明，手柄直径为 50mm 时，手和手柄的接触面积及握力的发挥都是最为理想的，其他常见操纵器的尺寸设计将会在后面小节做介绍。

2）控制器的材料特性

控制器的表面质地也是影响控制动作质量的一个因素。控制器可以是光滑的也可以是有花纹的。光滑的表面在操作时容易改变手在控制器上的位置，在用力操作时也易手滑。有纹理的控制器表面可产生一定的摩擦阻力，有利于操作和防止手滑动。纹理的排列应与用力方向呈合理的角度以确保施力有效，且纹理也不应过分粗糙，以手使用舒适和良好的手感为宜。

例子：为了防止操作打滑，汽车方向盘会在手操作的区域使用有纹理的皮革增加手与方向盘之间的摩擦力，增加操作的安全性和手感的舒适度。

3）控制器的阻力

不论手动控制器还是脚动控制器都有一定的操作阻力。操作阻力的作用在于提高操作的准确性、平稳性和速度及向操作者提供反馈信息，以判断操作是否被执行，同时防止控制器被意外碰撞而引起的偶发启动。因此控制器应根据操作要求选择适宜的阻力。控制器的操作阻力主要有静摩擦力、弹性阻力、黏滞阻力和惯性等 4 种，其特性如表 6-16 所示。

表 6-16　控制器的阻力特性

操作阻力类型	特性	使用举例
静摩擦力	运动开始时阻力最大，此后显著降低，可用以减少控制器的偶发启动。控制准确度低，不能提供控制反馈信息	开关、闸刀等
弹性阻力	阻力与控制器位移距离成正比，可作为有用的反馈源。控制准确度高，放手时控制器可自动返回零位，特别适用于瞬时触发或紧急停车等操作，可用以减少控制器的偶发启动	键盘等
黏滞阻力	阻力与控制运动的速度成正比。控制准确度高、运动速度均匀，能帮助稳定地控制，防止控制器的偶发启动	活塞等
惯性	阻力与控制运动的加速度成正比，能帮助稳定地控制，防止控制器的偶发启动。但惯性可阻止控制运动的速度和方向的快速变化，易引起控制器调节过度，也易引起操作者疲劳	调节旋钮等

关于控制器的阻力水平，很难规定其最大值，因为操作阻力的大小与控制器的类型、安装位置、使用频率、持续时间、操作方向等因素有关。一般阻力最大值应该在大多数操作者的用力能力范围之内，即可按第 5 百分位数操作者的用力能力来设计，以保证绝大多数操作者操作时不感到困难。操作阻力也不能过小，最小阻力应大于操作者手脚的最小敏感压力，防止由于动觉反馈差而引起误操作。

4. 控制器的布置与排列

控制器的布置与排列要考虑操作者的功能可达区域、人体的用力特点，因此控制器要尽可能安置在人的肢体所能达到的范围内，并且要适应不同身材的操作者的需要，一般选用操作器官伸及包络面的第5百分位数的尺寸数据。

当具有许多控制器且它们不可能都安装在最佳操作区时，应该根据控制器的重要性和使用频率来确定它们的排列优先权。

为了避免相互干扰，避免操作中连带误触动，各个控制器之间应留有适当的间距。控制器的间距的确定要根据所用肢体的工作面积、使用该控制器对操作者做出动作的运动精确性、操作方式及控制器本身的工作区域等各种因素来加以考虑，具体数值参照表6-17。

表6-17 相邻控制器的间距

控制器形式	操纵方式	间隔距离/mm	
		最小	推荐
扳钮开关	单指操作	20	50
	单指依次连续操作	12	25
	各个手指都操作	15	20
按钮	单指操作	12	50
	单指依次连续操作	6	25
	各个手指都操作	12	12
旋钮	单手操作	25	50
旋转选择开关	双手同时操作	75	125
手轮 曲柄 操纵杆	双手同时操作	75	125
	单手随意操作	50	100
踏板	单脚随意操作	100	150
	单脚依次连续操作	50	100

5. 控制器的用力和信息反馈

设计控制器时，应考虑通过一定的操作信息反馈方式，使操作者获得关于操作控制器结果的信息。视觉操作反馈信息可通过设置的视觉显示器获得，还可以通过声音信息来获得反馈。为从操纵中获得信息，操纵量的大小应与操纵的大小成比例关系，这种比例关系称为用力梯度或用力级差。用力级差会影响操纵效率，用力不宜太小，太小难以控制操纵精度，而且无法提供反馈信息。一般而言，控制器的操纵行程较小时，用力级差应偏大一些；若操纵行程较大时，用力级差不宜太大。

6. 避免控制器偶发启动的措施

控制器偶发启动是指控制器由意外的偶然原因而驱动，如操作员不小心地碰撞或牵拉、工作环境中的振动或重力等因素的作用等，有时会造成重大事故。设计或安装控制器宜采取避免偶发启动措施。美国工程心理学家查斯尼斯 1972 年提出七种防范措施，具体防范措施如下所述：①将控制器沉陷入凹槽内；②给控制器加保护罩；③将控制器安装在不易被碰撞的位置；④使控制器运动方向朝最不可能发生意外用力的方向；⑤连续两次操作才能启动，且方向相反；⑥使控制器必须按正确的操作次序才能启动；⑦适当增加控制器的操作阻力。

6.5.2 手动控制器设计

手动控制器是指用手来操作的控制器。手动控制器通过人的手部直接对控制器进行控制，增加了控制的安全性，设计也较便捷。手动控制器的不足在于需要人亲自用手去进行控制，在如今有许多自动控制器的情况下，显得十分繁杂且不智能。常用的手动控制器主要有扳动开关、旋钮、按键、杠杆、手柄、曲柄和转轮等。

1. 旋钮

旋钮是一种应用广泛的手动控制器，通过手指的拧转来达到控制的目的。既可多次连续旋转也可定级旋转。

根据功能要求，旋钮一般分为以下三类。第一类适用于 360°以上的旋转，其转动位移并不具有位置信息意义。第二类适用于调节控制、转动角度范围不超过 360°，其位置也不显示信息。对于这两类的旋钮设计应使旋钮的形态与运动要求在逻辑上达成一致。第三类旋钮用于位置受限的旋转操作，在每一转动位置具有重要的信息意义的旋转开关。对于这类旋钮，则宜设计成简洁的指针形，以指明刻度位置或工作状态。

根据形状，可分为圆形、多边形、指针形和手动转盘等，其中圆形旋钮为了增加功能，可以做成同心多层式，但必须注意各层的直径比或厚薄比，以防无意接触造成无意误操作。转动旋钮需要一定的扭矩以防手操纵旋钮时打滑，因此常把手操作部分的钮帽做出各种齿纹，以增加摩擦力产生必要的操作扭矩。

具有适当的尺寸也是方便操作和产生必要扭矩的重要条件，旋钮的大小应使手指和手与轮缘有足够的接触面积，便于手捏紧和施力及保证操作的速度和准确性。实验表明，大号圆形旋钮比小号圆形旋钮大 1/6 以上才便于识别；但当需要快速识别时，则必须大于 1/5。必须指出，大小的视觉效果不如形状的视觉效果显著，设计和选择时应当注意。

2. 按键

按键，也称为按钮。按钮是用手指按压进行操作的控制器。按其外表形状可分为圆柱形键、方柱形键、椭圆形键和其他异形键；按用途可分为代码键（数码键和符号键）、功能键和间隔键三种；按开关接触情况可分为接触式（如机械接触开关）和非接触式（如霍尔效应开关、光学开关等）。

各种形式的按键都应根据手指的尺寸和指端的外形进行设计，才能保证操作时手感舒服，操作效率高。其中，指端的外形设计上，图 6-15（a）为凸弧形按键，操作时手的触感不适，只适用于少数操作频率低的场合。按键的端面形式以中凹的形式为优，如

图 6-15（d）所示，它可增强手指的触感，便于操作，这种按键适用于较大操纵力的场合。并且，按键应凸出面板一定高度，过平不易感觉位置是否正确，如图 6-15（b）所示。另外各按键之间也应有一定的间距，否则容易同时按下，如图 6-15（c）所示。按键适宜的尺寸可参考图 6-15（e）。对于排列密集的按键，宜做成图 6-15（f）的形式，使手指端与接触面之间保持一定的距离。

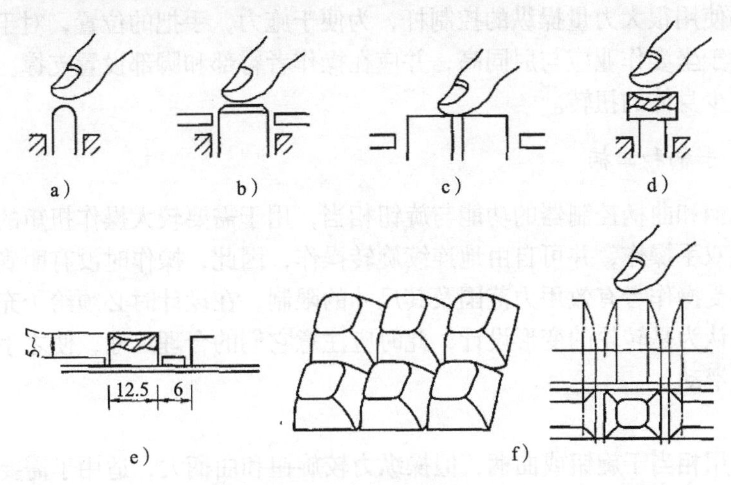

图 6-15 按钮的形式和尺寸

例子：如图 6-16 所示，这种 QWERTY 键盘几乎成了所有英文键盘的布局标准。它设有功能键（F1~F12）、字母键区、数字键区、分列的光标控制键和特殊功能键区。键盘按键的设计采用了凹形设计，增强了手指的触感，便于操作；按键凸出面板一定高度，过平不易感觉位置是否正确；各按键之间也有一定的间距，否则容易同时按下；且为了便于操作，按键呈倾斜式、阶梯式排列。人们使用键盘的最高击键速度可以达到 15 次/s。一个熟练的使用者平均击键速度为 5 次/s。由于大量信息需键盘输入计算机，因此，键盘的设计还考虑了人手指按压键盘的力度、回弹时间、使用频度及手指移动距离等。

图 6-16 键盘的设计

3. 控制杆

控制杆通常用于机器操作，多为前、后、左、右、进、退、上、下、出、入的控制动作，如汽车变速杆，因而其需要占用较大的操作空间。由于受行程和扳动角度的限制，操纵杆不宜做大幅度的连续控制，也不适宜做精细调节。

控制杆的操纵角度通常为 30°~60°。操纵角也有超过 90°的，如开关柜上刀闸操纵杆。控制杆虽然多数操纵角度有限，但可实现盲目定位操作是它的突出优点。操纵用力与操纵功能有关，前后操纵用力比左右操纵用力大，右手推拉力比左手推拉力大，因此控制杆通常安置在右侧。控制杆的用力还与体位和姿势有关。

对于需要使用很大力量操纵的控制杆，为便于施力，手把的位置，对于立姿作业应与肩同高；对于坐姿作业应与肘同高，并应在操作者臂部和脚部设置支撑。在操作过程中，应尽量减少身体的扭转。

4. 转轮、手柄和曲柄

转轮、手柄和曲柄控制器的功能与旋钮相当，用于需要较大操作扭矩的条件下，转轮可以单手或双手操作，并可自由地连续旋转操作，因此，操作时没有明确的定位值。控制器的大小受操作者有效用力范围及其尺寸的限制，在设计时必须给予充分考虑。手柄和曲柄可以认为是转轮的变形设计，此时应注意它们的合理尺寸，使之手握舒服，用力有效不产生滑动。

1）转轮

转轮的作用相当于旋钮或曲柄，但操纵力较旋钮和曲柄大，适用于需要控制力较大的场合。转轮可连续旋转，操作时没有明确的定位位置，常用作汽车、轮船等的驾驶方向盘，也用于机械设备、游戏装置的控制。转轮可单手操作或双手操作。当单手操作时，其直径最小为 50mm，最大为 110mm；当双手操作时，其直径最小为 180mm，最大为 530mm。

2）手柄

手柄具有快速回转和连续调节的特点，适用于大范围的精调和粗调，其控制定位不好掌握。操作手柄时，操纵力的大小与手柄距地面的高度、操纵方向和使用左右手不同等因素有关，表 6-18 为手柄适宜操纵力。

表 6-18 手柄适宜操纵力

手柄据地面高度/mm	适宜用力/N					
	右手			左手		
	向上	向下	侧	向上	向下	侧
500~650	140	70	40	120	120	30
650~1 050	120	120	60	100	100	40
1 050~1 400	80	80	60	60	60	40
1 400~1 600	90	140	40	40	60	30

3）曲柄

曲柄具有快速回转和连续调节的特点，适用于操纵力较大的场合，如图 6-17 所示。曲柄把柄的直径一般为 25~75mm。

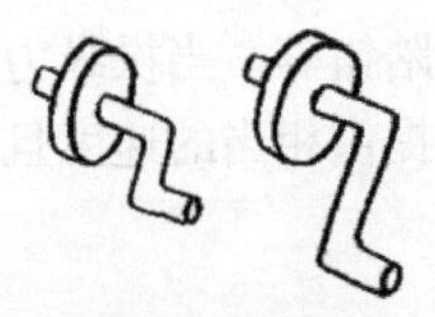

图 6-17　曲柄

6.5.3　脚动控制器的设计

脚动控制器不如手动控制器的用途广泛。对于关键性的控制一般不用脚，因为人们总是认为脚比手的动作缓慢而不准确。但有时经过训练的脚跟手的效率一样高。在控制器的操作中，当在用手操作不方便，或用手操作工作量大难以完成控制任务，或操纵力超过 150N 时才采用脚动控制器。

一般立姿作业不宜使用脚动控制器，脚动控制器多采用坐姿操作，只有少数操纵力较小（小于 50N）的才允许采用站姿操作（如剪板机的踏板）。

坐姿下脚踏板的阻力采用 $14N/cm^2$ 为宜，当脚蹬力小于 227N 时，腿的屈折角（膝关节角度）应以 107°为好，当脚踏用力大于 227N 时，则腿的屈折角应为 130°。用脚的前端进行操纵时，脚踏板上的允许用力不超过 60N，对于需要快速动作的脚踏板，脚蹬力应减少到 20N。当脚和腿同时用力时可达到 1 200N。脚动控制器适宜用力的推荐值如表 6-19 所示。

表 6-19　脚动控制器适宜用力的推荐值

脚动控制器	推荐的用力值/N
脚休息时脚踏板的承受力	18~32
悬挂的脚蹬（如汽车的加速器）	45~68
功率制动器	直至 68
离合器和机械制动器	直至 136
飞机方向舵	272
可允许脚蹬力最大值	2 268
创纪录的脚蹬力最大值	4 082

脚动控制器按功能和运动机构分为往复式、回转式和直动式三种，如图 6-18 所示。

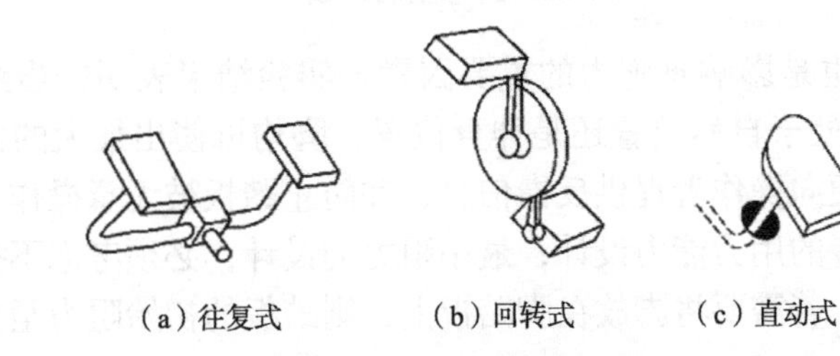

（a）往复式　（b）回转式　（c）直动式

图 6-18　脚动控制器形式

脚动控制器主要有脚踏板、脚踏钮等。当操纵力较小且不需要连续控制时，宜选择脚踏钮。如需要较大操纵力，要求提供相当的速度且需要连续操作时，多使用脚踏板。

1. 脚踏板

直动式脚踏板有以鞋跟为转轴和脚悬空的两种。如图 6-19 所示，以鞋跟为转轴的踏板，如汽车的油门踏板。脚悬空的踏板如汽车的制动踏板，这种脚踏板的位置有 3 种：图 6-20（a）表示座位较高，小腿与地面夹角很大，脚的下压力不能超过 90N；图 6-20（b）表示座位较低，小腿与地面夹角较小，此时脚蹬力不能超过 180N；图 6-20（c）表示座位很低，此时小腿较平，一般脚蹬力能达600N。由图6-20可知，脚踏板与人保持适宜的位置关系，有利于人向踏板施力。

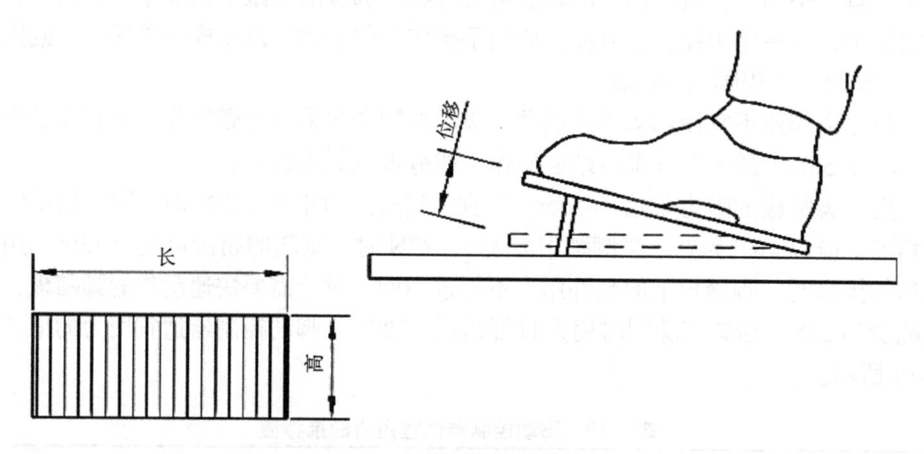

图 6-19　以鞋跟为转轴的踏板

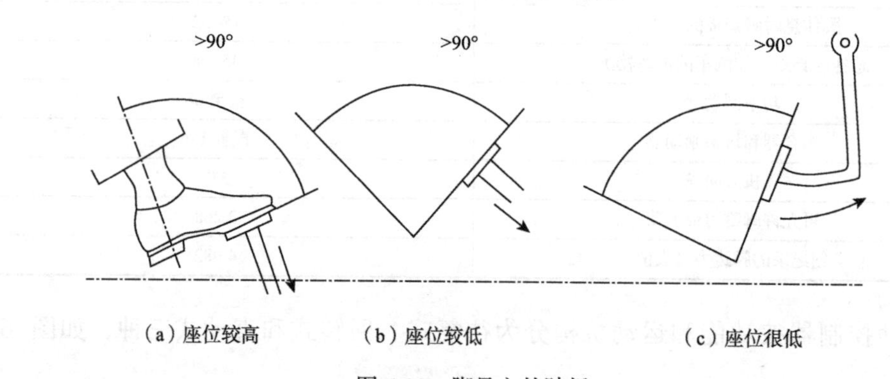

图 6-20　脚悬空的踏板

踏板角度的大小也是影响脚施力的重要因素。实验结果表明，当踏板与垂直面成15°~35°角时，不论腿处于自然位置还是伸直位置，脚均可使出最大的力。脚踏板须有一定的操纵阻力，以便向操作者提供反馈信息，并防止踏板被无意操作。最大阻力应根据第 5 百分位数操作者的用力能力设计；最小阻力的设计，必须考虑不操作时操作者的脚是否放在脚踏板上。若需要将脚放在脚踏板上，则踏板的初始阻力至少应能承受操作者腿的重量。

2. 脚踏钮

脚踏钮与按钮具有相同的功能。可用脚尖或脚掌操纵，踏压表面应有纹理，应能提供操作反馈信息。脚踏钮的设计如图 6-21 和表 6-20 所示。

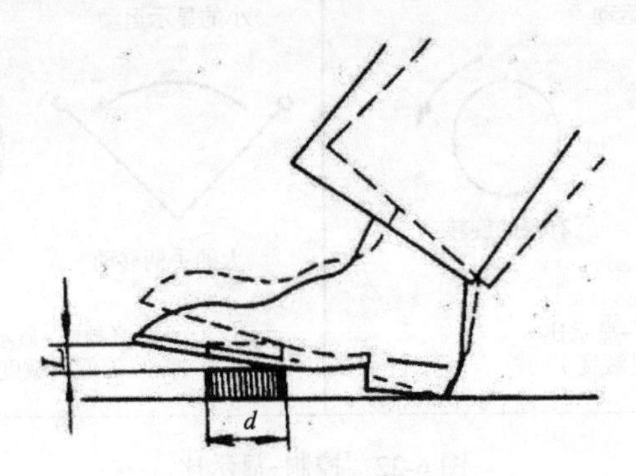

图 6-21　脚踏钮

表 6-20　脚踏钮设计参数推荐值

名称		最小	最大
直径尺寸/mm		12.5	无特殊界限
操纵位移/mm		12.5~65	65（正常、穿靴操作） 100（转动胫部进行控制时）
阻力/N	脚不停在脚踏钮上	9.8	88（正常操作时，不论脚是否停在踏钮上）
	脚停在脚踏钮上	44	

6.6　显示-控制组合设计

通常显示器与控制器是配合使用的，这种控制器与显示器之间的配合称为显示-控制组合设计。因此对于显示器和控制器的设计，不仅应使各自的性能最优，而且应使它们彼此之间的配合最优。控制器与显示器之间的配合优劣程度称为控制-显示相合性。控制器与显示器相合性越好，可减少信息加工和操作的复杂性，缩短人的反应时间，提高人的操作速度。尤其是在紧急情况下，要求操作者非常迅速地进行操作时可减少人为差错，避免事故的发生。控制-显示比，又称控制-反应比，是指控制器与显示器的位移量之比（C/D），是连续控制器的一个重要参数。位移量可用直线距离（杠杆、直线式刻度盘等）或角度、旋转次数（旋钮、手轮、半圆形刻度盘等）来测量。控制-显示比表示系统的灵敏度。控制-显示比大，表示控制器灵敏度低，即较大的控制位移只能引起较小的显示运动；控制-显示比小，表示控制器灵敏度高，即较小的控制位移能引起较大的显示运动，如图 6-22 所示，低控制-显示比为高灵敏度，高控制-显示比为低灵敏度。

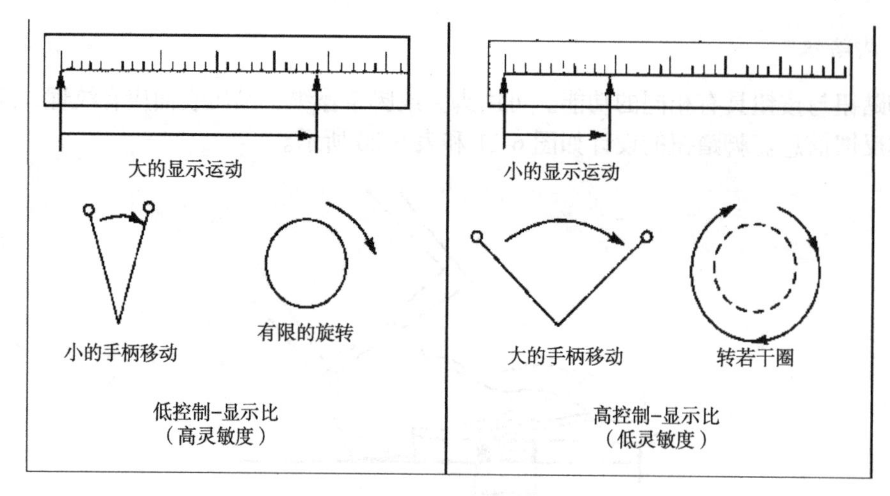

图 6-22　控制-显示比

控制-显示相合性主要体现在空间相合性、运动方向相合性等方面。

（1）空间相合性。空间相合性是指控制器和显示器在空间排列上保持一致的关系，即控制器与其相对应的显示器在空间位置上有明显的联系。特别在两者有一一对应的关系时，若能使它们在空间排列上保持一致，就能减少操纵者信息加工的复杂性，避免操纵错误，缩短操纵时间，提高工作效率。在空间位置上，控制器应尽可能地靠近相联系的显示器的正下方或右侧旁（右手操作），也可将所有控制器置于所有显示器下方，但两者在排列顺序上要对应一致，并且在同一机器或系统中，控制器与显示器进行编码时，所用代码应在含义上取得统一。

例子：如图 6-23 所示，图 6-23（a）就不如图 6-23（b）好。

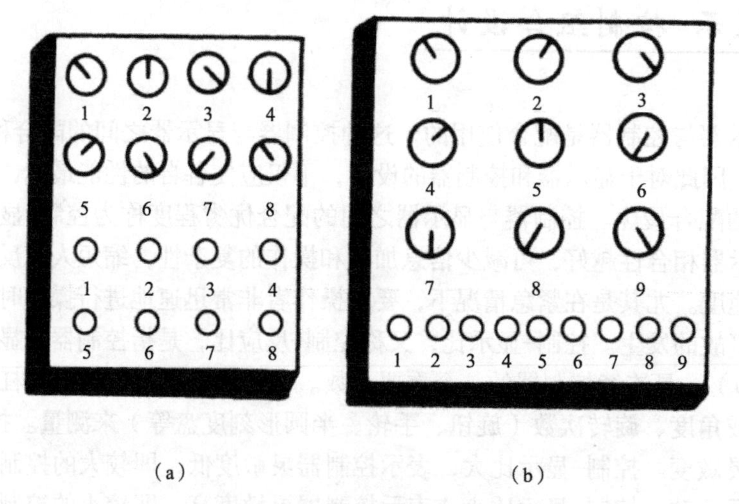

图 6-23　旋钮与仪表的位置对应关系

资料来源：丁玉兰. 人因工程学[M]. 上海：上海交通大学出版社，2004

（2）运动方向相合性。控制器的运动方向应与显示器的运动方向相吻合，操纵效率才能达到最优。控制器的运动方向与显示器或执行系统的运动方向在逻辑上一致，符合人的习惯定势，即控制-显示的运动相合性好。一个人的习惯行为是在长期生活或工作中自然形成的，一旦习惯形成后，往往会自动表现出来，不易消除。例如，仪表指针顺时针方向转动通常表示数值增大，逆时针方向转动表示数值减小，若把这种关系颠倒则易读错。运动方向相合性对于提高操作质量、减轻人的疲劳，尤其是对于防止人紧急情况下的误操作，具有重要的意义。

6.7 显示器与控制器领域的新发展

6.7.1 显示器领域的新发展

近几年显示器技术一直在“动态对比度”“响应时间”等领域花费时间精力，“LED 背光”与“廉价广视角”也变得后力不足。但是一些值得关注的新技术也随之推出，如热门的 VR、多点触控、薄膜晶体管型（thin film transistor，TFT）、有机发光半导体（organic light-emitting diode，OLED）液晶显示屏等的推出就为我们提供了创新的可能。

（1）TFT-LCD 取代 STN-LCD。就 LCD 而言，超扭曲向列型（super twisted nematic，STN）逐渐向 TFT 发展。STN-LCD 属于被动矩阵式 LCD 器件，反应时间较长，色彩饱和度较差，视角较小。彩色 STN-LCD 被称为“伪彩”显示器，其图像质量较差，但是具有功耗小、价格低的优点。TFT-LCD 又称为“真彩”显示器，每一液晶像素点都用集成在其后的薄膜晶体管来驱动，不仅提高了显示屏的反应速度，同时可以精确控制显示色阶。TFT-LCD 的亮度好、对比度高、层次感强、颜色鲜艳，可视角度大。过去 TFT 显示器一般仅用于较大屏幕的人机界面，随着 LCD 价格的降低，现在有的厂家已经将 TFT 显示器用于 5.7in 的触摸屏。

（2）软屏 LED。软屏，就是在用手指划过液晶面板的同时会出现“波纹”，比较有代表性的是夏普 ASV 技术、三星 S-PVA 技术和友达光电的 MVA 技术。LED 软屏安装适应力强，可实现各种形状如球形、弧形等，并且可横向和纵向弯曲变形安装，不受应用场景限制。其设计亮点是创造性的双面显示，可以实现实景 3D 显示。LED 软屏独创的 LED 嵌入式条形结构，使用现场即可实现快速维护。软屏的重量仅 10kg/m^2，厚度小，可以轻松安装及搬运，节省安装时间及费用成本。像素条结构设计，通透率可达 60%，风阻低，高防护性能使其即使在恶劣天气户外也能放心使用。

（3）OLED 屏幕。即有机发光二极管，在手机 OLED 上属于新型产品，被称誉为“梦幻显示器”。OLED 显示技术与传统的 LCD 显示方式不同，无须背光灯，采用非常薄的有机材料涂层和玻璃基板（或柔性有机基板），当有电流通过时，这些有机材料就会发光。而且 OLED 显示屏幕可以做得更轻更薄，可视角度更大，并且能够显著节省耗电量。

（4）VR头显。VR技术，又称灵境技术，是20世纪发展起来的一项全新的实用技术。VR 技术囊括计算机、电子信息、仿真技术于一体，其基本实现方式是计算机模拟虚拟环境从而给人以环境沉浸感。想体验 VR 技术的沉浸感，就必须戴上 VR 配备的显示器，即 VR 头显，虚拟现实头戴式显示设备。由于早期没有头显这个概念，所以根据外观产生了 VR 眼镜、VR 眼罩、VR 头盔等不专业叫法。VR 头显是利用头戴式显示设备将人对外界的视觉、听觉封闭，引导用户产生一种身在虚拟环境中的感觉。其显示原理是左右眼屏幕分别显示左右眼的图像，人眼获取这种带有差异的信息后在脑海中产生立体感。

6.7.2 控制器领域的新发展

如前所述，狭义控制器的操作大都是通过人的手和脚来完成的。微型计算机的出现和推广，为控制器的设计和开发提供了一个崭新的空间。从声音控制、眼睛控制到各种形式的远程控制，新形式的控制方式不断涌现。这些控制方式基于传统控制概念之上，利用新的控制模型，推广应用于许多新的领域中。在本节中，我们将简单介绍其中与人因工程相关的一些设计挑战。

（1）远程控制。远程控制技术，作为人类探索外太空和深海的重要手段，经过几十年的发展，终于从理论变为现实。远程遥控的好处显而易见。在遥控系统中，人作为控制的中枢起着至关重要的作用，在系统设计中如何满足人的需求仍然是遥控设计中一项重要的挑战。其中与控制器相联系的人因要素包括控制方式的设计、控制信息的反馈方式和反馈的延时问题。

例如，民用无人机的使用越来越普及，很多领域能用到无人机，不管是拍照还是勘探地形、侦察等。无人机是典型的远程控制的产物，越来越方便了我们的生活。

（2）声控。语音控制在众多场合都成为传统控制的一个有效替代方式。一个最典型的例子就是利用语音代替键盘等进行数据录入。当操作人员同时要完成包括数据录入在内的多项任务时，当数据的输入在一个运动的过程进行时，采用语音输入能够大大简化输入过程、降低操作负荷并提高工作效率。语音控制系统的复杂性与其支持的词汇总量和语法结构密切相关，随着词汇的增加和复杂句式的运用，系统所需要处理的信息总量将显著增加。

智能家具如电饭煲、空调等都已经可以进行声控，我们在家不必亲自动手，只需喊出自己想要的命令，智能家具就可以完成指令。

（3）眼控。随着眼睛和头部运动跟踪技术的成熟，利用眼睛运动作为种控制方式已经成为可能。利用眼控，我们能够帮助手脚不便的残疾人操作计算机，如利用眼睛控制鼠标指针的运动，通过点头实现鼠标点击的效果等。一些研究人员还尝试着把眼控和汉字的键盘输入结合起来，利用眼控解决汉字输入的同码字中的单字选择问题。和别的控制方式相比，眼控提供了一些独到的优势，如利用眼控可以把人的手、脚解放出来，进行眼和手、脚的配合控制。与声控相比，眼控的抗干扰性较强，不会因为多个操作者一起工作而互相影响。

眼控系统的核心技术是眼睛跟踪器，如眼控鼠标，利用基于图像处理技术的视线方向识别、跟踪方法，通过近红外光线在眼睛角膜反射产生的光斑和瞳孔中心的位置关系来确定视线方向，推导出人眼在计算机屏幕上的注视点，进而实现人眼对鼠标的定位与操作，其在显示屏上定位精度可达到40×40像素①。

案例：细纱机JWF1566人机界面设计

JWF1566细纱机是经纬纺织机械股份有限公司生产的，以JWF1562为基础，融入快装技术、快速落纱技术和纺纱智能专家系统开发的新一代环锭细纱机。进行细纱机JWF1566人机界面设计时，由于界面系统中信息量大，结构复杂，要明确界面与功能、界面与界面的逻辑关系，对界面信息结构深入了解，研究分析当前界面系统框架存在的问题，对界面信息进行重新设计，简化层级结构。

1. 系统框架重构

对细纱机JWF1566人机界面进行分析，原有系统如图6-24所示，根据界面显示，可将主界面分成七部分：系统菜单、警报信息、帮助、监控信息、中文、英文、辅助信息。其中，系统菜单包括主控制部分、数字卷绕部分、集体落纱部分、紧密纺部分，这四个为细纱机机器最基本功能，通过这四个功能可以切换机器工作状态，修改、设定机器参数等；警报信息包括报警信息列表和满纱警告，操作者可以通过警报信息辨别机器故障，方便做出决策；帮助包括信息系统说明，主要是如何使用机器等信息；监控信息包括PLC（programmable logic controller，可编程逻辑控制器）监控、开车条件、落纱条件、落管条件，用于查看机器运行状态信息；辅助信息包括日期、星期、时间，用于对机器时间基础信息进行校正。

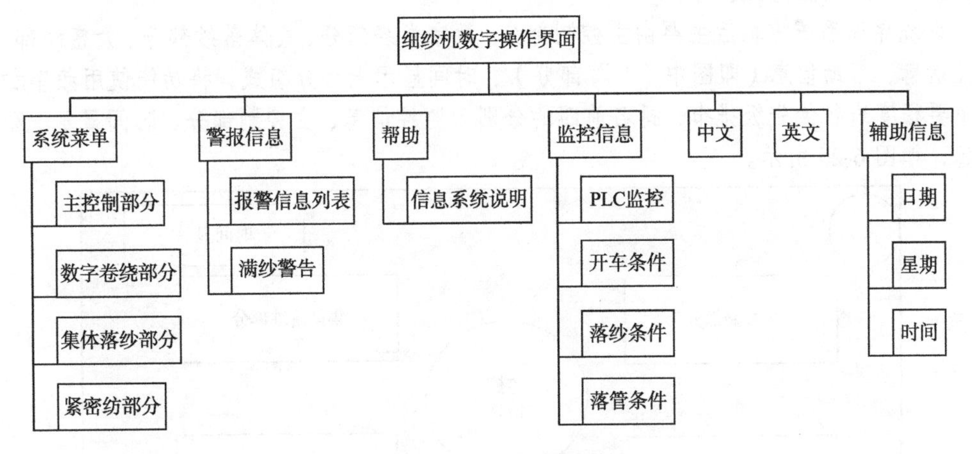

图6-24 原有系统结构

① 胡畔，董春鹏，吴晓荣. 基于视线跟踪技术的眼控鼠标[J]. 天津师范大学学报（自然科学版），2007，27（3）：68-71.

综合当前系统结构和对应功能，可以分析出，当前系统框架存在不合理性：一是操作频率极低的功能出现在主界面，操作频率较高的功能没有在主界面体现；二是对于功能性质相同的选项，没有对其做归类处理。

针对以上的合理现状对系统进行重构，目的主要是：第一，为了更好地进行界面布局；第二，提升操作效率；第三，减小用户的认知负荷。从功能相似性和功能操作频率两个方面对系统进行重构。功能相似性，将相似的功能进行归类，警报属于监控范围之内，将警报信息放在监控信息之下。功能操作频率，系统菜单中主控制部分、数字卷绕部分、集体落纱部分、紧密纺部分为操作高频词功能，应置于主页面以减少层级结构。帮助、辅助信息、中文、英文，在功能上属于相似功能，均起着辅助作用，在操作频率上都属于极低频操作功能，所以都归于帮助信息类目之下。重构的系统如图 6-25 所示。

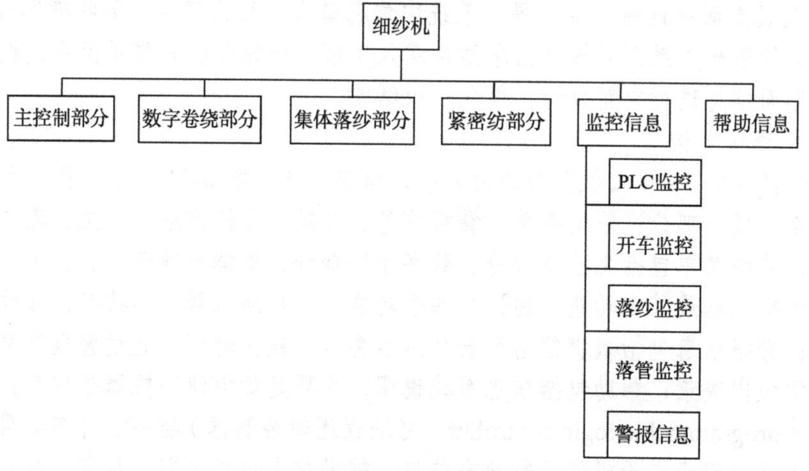

图 6-25 重构系统结构

2. 布局导航原型设计

系统界面系统重构后主要由主控制部分、数字卷绕部分、集体落纱部分、紧密纺部分、监控信息、帮助信息（即图中“？”部分）、时间显示七部分组成，将功能使用频率和功能重要程度进行优先级排布，排名前四的分别为监控信息、主控制部分、时间显示、帮助信息，如图 6-26 所示。

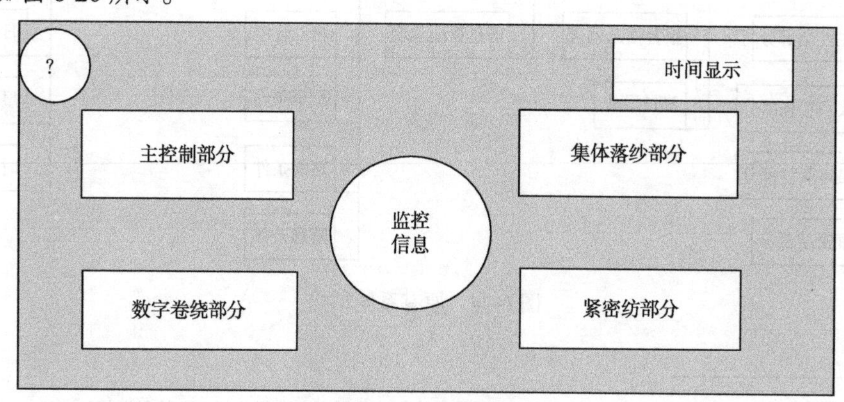

图 6-26 主布局界面

二级页面运用一致性原则对相同功能或属性进行排布，保证界面的对称和平衡，避免过多使用屏幕信息，如图6-27所示。

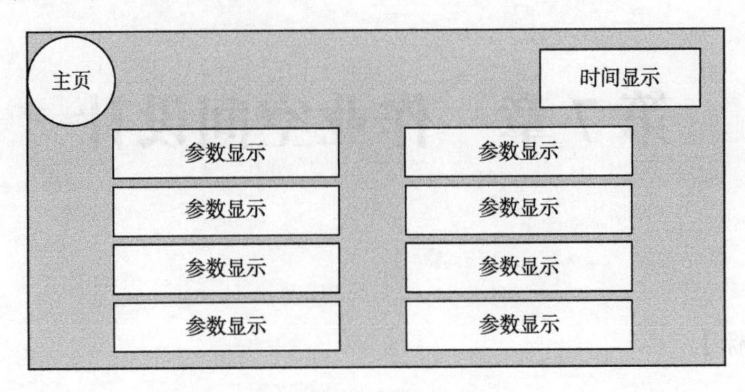

图6-27 二级页面

3. 显示器视觉细节设计

视觉细节元素包括色彩、文字、图标、文字、交互等。每个视觉元素都不是孤立存在的，元素与元素之间是相互的，在设计时不仅要遵循元素设计原则，还要考虑所有视觉元素的一致性。

对于色彩，显示界面整体色彩采用蓝色，考虑到操作环境因素及操作者的生理心理因素，太明蓝色调会给眼睛带来一定的冲击，长时间观看会造成视觉疲劳或伤害眼睛健康，所以选择蓝色偏暗色调。对于控件，其要与整体风格相匹配，在不影响风格、视觉审美的前提下，加大控件的接触面积，控件上不宜显示过多内容，故将主控制部分、数字卷绕部分、集体落纱部分、紧密纺部分，更改为主控制区、数字卷绕区、集体落纱区、紧密纺区。

对于图标，优先选用通用性图标，在方便操作者识别的同时减小学习成本，特殊图标选用上文总结出的图标。

对于文字，字体上选择常用且辨识度高的字体，所有文字均选用无衬字体微软雅黑，在字号的选择上，保证美观的前提下选择大号字体。

对于交互，在界面与界面切换的过程引入“轻带入、轻带出”的交互动作；当机器产生故障，有警报信息出现时，主界面监控信息功能周围会伴随红圈交替闪烁的交互动作，触碰红圈直接跳转到机器故障页面，在界面跳转中无交互动作，突出故障的紧急性。

（资料来源：祖金新．细纱机人机界面设计与研究[D]．天津工业大学，2019）

【思考题】

1. 本案例中细纱机的显示器设计遵循了哪些原则?
2. 谈谈案例中细纱机界面颜色设计是否合理，谈谈你认为合适的颜色设计。

第7章　作业空间设计

【学习目标】

作业空间设计是否合理，直接影响到操作工人的工作效率。本章对作业空间设计进行了概述说明，重点阐述了立姿、坐姿及坐立交替工作时作业空间的设计，工作场所性质与其作业空间设计。通过本章的学习，了解作业空间设计相关概念，掌握作业空间设计基本原则。在对作业空间进行设计时充分考虑人的心理、生理特征，根据人体测量学数据设计出安全、高效的作业空间。

【开篇案例】

1. 汽车驾驶室

汽车驾驶室作业空间设计一般要考虑舒适性与安全性、易于操作、避免差错，做到控制与视野的安排既紧凑又可区分，还要避免身体局部超负荷作业等。以普通小汽车驾驶室和大型货车驾驶室为例，明显二者的空间布局有很大的差异。大型货车驾驶室空间相比较大，具有更加宽阔的视野。这是因为大型货车车身较长，车高较高，在道路上行驶时需要更加宽阔的视野。在座椅设计方面，小汽车较多的是考虑驾驶舒适性，座椅包裹感更强；大型货车司机由于经常要长途驾驶，座椅设计更多考虑了安全性，降低了座椅包裹性，降低了局部疲劳度。显然二者作业空间设计都符合了彼此的操作需求。

2. 厨房空间设计

作业空间设计应当以人为中心，首先考虑人的需求，为操作者提供舒适的作业条件，再对相关设施进行合理的空间布置。作业空间设计与我们的生活也是息息相关的，如厨房作业空间的设计。图7-1（a）为直线形厨房空间，该设计未充分考虑人的因素，使洗、切、煮等工序位于一条直线上，操作人员需要来回走动，费时费力，极不方便。图7-1（b）所示的U形厨房空间设计则弥补了以上缺陷，避免了来回走动，减少了作业时间，使得操作更加方便，提高了作业效率。

（a）直线形

（b）U形

图 7-1　厨房空间设计

资料来源：装修公司告诉你：厨房壁纸要怎么贴才算正确的[EB/OL]. http://www.purapple.com/wx/newsid/6861.html，2019-05-10

由此可知，作业空间设计的着眼点在人，以人为中心，为人服务。也就是说，作业空间设计必须充分考虑操作者的条件和需要，最终为操作者创造安全而高效的作业条件和工作环境。那么何为作业空间，如何合理设计作业空间以保证作业者安全、舒适、高效工作等问题都是我们需要研究的。

7.1　作业空间设计概述

作业空间是指人在操作机器时所需的活动空间，以及机器、设备、工具和操作对象所占空间的总和。作业空间包含了三种不同的空间范围，即作业接触空间、作业活动空间、安全防护空间。其中，作业接触空间是人体在规定的位置上进行作业（如操纵机器、维修设备等）时，必须触及的空间。人们为完成劳动任务的大部分工时主要在这个范围内进行。作业活动空间是人体在作业时或进行其他活动时（如进出工作岗位、在工作岗位进行短暂的休息等），人体自由活动所需的范围。安全防护空间是为了保障人体安全，避免人体与危险源（如机械转动部位等）直接接触所需的安全防护空间。

作业空间设计概念有广义和狭义之分。广义上的作业空间设计是按照作业者的操作范围、视觉范围及作业姿势等一系列生理、心理因素对作业对象、机器、设备、工具进行合理的空间布局，给人、物等确定最佳的流通路线和占有区域，提高系统总体可靠性和经济性。狭义上的作业空间设计是合理设计工作岗位，以保证作业者安全、舒适、高效工作。

作业空间设计就是要从根上解决两个“距离”问题：一是“安全距离”，是为了防止碰到某物（一般指较危险的物品）而设计的障碍物距离作业者的尺寸范围；二是“最小范围”，也就是确定作业者在工作时所必需的最小活动范围。

7.1.1　作业空间分类

为了设计方便，根据作业空间的大小及各自的特点，可以将其分为近身作业空间、个体作业空间和总体作业空间（图 7-2）。

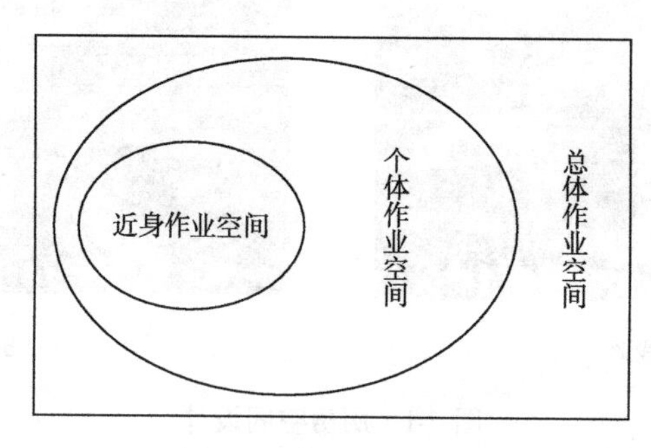

图 7-2 作业空间分类

（1）近身作业空间。近身作业空间是指作业者在某一固定的工作岗位上，保持站姿或坐姿等一定姿势时，由于人体尺寸限制，为作业者完成作业所设计的空间范围，如人坐姿打字时，四肢所涉及的空间范围。近身作业空间的设计只考虑人，因此设计时应综合考虑作业特点、人体尺寸、作业姿势和个体因素等。

（2）个体作业空间。个体作业空间是指操作者周围与作业有关的、包含设备因素在内的作业区域。其考虑的是人与设备，如人、电脑、计算机、椅子及机床、工具箱等构成的个体作业场所。因此，个人作业空间设计需要注意的是作业场所中操作者与设备间、机器设备间和控制面板的布置问题，任何元件都有最佳的布置位置。然而对于一个作业空间而言，具有众多显示与控制器，不可能使每个元件都处于理想的位置。这时就必须依据一定的原则来布置。从人机系统的整体考虑，最重要的是保证方便、准确地操作。一般来说，个体作业空间设计主要遵循重要性原则、使用频率原则、功能原则和使用顺序原则。一般来说，重要性原则和使用频率原则主要用于作业场所内元件的区域定位阶段，而使用顺序和功能原则侧重于某一区域内各元件的布置。选择何种原则布置，往往根据理性判断来确定。如图 7-3 所示，在上述四种原则都可以使用的情况下，研究表明，按使用顺序原则布置元件，执行时间最短。并且，现实中往往会采取混合布置原则，即将以上两种方式结合在一起布置，这样既能吸收双方的优点，又能避免各自的缺点。

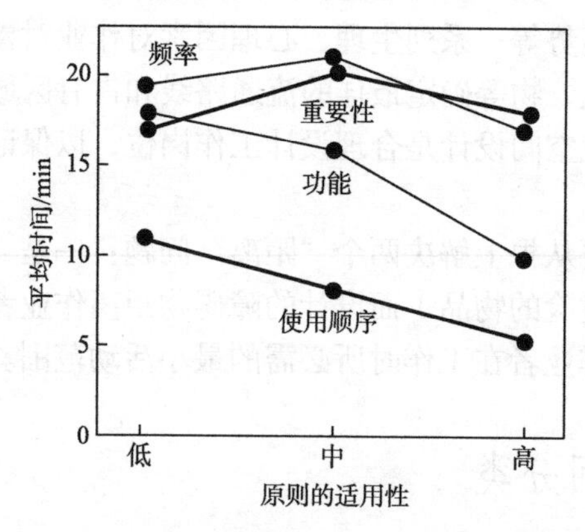

图 7-3 面板布置原则与作业执行时间的关系
资料来源：郭伏，钱省三. 人因工程学[M]. 北京：机械工业出版社，2005

（3）总体作业空间。总体作业空间是由多个相互联系的个体作业空间布置在一起构成的作业空间。总体作业空间不是直接的作业场所，它更多地强调多个个体场所之间，尤其是多个作业者或使用者之间的相互关系，如教室、办公室、工厂及其车间。当多个作业者在一个总体作业空间工作时，作业空间的设计就不只是个体作业场所内空间的物理设计与布置的问题，作业者不仅与机器设备发生联系，还和总体空间内其他人存在社会性联系。其中组织的生产（作业）方式、工艺（过程）特点决定了总体作业空间设备布局、结构（即多个个体作业场所的空间结构）。在进行总体作业空间设计时应依据人机关系，按照人的操作要求进行作业场所设计及其他设计。

7.1.2　作业空间设计的基本原则

为了使作业空间设计既经济合理，又能给作业人员的操作带来舒适和方便，作业空间设计时一般应遵守以下原则：一是总体布局与局部协调。即根据人的作业要求，先要总体考虑生产现场的总体布局，避免在某个局部空间内安排得过于紧密，造成劳动负荷过大。然后再进行各局部之间的协调。二是着眼于人，落实于设备。即以人为主进行设计。首先考虑人的需要，为人创造舒适的作业条件，再对有关的作业对象（机器、设备和工具等）进行合理的安排布置。其中，考虑人的活动特性时，必须考虑人的认知特点和人体动作的自然性、同时性、对称性、节奏性、规律性、经济性和安全性。在应用有关人体测量数据设计作业空间时，必须至少在90%的操作者中具有适应性、兼容性、操纵性和可达性。

7.2　作业姿势与作业空间设计

生产活动中常见的作业姿势有坐姿、立姿、坐立交替姿势、卧姿和蹲姿等。正确的人体姿势和体位可以减少静态疲劳，有利于人的身体健康和工作质量，并提高劳动生产率。反之，作业姿势不舒适，就会导致过度疲劳，年长日久，可能引起劳损（如驼背、腰肌劳损和肩肘腕综合征等），成为职业病的起因。因此，作业时要避免不正确的姿势，如站着不动的姿势、长期或经常重复地弯腰（指脊背弯曲角超过 15°）、躯干扭曲并倾斜的姿势或半坐姿势、经常重复地单腿支撑的姿势、手臂长时间前伸直或伸开等。

在确定作业姿势时，主要考虑以下因素：工作场地的大小、照明条件；体力负荷的大小及用力方向；工作场所各种物质（包括必需的工具、加工材料等）的安放位置；控制台或工作台的台面高度，有无合适的容膝空间；作业时起坐的频率；等等。

7.2.1　坐姿作业空间设计

坐姿是指身躯伸直或稍向前倾角为 10°~15°，大腿平放，小腿一般垂直地面或稍向前倾斜着地，身体处于舒适状态的体位。坐姿作业不易疲劳，持续工作时间长；身体稳定性好，操作精度高；手脚可并用；脚蹬范围广。

研究表明，人体最合理的作业姿势是坐姿作业。坐姿能减少人体能耗，减缓疲劳，相比站立更有利于血液循环和保持身体的稳定。因此，必须坐着工作的，就一定要保证坐着工作；可以坐着工作的，就应该争取坐着工作。

对于以下作业应采用坐姿作业：精细而准确的作业，坐姿时，当设备振动或移动，人体可保持较大的稳定度和平衡度；持续时间较长的作业，坐姿时，消耗的能量和负荷较小，血液循环畅通，可减少疲劳和人体能量的消耗；需要手、足并用的作业，坐姿时，双脚易移动，且可借助座椅支撑对脚控制器施以较大力量。

坐姿作业空间设计主要包括工作台、工作座椅、人体活动余隙和作业范围等的尺寸和布局等。坐姿作业设计用到的人体参量如表 7-1 所示。

表 7-1　坐姿作业空间设计参数　　单位：mm

人体测量项目	男	女	男女混合	男子百分位数			女子百分位数		
				第 5	第 50	第 95	第 5	第 50	第 95
坐姿身高	958	901	958	858	908	958	809	855	901
坐姿眼高	749	695	695	749	793	847	695	739	783
坐姿肩高	557	518	518	557	598	641	518	556	594
胸厚	245	239	245	186	212	245	170	199	239
坐姿肘间宽	371	348	348	371	422	489	348	404	478
坐姿大腿厚	151	151	151	112	130	151	113	130	151
坐姿前展长	323	292	292	323	351	378	292	318	345
上肢前展长	612	554	554	612	664	716	554	602	653
坐姿肘高	298	284	298	228	263	298	215	251	284
坐姿窝高	448	405	448	383	413	448	342	382	405

1. 工作面

（1）工作面高度。在进行作业空间设计时，作业面高度是必须考虑的要素之一。如图 7-4 所示，如果作业面太低，则背部过分前屈；如果太高，则必须抬高肩部，超过其松弛位置，引起肩部和颈部的不适。坐姿工作面的高度主要由人体参数和作业性质等因素决定。

从人体参数来看，一般用座面高度加 1/3 坐高或坐姿肘高减 25mm 来确定工作面高度。一般固定的作业面高度是按照坐高或坐姿肘高的第 95 百分位数值来确定的。对于这种固定的工作面，在工作面高度不适合某些人的身高时，可以正确选择座面和脚垫的最佳高度来调整。

从作业性质来说，作业需要的力越大，则工作面高度就应越低；作业要求视力越强，则工作面的高度就应该越高。根据图 7-4 中不同的工作面高度，结合不同性质的工作岗位给出相应的设计原则，如表 7-2 和表 7-3 所示。

当然对于专为特定人设计的工作面高度，其工作面高度则主要与身高和作业活动性质有关。如果工作面可调，则工作面高度与身高的关系如图 7-5 所示。

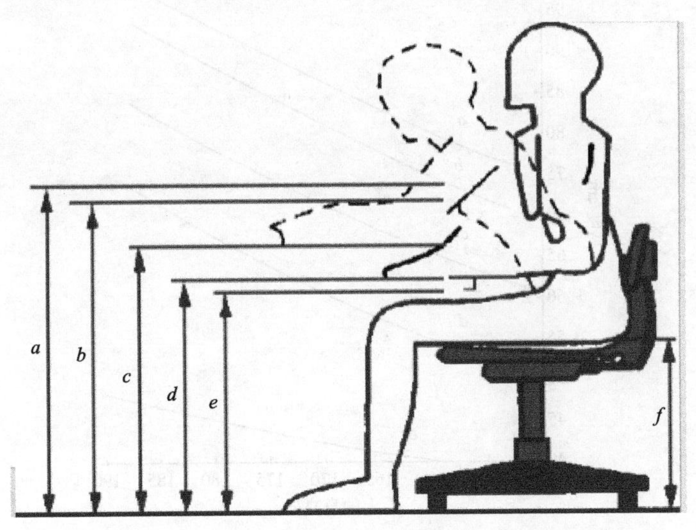

图 7-4　坐姿工作面高度

资料来源：https://wenku.baidu.com/view/35be33f97375a417876f8f58.html

表 7-2　不同性质的工作岗位设计原则

高度	设计原则
a	对视力强度、手臂活动精度和灵巧性要求很高的作业，如钟表组装，台面高度一般选为 880 ± 20mm，眼睛到被观察物体的距离为 120~250mm，能区分直径小于 0.5mm 的零件
b	对视力强度要求较高的工作，如微型机械和仪表的组装、精确复制和画图等，台面高度一般选为 840 ± 20mm，眼睛到被观察物体的距离为 250~350mm，能区分直径小于 1mm 的零件
c	一般的作业要求，如一般的钳工、坐着的办公工作等，台面高度一般为 740 ± 20mm，眼睛到被观察物体的距离小于 500mm，能区分直径小于 10mm 的零件
d	精度要求不高、需要较大力气才能完成的手工作业，如包装、大零件安装、打字机上打字等，台面高度一般为 680 ± 20mm，作业者眼睛到被观察物体的距离大于 500mm
e	视力要求不高的作业，如操作机械等，台面高度一般为 600 ± 20mm

表 7-3　坐姿工作岗位的相对高度 H_1/立姿工作岗位的工作高度 H_2　　单位：mm

类别	举例	坐姿工作岗位的相对高度 H_1				立姿工作岗位的工作高度 H_2			
		第 5		第 95		第 5		第 95	
		女	男	女	男	女	男	女	男
A	调整、检验工作，精密元件装配	400	450	500	550	1 050	1 150	1 200	1 300
B	分拣、包装作业，体力消耗大的重大工件组装	250		350		850	950	1 000	1 050
C	布线作业、体力消耗小的小零件组装	300	350	400	450	950	1 050	1 100	1 200

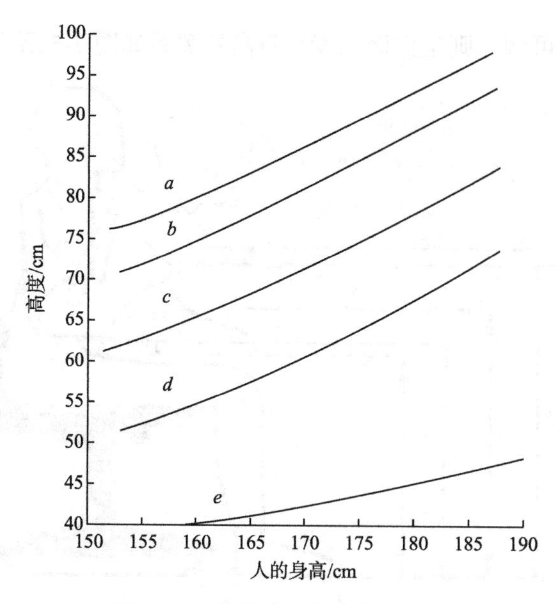

图 7-5 工作面高度与身高的关系

资料来源：https://wenku.baidu.com/view/35be33f97375a417876f8f58.html

（2）工作面宽度。工作面宽度视作业功能要求而定，如表 7-4 所示。

表 7-4 工作面宽度 单位：mm

作业功能	最小宽度	最佳宽度
单供靠肘之用	100	200
仅当写字面用	305	405
作办公桌用		910
做实验台用	视需要定，为保证大腿空隙，工作面板厚度一般不超过 50mm	

2. 容膝空间

在设计坐姿用工作台时，必须根据脚可达到区域在工作台下部布置容膝空间，以保证作业者在作业过程中，腿脚能有方便的姿势。图 7-6 和表 7-5 给出了坐姿作业时的最小和最大容膝空间尺寸，设计时可作为参考。

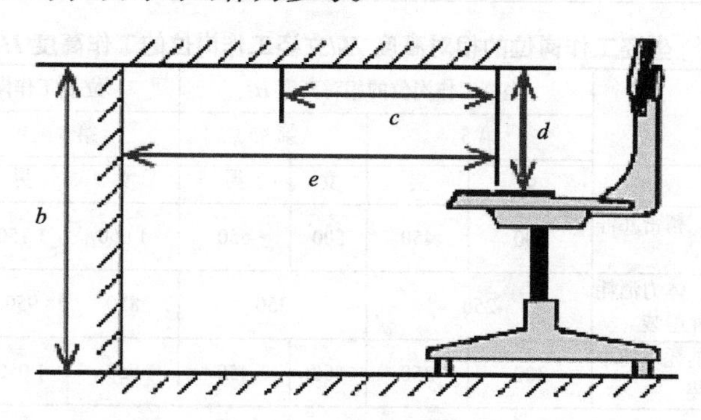

图 7-6 容膝空间

资料来源：https://wenku.baidu.com/view/35be33f97375a417876f8f58.html

表 7-5　容膝空间尺寸　　单位：mm

尺寸部位	最小尺寸	最大尺寸
a 容膝孔宽度	510	1 000
b 容膝孔高度	640	680
c 容膝孔深度	460	660
d 大腿空隙	200	240
e 容腿孔深度	660	1 000

3. 作业范围

作业范围是指作业者以站姿或者坐姿进行作业时，手和脚在水平面和垂直面内所触及的最大轨迹范围。它包括水平作业范围、垂直作业范围和立体作业范围。

（1）水平作业范围。指人坐在工作台前，以肩峰点为轴心，在水平面上运动手臂形成的轨迹范围。为适应 90%以上的人群，肩峰点位置由 1/2 胸厚 g（取第 95 百分位数）和 1/2 肩宽 h（取第 5 百分位数）的交点确定，如图 7-7 所示。

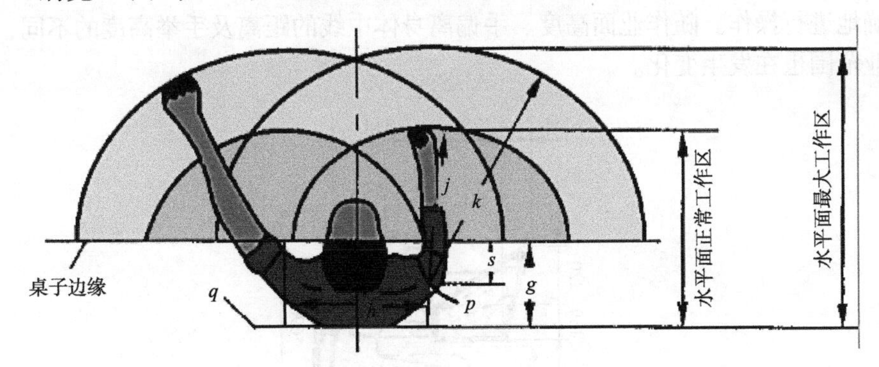

图 7-7　水平作业范围

资料来源：https://wenku.baidu.com/view/35be33f97375a417876f8f58.html

正常水平作业范围是手臂自然弯曲画成的圆弧范围。主要由前臂前展长 j 决定。台面上最远点的距离为 400mm。k 和 j 取第 5 百分位数。在正常作业范围内，作业者能舒适愉快地工作。正常作业范围的大小与操作者性别、民族、手的活动特征及方向、工作台高度有关。最大水平作业范围是手向外伸直画成的圆弧范围。主要由上肢前展长 k 决定。台面上最远点的距离为 600mm。在这个范围内操作时，静力负荷较大，长时间在这种状态下操作，很快会产生疲劳。

由于手臂的可及范围是个半球体，所以随工作台相对于人体座位高度的增加，最大平面作业范围和正常平面作业范围均相应改变。

（2）垂直作业范围。它是上肢以肩峰点为轴心，在矢状面内上下运动手臂所形成的轨迹范围。垂直面中的肩峰点位置，由坐姿肩高 f（取第 5 百分位数）确定。在垂直平面内，人体手臂最适合的作业区域是一个近似梯形的区域，如图 7-8 所示，设计时应根据人体尺寸和图中范围决定作业空间。

图 7-8 垂直作业范围

资料来源：https://wenku.baidu.com/view/35be33f97375a417876f8f58.html

（3）立体作业范围。指的是将水平和垂直的作业范围结合在一起的三维空间。如图 7-9 所示，其舒适区域介于肩与肘之间，此时，手臂的活动路线最短最舒适，能迅速而准确地进行操作。随作业面高度、手偏离身体中线的距离及手举高度的不同，其舒适的作业范围也在发生变化。

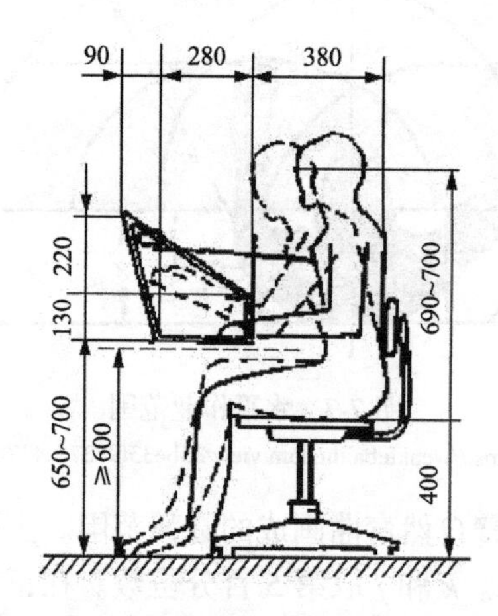

图 7-9 坐姿立体作业范围

资料来源：马如宏. 人因工程[M]. 北京：北京大学出版社，2011

4. 椅面高度及活动余隙

坐姿作业离不开座椅，因此，设计坐姿作业空间要考虑座椅所需的空间及人体活动需要改变座椅位置等余隙要求。

（1）座椅的椅面高度一般略低于小腿高度，其目的是使下肢着力于整个脚掌，并有利于两脚前后移动，减少臀部的压力，避免椅前沿压迫大腿。当与工作台配合使用时，要考虑工作台高度。图 7-10 为坐姿人体尺寸和工作面高度及座椅高度的关系。提高座面高度时，要配置搁脚板。

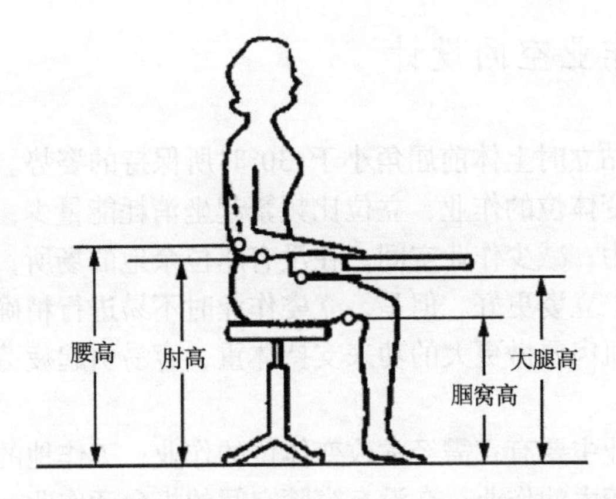

图 7-10　坐姿人体尺寸和工作面高度及座椅高度的关系

资料来源：马如宏. 人因工程[M]. 北京：北京大学出版社，2011

（2）座椅放置空间的深度距离，即台面边缘到固定壁面的距离，应在 810mm 以上，以便作业者起身与坐下时移动椅子。

（3）座椅放置空间的宽度距离应保证作业者能自由伸展手臂，座椅的扶手至侧面的距离应大于 610mm。

5. 脚作业空间

与手相比，脚作业空间一般范围较小，精度较差，操纵力较大，一般脚操作限于踏板类装置。正常的脚作业空间位于身体前侧、坐高以下的区域，其舒适作业空间取决于身体尺寸与动作的性质。按照蹬力的不同可以分为正常脚作业空间、蹬力较大脚作业空间和蹬力较小脚作业空间。图 7-11（a）为正常脚作业空间，深影区为脚的灵敏作业空间，而其余区域需大腿、小腿有较大动作，故不适于布置常用的操作装置。蹬力较大脚作业空间如图 7-11（b）所示，蹬力较小脚作业空间如图 7-11（c）所示。

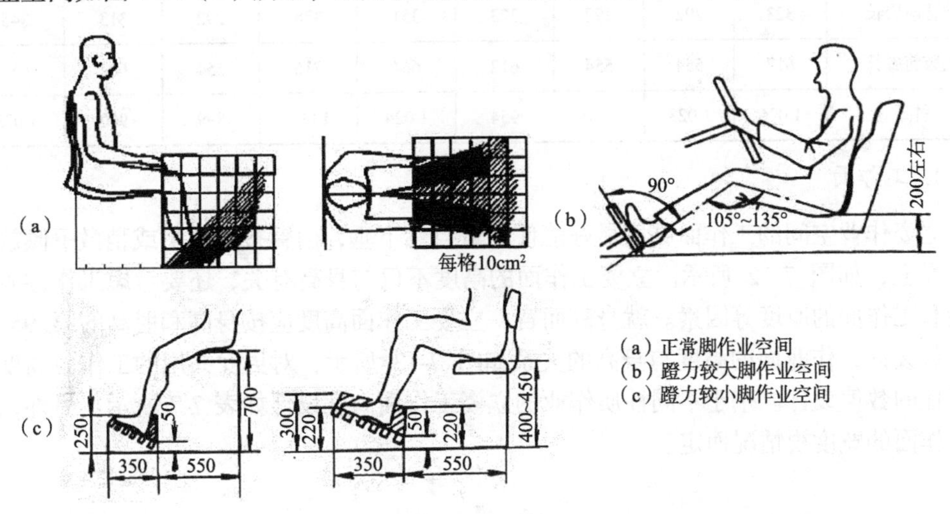

图 7-11　脚作业空间

资料来源：马如宏. 人因工程[M]. 北京：北京大学出版社，2011

7.2.2 立姿作业空间设计

立姿通常是指人站立时上体前屈角小于 30°时所保持的姿势。立姿作业时可活动的空间增大；需经常改变体位的作业，立位比频繁起坐消耗能量少；手的力量增大，即人体能输出较大的操纵力；减少作业空间，在没有座位余地的场所，以及显示器、控制器配置在墙壁上的情况，立姿更好。但是，立姿作业时不易进行精确和细致的作业，不易转换操作，如立姿时肌肉要做更大的功来支持体重，容易引起疲劳；长期站立容易引起下肢静脉曲张等。

宜采用立姿的作业主要有：需经常改变体位的作业；工作地的控制装置布置分散，需要手、足活动幅度较大的作业；在没有容膝空间的机台旁作业；用力较大的作业；单调的作业。

立姿作业空间主要包括工作台、作业范围和工作活动余隙等的尺寸和布局，其设计用到的人体参量如表 7-6 所示。

表 7-6 立姿作业空间设计参数 单位：mm

人体测量项目	男	女	男女混合	男子百分位数			女子百分位数		
				第 5	第 50	第 95	第 5	第 50	第 95
身高	1 775	1 659	1 775	1 583	1 678	1 775	1 484	1 570	1 659
眼高	1 486	1 371	1 371	1 474	1 568	1 664	1 371	1 454	1 541
肩宽	1 281	1 195	1 195	1 381	1 367	1 455	1 195	1 271	1 350
胸厚	245	239	245	186	212	245	170	199	239
肘肩宽	371	348	348	371	422	489	348	404	478
前臂前展长	323	292	292	323	351	378	292	313	345
上肢前展长	612	554	554	612	664	716	554	602	653
肘高	1 096	1 023	1 096	954	1 024	1 096	899	960	1 023

1. 工作面

立姿作业空间的工作面高度最好能使上臂自然下垂，前臂接近水平或稍微下倾放在工作面上，如图 7-12 所示。立姿工作面的高度不仅与身高有关，还要考虑工作性质、视距和工作面的厚度等因素。就身高而言，立姿工作面高度应按身高和肘高的第 95 百分位数设计，作业面的高度与身高的关系如图 7-13 所示，对男女共用的工作面高度应按男性的数值设计。基于不同性质作业的立姿工作面高度设计如表 7-7 所示。另外，立姿工作面的宽度视情况而定。

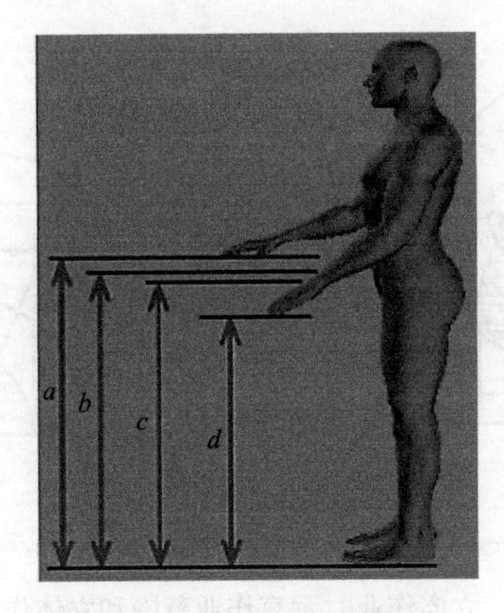

图 7-12　立姿工作面高度

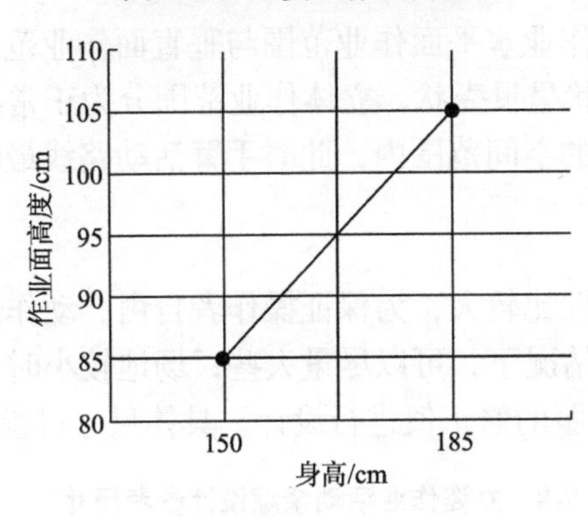

图 7-13　作业面的高度与身高的关系

表 7-7　基于不同性质作业的立姿工作面高度设计　　单位：mm

分类	台面高度	适合工作类别
a	1 050~1 150	适用于精密工作，靠肘支承的工作（如书写、画图等）
b	1 130	类似虎形钳固定在工作台上的工作
c	950~1 000	适用于要求灵巧的工作，轻手工工作（如包装、安装等）
d	800~950	适用于要求用劲大的重工作（如刨床、重的钳工工作等）

2. 作业范围

立姿作业范围包括水平作业范围、垂直作业范围和立体作业范围。

立姿水平作业范围与坐姿作业基本相同。垂直作业范围分为正常作业范围和最大作业范围，并分为正面和侧面两个方向，如图 7-14 所示。垂直作业范围的肩峰点由肩高 e 的第 5 百分位数、1/2 胸厚 g 的第 95 百分位数和 1/2 肩宽 h 的第 5 百分位数共同决定。和坐姿一样，为了使作业范围适应 90%以上的人群，上肢前展长 k、前臂前展长 j 和站姿眼高 c 均取第 5 百分位数。这样立姿时最大作业范围的最高点由（$e+k$）确定，正常作业范围的最高点由（$l+k$）确定（l 为肘高）。垂直作业范围是设计控制台、配电板、驾驶盘和确定控制位置的基础。

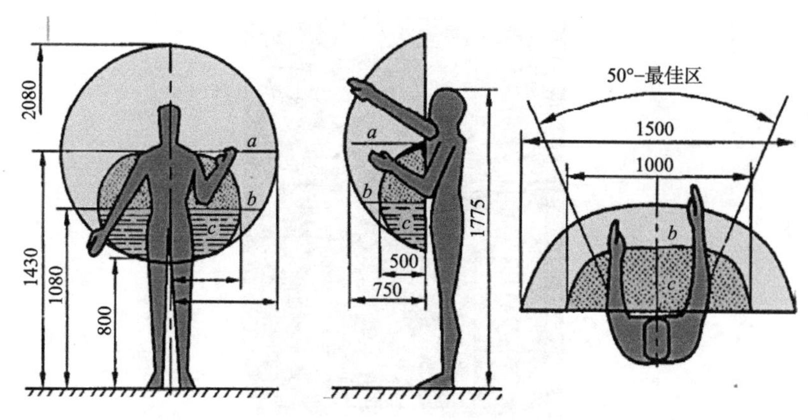

图 7-14 立姿作业时垂直作业范围和立体作业范围

立体作业范围是立姿作业水平面作业范围与垂直面作业范围在三维空间的结合。如图 7-14 所示，其空间形状呈贝壳状。立体作业范围分为正常与最大作业范围。舒适的作业范围介于肩及肘之间的空间范围内，此时手臂活动路线最短。

3. 工作活动余隙

立姿作业时人的活动性比较大，为保证操作者自由、动作舒服，必须使操作者有一定的活动余隙，有条件的情况下，可以尽量大些；场地较小时，应按人体有关参量的第 95 百分位数加上冬季防寒服的修正值进行设计。具体尺寸可参照表 7-8。

表 7-8 立姿作业活动余隙设计参考尺寸 单位：mm

余隙类型	说明	最小值	推荐值
站立用空间	工作台至身后墙壁的距离	≥760	>910
身体通过的宽度	身体左右两侧	≥510	>810
身体通过的深度	侧身通过的前后间距	≥330	>380
行走空间宽度	供双脚行走的凹进或凸出的平整地面宽度	≥305	>380
容膝空间			≥200
容脚空间			≥150×150
过头顶余隙	地面至顶板的距离	>2 030	>2 100

4. 立姿作业空间垂直方向布局设计

立姿作业空间在垂直方向可以分为 5 段，根据人体作业时的特点，不同高度上设计的作业内容不同，具体尺寸可以参考表 7-9。

表 7-9 立姿作业空间垂直方向布局尺寸 单位：mm

高度推荐值	工作类型	操作特性
1 800	总体状态显示与控制装置、警装置等	操作不便，但在稍远处易看到
1 600~1 800	一般显示装置和不重要的操纵器	手操作不便，视觉接受尚可
900~1 600	常用的操纵器、显示器、工作台面等	900~1 400 是人最舒适的工作高度
500~900	一般工作台面；不重要的操纵器显示器	手脚操作均不太方便，但也不是特别困难
0~500	脚动控制器为主	适宜于脚动操作，很不适宜手动操作

7.2.3　坐立交替作业空间设计

为了克服坐姿、立姿作业的缺点，在工作岗位上经常采用坐立交替的作业方式。该方式能使作业者在工作中变换体位，从而避免由于身体长时间处于一种体位而引起肌肉疲劳。例如，长时间单调的坐姿作业会引起心理性疲劳，改成立姿适当走动，有助于维持工作能力，而长时间的立姿会产生肌肉疲劳，改成坐姿就可以缓解。

图 7-15 为坐立交替工位的设计参数（单位为 cm），坐立交替作业空间设计时人体参量与选用原则是在设计立姿作业空间的人体测量项目参数的基础上，增加了坐姿腘窝高 n 和大腿厚 i 这两个坐姿作业设计参数。坐立姿作业空间的工作面的高度及水平、垂直面的最大作业范围和正常作业范围，均与单独采用立姿作业时的设计结果相同。但是，坐立交替作业的座面高不同于坐姿作业时的座面高，它是由立姿时的工作面高度减去工作台面板厚度和大腿厚度 i 的第 95 百分位数所确定的。

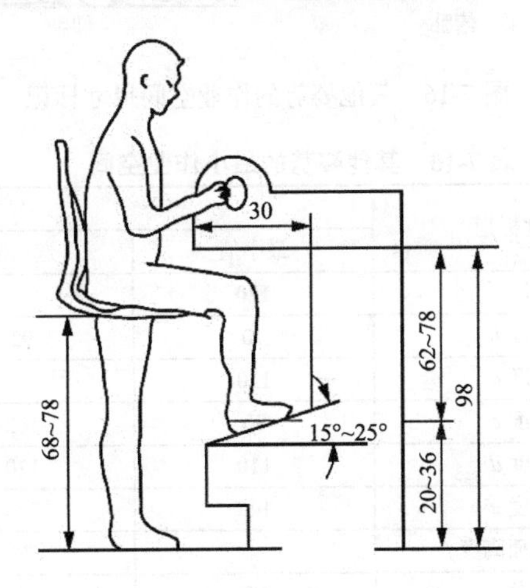

图 7-15　坐立交替工位设计

坐立交替作业空间时的椅子应该是可移动的，以便在立姿操作时可将它移开；椅子高度应可调节以适应不同身高者的需要；坐姿作业时应提供脚踏板（脚垫），否则会因工作椅座面过高而造成座面前缘压迫大腿。踏板中心位置高度应为座面高度减去坐姿腘窝高 n 的第 95 百分位数，以保证容膝空间适应 90%以上的人群。若踏板高可调节，可调范围取 20~230mm。

7.2.4　其他姿势的作业空间

现实工作中，有大量的工人从事机器设备安装维修工作。当进入设备和管路布置区域或进入设备和容器的内部时，由于空间的限制，作业人员往往只能采取蹲姿、跪姿和卧姿等，如图 7-16 所示。因此，必须在设备的设计和布局时就预留出这些作业的所需空间。在受限空间作业时，若受限作业空间过小，人的肢体施展不开，就会以不合理的方式用力，损伤肌肉骨骼组织，或因把持不住工具、零部件等而造成物体失落，因此必须解决在受限空间的可操作性问题，即考虑最小作业空间尺寸。全身进入的各种姿势所需的最小作业空间尺寸，应根据有关人体测量项目的第 95 百分位数进行设计，具体尺寸如表 7-10 所示。

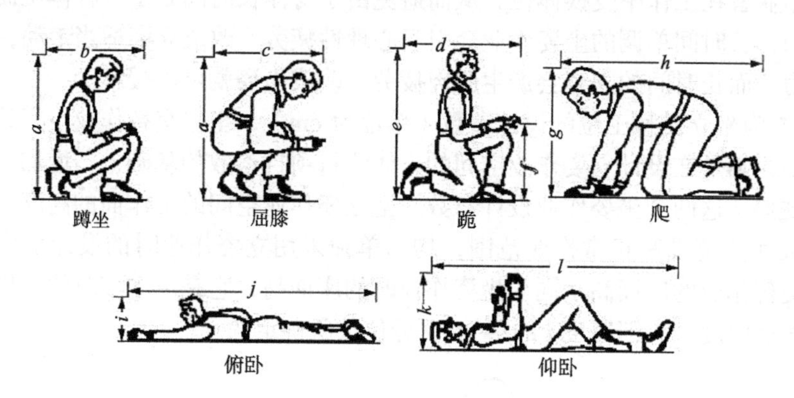

图 7-16 其他姿势的作业空间尺寸标记

表 7-10 其他姿势的最小作业空间 单位：mm

作业姿势	尺度标记	尺寸		
		最小值	选取值	着防寒服时
蹲坐作业	高度 a	120		130
	宽度 b	70	92	100
屈膝作业	高度 a	120		130
	宽度 c	90	102	110
跪姿作业	宽度 d	110	120	130
	高度 e	145		150
	手距地面高度 f		70	
爬姿作业	高度 g	80	90	95
	长度 h	150		160
俯卧作业（腹朝下）	高度 i	45	50	60
	长度 j	245		
仰卧作业（背向下）	高度 k	50	60	65
	长度 l	190	195	200

7.3 作业场所空间设计

7.3.1 主要工作岗位的空间尺寸

1. 工作间操作岗位

操作者的工作大多在工作间进行，为了使操作人员活动自如，避免产生心理障碍和身体损伤，要求工作地面积大于 $8m^2$，每个操作者的活动面积应大于 $1.5m^2$，宽度大于 1m。每个操作者最佳活动面积为 $4m^2$。基本空间要求可参照表 7-11。

表 7-11 基本空间要求 单位：m^2

作业性质	作业面积
坐姿工作人员	≥12
不以坐姿为主人员	≥15
重体力作业者	≥18

2. 机器设备与设施间的布局尺寸

多台机器协同作业时，机器设备与设施间要保持足够的空间距离，其设计尺寸可以参照表 7-12。

表 7-12 机器设备与设施布局间的尺寸 单位：m

间距	设备类型		
	小型	中型	大型
加工设备间距	≥0.7	≥1	≥2
设备与墙、柱间距	≥0.6	≥0.7	≥0.9
操作空间	≥0.6	≥0.7	≥1.1

3. 办公室管理岗位和设计

对政府机关或企业内部而言，办公室是主要工作场地，过去人们比较重视办公室的基建和设备的增加，轻视办公室的人机工程学设计，但是现在人机工程学已越来越为人们所重视。

从办公室的职能管理活动来看，基本是两种类型：集中式办公（集体办公）和独立式办公（分散办公）。从办公室的平面布置形式分，有大空间式、空间分隔式和独间式等。显然大空间式和空间分隔式适合于集中式办公，独间式适合于独立式办公。从我国目前情况看，这两种形式都大量存在。由于办公室自动化的迅速发展，大空间式，特别是空间分隔式，将会是办公室主要的发展形式。

办公室管理岗位和设计工作岗位属于集体办公，在集体办公条件下，要尽量避免桌子面对面排列或顺序排列，应从生理和心理的角度考虑其空间设计。其数据可参照表 7-13。

表 7-13 办公人员的空间尺寸

人员类别	最小面积/m^2	活动空间/m^2	最低高度/m
管理人员	≥5	≥15	≥3
设计人员	≥6	≥20	≥3

7.3.2 辅助性工作场

辅助性工作场包括工作场所的出入口，通道和走廊，楼梯、扶梯和斜坡道，平台和护栏等。如果没有这些辅助性的工作场地和设施，人员和货物就不能安全及时地到达工作岗位，产品也运不出去，就无法维持正常生产了。

1. 出入口

封闭的工作区域首先应有供日常通行的常规出入口，允许预期的人员车辆和货物不受限制地通过。出入口的位置不应使进出人员意外地起动控制器或堵塞通往控制器的通道。出入口的宽度和高度应视具体情况，如根据是否进出车辆及车辆和负荷的大小等情况来确定。仅供人员进出的出入口，最小高度不得低于 2 100mm，最小宽度不得窄于 810~860mm。出入口一般应避免采用门槛，除非为防风雨或通风而非用不可。工作场所还要有应急出口，应急出口应有便于里边人员迅速撤出的足够空间，包括必须携带必要装备或必须穿臃肿防护服的人员，而且不应该存在损伤人员或损坏他们所带设备的危险。应急出口的设计形状和相应的参考尺寸如表 7-14 所示，应急出口应设计得使人员用手或脚一触即开。如果需要人员用把手或按钮打开，则操纵力应小于 220N。

表 7-14 应急出口的尺寸 单位：mm

出口形状	尺寸	
	最小	最佳
矩形	405×610	510×710
正方形（边长）	460	560
圆形（直径）	560	710

2. 通道和走廊

在每一个车间里往往都存在着一条或几条主通道，然后由若干支通道与工作区域或工作岗位相连。无论是主通道还是走廊，在设计时都应考虑到该工作区域内预定的人流、物流的高峰负荷量，流动方向及该区域的出入口数量和尺寸。

对仅供人通行的人行道和走廊来说，其尺寸可相对小些。但为了使人们的通过不受限制，应在人体测量数据基础上，为穿臃肿防护服和携带装备的人员留出足够的余隙。工作区域经常存在多条通道和走廊，包括主通道和辅助通道，在设计它们的高度、宽度和位置时，都应考虑到该区域预定的人流量和物流量的大小和方向。

车间里的许多通道中，人员流动往往是双向进行的。有的通道既走人又运货，还通汽车；有的通道两侧紧挨着工作岗位等。因此，通道的实际宽度要视货物的尺寸、运输工具的大小和安全需要来具体确定，一般应比人行道和走廊留出更大余隙。含有上述因素的通道尺寸建议如图 7-17 和表 7-15 所示。

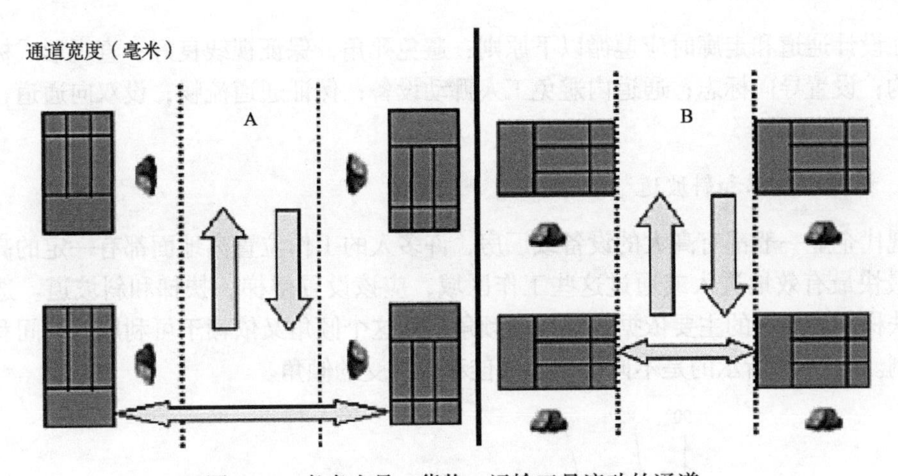

图 7-17　考虑人员、货物、运输工具流动的通道

资料来源：https://wenku.baidu.com/view/3b07cb77a76e58fafbb0036d.html

表 7-15　考虑人员、货物、运输工具流动的通道参考尺寸　　单位：mm

宽度	A	B
通道	2 000	1 500
货物	2 200	1 500
手推车	2 500	1 500
运输汽车	3 000	1 800

除了上述供人行走或是搬运货物的通道，还有一种较为狭小的检修通道。检修通道具体包括两个方面：一是各检修点的可达性问题；二是在各检修点的可操作性问题。解决可达性问题，就是根据可能的通行姿势设计合理的检修通道。检修通道应采用最容易使所需的零部件、人的身体、工具等顺利通过的形状。在确定具体尺寸时，应考虑人体携带零部件和工具所需的工作余隙，还应考虑操作人员在通道内的视觉要求。检修通道应位于正常安装时易于接近的设备表面或直接进入最便于维修的地方，同时应处于远离高压电或危险转动部件的安全区。否则应采取有效的安全措施。一般设置一个大的检修通道，比设置多个小的检修通道好，人体形态尺寸对各种通行方式的最小空间尺寸要求如表 7-16 所示。

表 7-16　人体形态尺寸对各种通行方式的最小空间尺寸要求　　单位：mm

序号	通行方式	尺度	尺寸		
			最小	最好	着防寒服
1	单人正面通过	宽×高	560×1 600	610×1 860	810×1 910
2	双人并行通过	宽×高	1 220×1 600	1 370×1 860	1 530×1 910
3	双人侧身通过	宽×高	760×1 600	910×1 860	910×1 910
4	方形垂直入口	边长×边长	459×159	560×560	810×810
5	圆形垂直入口	直径	560	610	
6	矩形水平入口	宽×高	535×380	610×510	810×810
7	圆形爬行管道	直径	635	760	810
8	方形爬行管道	边长×边长	635×635	760×760	810×810

在设计通道和走廊时应遵循以下原则：避免死角，保证视线良好；直观形式标示通道结构；设置导向标志；通道内避免工人挪动设备；保证通道流畅；设双向通道，避免单向。

3. 楼梯、扶梯和斜坡道

现代企业一般都有高大的设备或厂房，许多人的工作位置离地面都有一定的高度，为了最快最有效地进入或通过这些工作区域，应该设置楼梯、扶梯和斜坡道。选择楼梯、扶梯和斜坡梯的主要依据是结构的倾角，而这个倾角又依赖于可利用的空间和结构的限制。图 7-18 所示的是不同结构的最佳和可接受的倾角。

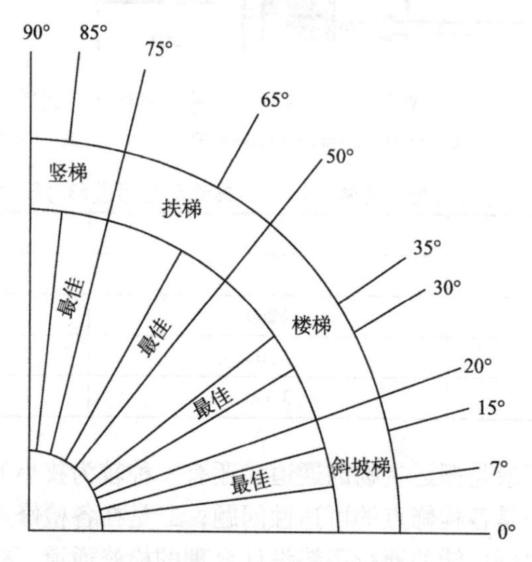

图 7-18　不同结构的最佳和可接受的倾角

资料来源：https://wenku.baidu.com/view/3b07cb77a76e58fafbb0036d.html

楼梯、扶梯和斜坡道设计不仅要结实，能同时承受得住人员的重量及其所携带工具重量的总重量，并加上适当的安全系数，还要不导电、防裂、防滑、防化学腐蚀等，没有损伤人员的边棱、凹坑、毛刺等。为了保证人员安全、方便地通过，在尺寸上应以第 5 至第 95 百分位数的人体参量作为设计依据，并加上着装装备等功能修正量等。

日常作业过程中经常会使用到楼梯和梯子等设施，在使用过程中往往会造成较多工伤事故，如操作人员从梯子上摔下来等。除了人为失误，设施设计不当也占一部分原因。因此，好的梯子、楼梯设计是安全生产的重要保障。

（1）楼梯。现代化的生产大楼或办公大楼都很高大，为了避免楼梯梯段过长，每层楼在 2.44~3.66m 高度范围至少应有一个平台，并建议每 10~20 个台阶有一个平台。楼梯台阶间距应当均等。当人们需要携带大于 9kg 的物品登梯时，或需登的楼梯不止两层高时，应该使用最大台阶宽度和最小台阶间距。楼梯尺寸如表 7-17 所示。另外，楼梯的斜度应该设计为 30°~35°，坡度在 20°以下应该设计为坡道，50°以上应该使用梯子。楼梯的设计参数如表 7-18 所示。

表 7-17 楼梯设计参考尺寸

符号	项目		最大	最小
A	台阶升角		20°	50°
B	台阶宽度/mm		240	300
C	台阶间距/mm		125	200
D	楼梯宽度/mm（扶手至扶手）	单行楼梯	510	
		双行楼梯	1 200	
E	最小装设余隙/mm		2 000	
F	扶手高度/mm		900	1 000
G	扶手直径/mm		30	50
H	容手余隙/mm		45	

表 7-18 楼梯设计参数

坡度	抬步高度/mm	脚踏板深度/mm
30°	160	280
35°	180	260
40°	200	240
45°	220	220
50°	240	200

（2）扶梯。工厂里常有很多扶梯，因为扶梯便于行走，通过时也较快较安全，建造也方便。但人员携带物质或工具上下扶梯是危险的。为了确保平衡和快速运动，人员必须腾出双手抓住扶手，因此，用扶梯时，应留出一人可以通过的余隙。如需同时往来，则应设置并排独立的上下扶梯，两扶梯相邻侧至少应间隔 150mm（建议间隔 200mm），并各有各的扶手。关于扶梯尺寸参见表 7-19。

表 7-19 扶梯尺寸

符号	项目		最大	最小
A	扶梯升角		50°	70°
B	踏板深度/mm	50°升角	150	255
		70°升角	75	145
C	踏板间距/mm		180	300
D	踏板至平台高度/mm		150	300
E	两边扶手间宽/mm		535	610
F	最小装设高度/mm		1 700	
G	扶手高度/mm		860	940
H	扶手直径/mm		30	50
I	最小容手余隙/mm		75	

常用的梯子有移动式和固定式两种，固定的梯子一般设计有扶手，称为登梯，其坡度为50°~75°。移动的梯子一般可折叠，使用时应使其坡度大于70°，以免出现滑移。梯子的坡度决定其抬步高度和踏板深度，坡度越大，踏板越浅，而抬步高度也越大，具体尺寸也可参考楼梯设计参数。另外竖梯不应作为通道使用。应避免使用携带式直爬梯，要采用更稳固的及可使用护栏、安全带、索具等保护措施的固定梯。当几层作业平面由梯子连接时，各层梯子应错开位置，以使用户不会摔落到下一层地面上。为安全起见，各层均应设置保护性楼梯平台及护栏。在使用梯子可能引起危险的场合，如不可避免地低头以防可能的撞击等，应做适当的标记。

（3）斜坡道。在工作场所，常采用斜坡道装卸货物，如用人力将器材从一个高度滑到（或拉上）另一个高度。这时，斜坡道的尺寸必须考虑人的力量和安全性。斜坡道一般应用于20°以下的斜坡上。对于7°~20°的斜坡，考虑综合利用斜坡道和楼梯。如果斜坡道用作人行道，除了应装设扶手，在斜坡道全长上还应有至少宽50mm、间隔150mm的防滑条。斜坡道的尺寸如表7-20所示。

表7-20　斜坡道尺寸

符号	项目	最小	最大
A	斜坡升角		20°
B	扶手高度/mm	900	1 100
C	斜坡宽度/mm	视功能用途而定，特别取决于车辆和负荷大小	
D	扶手直径/mm	25	75
E	扶手周围余隙/mm	50	

4. 平台和护栏

（1）平台。在生产中，经常需要将作业人员升至一定高度进行作业，这时就需要围绕工作区域或在工作区域的相关部分建立连续工作面，这种工作面叫平台。平台的设计要求负荷要大于实际负荷，并与相邻工作设备表面的高度差小于50mm，平台的尺寸应大于910mm×700mm，空间高度大于1 800mm。考虑到人不仅要能作业，还要有一定的自由活动度，建议台宽最好在700mm以上。为了防止平台上的工具、拆卸的零部件等从边缘掉下去砸到下方的人员或设备，还要在平台面板四周装踢脚板，其高度应大于150mm。

（2）护栏。当护栏或走廊高度高出地面200mm时，为防止作业人员从高处工作位置或地板开口掉下去，在所有敞开侧都必须装设护栏，如图7-19所示。护栏的扶手高度应根据第95百分位数的人体垂心高度和可能携带的最大负荷量对重心高度的影响确定，其数值应大于1 050mm。护栏可采用网状结构。采用非网状结构形式时，护栏的立柱间距应小于1 000mm，横杆间距应小于380mm，从而可以防止作业人员从护栏中间的空隙掉下去。扶手直径最小为30mm，最大为75mm，一般可取35mm。护栏设计除了设计栏杆自身的间距外，还要设计栏杆与防护物间的距离，其距离关系如图7-20所示。

图 7-19　护栏的合理设计

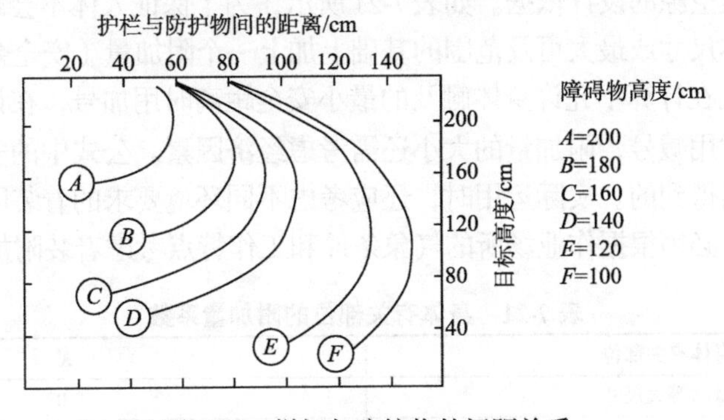

图 7-20　栏杆与防护物的间距关系

例子：盘山公路安全防护栏。当我们驾车行驶在盘山公路上时，一侧紧靠山体，另外一侧则是悬崖峭壁。这样的山路无疑给行车带来危险，即使谨慎驾驶，遇到突发情况时也可能出现意外。因此，国家在盘山公路、悬崖峭壁旁安装了盘山公路护栏板。盘山公路护栏板就像是公路的安全带，减少了事故的发生，降低了事故的严重性，使车辆在急转弯处不会轻易冲出悬崖而造成车毁人亡的重大交通事故，造成无法挽回的损失。

7.4　安全防护空间距离设计

安全距离一般分为两种：一是防止人体触及机械部位的间隔，其主要取决于人体测量参数；二是使人体免受非触及机械性有害因素影响的间隔，如超声波危害、电离辐射和非电离辐射危害，冷冻危害及尘毒危害等，其主要取决于危害源的强度和人体的生理耐受阈限。

为了保证安全作业，《生产设备安全卫生设计总则》（GB 5083—85）规定，应该首先采用直接安全技术措施，把生产设备设计成为不存在任何危险之处的机械设备。但事实上由于各种原因，任何设备都会存在危险，因此必须运用间接安全技术措施使设备从结构到布局均能保证其危险部位不被人体触及，化险为夷。其中既经济又有效的预防保障措施，就是设计安全防护空间距离（以下简称安全距离）。

1. 机械防护安全距离

机械防护安全距离分为三类：防止可及危险部位的安全距离，防止受挤压的安全距离，防止踩空致伤的盖板开口安全距离。机械防护安全距离，其大小等于身体尺寸或最大可及范围与附加量的代数和，公式如下：

$$S_d=(1\pm K)L；\ S_d=(1\pm K)R_m$$

式中，S_d 为安全距离；L 为人体尺寸；R_m 为最大可及范围；K 为附加量系数。

需要注意的是，在人体尺寸或最大可及范围的选取时，应采用第 99 百分位数上男女二者中较大的数值作为最小安全距离的设计依据，采用第 1 百分位数上男女二者中较小的数值作为最大安全空隙的设计依据。如表 7-21 所示，为了保证人体不会触及危险区域的界面，还必须在人体尺寸或最大可及范围的基础上加上一个附加量（安全余量），用 KL 或 KR_m 表示。上两式在计算不允许身体触及的最小安全距离时用加号，在计算限制身体通过的最大安全间隙时用减号，附加量的大小还需考虑经济因素。公式中的安全距离是根据人体的裸体测量数据得到的。实际运用时，还应考虑不同环境要求的着装因素。在确定机械防护安全距离时，必须根据作业场所的气象条件和工作特点考虑着装附加量。

表 7-21　身体有关部位的附加量系数

身体有关部位	K
身高等大尺寸	0.03
上、下肢等中等尺寸；大腿围度	0.05
手、指、足面高、脚宽等小尺寸；头、胸等重要部位	0.10

2. 防止可及危险部位的安全距离

可及危险部位主要是指机械设备（含附属装置）的静止或运动部分，可能使人致伤的部位。防止可及危险部位的安全距离包括以下四个方面。

（1）上伸可及安全距离。指的是当双足跟着地站立，手臂上伸可及的安全距离数值 S，一般为 2 410mm，如图 7-21 所示。

图 7-21　上伸可及安全距离

资料来源：https://www.doc88.com/p-8048701740760.html

（2）探越可及安全距离。身体越过固定屏障或防护设施的边缘时，最大可及距离是防护屏的高度和危险部位高度的函数，如图 7-22 和表 7-22 所示。

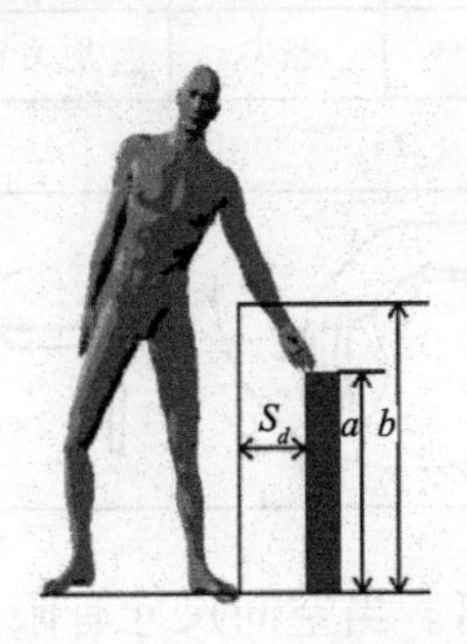

图 7-22　探越可及安全距离

a 表示危险部位的高度；b 表示防护设施的高度；S_d 表示危险部位至防护设施的水平距离

资料来源：https://www.doc88.com/p-8048701740760.html

表 7-22　探越可及安全距离数值　单位：mm

a	b							
	2 400	2 200	2 000	1 800	1 600	1 400	1 200	1 000
	S_d							
2 400		50	50	50	50	50	50	50
2 200		150	250	300	350	350	400	400
2 000			250	400	600	650	800	800
1 800				500	850	850	950	1 050
1 600				400	850	850	950	1 250
1 400				100	750	850	950	1 250
1 200					400	850	950	1 350
1 000					200	850	950	1 350
800						500	850	1 250
600							450	1 150
400							100	1 150
200								1 050

（3）上肢自由摆动可及安全距离。有些作业中，人体上肢的掌、腕、肘、肩等关节根部紧靠在固定台面或防护设施的边缘，仅由支靠点前面一部分肢体向四周自由摆动从事作业活动，如表 7-23 所示。

表 7-23 上肢自由摆动可及安全距离 S_d 单位：mm

上肢部位	从	到	从	到	从	到	从	到
	掌指关节	指尖	腕关节	指尖	肘关节	指尖	肩关节	指尖
S_d	>120		>225		>510		>820	
图示								

（4）穿越孔隙可及安全距离。当空间尺寸有限、危险部位在人体可及范围之内时，一般就在危险部位安上防护罩或防护屏。大多数防护罩或防护屏都采用网状或栅栏形状的结构，以便既能起到防护屏障的作用，又不妨碍正常的观察检查。当防护屏或防护罩与危险部位不能远距离隔离时，就必须根据某些肢体的测量参数第 1 百分位数男女二者中的较小值来确定防护屏或防护罩的最大孔隙，以防止肢体的某个部位通过；如果已经确定了防护屏或防护罩的孔隙尺寸，则应根据第 99 百分位数男女二者中的较大值来确定防护屏或防护罩至危险部位的安全距离，使能够穿越孔隙的那部分肢体不能触及危险部位，如表 7-24 所示。

表 7-24 穿越孔隙可及安全距离 S_d 单位：mm

上肢部位	指尖	掌指关节	至拇指根手掌	上臂
方形孔边长 a	$4<a\leqslant 8$	$8<a\leqslant 25$	$25<a\leqslant 40$	$40<a\leqslant 250$
S_d	⩾15	⩾120	⩾195	⩾820
图示				

一般来说，防护罩设计有如下要求：防护罩结构和布局应设计合理，使人体不能直接进入危险区域；防护罩应有足够的强度、刚度，一般应采用金属材料制造，在满足强度和刚度的条件下，也可用其他材料制造；一般情况下，应采用固定式防护罩，经常进行调节和维护的运动部件，应优先采用联锁式防护罩，条件不允许时，可采用开启式或可调式防护罩；防护罩表面应光滑无毛刺和尖锐棱角，不应成为新的危险源；防护罩不应影响视线和正常操作，应便于设备的检查和维修；当防护罩需涂漆时，应按《安全色使用导则》（GB 6527.2—86）执行。

3. 防止受挤压的安全距离

在机械设备的设计和工作场地的布置当中，常常存在着一些固定的夹缝部位或可变动的夹缝部位，当人体的某一部位在某种力的作用下陷入或被夹在其中时，就容易造成皮肤挫伤和肌骨损伤。因此，当存在夹缝部位时，夹缝间距必须大于安全距离，否则夹缝部位将被视为人体有关部位的危险源。

防止人体受挤压主要指防止人的躯体、头、腿、足、臂、手掌和食指等部位受挤压，如表 7-25 所示。

表 7-25　防止受挤压的安全距离 S_d　　单位：mm

身体部位	躯体易受挤压部位	头部易受挤压部位		腿
S_d	500	280		210
图示				
身体部位	足	臂	手、腕、掌	食指
S_d	120（含鞋底厚底 30）	120	100	25
图示				

4. 防止踩空致伤的盖板开口安全距离

盖板开口安全距离，一般指盖板上不使人踩空致伤的开口最大间隙，并分为条形开口和矩形开口。其中，条形开口的安全距离不大于 35mm；矩形开口的安全距离，长不大于 150mm，宽不大于 45mm。

5. 人体与带电导体的安全距离

人体与带电导体的安全距离视电压的高低和操作条件而定。低压至少保持 100mm 的距离。高压分有无遮拦，若无遮拦，电压在 10kV 以下不小于 700mm，电压在 20~35kV 不小于 1 000mm；若有遮拦，电压在 10kV 以下不小于 400mm，电压在 20~35kV 不小于 600mm。不能满足上述距离时，应装临时遮拦。在线路工作时，10kV 以下人体与邻近带电体的最小距离不小于 700mm；35kV 以下不小于 2 500mm。

7.5　工作台设计

工作台都是平时生活工作中非常常见的，工作台的设计取决于人体尺度。合理的工作台应该满足操作方便、结构稳固、有利于减轻生理疲劳等基本条件。

现代化的机器、设备通常将相关的显示、控制等器件集中布置在工作台上，以便让操作者能够方便、快速而准确地操作和监视。工作台是人、机交互的界面，其设计是否符合人的生理、心理特点，将直接影响人机系统的效率。由于使用场合的不同，工作台可大可小，大到轮船的驾驶室，小到一台笔记本式计算机，都是一个工作台。

一个标准工作台的设计如图 7-23 和表 7-26 所示。工作台的形式一般分为桌式工作台、直柜式工作台、组合式工作台和弯折式工作台，如图 7-24 所示。但不论如何复杂，其设计都应遵循人因工程的有关原则。根据人在工作台前的作业姿势的不同，工作台设计布置的尺寸范围也不同。

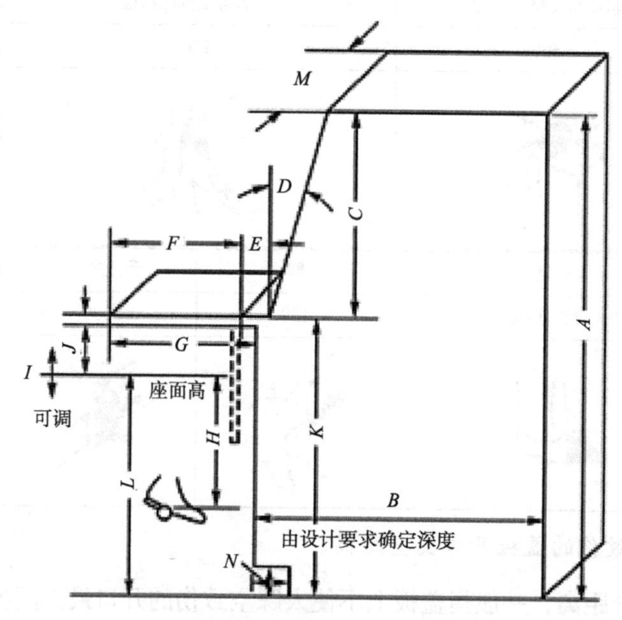

图 7-23　一种标准工作台的设计

资料来源：丁玉兰. 人因工程学[M]. 上海：上海交通大学出版社，2004

表 7-26　标准工作台尺寸

尺寸序标	尺寸名称	坐/站姿	坐姿	站姿
A	工作台最大高度/cm	158	138~158	183
B	工作台深度/cm			
C	台面至顶部高度/cm	66	66	91
D	面板倾角	38°	38°	38°
E	笔架最小深度/cm	10	10	10
F	书写表面最小深度/cm	40	40	40
G	最小容膝空间/cm	45	45	45
H	座面至支脚高度/cm	45	45	45
I	坐高调整范围/cm	10	10	10
J	最小大腿空间/cm	16.5	16.5	16.5
K	书写表面高度/cm	91	65~91	91
L	坐高/cm	72	45~72	
M	控制面板最大宽度/cm	91	91	91
N	最小容脚空间/cm	10	10	10

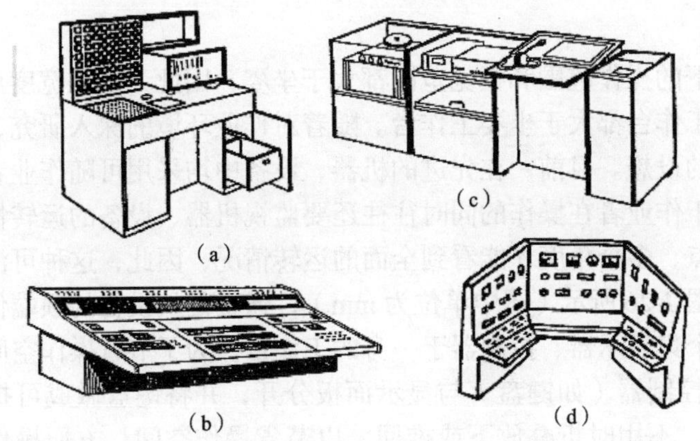

图 7-24　工作台形式

资料来源：丁玉兰. 人因工程学[M]. 上海：上海交通大学出版社，2004

工作台人机工程设计的基本要求为：人的舒适性（按人体尺寸设计）；显示装置的可见度（考虑视觉几何参数）；控制元件的易操作性（考虑人的手功能可及范围、人的动作特性）；操作者的工作性质。

1. 坐姿工作台

当作业中需要长期监视、操作且工作台面固定时，坐姿工作台是最好的选择。根据工作台面上控制器、显示器的配置不同，坐姿工作台又可分为低台式坐姿工作台和高台式坐姿工作台，如图 7-25 所示（图中单位为 cm）。相对而言，低台式坐姿工作台的显示器、控制器器件较少，台面高度较低，一般低于坐姿作业者的水平视线，其台面允许有较大斜度，与垂直面的角度可达 20°。顾名思义，高台式坐姿工作台的面板布置较高，这样就扩大了面板的布置范围（视平线以上45°），可放置更多的显示器和控制器。在配置这些显示器、控制器时，无论从人的视觉范围还是操作范围考虑，其次序都应是最佳区→易达区→可达区。无论是低台式工作台还是高台式工作台，都应留有足够的容足、容膝空间。

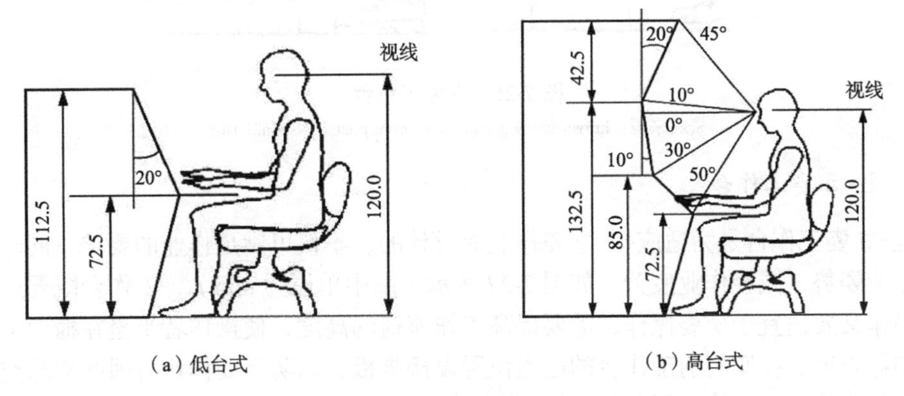

图 7-25　坐姿工作台尺寸

资料来源：丁玉兰. 人因工程学[M]. 上海：上海交通大学出版社，2004

2. 立姿工作台

由于人在立姿状态下的操作范围和视觉范围都大于坐姿，因此无论从宽度尺寸还是高度尺寸上来讲，立姿工作台都大于坐姿工作台。随着对作业环境的深入研究，人们对工作台的设计又有了新的设想。目前，在先进的机器、设备中均采用可随作业者位置变化而活动的工作台。由于作业者在操作的同时往往还要监视机器、设备的运转情况，在现实中，经常需要多个点、多个角度才能看到全面的运转情况，因此，这种可活动的工作台是非常必要的。如图 7-26 所示（图中单位为 mm），通常是从设备的顶端伸出一个可调节的吊臂，支撑一个集显示器、控制器于一身的工作台。为了节省操作空间，有的机器还将工作台面上的控制器（如键盘）与显示面板分开，并将键盘做成可折叠式或拉伸式，当使用时拉开，不用时折叠放下或推回，以节省操作空间，方便操作者来回巡视。

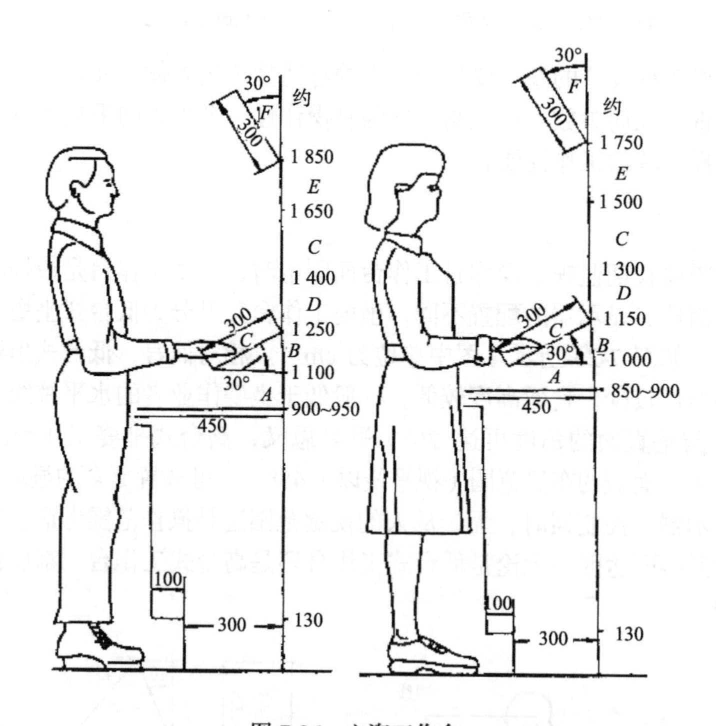

图 7-26　立姿工作台

资料来源：https://www.gongkongke.com/posts/rjNse3a2L16r/

3. 坐-立姿工作台

坐-立姿工作台是为适应坐-立姿作业而设计的，不仅可满足作业的要求，同时还可调节作业姿势，减轻作业疲劳。如图 7-27 所示（图中单位为 mm），工作台既要适宜于立姿操作又要适宜于坐姿操作，需要提高工作座椅的高度，使操作者半坐在椅面上，一条腿刚好着地。在座椅前工作台的适当位置设搁脚板，以防坐姿作业时因两腿悬空而压迫大腿部静脉血管。为方便起坐，椅面宜设计小些，并带有脚轮。

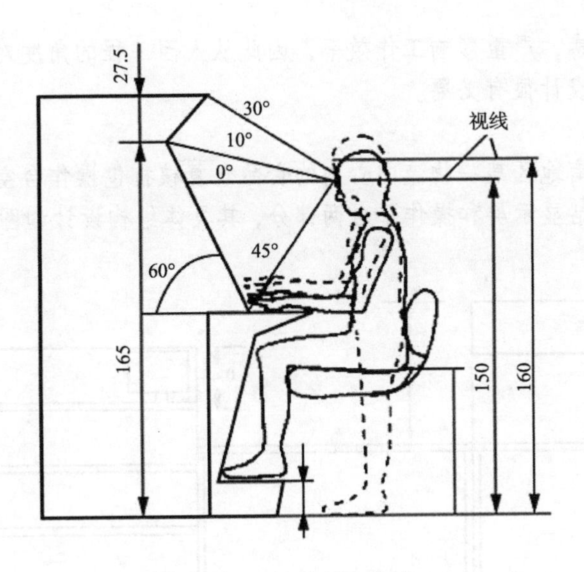

图 7-27　坐-立姿工作台

资料来源：https://www.gongkongke.com/posts/rjNse3a2L16r/

例子：交通指挥中心工作台。随着汽车的普及率越来越高，城市的交通状况也越来越复杂，交通的有效和智能指挥作用越来越明显，而交通指挥中心作为城市交通系统的核心机构，承载着路况监控、事故处理、统一调度指挥等职能，作为交通指挥中心的工作平台肩负着非常重要的作用，整个指挥系统的设备、线缆是非常多的，所以在做指挥中心工作台设计时不但要考虑设备的安装、指挥人员的舒适性和工作效率，还要考虑整个指挥中心的整体形象。城市交通指挥中心工作台设计应考虑人体工程学设计标准规范，应遵守以下几点要求。

（1）城市交通指挥中心工作台在设计方案上应适用人体工程学主要参数，并最大限度地提升指挥人员的舒适性，总体应用模块化设计的全组装式框架结构体系，使物流运输及安装更为省时省力，突出健康办公的核心理念。

（2）液晶显示屏的安装应选用距离及角度可调节的多功能的万向支臂，以增加指挥人员的舒适度，减轻视觉疲劳。

（3）开门自动照明设计让指挥人员在机器设备操作和维护时更加方便。

（4）城市交通指挥中心工作台各部件外形尺寸均根据人体工程学历经精准测算，全部角、边均设计为弧线过渡，既保证操作安全性和舒适度，又便于操作。

案例：物流操作台作业空间设计改善

近年来，随着物流行业的飞速发展，社会在对工作效率高要求的同时也越来越注重人的因素。在多数物流中心，员工通过操作台作业空间进行货物的入库、复核、打包、出库及退货处理。但是目前大多数物流中心内部操作台作业空间的规格都是固定的，设计没有考虑到不同员工身高、经常处理货品大小、货物处理速度的不一致性。同时物流库区内的工作强调时效性，员工工作强度大，在这类不合理的操作台空间内长时间工作会增加员工的疲劳感，严重影响工作效率，因此从人因工程的角度对物流中心的操作台作业空间进行优化设计很有必要。

1. 问题描述

本案例选取西南地区某一物流中心内的食品仓复核打包操作台空间为研究对象，该物流操作台主要包括显示屏和操作平台两部分，其具体结构设计如图 7-28 所示（图中单位为 m）。

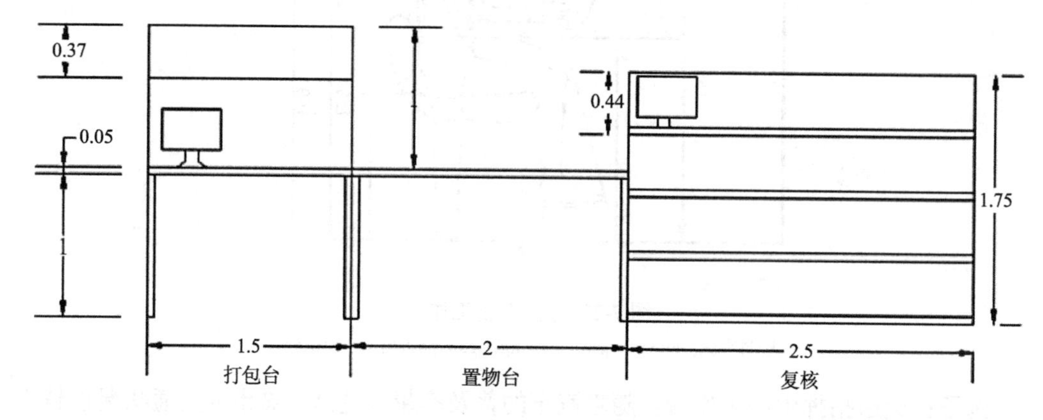

图 7-28　复核打包操作台结构

通过对该物流中心基层操作人员的实地调研，以及收集他们对目前使用的物流操作台的感受与体验数据，得知目前使用人员对物流操作台的意见主要集中在操作台的高度无法进行灵活调节、操作平面面积与常处理的货物尺寸不匹配、操作人员处理重量大的货物存在难度等方面。

2. 物流操作台作业空间改善

1）操作台作业空间高度设计与改善

在实际操作中，由于员工身高存在较大差异，每个员工对操作台高度的需求也存在差异，但是固定高度的传统操作台并不能很好地满足员工身高的差异，员工长时间使用这类操作台容易感到疲劳。从人因工程的角度考虑，在一定范围内可灵活调节高度的操作台才更适用于不同身高的人对操作台高度上的不同需求，从而提高员工工作的舒适度，对职业病及工伤起到预防作用，进而提高工作效率。采用液压升降的操作台，可以达到灵活调节高度的要求。液压升降由于性能有较高的保障，经久耐用，在提高员工工作效率的同时也降低了物流中心成本。

通过在物流中心调取员工体检报告单的方式，得出男性和女性身高均值及标准差，如表 7-27 所示。

表 7-27　物流中心男女身高均值及标准差　　单位：mm

项目	男性		女性	
	均值	标准差	均值	标准差
身高	1 647	56.7	1 546	53.9

由人因工程学可知，最适合人的操作台的最高高度与男女身高的均值、标准差的关系为

均值＋标准差＝最高可调节高值的 2/3 倍

最适合人的操作台的最低高度与男女身高的均值、标准差的关系为

均值－标准差＝最低可调节高值的 2/3 倍

数据显示男性身高普遍高于女性身高，则最高高度用男性均值与标准差计算，最低高度用女性均值与标准差计算，得到结果分别为 113.58cm、99.47cm。

2）操作台作业空间大小设计与改善

在复核打包环节，复核员将分拣员送来的一批货物用扫描枪按照订单放到不同的收纳盆，同一个订单的货物放进一个收纳盆，每一批货物会产生 1~16 个订单，同一批订单全部复核完成以后再将所有的收纳盆放在与打包台相连的置物台上，打包员再依次打包每一个收纳盆里面的货物。由于复核的速度快于打包，置物台经常会出现货物堆积的情况，货物一旦堆积，会给员工心理带来压力，会有疲倦感和烦躁感，这种生理和心理的疲劳也会影响到工作效率和质量。

针对这一问题，在置物台一侧增加一个伸缩板进行改进，当货物堆积时人为操控伸缩板展开，可以加大放货面积。根据对该物流基地的实地调查，原本置物台的规格是长 2m、宽 0.8m，扫描盆的规格是长 35cm、宽 20cm、高 10cm，两个置物台之间的距离是 3m，综合各种规格数据、货物流量和工作速度，在置物台侧面添加一个长 2m、宽 0.6m 的伸缩板，如图 7-29 所示。

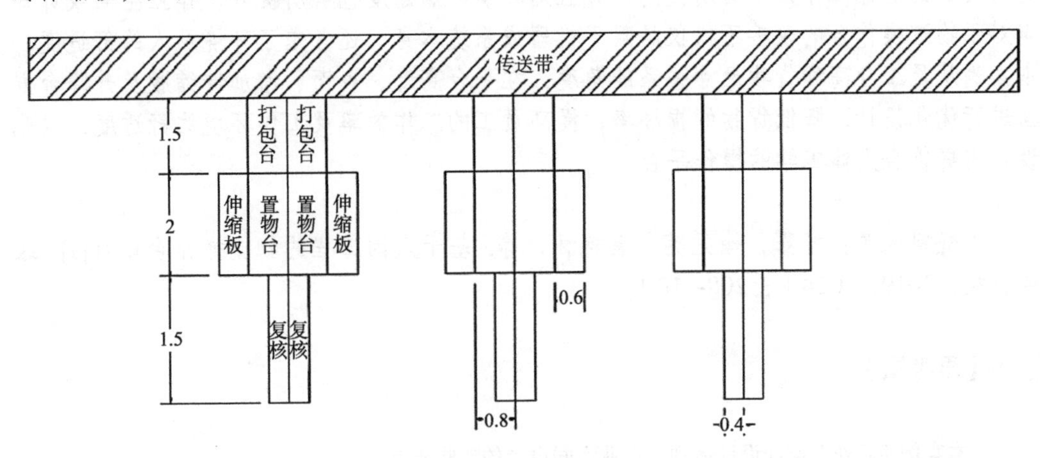

图 7-29 伸缩板

3）便于传送重量货物的升降台作业空间设计

在打包环节中，工人需要将货物搬到操作台进行打包，虽然大件物品可以在地面直接进行，但是打包以后还需要将物品从地面搬到操作台旁边的传送带上，特别是对于专门处理大型物品的工作人员来说，每打包一次货物就需要重复进行搬运动作，不仅降低工作效率，还对员工腰部的损伤特别大。

对此可以在两个打包操作台之间靠近传送带的位置安装一个电动升降台。升降台与

传送带之间留有约1cm的空隙，防止在操作过程中升降台卡住。在不使用时升降台的底部与地面同高，在使用时将地面的物品打包好后推到升降台上，升降台的控制器在升降台台面右下角，员工使用时只需用脚轻踩按钮，升降台就可以把货物升到稍微高出传送带的固定高度，员工再将货物推上传送带即可，具体设计示意图如图7-30所示。

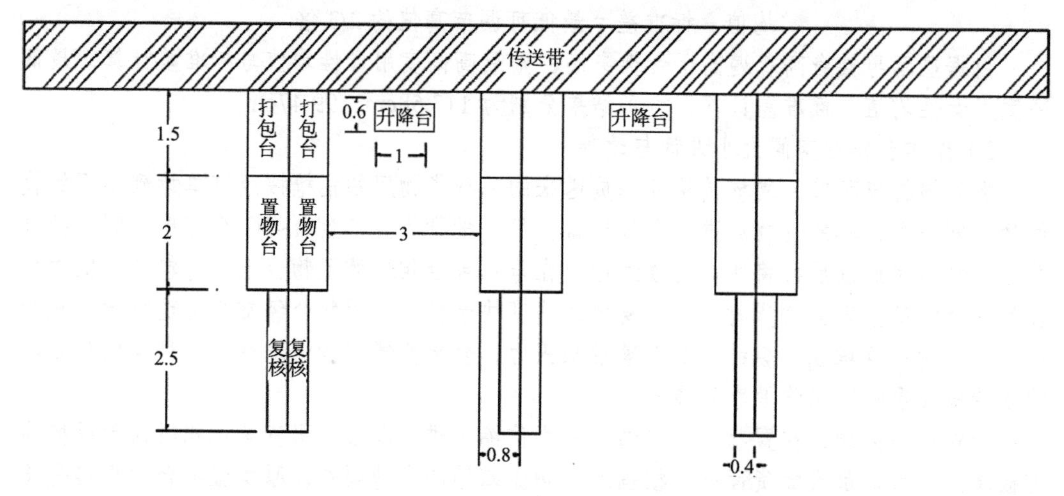

图7-30　升降台设计

本案例对物流操作台作业空间的设计改善，实验期限为3个月，得到现场的反馈情况为员工的总体工作效率有所提高，并且对环境的满意度也有所提升。作业空间设计知识对于物流操作台的改善不仅仅局限于机器或系统本身，还考虑了环境及人的舒适度，本案例从员工身高和货物尺寸关系的角度，在平台高度、表面、增加伸缩版及升降台方面进行优化设计，降低货物的损坏率，提高员工的工作效率及工作环境的舒适度，以此设计出更符合人体工学的操作平台。

（资料来源：杨露，徐元英，袁艳林，等. 基于人因工程的物流操作台设计[J]. 绿色科技，2019，（24）：208-210）

【思考题】

1. 本案例所示作业空间设计体现了作业空间设计的哪些要求？
2. 本案例涉及的是哪一种作业空间？它的设计要求是什么？

第 8 章　微气候环境

【学习目标】

本章学习需要大家了解微气候环境要素及其相互关系；理解人体的热交换与平衡、人体对微气候的主观感受及微气候环境对人的影响；掌握改善微气候环境的措施。通过本章的学习，希望大家能对现实生活中微气候给人带来的影响有一定的理解，在将来的作业环境设计中能考虑到微气候环境的重要性。

【开篇案例】

教室是学校进行教育的主要场所，师生的大部分学习和生活时间在这里度过。21 世纪以来随着教学内容的变化及教学方法的多样化，教室逐渐改成多媒体教室和电脑室。但是能否充分发挥多媒体课室的作用，帮助学生更好地学习知识，提高教师的教学效率，除了需要考虑教室的硬件设施及教师的教学能力，还需要考虑能影响学生情绪的学习环境因素，而微气候环境无疑是能对人的心理和生理产生影响的重要因素之一，其中教室的微气候环境主要指教室的局部气候环境条件和室内设备布置，显性指标表现在对环境舒适度的影响上，主要包括室内温度、湿度和新风量。

采取现场测量和统计分析方法，用干球温度计、湿度计、风速仪等，对某大学的典型教室进行干球温度、相对湿度、气流速度测量，通过干、湿球温度和最低风速（即气流速度），由有效温度图查得最低风速下对应的有效温度值如表 8-1 所示。

表 8-1　最低风速下有效温度

时间	干球温度/℃	相对湿度	最低气流速度/（m/s）	湿球温度/℃	有效温度/℃
5 月 16 日 15：15	28	61%	0.10	22.17	25.0
5 月 25 日 14：30	27.5	58%	0.13	21.16	24.1
6 月 1 日 14：30	29	60%	0.15	22.88	25.5
6 月 13 日 15：30	29.5	60%	0.12	23.31	26.5
6 月 26 日 14：50	29	60%	0.10	22.88	25.5
6 月 29 日 14：40	29	57.5%	0.12	22.44	25.3
7 月 1 日 14：40	29.5	57.5%	0.11	22.87	25.5
7 月 2 日 15：20	29.5	60%	0.13	23.31	26.5

续表

时间	干球温度/℃	相对湿度	最低气流速度/（m/s）	湿球温度/℃	有效温度/℃
7月7日14：40	29.8	61%	0.10	23.48	26.8
平均值	29.0	59.4%	0.12	22.72	25.63

通过测量数据统计分析可知，教室空气温度比较高。夏季教室平均温度为29.0℃，最高测量值为29.8℃；最小气流速度值为0.10m/s；平均有效温度为 25.63℃；相对湿度平均值为59.4%。

从人因工程学理论来看，脑力作业时人体有效温度的舒适值是15.5~18.3℃。不舒适温度最大值为26.7℃，此时人体会明显感觉到不舒适，需以出汗的方式进行正常的温度调节，大脑皮层兴奋过程减弱，条件反射的潜伏期延长，注意力不易集中。通过对学生的问卷调查发现：有八成的学生认为教室温度过高，且受教室温度的影响，有六成学生认为自己学习注意力明显降低。因此，教室的温度是否适宜无疑会给学习和教学效率带来较大影响，而温度过高更是许多学生在炎热的夏天上课时总是萎靡不振的重要原因。所以微气候环境会给我们的学习工作带来影响，本章我们就来学习微气候环境。

8.1 微气候要素及其相互关系

微气候环境是指工作（或生活）场所所处的局部气候条件，包括空气温度（气温）、空气湿度、气流速度及热辐射等因素。与备受关注的环境问题一样，微气候也开始凸显出其重要性，微气候不仅影响着人们的生产、生活和健康的方方面面，并且在很大程度上决定了人们生活质量的优劣。

1. 空气温度

空气的冷热程度叫作空气温度，简称气温。气温是微气候环境的主要因素，直接影响人的工作情绪、疲劳程度和身体健康。气温可通过干湿球温度计（干湿计）测量，干湿计利用水蒸发要吸热降温，而蒸发的快慢（即降温的多少）与当时空气的相对湿度有关这一原理制成。其构造是用两支温度计，一支在球部用白纱布包好，将纱布另一端浸在水槽里，即通过毛细作用使纱布经常保持潮湿，此即湿球，湿球表示气温的湿度；另一支未用纱布包而露置于空气中的温度计，谓之干球，干球即表示气温的温度。气温的标度分摄氏温度（℃）、华氏温度（℉）和绝对温度（K）三种。我国法定采用摄氏温度（℃），而美国则常采用华氏温度（℉）。三种温标的换算公式如下：

$$t\text{（K）}=273+t\text{（℃）}$$

$$t\text{（℉）}=\frac{9}{5}t\text{（℃）}+32$$

2. 空气湿度

空气的干湿程度叫作空气湿度，简称气湿、湿度。湿度分为绝对湿度和相对湿度。

其中，绝对湿度是指每立方米空气内所含的水汽克数。某种温度、压力条件下空气的水蒸气压强 f 与相同温度、压力条件下的空气饱和水蒸气压强 F 的百分比称为该温度、压力条件下的相对湿度，记作 $\varphi = \frac{f}{F} \times 100\%$。相对湿度可用通风干湿表或干湿球温度计测量。

3. 空气流速

空气流动的速度叫作气流速度或空气流速。气流速度的大小对人体散热速度产生直接影响，因此它是评价微气候条件的主要因素之一。人类作业或生活起居场所中的气流速度除风力影响外，主要是冷热空气对流所致。冷热温差越大，产生的气流也越大。测定室内气流速度一般用热球微风仪，测量范围是 0.05~1m/s。现在各种便携式电子（热球）微风仪、手持式风向风速仪和智能热风式风速仪都已经诞生，大大方便了测试工作。

4. 热辐射

物体在绝对温度大于 0K 时的辐射能量，称为热辐射。太阳及生产环境中的熔炉、开放的火焰、熔化了的金属、被加热了的材料均能产生热辐射。人体也向外界辐射热量。当周围物体表面温度超过人体表面温度时，周围物体向人体辐射热能使人体受热，称为正辐射；反之，称为负辐射。

热辐射体单位时间、单位面积上所辐射出的热量［$J/(cm^2 \cdot min)$］称为热辐射强度。测量热辐射可用黑球温度计，它是在直径为 15.7mm 的铜制球形表面涂上黑颜色（为无光泽黑球），球内插一支水银温度计制成。其平均辐射系数为 0.95，铜球越薄越好。测量范围为 20~120℃，精度为±1℃。打开热辐射源，黑球温度上升，关闭热辐射源，黑球温度下降，其差值为实际辐射温度。

在人类作业或起居环境中，以上气温、湿度、气流速度和热辐射对人体的影响是可以相互替代的。某个参数的变化对人体的影响，可以由另一参数的相互变化所补偿。微气候对人体的影响是由其构成因素共同作用而产生的。当气温不是很高时，高湿、热辐射、低气流速度也会使人感觉不舒适。热辐射可通过低气温、高气流速度抵消。因此，必须综合评价微气候条件。把微气候参数及对冷热感觉有显著影响的微气候参数的各种组合的综合指标称为微气候指标，如空气温度和周围温度；空气温度、周围表面温度和气流速度；空气温度、周围表面温度、气流速度和相对湿度；空气温度和相对湿度。

8.2 人体的热交换与平衡

人体是一个开放、复杂的系统，与外界环境存在着各种复杂的关系。为了保证正常的生理活动和良好的人机工效，人体在进行自身的生理调节之外，要维持人体热平衡必须控制周围温度，保证人体产生的热量能够及时散发到周围环境中，从而达到维持人体热平衡、保持适当体温的目的。因此，人体可以看成是一个能够基本保持恒温

（36.5℃）的温度自动调节器。

影响人体热平衡的因素包括由机体自身新陈代谢产生的热量，以及人在外界温度环境下的得热或散热。在正常情况下，只有体内的产热或得热与对环境的散热量相对平衡时，人体才能保持体温的恒定，否则人会感到不舒服，甚至生病。人体单位时间向外散发的热量，取决于人体外表面与周围环境的四种热交换方式，即传导热交换、对流热交换、辐射热交换、蒸发热交换。

（1）传导热交换。传导热交换是直接接触固体、液体来传递热量的方式。人所穿的衣服和接触的物体都能传递一部分热量，但由于衣服是热的不良导体，所以所散热量很少。人体单位时间传导热交换量取决于皮肤与环境（包括所接触的物体、空气等）的温差及所接触物体的面积大小及其导热系数。

（2）对流热交换。对流热交换是通过气体、液体交换热量的方式。气流速度和人与介质之间的温差是决定散发热量快慢的主要因素。人体单位时间对流热交换量取决于气流速度、皮肤表面积、对流传热系数、服装热阻值、气温。

（3）辐射热交换。辐射热交换是通过物体将电磁辐射转化为热量的方式。当周围物体表面温度高于身体温度，物体向人体辐射热量，称为正辐射，反之称为负辐射。人体对正辐射很敏感，对负辐射比较迟钝。人体单位时间辐射热交换量，取决于热辐射强度、面积、服装热阻值、反射率、平均环境温度和皮肤温度等。

（4）蒸发热交换。蒸发热交换是汗水转变为水蒸气从人体吸收热量的方式。分为无感蒸发和发汗蒸发。当气温超过体表温度，前三种散热方式都失效，蒸发成为唯一的散热途径。人体单位时间蒸发热交换量，取决于皮肤表面积、服装热阻值、蒸发散热系数及相对湿度等。

由此，人体的热平衡方程为

$$Q_s = Q_m - W \pm Q_c \pm Q_r - Q_e \pm Q_k$$

式中，Q_s 为人体的热积蓄或热债变化率；Q_m 为人体的新陈代谢产热率；W 为人体为维持生理活动及肌肉活动所做的功；Q_c 为人体外表面与周围环境的对流换热率；Q_r 为人体外表面向周围环境的传导换热率；Q_e 为人体汗液蒸发和呼出水蒸气的蒸发热传递率；Q_k 为人体外表面向周围环境的辐射热传递率；“+”表示人体得热；“−”表示人体散热。

当 Q_s =0，身体处于热平衡状态，此时，人体皮肤温度在 36.5℃左右，人感到舒适；当 Q_s >0，热平衡被破坏，体温升高，人感到热，不平衡程度过大则会导致死亡；当 Q_s <0，人感到冷。由于人体时时刻刻在进行新陈代谢并与环境发生各种形式的热交换，所以人体的热平衡是动态的。

8.3 人体对微气候的主观感受

人体对微气候环境的主观感觉，即心理上是否感到满意、舒适，是进行微气候环境评价的重要指标之一。一般认为，“舒适”有两种含义：一是指人主观上感到的舒适；

二是指人体生理上的适宜度。比较常用的是以人的主观感觉作为标准的舒适度，人体对微气候环境的主观感受通常以舒适温度、舒适湿度和舒适气流速度来体现。

1. 舒适温度

从主观条件看，季节、劳动条件、衣服、地域、性别、年龄、热习服（人长期在高温下生活和工作，相应习惯热环境）等均对舒适温度有重要影响。因此，在实践中，舒适温度是对某一温度范围而言。生理学上常用的规定是：人坐着休息，穿着薄衣服，无强迫热对流，未经热习服的人所感到的舒适温度。按照这一标准测定的温度一般是21±3℃。影响舒适温度的因素很多，主要包括以下五个方面。

（1）季节。舒适温度在夏季偏高，冬季偏低。

（2）劳动条件。如表 8-2 所示，不同劳动条件下舒适温度也不同。

（3）衣服。穿厚衣服对环境舒适温度的要求较低。

（4）地域。人由于在不同地区的冷热环境中长期生活和工作，对环境温度习服不同。习服条件不同的人，对舒适温度的要求也不同。

（5）性别、年龄等。女子的舒适温度约比男子高 0.55℃；40 岁以上的人约比青年人高 0.55℃。

表 8-2 不同劳动条件下的舒适温度指标

单位：℃

作业姿势	作业性质	举例	舒适温度
坐姿	脑力劳动	办公室、调度台	18~24
	轻体力劳动	操纵小零件、分类	18~23
站姿	轻体力劳动	车工、铣工	17~22
	重体力劳动	沉重零件安装	15~21
	很重体力劳动	伐木	14~20

2. 舒适湿度

湿度对人体的影响，在室内舒适温度范围内不太明显。但在温度较高、湿度很高的条件下，人体会感觉明显不舒适，如在温度 28°C 和相对湿度达 90%时，体感温度会达到 34°C。这是因为湿度大时，空气中的水汽含量高，蒸发量少，人体排泄的大量汗液难以蒸发，体内的热量无法畅快地散发，因此，人体会感到闷热。仅仅从相对湿度来讲，人体最适宜的空气相对湿度是 40%~50%，因为在这个湿度范围内空气中的细菌寿命最短，人体皮肤会感到舒适，呼吸均匀正常。

3. 舒适气流速度

在工作人数不多的房间里，最佳气流速度为 0.3m/s；而在拥挤的房间里为 0.4m/s。室内温度和湿度很高时，气流速度最好是 1~2m/s。在我国《采暖通风与空气调节设计规范》（GB 50019—2003）中，对系统式局部送风条件下的作业空间的温度与平均气流速度进行了相关的规定，如表 8-3 所示。

表 8-3 工作地点的温度与平均气流速度

热辐射照度/（W/m²）	冬季		夏季	
	温度/°C	气流速度/（m/s）	温度/°C	气流速度/（m/s）
350~700	20~25	1~2	26~31	1.5~3
701~1 000	20~25	1~3	26~30	2~4
1 001~2 100	18~22	2~3	25~29	3~5
2 101~2 800	18~22	3~4	24~28	4~6

8.4 微气候环境的综合评价

对微气候环境的评价往往综合考虑微气候的各要素。一般评价微气候环境的指标有不舒适指数、有效温度和三球温度指数。

1. 不舒适指数

不舒适指数（discomfort index，DI）是表征人体受环境温度和湿度综合影响而有不舒适感觉的指标。以人体对温度和湿度的感觉为例，舒伯特（S. W. Shepperd）和希尔（U. Hill）经过大量研究证明，最合适的湿度（H，%）与气温（t，℃）的关系为

$$H=188-7.2t\ (12.2℃<t<26℃)$$

如室温 $t=20$℃时，湿度 $H=188-7.2\times20=44$，即 44%。

J. E. Bosen 据此提出了一个不舒适指数来综合表征人体对温度湿度环境的感觉：

$$DI=(td+tw)\times0.72+40.6$$

式中，td 为干球温度；tw 为湿球温度。

通过计算各种作业场所、办公室及公共场所的不舒适指数，就可以掌握其环境特点及对人的影响。生活在不同国家、不同地区的人们感到舒适的气候条件也有所区别。如表 8-4 所示，当不舒适指数在 70 附近时，人感觉比较舒适。但是，不舒适指数的不足之处是没有考虑气流速度。

表 8-4 不同国家对不舒适指数的不适主诉率

不舒适指数	不适主诉率	
	美国人	日本人
70	10%	35%
75	50%	36%
79	100%	70%
86	难以忍受	100%

2. 有效温度

有效温度，也称感觉温度，是一个将干球温度、湿度、气流速度对人体温暖或冷感

的影响综合成一个单一数值的指标。它在数值上等于产生相同感觉的静止饱和空气的温度。换句话说，有效温度是指在某种干球温度、湿球温度和气流速度下，人体的温热感觉与相对湿度 100%、气流速度为 0 时有同样感觉的等效温标。学者 C. P. Yaglou 主要研究领域是空气卫生方面，他以干球温度、湿球温度、气流速度和有效温度为参数，进行了大量实验，绘制成有效温度图。只要测出干球温度、湿球温度和气流速度，就可以求出有效温度。

图 8-1 为穿正常衣服进行轻劳动时的有效温度图。若测得某实验室的干球温度为 30℃，湿球温度为 25℃，气流速度为 0.5m/s，求在该环境中从事轻劳动的有效温度。则在图 8-1 上，分别找出干球温度 30℃和湿球温度 25℃，通过连接这两点间虚线，得到与气流速度为 0.5m/s 曲线的交点，即可求出有效温度为 26.6℃。

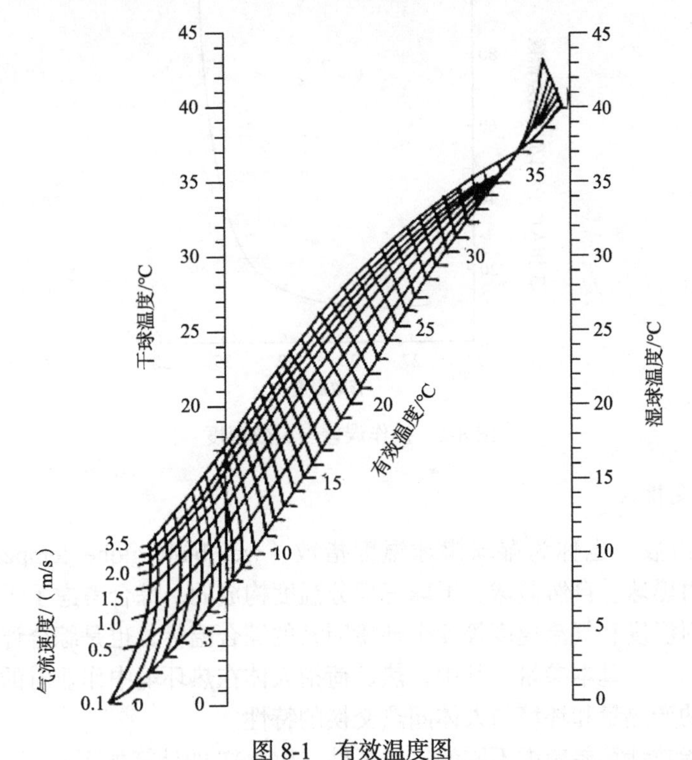

图 8-1　有效温度图

资料来源：郭伏，钱省三. 人因工程学[M]. 北京：机械工业出版社，2005

另外，有效温度不仅影响人体热感觉，对工作效率也有影响。图 8-1 的中央部分表示使人感到舒适的温度带，且夏季比冬季舒适温度高。若有效温度在舒适带内，则人体为良好状态；反之则不良，应对不良感觉的诸因素进行综合改进。有效温度的高低不同对人体热感觉的影响自然不同，人体对于不同的有效温度，其生理和机体均会做出不同反应，具体如表 8-5 所示。有效温度高时，人的判断力减退，误差增加，如图 8-2 所示，当有效温度超过 32℃时，作业者读取误差增加，到 35℃左右时，误差会增加 4 倍以上。

表 8-5　有效温度对人体热感觉的影响　　单位：℃

有效温度值	热感觉	生理学作用	机体反应
40~41	很热	强烈的热应力影响出汗和血液循环	受到极大的热打击危险 妨碍心脏血管的血液循环
35	热		
30	暖和	以出汗方式进行正常的温度调节	
25	舒适	靠肌肉的血液循环来调节	正常
20	凉快	利用衣服加强显热散热调节作用	正常
15	冷	鼻子和手的血管收缩	黏膜、皮肤干燥
10	很冷		肌肉疼痛，妨碍表皮的血液循环

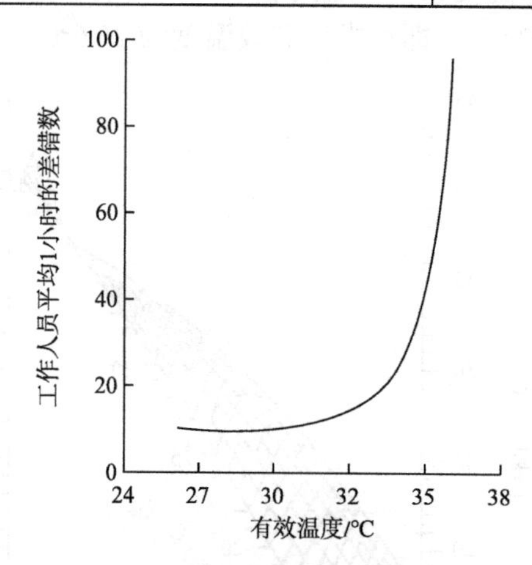

图 8-2　操作误差与有效温度

3. 三球温度指数

三球温度指数，也称为湿球黑球温度指数（wet bulb globe temperature index，WBGT），是由黑球、自然湿球、干球三部分温度构成的，综合考虑了干球温度、相对湿度、平均辐射温度和气流速度等 4 个环境因素的综合温标，也是综合评价人体接触作业环境热负荷的一个基本参量。其中，热负荷指人体在热环境中作业时的受热程度，取决于体力劳动的产热量和环境与人体间热交换的特性。

三球温度指数计算要考虑不同的气候条件，WBGT 的计算如下：

（1）室内外无太阳辐射（室内、阴天或夜间）时，采用自然湿球温度（WB）和黑球温度（GT）计算，计算公式如下：

$$WBGT=0.7WB+0.3GT$$

（2）室外有太阳辐射时，要把干球温度（DT）考虑进去。公式如下：

$$WBGT=0.7WB+0.2GT+0.1DT$$

目前，我国也制定了 GB/T 17244—1998“热环境根据 WBGT 指数对作业人员热负荷的评价”，GB/T 17244—1998 由中国国家技术监督局于 1998 年 3 月 10 日批准，1998 年 10 月 1 日正式实施。它根据 WBGT 变化情况，并以作业人员 8h 工作日平均能量代谢率为基础，将热环境的评价标准分为四级，说明在不同劳动强度下作业人员对热负荷的感觉，如表 8-6 所示。

表 8-6　WBGT 评价标准　　单位：℃

平均能量等级	WBGT			
	好	中	差	很差
0	≤33	≤34	≤35	>35
1	≤30	≤31	≤32	>32
2	≤28	≤29	≤30	>30
3	≤26	≤27	≤28	>28
4	≤25	≤26	≤27	>27

8.5　微气候环境对人的影响

微气候会对人体生理产生很大的影响，特别是在温度、湿度及空气对流异常的气候条件下，会对人产生很大影响。本节主要介绍人体在冷热环境中的各种生理和病理反应及其对作业的影响。

8.5.1　高温作业环境对人的影响

1. 高温作业环境的定义及其分类

一般将热源散热量大于 84kJ/（m^2·h）的环境称为高温作业环境。冶金工业及机械制造业的铸造、锻造、热处理等都是高温作业工作。高温作业环境分三类：一是高温、强热辐射作业。生产场所具有各种不同的热源，通过传导、对流、辐射散热，使周围物体和空气温度升高；周围物体被加热后，又可成为二次热辐射源，使气温更高。其特点为气温高，热辐射强度大，相对湿度较低，形成干热环境。二是高温、高湿作业。其特点为气温高、湿度大，但辐射强度不大。若通风不良则会形成高温高湿和低气流的湿热环境。三是夏季露天作业。高温和热辐射的主要来源是太阳辐射，夏季露天作业还受地表和周围物体二次辐射源的附加热作用影响。

2. 高温作业环境对人体生理的影响

（1）对消化系统具有抑制作用。人在高温下，体内血液重新分配，引起消化道相对贫血，由于出汗排出大量氯化物及大量饮水，胃液酸度下降。在热环境中消化液分泌量减少，消化吸收能力下降，因而引起食欲不振、消化不良和胃肠疾病概率的增大。

（2）对中枢神经系统具有抑制作用。在高温环境下，大脑皮层兴奋过程减弱，条件反射的潜伏期延长，注意力不易集中。严重时，会出现头晕、头痛、恶心、疲劳乃至虚脱等症状。

（3）人体水分和盐分大量丧失。在高温下进行重体力劳动时，平均每小时出汗量为 0.75~2.0L，一个工作日可达 5~10L。人体长时间持续受热，可使下丘脑体温调节功能发生障碍。由于出汗，大量水分丢失，以至水盐代谢失衡，血容量减少，机体热负荷过大，加重了心血管负荷，引起心肌疲劳，数年后可出现高血压、心肌受损及其他方面的慢性热致疾患。

（4）高温及噪声联合作用损伤人的听力。高温与噪声的联合作用不仅能加重噪声对人耳高频听阈的损害，也能提高人耳语频听阈。因此，降低高温环境温度可减轻噪声对工人听力的危害。

3. 高温作业环境对工作效率与事故的影响

高温环境影响工作效率，人在 27~32℃下工作，其肌肉用力的工作效率下降，并且促使作业疲劳加速。当温度高达 32℃以上时，需要较大注意力的工作及精密工作的效率也开始受影响。随着温度提高和气流速度降低，作业效率明显降低。脑力劳动对温度的反应更敏感，当有效温度达到 29.5℃时，脑力劳动的效率就开始降低。诸多研究表明，有效温度越高，持续作业的时间越短。另外，研究表明事故发生率也与温度有关，意外事故率最低的温度为 20℃左右；温度高于 28℃或降到 10℃以下时，意外事故增加 30%。

例子：2013 年 5 月 31 日，某民工在东莞市某电子有限公司打工时重度中暑死亡。医院对于死者的诊断是“重度中暑、多器官功能衰竭、电解质紊乱、双肺感染、多发浆膜腔积液”。此电子有限公司电子的主营业务是电磁炉生产，该名民工所在的车间主要负责测试电磁炉高温时的电性能。测试电磁炉性能时，需将水放至电磁炉上连续加热 1 小时，因此车间温度很高，工作环境的温度有 37~38℃，从他所在车间出勤记录显示，在事故前一周，他每天的加班时间均在 7 小时左右。因此，长时间在高温环境下工作致使工伤事件的发生。

8.5.2 低温作业环境对人的影响

低温作业有高山高原工作、潜水员水下工作、现代化工厂的低温车间作业及寒冷气候下的野外作业等。

1. 低温作业环境对人体生理的影响

低温会使体温过低，通常表现为体温低于 35℃。人体在低温时，皮肤血管收缩，体表温度降低，使其辐射和对流散热达到最低程度。当外界温度进一步下降，肌肉会因寒冷而剧烈收缩抖动以增加产热量维持体温恒定的现象，称为冷应激效应。人体在严重的冷暴露中，皮肤血管处于极度的收缩状态，流至体表的血流量显著下降或完全停滞，当局部温度降至组织冰点（−5℃）以下时，就会造成局部冻伤。

2. 低温作业环境对工作效率的影响

低温环境首先影响人体四肢的灵活性，最常见的是肢体麻木。特别是影响手的精细运动灵巧度和双手的协调动作。手的操作效率和手部皮肤温度及手温有密切关系。手的触觉敏感性的临界皮肤温度是 10℃左右，操作灵巧度的临界皮肤温度是 12~16℃，长时间暴露于 10℃以下，手的操作效率会明显降低。表 8-7 为不同低温环境不同持续时间段每分钟平均操作次数。

表 8-7　不同低温环境不同持续时间段每分钟平均操作次数

低温持续时间/min	每分钟平均操作次数/次		
	15~16℃	12~13℃	7~8℃
0	15.12	12.31	11.78
10	14.77	11.16	9.97
20	14.81	9.89	8.53
30	14.67	9.47	7.25
40	14.93	9.52	7.18
50	14.89	9.41	7.85

例子：2019 年 12 月 31 日，黑龙江气温已经低至零下 20 多摄氏度。黑龙江安达市一所中学组织扫雪，13 岁的鲁某扫雪 3 个小时，全程没有戴手套，致使手指被严重冻伤，右手手指大面积水肿，部分位置还有发黑的情况。

8.6　改善微气候环境的措施

8.6.1　人居的微气候环境的改善

人们利用微气候知识对生活环境和工作环境做了很好的改善，如通过改进建筑结构及其周边环境来改善人居的微气候环境，表 8-8 显示了气候对建筑的影响，从气候系统分类可以看出，微气候对建筑的影响范围是最为集中的。现在已经可以采用最先进的结构（如大跨度巨型结构）、设备（如 PVC 光电板）、材料（如透明热阻材料）和智能控制系统（如生物光全光谱系统和照明节能系统）等高技术来设计和建造能够具有生态温控、湿控和通风调控的健康、舒适的室内微气候的生态建筑。

表 8-8　气候对建筑的影响

气候系统	气候特征对建筑影响范围的尺度/km		时间范围
	水平范围	竖向范围	
全球性气候	2 000	3~10	1~6 个月
地区性气候	500~1 000	1~10	1~6 个月
局部气候	1~10	0.01~1	1~24h
微气候	0.1~1	0.1	24h

例子： 随着城市人口密集度的增加，城市居民居住的环境质量受到诸多困扰，林立的高楼大厦使城市逐渐变成水泥森林，地面的硬质铺装加剧了城市热岛效应，使得人们不得不以高能耗为代价来换取理想的冷热舒适度。绿色屋顶的设想也应运而生。绿色屋顶又称为“空中花园”，就是以屋顶、露台、天台或阳台为平台，为绿色空间拓展“第五立面”，从而选择性地育花种树、铺植绿草。同时，绿化屋面因植物的蒸腾和蒸发作用，消耗的热量明显比未绿化的屋面大，从而大大降低了周围的空气温度。联合国的一项研究表明：一个城市的屋顶绿化率达到 70%以上，城市上空的二氧化碳含量将下降 80%，热岛效应会彻底消失。

8.6.2 高温作业环境的改善

作业者在高温环境中的反应和耐受时间受气温、湿度、气流速度、热辐射、作业负荷、衣服的热阻值等多个因素的影响。高温作业环境应该从生产工艺和技术措施、保健措施、生产组织措施等几个方面入手加以改善。

1. 生产工艺和技术措施

（1）合理设计生产工艺过程。合理设计工艺流程，改进生产设备和操作方法，是改善高温作业劳动条件的根本措施，如钢水连铸、轧钢、铸造、搪瓷等工艺流程的自动化，使操作工人远离热源，同时减轻劳动强度。

（2）隔热。隔热是防暑降温的一项重要措施。可以利用水或导热系数小的材料进行隔热，其中尤以水的隔热效果最好，因水的比热容大，能最大限度地吸收辐射热。水隔热常用的方式有循环水炉门、水箱、瀑布水幕、钢板流水等。

（3）通风降温。在散热量大、热源分散的高温车间，一小时内需换气 50 次以上，才能使余热及时排出，此时就必须把进风口和排风口配置得十分合理，充分利用热压和风压的综合作用，使自然通风发挥最大的效能。在自然通风不能满足降温的需要或生产上要求车间内保持一定的温湿度的情况下，可采用机械通风，其设备主要有风扇、喷雾风扇与系统式局部送风装置。

（4）降低湿度。人体对高温环境的不舒适反应，在很大程度上受湿度的影响，当相对湿度超过 50%时，人体通过蒸发汗实现的散热功能显著降低。工作场所控制湿度的唯一方法是在通风口设置去湿器。

2. 保健措施

（1）合理供给饮料和补充营养。高温作业工人应补充与出汗量相等的水分和盐分。补充水分和盐分的最好办法是供给含盐饮料。

（2）合理使用防护服。高温作业工人的工作服，应以耐热、导热系数小而透气性能好的织物制成。防止辐射热，可用白帆布或铝箔制的工作服。

（3）加强医疗预防工作。对高温作业工人应进行就业前和入暑前体格检查。

3. 生产组织措施

（1）合理安排作业负荷。在高温作业环境下，为了使机体维持热平衡机能，工人不得不放慢作业速度或增加休息次数，以此来减少人体产热量。

（2）合理安排休息场所。作业者在高温作业时身体积热，需要离开高温环境到休息室休息，恢复热平衡机能。

（3）职业适应。对于离开高温作业环境较长时间又重新从事高温作业者，应给予更长的休息时间，使其逐步适应高温环境。

8.6.3 低温作业环境的改善

（1）做好采暖和保暖工作。按照《工业企业设计卫生标准》和《采暖通风与空气调节设计规范》的规定，配置必要的采暖设备，包括局部和中心取暖，使低温作业场所调节后的温度均匀恒定。

（2）提高作业负荷。增加作业负荷，也就是多干活，会使作业者降低寒冷感。但如果作业时出汗，使衣服的热阻值减少，休息时会更加感到寒冷。因此工作负荷的增加，应该以不造成作业者工作时出汗为原则。

（3）注意人体保护。低温车间（如冷库）或冬季露天作业人员应穿御寒服装，其质料应具有导热性小、吸湿和透气性强的特性。棉花和棉织物、毛皮和毛织品及呢绒都具有这些性能。工作时如衣服潮湿，须及时更换并烘干。

（4）采用热辐射取暖。室外作业，用提高外界温度的方法清除寒冷是不可能的；若采用个体防护方法，厚厚的衣服又影响作业者操作的灵活性，而且有些部位又不能被保护起来。这时采用热辐射的方法御寒最为有效。

（5）增强耐寒体质。人体皮肤在长期和反复寒冷作用下，耐寒能力会增强而适应寒冷。此外，还应适当增加富含蛋白质、脂肪和维生素 B_2、维生素C的食物。

案例：烟台富士康科技集团车间微气候环境改善研究

富士康科技集团是世界财富500强之一，烟台富士康是富士康科技集团在烟台地区设立的。2004年初，烟台市科技园区启动了投资建厂的筹备工作，于2005年7月正式投入运营，成为山东半岛3C产品的主要工业基地。

1. 微气候概况测定

本案例主要以不舒适指数和有效温度进行综合评价。对企业的质检车间、组装车间、生产车间、冲压车间7月的平均气流速度、平均干球温度、相对湿度、平均湿球温度进行了初步的调查，通过多地点的多次测试，得到表8-9所示数据，并求出相应的有效温度与不舒适指数。

表 8-9 各车间 7 月的微气候的测定

测量车间	测量次数	平均干球温度/℃	平均湿球温度/℃	不舒适指数	相对湿度	有效温度/℃	平均气流速度/（m/s）
冲压车间	10	22.3	18.5	70	66%	18.8	0.4
生产车间	10	25.5	23.9	76.1	84%	24.2	0.4
组装车间	10	24.3	20.8	72.3	75%	21.6	0.3
质检车间	10	22.9	19.9	71.4	74%	20.4	0.4

由表 8-9 可知，生产车间的有效温度是 24.2℃，不舒适指数是 76.1，相对湿度为 84%，结合表 8-10 和表 8-11，轻作业的不舒适温度是 23.9℃，说明该车间的有效温度已超出了标准的要求。结合表 8-4，能够看出不舒适指数在 75~79 范围内会产生较高的不适主诉率，且远远大于人工作的舒适温湿度。由此可以得出结论，生产车间工人的微气候环境不符合操作标准，需要进一步改进。

表 8-10 不同湿度范围下的人体感受

湿度范围	人体感受	湿度类型
40%~60%	舒适	适中
70%以上	不舒适	高湿度
30%以下	不舒适	低湿度

表 8-11 不同作业条件下舒适和不适有效温度

作业种类	脑力工作	轻作业	体力作业
舒适温度/℃	15.5~18.3	12.7~18.3	10~16.9
不适温度/℃	26.7	23.9	21.1~23.9

2. 人体对微气候环境产生的直接感受

在微气候环境中人体产生的主观感受，也就是在心理上能否感受到舒适和满意，成为对微气候环境进行评估的关键性指标。以人的主观感受作为重要依据，可以制定微气候环境相关的评估体系。对生产车间的微气候环境进行详细分析后发现存在一定的问题，所以为了进一步巩固结论，对生产车间的员工进行了问卷调查，其内容重点涉及了室内的整体气候条件、空气质量、通风效果、室内温度（夏季）及室内湿度这五个层面的满意程度，有满意、较满意、一般和不满意四个选项。在问卷调查的设计中，主要运用了随机和分层抽样有效结合的方式，为了使调查具有简洁性、严谨性和代表性，依据车间员工的一系列名单随机选取了 100 名男性与 100 名女性进行调查，对问卷调查结果进行整理，统计计算后得到如下结果，见表 8-12。

表 8-12 生产车间微气候环境满意度问卷调查结果

评价项目	满意	较满意	一般	不满意
整体气候条件	24	38	80	46
车间温度（夏季）	25	40	78	45
车间湿度	32	42	80	34
车间通风效果	29	39	82	38

续表

评价项目	满意	较满意	一般	不满意
车间空气质量	33	34	85	36
合计	143	193	405	199
比例	15.2%	20.5%	43.1%	21.2%

根据统计结果，我们可以看出工人对车间的工作环境满意度不是很高，由此，更有理由得出该车间不适合工人工作，环境有待进一步设计与改善。

3. 生产车间微气候环境改善方案

基于以上问题提出了以下改善方案。

（1）在生产工艺和技术方面，主要通过对生产工艺进行合理地设计、对热源进行合理地屏蔽、降低湿度、车间通风等措施进行改善。

（2）提供合理的保健措施。具体表现为对劳保产品进行合理使用、检查职工的适应性及适当补充营养和饮料。

（资料来源：郑雅如. 基于人因工程学的烟台富士康集团车间环境改善问题研究[D]. 辽宁工程技术大学，2017）

【思考题】

1. 案例中富士康车间测得的平均气流速度、干球温度、平均湿度、湿球温度数据一般用什么仪器进行测量?

2. 案例中富士康多个车间相对湿度高于 70%，属于高湿度，高湿度的环境会对人体造成什么影响?

3. 案例中富士康生产车间的有效温度是 24.2℃，有效温度已超出了标准的要求，高温环境会对人体造成什么影响?

第9章 照明环境

【学习目标】

本章学习需要大家了解光的基本物理量；理解照明对作业的影响、工作场所照明的一些基本知识；掌握照明环境的设计、改善和评价。通过本章学习，希望大家能结合现实生活认真思考照明环境对作业产生的影响，在将来的作业环境设计中能考虑到照明环境的重要性。

【开篇案例】

在夏季的黎明，当自然光照射到人体时，体内的褪黑素迅速分解，因而人们能够较早地起床，且精神较好。到了冬季，天亮得较晚，早起上学或上班的人往往感觉起床时精神不足，这是由于夜晚人脑的松果体分泌到血液中的褪黑素具有延长睡眠的功效，而冬日的早晨人体缺少光的照射，体内的褪黑素浓度不能迅速降低，导致清晨起床没有精神。

国外许多厂家及科研机构根据褪黑素控制人体生物钟这一原理，模拟夏天早晨天渐渐放亮的感觉发明了黎明模拟灯，如图9-1所示。事实上这种灯的工作原理并不复杂。它是通过微电脑控制灯光的强弱（最好为全光谱灯），通过对常规灯具的智能控制也能实现这一目的，灯具在设定的起床时间前逐渐增大亮度，光通过照射人体，使体内的褪黑素含量发生变化。从而自动调节生物钟，达到轻松起床的目的，同时有助于增强体能、调节情绪、改善睡眠质量、提高工作效率。

图9-1 黎明模拟灯

黎明模拟灯的灯光可在起床前的 90min 内缓慢地增加枕边的照度至 250lx。通过实验证明，在冬季使用黎明模拟灯后生物钟更加准确，到了时间点起床的厌恶感也不会像之前那么严重。由此可见照明对我们的生理有着重要的影响，接下来我们就来具体学习照明环境。

9.1 光的基本物理量

1. 相对视敏函数

为了确定人眼对不同波长的光的敏感程度，可以在得到相同亮度感觉的条件下测量各个波长的光的辐射功率 $P_r(\lambda)$。$P_r(\lambda)$ 越大，人眼对该波长的光越不敏感；$P_r(\lambda)$ 越小，人眼对它越敏感。因此，$P_r(\lambda)$ 的倒数可用来衡量人眼视觉上对各波长为 λ 的光的敏感程度。我们把 $1/P_r(\lambda)$ 称为视敏函数（或称视敏度、视见度），用 $K(\lambda)$ 表示，即 $K(\lambda)=1/P_r(\lambda)$。

实测表明，当光的辐射功率相同时，波长为 555nm 的黄绿光的主观感觉最亮，以视敏度 $K(555)$ 为基础，这里可用 $K(555)=K_{\max}$ 来表示。于是可以把任意波长光的视敏函数 $K(\lambda)$ 与之最大视敏函数 $K_{\max}$ 之比称为相对视敏函数，并用 $V(\lambda)$ 表示，即

$$V(\lambda)=\frac{K(\lambda)}{K_{\max}}=\frac{K(\lambda)}{K(555)}=\frac{P_r(555)}{P_r(\lambda)}$$

2. 光通量

光通量是用人眼的视觉特性来评价光源的辐射通量，它等于辐射功率与视敏函数的乘积，用符号 Φ 表示。对于波长为 λ 的一束单色光，其光通量 $\Phi(\lambda)$ 为辐射功率 $P_r(\lambda)$ 与相对视敏函数 $V(\lambda)$ 的乘积，即 $\Phi(\lambda)=P_r(\lambda)V(\lambda)$。

光通量的单位为流明（lm），在理论上其单位相当于电学单位瓦特（W），国际照明委员会规定，绝对黑体在铂的凝固温度下，从 $5.305\times10^{-3}\text{cm}^2$ 面积上辐射出的光通量为 1lm，而 1W 辐射功率为 555nm 波长的单色光所产生的光通量恰为 680lm。于是，光瓦与流明间的关系为 1 光瓦 = 680lm 或 1lm = 1/680 光瓦。

例如，一个 40W 的钨丝灯泡的光通量为 4 68lm，发光效率 11.7lm/W；一个 40W 的日光灯的光通量为 2 100lm，发光效率为 52.5lm/W。有的人工光源发光效率可达 1 00lm/W。

3. 发光强度

发光强度简称光强，是指在指定方向上的单位立体角发出的光通量，常用来描述点光源的发光特性。光强 I 的单位为坎德拉（cd），光强与光通量之间的关系由下式

表示：

$$I=\frac{\Phi}{\Omega}$$

式中，Φ 为光通量（单位：lm）；Ω 为立体角（单位：sr）。

4. 照度与亮度

照度是被照面单位面积上所接受的光通量，单位为勒克司（lx）。若被照平面面积为 S，接受的光通量为 Φ，则照度 $E=\frac{\Phi}{S}$。

各种环境中，在自然光照射下的照度值如表 9-1 所示。

表 9-1 各种环境中的照度值 单位：lx

环境条件	黑夜	月夜	阴天室内	阴天室外	晴天室内	阅读所需	电视排演室所需
照度	0.001~0.02	0.002~0.2	5~50	50~500	100~1 000	50	300~2 000

亮度指发光面在指定方向的发光强度与发光面在垂直于所取方向的平面上的投影面积之比，亮度 L 的单位为 cd/m^2，公式为 $L=\frac{l}{S\cos\theta}$。

5. 光色与色调

光与色彩密切相关，二者共同传递视觉信息。在照明设计上，对于光的色彩品质，采用“色温”与“显色性”来度量，在不同光源照射下，不仅相同颜色会有不同色感的呈现，即便相同色温，显色效果也可能不同。因为光也是色彩，无论白炽灯泡、荧光灯管、石英灯杯或是蜡烛，光源所发出的光谱均由不同比例色光的个别波长所构成，而色彩感知是物体表面反射波长不同部分入射光的综合结果。

（1）色温：光源色温定义为与此光源发出相似的光的黑体辐射体所具有的开尔文温度。当热辐射光源（如白炽灯、卤钨灯）发出的光与 Tc 温度下黑体发出的光所含光谱成分相同时，则将温度 Tc 称为光源的色温，其单位是开尔文温度（K）。例如，灯泡钨丝的温度保持在 2 800K 时发出的白光，与温度保持在 2 854K 时的绝对黑体辐射的白光完全相当，于是就称灯泡白光的色温为 2 854K。

（2）显色性：显色性就是指不同光谱的光源照射在同一颜色的物体上时呈现不同颜色的特性。通常用显色指数 Ra 来表示光源的显色性。光源的显色指数愈高，其显色性能愈好。自然光被定义为完美光源，是因其光谱几乎能使所有色彩鲜活呈现，如此成就人类所处的彩色世界。

9.2 照明对作业的影响

工作效率和工作质量与环境照明条件密切相关，照明条件的优劣将直接影响生产率、产品质量、作业者视力、安全生产，而且还关系到改善和美化生产环境。

9.2.1 照明与疲劳

照明对作业的影响，表现为能否使视觉系统功能得到充分的发挥。因此，良好的照明环境，能提高近视力和远视力，提高工作效率，减少差错率和事故的发生。因为亮光下瞳孔缩小，视网膜上成像更为清晰，视物清楚。当照明不良时，因反复努力辨认，人会很快地疲劳，工作不能持久，工作效率低、效果差。眼睛疲劳的症状有眼睛乏累、怕光刺眼、眼痛、视物模糊、眼充血、出眼屎及流泪等。眼睛疲劳还会引起视力下降、眼球发胀、头痛及其他疾病，会造成工作失误甚至工伤。

例子：某小学原采用传统三基色荧光灯，普遍存在以下问题：照度或亮度不均匀、直射眩光大等，这些都会加重青少年视力负担，带来近视隐患。调查发现该地区小学生近视率超过了45%。所以对学校照明进行了改造，采用LED护眼黑板灯和LED护眼教室灯作为照明配套。对比该区域的传统照明，LED 护眼教室灯的能耗更低，无可视眩光。高品质的光源选择，5 000K 柔和光色，接近自然光，且显色指数高于 90，色彩还原力强，用眼更舒适，有效缓解眼睛疲劳，保护视力发育。

9.2.2 照明与工作效率

改善照明条件不仅可以减少视觉疲劳，而且会提高工作效率。因为提高照度值可以提高识别速度和主体视觉，从而提高工作效率和准确度，达到增加产量、减少差错、提高产品质量的效果。

如图 9-2 所示为一精密加工车间不同照度下视疲劳和生产率的关系，随着照度值由370lx 逐渐增加，生产率随之增长，视疲劳逐渐下降，这种趋势在 1 200lx 以下很明显。例如，日本的一纺织公司，原来用白炽灯照明的照度为 60lx，改为荧光灯照明后，在耗电相同的情况下获得 150lx 的照度，结果产量增加 10%。

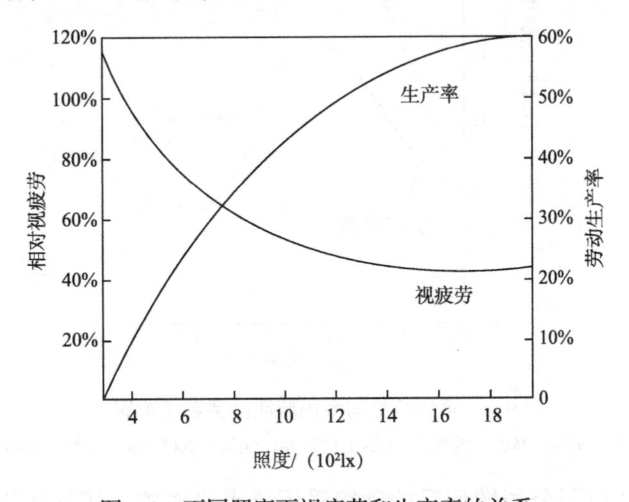

图 9-2 不同照度下视疲劳和生产率的关系

某些工作越是依赖于视觉，对照明提出的要求也越严格。照度值增加并非总是与劳动生产率的增长相关。一般认为，在临界照度值以下，随着照度值增加，工作效率迅速提高，效果十分明显；在临界照度值以上，增加照度对工作效率的提高影响很小，或根本无所改善。当照度值提高到一定限度时，会产生眩光引起目眩，导致工作效率显著降低。

9.2.3 照明与事故

人在作业环境中进行生产活动，主要是通过视觉对外界的情况做出判断而行动的。若照明环境良好，周边视网膜才能辨认清楚物体，从而扩大视野。若作业环境照明条件差，影响视网膜黄斑部的视力，操作者就不能清晰地看到周围的东西和目标，容易接收错误的信息，从而在操作时产生差错而导致事故发生。所以，事故的数量与工作环境的照明条件也有关系。

在适当的照度下，可以增加眼睛的辨色能力，从而减少识别物体色彩的错误率；可以增强物体轮廓的立体视觉，有利于辨认物体的高低、深浅、前后、远近及相应位置，使工作失误率下降；还可以扩大视野，防止错误和工伤事故的发生。尽管事故产生的原因有多方面，但事故统计资料表明，照度不足是一个很重要的因素。图 9-3 是英国对事故发生次数与照明关系的统计。在英国，11 月、12 月、1 月的日照时间很短，工作场所的人工照明时间长。和天然光相比，人工照明的照度值较低，故冬季事故次数在全年中最高。

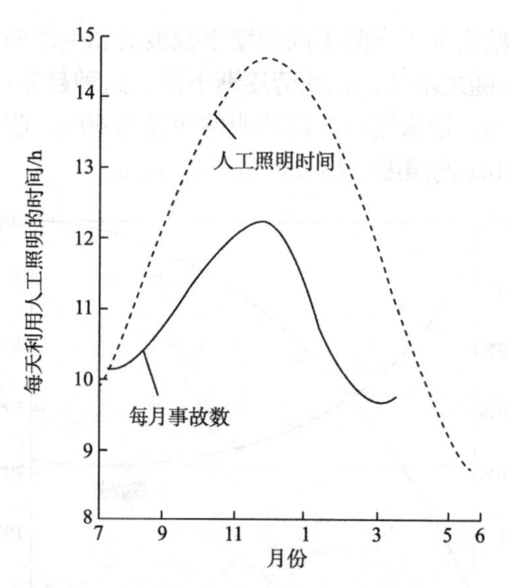

图 9-3 事故数量与室内照明的关系（英国）

资料来源：郭伏，钱省三. 人因工程学[M]. 北京：机械工业出版社，2005

例子：某铸造有限公司转型后的砂箱采用流水线输送，其驱动装置设置在地下一层。企业未按设计要求安装照明装置，就开始设备调试，在调试过程中，调试人员进入地下查看设备，因光线不足，一脚踩空摔倒后被转动的机器带入，紧急停车后，送医院治疗最终落下残疾，左腿截肢。

9.2.4 照明与情绪

生理和心理方面的研究表明，照明会影响人的情绪，影响人的一般兴奋性和积极性，从而也影响工作效率，如昼夜光线条件的变化，在很大程度上决定着24h内的生物周期。一般认为，明亮的房间是令人愉快的，如果让被试在不同照度的房间中选择工作场所的话，一般都选择比较明亮的地方。

例子：科学家曾要求8个被试从B室（10℃或35℃）立刻进入A室（23℃）。进行对不同光源色温印象的评价实验。他发现从B室（低温，10℃）立刻进入A室（中间温度，23℃），被试更喜欢A室从低色温到高色温变化；当被试从B室（高温，35℃）立刻进入A室（23℃），他们更喜欢A室从高色温到低色温变化。

9.3 环境照明设计

环境照明设计，在任何时候都应遵循人因工程学原则。具体表现为照明方式和光源的选择、尽量避免眩光、增加照度的稳定性和分布均匀性、协调性等。

9.3.1 照明方式

工业企业建筑物照明，通常采用三种形式，即自然照明、人工照明和二者同时并用的混合照明。人工照明按灯光照射范围和效果，又分为一般照明、局部照明、综合照明和特殊照明。

（1）一般照明，也叫全面照明，是指不考虑特殊局部的需要，为了照亮整个假定工作面而设置的照明。适用于工作地较密集，或者作业时工作地不固定的场所。这种照明方式相对于局部照明，其效率和照度较均匀较好。

（2）局部照明，是指为增加某些特定地点的照度而设的照明。由于靠近工作面，使用较少的照明器具便可以获得较高的照度，所以耗电量少。但要避免眩光和周围变暗造成比较强烈的对比的影响。

（3）综合照明，是指由一般照明和局部照明共同组成的照明方式。其比例近似1∶5为好。若对比过强则将使人感到不舒适，对作业效率有影响。对于较小的工作场所，一般照明的比例可适当提高。

（4）特殊照明，是指用于特殊用途、特殊效果的各种照明方式，如方向照明、透过照明、不可见光源照明、对微细对象检查的照明、色彩检查的照明和色彩照明等。这些照明将根据各自的特殊要求选取光源。

选择何种照明方式与工作性质和工作地布置有关，它不但影响照明的数量和质量，而且关系到设计投资及使用费用的经济性和合理性，如摄影、舞台灯光、建筑夜景灯。以下是国家关于照明方式和照明种类确定的相关规定。根据《建筑照明设计标准》（GB 50034—2013），照明方式的确定应符合下列规定。

（1）工作场所应设置一般照明。

（2）当同一场所内的不同区域有不同照度要求时，应采用分区一般照明。

（3）对于作业面照度要求较高，只采用一般照明不合理的场所，宜采用混合照明。

（4）在一个工作场所内不应只采用局部照明。

（5）当需要提高特定区域或目标的照度时，宜采用重点照明。

例子：河南省博物馆在照明方式上采用了综合照明。这种照明方式具有强烈的明暗对比，并能造成有趣生动的光影效果，将光源直接射向艺术品突出艺术品，可突出工作面在整个环境中的主导地位。让观赏者不受环境的干扰，专心地欣赏艺术品，如图 9-4 所示。

图 9-4 河南省博物馆照明方式

9.3.2 光源选择

作业中的照明有两种，即自然光（天然采光）和人工光（人工照明）。自然光的光质量好，照度大，光线均匀，且光谱中的适度紫外线对人体生理机能还有良好的影响。因此在设计中采用自然光照明是最理想的，应最大限度地利用自然光。

选择人工光源时，应注意其光谱成分，应使其尽可能接近自然人工光源。在人工光源中荧光灯的光谱近似日光，具有发热量小、发光效率高、光线柔和、亮度均匀等优点，故优于白炽灯。但普通荧光灯的频闪使眼睛感到疲劳，造成眼睛近视，并引起偏头痛，有时还会导致心跳过速等症状。电子节能灯的高频电磁辐射还会对人体及大脑造成一定的伤害。因此，近距离使用，如用作阅读等局部照明时荧光灯不如白炽灯。

9.3.3 眩光及其防控措施

当视野内出现的亮度过高或对比度过大，感到刺眼并降低观察能力时，这种刺眼的光线称为眩光，如晴天的午间看太阳，会感到不能睁眼，就是由于亮度过高所形成的眩光使眼睛无法适应。眩光是室内照明设计中易出现又易被忽略的问题，眩光按产生的原因可分为三种类型：直射眩光、反射眩光、对比眩光。

（1）直射眩光。由光源直接照射而引起，直射眩光效应与眩光源的位置有关，视角大于 60°为无眩光区，0°~15°为极强烈眩光区，如直视太阳；晚上走在马路上，耀眼的汽车灯使人看不清路面，就是直射眩光的影响。

（2）反射眩光。它是强光经过粗糙度较低的物体表面反射到人眼造成的，一般常称为反光，此种眩光对舒适度影响最大。例如，强光照射在用光滑的纸打印的文件表面，这时观看者看不清文字，就是反射眩光造成的。

（3）对比眩光。它是物体与背景明暗相差太大造成的。当环境光线与局部光线明暗对比过大时也会引起对比眩光。例如，一个亮着的街灯，白天行人不会注意到它的存在，而到夜晚行人就感觉街灯很刺眼。这是因为夜色的背景亮度很低，街灯就显得很亮，形成了强烈的对比眩光。

眩光对视觉的危害主要是破坏视觉的暗适应，产生视觉后像，使工作区的视觉效率降低，产生视觉不舒适感和分散注意力，造成视觉疲劳，长期会损害视力。研究表明，做精细工作时眩光在 20min 内就会使差错明显增加，工效显著降低。

为了防止和减轻眩光对作业的不利影响，应采取的主要措施如下。

（1）限制光源亮度。当光源强度大于 $16\times10^4 cd/m^2$ 时，无论亮度对比如何，都会产生严重的眩光。所以选择限制光源亮度其实就是限制视野内光源或灯具的亮度。

（2）合理分布光源。尽可能将光源布置在视线外的微弱刺激区。例如，采用适当的悬挂高度，使光源在视线 45°以上时眩光就不明显了。

（3）直射转为反射。例如，光线经灯罩或天花板及墙壁漫反射到工作空间。

（4）改变光源或工作位置。对于反射眩光，变换光源的位置或工作面的位置，使反射光不处于视线内。

（5）设计合理的环境亮度比。在眼睛适应了较亮光照的条件下，即使是高亮度的光源，眩光也变得不那么明显了。

（6）减小灯光的发光面积。这里所说的发光面积，并不是指灯具或光源的大小，而是指同样的光源，随着光源亮度的增加，光源的发光面积会增大，随之而来的就是愈加强烈的眩光。因此，在选择使用高亮度裸露光源进行照明的时候，可以把高亮度、大发光面灯光的发光面分割成细小的部分，那么光束也就相对分散，既不容易产生眩光又可以得到良好的照明表现效果。

例子： 如图 9-5 所示，我们经常见到马路中间的护栏，人们大多知道它有分隔车道、保护车辆行驶安全的作用，却可能忽略了它另一个重要的作用：防治眩光。防眩防护栏并非一根根没有弧度的立柱，而是有弧度的护栏隔栅，而且每根隔栅上都有深蓝色的反光贴。这种含有防眩作用的隔栅造成了一定弧度，让行车道上的车子看不见对向行车道的明显车灯眩光。

图 9-5　防眩光护栏

9.3.4　照度分布

对于单独采用一般照明的工作场所，如果工作台面上的照度很不均匀，当作业者的眼睛从一个表面转移到另一个表面时，将发生明适应或暗适应过程，这不仅会使眼睛感到不舒服，而且还会降低视觉能力。如果经常交替适应，必然导致视觉疲劳从而使工作效率降低。所以，被照场所应力求照度均匀，若被照场所的最大照度为 $E_{\max}$，最小照度为 $E_{\min}$，平均照度为 $\bar{E}$，则应使照明均匀度 A_u 满足下式要求：

$$A_u=\frac{E_{\max}-\bar{E}}{\bar{E}}\leqslant\frac{1}{3} \text{ 或 } A_u=\frac{\bar{E}-E_{\min}}{\bar{E}}\leqslant\frac{1}{3}$$

例 9-1：某一 10m^2 的工作间，均分成 10 个方格，各正方格中心照度值为 176、125、116、100、115、345、360、255、400、400lx。试求照度的均匀度并予以评价。

解：评价照度$=\frac{176+125+116+100+115+345+360+255+400+400}{10}=239$（lx）

最大照度值为 400lx，所以照度均匀度 $A_u=\frac{400-239}{239}=0.674>\frac{1}{3}$

因此不满足要求。

照度均匀度主要从灯具的布置上来解决，合理安排边行灯至场边的距离，该距离应保持在 $L/3$~$L/2$（L 为灯具的间距）。若场内（特别是墙壁）的反射系数太低，上述距离可以减小到 $L/3$ 以下，对于室外照明，照度均匀度可以放宽要求。

对于一般工作面，有效面积为 30cm×40cm 在有效工作面范围内，其照度差异应不大于 10%。

9.3.5　亮度分布

环境照明不仅要使人能看清对象物，而且应给人以舒适的感觉，这不是为了享受，而是提高视力和保护视力的必要条件。在视野内存在不同亮度，就迫使眼睛去适应它，如果这种亮度差别很大，就会使眼睛很快疲劳。

如表 9-2 所示，视野内的观察对象、工作面和周围环境间的最佳亮度比为 5 : 2 : 1，最大允许亮度比为 10 : 3 : 1。若房间的照度水平不高，如不超过 150lx 时，视野内的亮度差别对视觉工作影响比较小。

表 9-2 室内亮度比最大允许值

室内被照面	办公室、学校	车间
工作对象与工作面（如书与桌子）	3 : 1	5 : 1
工作对象与距其较远处（如书与地面、机器与墙面）	5 : 1	10 : 1
光源或窗口与其相邻场所	20 : 1	40 : 1
视野中的任何位置	40 : 1	80 : 1

在集体作业的情况下，需要亮度均匀的照明，以保持每个作业者都有良好的视觉条件。在从事单独作业的情况下，并不一定每个作业者都需要同样的亮度分布，工作面明亮些，周围空间稍暗些也可以。

例子：隧道照明不同于一般道路照明，在设计隧道照明时，要考虑到人的明适应和暗适应因素，重视过渡空间和过渡照明的设计。为了满足眼睛适应性要求，在隧道入口需做一段明暗过渡照明，以保证一定的视力要求。隧道出口处因适应时间很短，一般在 1s 以内，故可不做其他处理。隧道照明通常存在以下几种特殊的视觉问题。

（1）进入隧道前（白天）：由于隧道内外的亮度差别极大，因此从隧道外部去看，照明很不充分的隧道入口会看到“黑洞”现象。

（2）进入隧道后（白天）：汽车由明亮的外部进入即使不太暗的隧道以后，要经过一定时间才能看清隧道内部的情况，这称为“适应滞后”现象。

（3）隧道出口处：在白天，汽车穿过较长的隧道接近出口时，由于通过出口看到的外部亮度极高，出口看上去是个“亮洞”，会出现极强的眩光，驾驶员感到极不适应；夜间与白天正好相反，隧道出口看到的不是“亮洞”而是“黑洞”，这样驾驶员就看不清外部道路的线形及路上的障碍物。

以上这几种特殊的视觉问题给隧道照明提出了较高的要求。为有效解决这些视觉问题，通常从以下几方面着手。

（1）隧道照明的设计亮度以白天和夜间两种不同情况来确定，白天照明的隧道，其照明区段的划分和路面最低亮度可按表 9-3 设计。

表 9-3 区段照明长度及路面最低亮度

车速/（km/h）	引入段		适应段		过渡段		入口照明区间长度/m
	距离/m	亮度/（cd/m^2）	距离/m	亮度/（cd/m^2）	距离/m	亮度/（cd/m^2）	
80	40	80	40	80~46	40	40~4.5	120
60	25	50	30	50~31	30	30~2.3	85
40	15	30	20	30~20	20	20~1.5	55
20 以下		1		1		1	

（2）隧道照明灯具的布置，除考虑亮度分布外，还要考虑闪光、诱导性，其布置形式主要有三种，即相对排列、交错排列和中央排列。为了避免灯具不连续直射光由侧面进入驾驶室造成“闪光”的不快感，尽量不将灯具装在侧面，而装在隧道顶部两侧或中央，且安装高度应在路面以上 4m 为宜。

9.4 照明环境的评价

照明在满足照度的前提条件下要向创造舒适的照明环境即从量向质的方向转化，因此，对重要的室内环境的设计或改善，应采用专家评价制度。评价技术的确立就是为了最大限度地改善或提高空内照明环境，使其满足具体的使用要求，包括满足个性化。

目前，各国正在研究和完善照明环境的评价方法。照明评价体系很多，目前被广泛采用的评价体系包括多因素模糊数学评价和函数模型评价两大类。

多因素模糊数学评价是目前国内大多数学者对室内静态照明研究的评价法。该方法选用全方位多层次的影响因子，使用多因素模糊数学评价方法进行评价，其可靠与否在于影响因子的选择、层级的划分及权重的确定是否合理。多因素模糊数学评价结果表现为室内照明满意度的相对值。

函数模型评价是指通过实验用单一指标或少数几个变量构造函数模型，反映室内动态照明的充分性或用户满意度。国外对这种评价体系的研究较多，研究重点在于假设自变量和因变量，并通过实验得出动态函数模型，从而得出相关参数的最优值。以下分别介绍两种具体方法。

9.4.1 光环境灰色层次评价法

光环境灰色层次评价法属于多因素模糊数学评价。将影响光环境的各种要素分为不同层级，使用 9 种比率标度来判断各项因素的权重，权重的大小根据专家的判断得出。在对特定空间进行光环境评价时，需要专家对多个空间的特定参数（照明水平、眩光、亮度分布等）打分，根据阈值和权重得出综合评价值，并且使用可靠性检验来验证得到的评价层次结构是否合理。在确定评价要素之后，可通过评价指标矩阵对给定空间的光环境进行优劣排序。

1. 用层次分析法确定权重

光环境质量的优劣直接对人的视觉器官工作效率和心理舒适产生影响。对室内照明而言，眩光和亮度分布是影响视觉器官和工作效率的主要因素；而光影、光色、颜色显现、装饰色彩、室内空间和陈设、同室外视觉联系仅对人们的心理舒适产生不利影响，它们是影响光环境质量的次要因素。现用图 9-6 来表示室内照明质量层次结构。通过专家对三层各个项目分别打分得出权重。

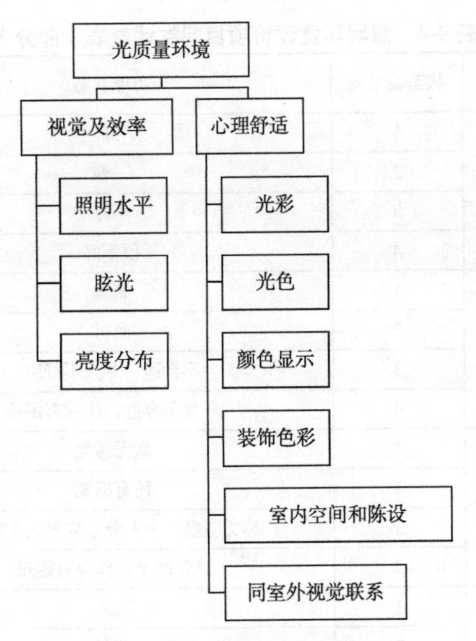

图 9-6 照明质量层次结构

资料来源：陈仲林. 光环境灰色层次评价方法[J]. 照明工程学报，1996，7（4）：37-48

2. 光环境的灰色评价

有若干专家对图 9-6 所示的 9 个指标进行打分，一般采用 5 分制，如需严格区分时，可用 9 分制。打分原则是：当教室的光环境质量对某一评价指标而言是满意时，给高分；反之，给低分。这样就可以获得评价指标矩阵，矩阵由各个专家的打分构成，根据专家对光环境质量评价的可靠度，采用不同的权重计算分数。运用灰色评价原理对各评价指标评分进行单值化处理，最后得到光环境质量的满意程度，从而获得光环境质量好坏的总印象。

9.4.2 视觉环境评价方法

视觉环境评价方法属于函数模型评价，是考虑照明环境中各项人的工作效率与心理舒适的因素的一种对照明环境进行评价的方法。采用问卷形式，获得人们对照明环境的各评价项目的所处条件状态的确定，给不同的条件状态以不同分值。利用评价系统计算各项因素的评分，然后再算出总的照明环境的指数，确定照明环境所属的质量等级。

1. 问卷调查

评价方法的问卷如表 9-4 所示，其评价项目包括照明环境中 10 项影响人的工作效率和心理舒适的因素，而每个因素设置 4 种可能的状态。评价者根据观察与判断，给每个项目打出自己认为最合适的分数。

表 9-4　照明环境评价项目问卷调查表（部分）

项目编号	评价项目	状态编号 m	可能状态	判断投票	注释说明
1	第一印象	1	好		
		2	一般		
		3	不好		
		4	很不好		
2	照明水平	1	满意		
		2	尚可		
		3	不合适，令人不舒服		
		4	非常不合适，作业有困难		
3	直射眩光与反射眩光	1	毫无感觉		
		2	稍有感觉		
		3	感觉明显，令人分心或令人不舒服		
		4	感觉严重，作业有困难		
4	亮度分布（照明方式）	1	满意		
		2	尚可		
		3	不合适，令人分心或令人不舒服		
		4	非常不合适，影响正常工作		

2. 评价系统

对评价项目的各种可能状态，按照它们对人的工作效率与心理舒适影响的严重程度赋予逐级增大的分值，用以计算各个项目评分。对问卷的各个评价项目，根据它们在决定光环境质量上具有的相对重要性赋予相应的权重，用以计算总的光环境指数。各个项目的权重及各种状态的分值可列入表 9-5，表中各项目状态划分相同，同种状态分值相等，权重可根据具体情况确定。由于篇幅有限，表 9-5 中只列出表头及某个项目评分系统，各个项目可按照表中要求逐次填入即可。

表 9-5　各个项目的权重及各种状态的分值

项目编号 n	项目权重 $W(n)$	状态编号 m	状态分值 $P(m)$	所得票数 $V(n, m)$	项目评分 $S(n)$	计权后的项目评分 $S(n)W(n)/SW(n)$	光环境指数 S
		1	0				
		2	10				
		3	50				
		4	100				

3. 项目评分及光环境指数

对评价项目的各种可能状态，按照它们对人的工作效率与心理舒适影响的严重程度，对 1、2、3、4 四个状态分别赋予 0、10、50、100 分。对问卷的各个评价项目，根据它们在决定照明环境质量上具有的相对重要性赋予相应的权值。然后通过以下公式进行求算。

（1）计算每个项目的分值：

$$S_{(n)}=\frac{\sum_{m}P_{(m)}\cdot V_{(n,m)}}{\sum_{m}V_{(n,m)}}$$

式中，$S_{(n)}$为第n个评价项目的评分，$0\leqslant S_{(n)}\leqslant 100$；$P_{(m)}$为第$m$个状态的分值，根据其所确定的状态，分别为0、10、50、100；$V_{(n,m)}$为第n个项目第m个状态所得的票数。

（2）计算总的照明环境指数S：

$$S=\frac{\sum_{n}S_{(n)}\cdot W_{(n)}}{\sum_{n}W_{(n)}}$$

式中，S为光环境指数，$0<S<100$；$W_{(n)}$为第n个评价项目的权值。

4. 结果与质量等级

项目评分$S_{(n)}$和照明环境指数S的数值，分别表示照明环境各评价项目的特征和照明环境总的质量水平。各项目评分及光环境质量指数愈大，表示照明环境存在的问题愈大，即其质量愈差。为便于分析和评价照明环境，根据计算结果，将照明环境质量按照明环境指数分为四个等级，如表9-6所示。

表9-6 照明环境质量等级

视觉环境指数	$S=0$	$0<S\leqslant 10$	$10<S\leqslant 50$	$S>50$
质量等级	1	2	3	4
意义	毫无问题	稍有问题	问题较大	问题很大

案例：淮安东方清棉纺织有限公司照明环境的改善

淮安东方清棉纺织有限公司位于江苏省淮安市西南工业区，是国家大型纺织企业、江苏省纺织行业重点骨干厂家、江苏省首批现代企业制度改革先进单位和国家确定的601户“债转股”企业之一，综合经济技术指标跻身全国最大纺织企业500强之列。本案例主要对该公司车间照明情况进行调查分析和改善。

1. 车间照明情况调查

对织造车间、质检车间、细纱车间及络筒车间照明情况调查测试，表9-7是几个车间操作台面或操作对象的照度测试情况。从表9-7中数据可以看出该公司车间的照明情况与我国纺织行业照明要求相差较大。

表9-7 各车间实测照度表

实测车间		实测照度值/lx	备注
织造1车间	晚	128.3	普通有窗，灯与机平行，人工采光，环境色彩单调
	白	143.4	普通有窗，灯与机平行，人工采光+自然采光（阴天），环境色彩单调

续表

实测车间		实测照度值/lx	备注
织造2车间	晚	126.8	锯齿形车间，灯与机平行，人工采光，环境色彩单调
	白	127.9	锯齿形车间，灯与机平行，人工采光+自然采光（阴天），环境色彩单调
质检车间	晚	134.2	普通有窗，灯与机平行，人工采光，环境色彩单调
	白	138	普通有窗，灯与机平行，人工采光+自然采光（阴天），环境色彩单调
细纱车间	晚	123.5	封闭车间，灯与机平行，人工采光，环境色彩单调
	白	125.6	封闭车间，灯与机平行，人工采光，环境色彩单调
络筒车间	晚	134.7	封闭车间，灯与机平行，人工采光，环境色彩单调
	白	136.4	封闭车间，灯与机平行，人工采光，环境色彩单调

根据《建筑照明设计标准》（GB 50034—2013）中的规定，纺织、化纤工业生产车间照明亮度应符合表9-8。

表 9-8 纺织、化纤工业生产车间照明亮度

房间或场所	参考平面及其高度	照度标准值/lx
选毛	0.75m 水平面	300
清棉、和毛、梳毛	0.75m 水平面	150
前纺：梳棉、并条、粗纺	0.75m 水平面	200
纺纱	0.75m 水平面	300
织布	0.75m 水平面	300

车间照明与我国纺织行业照明要求相差较大。我国纺织行业技术标准规定：纺织行业车间照度最低为150lx，一般为200lx，对于特殊车间，如质检车间照度最低为300lx，但是，该公司车间平均照度为131.2lx。在车间工作的员工大多视力下降，可以推断为由照明环境对人体造成的生理影响。

对质检车间工人进行调查，调查结果见表9-9。可以看出他们从事该工作岗位前后视力随工作时间长短的不同而发生相应的变化，可以说明质检车间工人视力下降比较严重。

表 9-9 质检车间员工视力检查表

检查对象	视力情况（平均）		从事质检工作的时间/年
	工作前	检查时	
1	1.4	1.3	0.5
2	1.3	1.1	0.5
3	1.3	1.2	0.5
4	1.4	1.2	0.6
5	1.5	1.3	0.8
6	1.4	1.2	1

续表

检查对象	视力情况（平均）		从事质检工作的时间/年
	工作前	检查时	
7	1.3	1.2	1
8	1.4	1.2	1.5
9	1.3	1.2	1.5
10	1.4	1.1	1.6
11	1.2	1.1	1.8
12	1.2	1.1	1.8
13	1.3	1.1	2
14	1.4	1	2
15	1.2	1	2.3
16	1.4	1.2	2.5
17	1.5	1.2	2.5
18	1.3	1	3
19	1.4	1.1	3
20	1.2	0.8	4
21	1.3	0.8	4
22	1.5	1	4.5
23	1.3	0.8	4.5
24	1.4	0.8	4.5

2. 照明环境问题分析与改善方案

由以上问题分析，发现产生问题的原因主要有以下几点。

（1）从公司领导到工人缺乏对照明问题的认识。他们不知道车间照明标准，也不知道照明与生产率的关系。

（2）照明灯具的安装不合理。大部分车间灯具高度距地面均3m以上，这样一方面使照度下降，另一方面浪费了能源。另外，所有车间灯具与机台处于平行状态，这样产生的光带与工作机台平行，投射到视觉作业上有多重阴影干扰，不利操作。

（3）灯具的维修保养工作较差。调查中，发现有的车间灯具长时间不保养，灯具表面积灰严重，使得灯具照明度下降，甚至有的灯具坏了而没有及时调换更新。

（4）灯具安装数量较少。有的车间为了节电，灯具安装较少，使得测试表中的数据为平均值，造成机台与机台之间照度值不均匀。

（5）有窗车间里，有的机台离窗近，有的机台离窗远，造成机台照度不均匀，另外晚间和白天照度相差较大，如果将这两者因素相结合，其结果更加严重。

（6）车间环境色彩布置单调。人因工程学谈到照度必然要联系色彩，该公司车间环境色彩布置单调，与织物色彩几乎一致，不但会增加工人视觉疲劳，而且会增加疵布量。

针对以上原因，拟定改善车间照明方案如下。

（1）选择节能高效护眼灯具（接近日光色灯具），尽量避免频闪与耀眼。

（2）合理安装照明灯具：将灯具与工作机台垂直安装；一般车间灯具安装高度2.8~3.0m，质检车间根据工作台面而定灯具高度，一般灯具离工作台面60~70cm；确保每个工作台面安装一个灯具，使工作台面照度均匀；不论车间有窗无窗、机台离窗远近，都以夜晚、无窗为标准设计安装灯具。

（3）加强对灯具的维修与保养。要求对维修保养工人进行培训后上岗，车间定人定岗，用制度进行管理，确保车间“三无”，无坏灯具、灯具上无积灰、无缺少灯具现象。

通过选择节能高效护眼灯具、合理安装，既考虑安装的数量、方向和高度等因素，又对灯具加强维修与保养，同时对车间色彩进行布置，基本可以达到人因工程学照明要求。局部试验表明，方案实施后一般车间照度可达到250lx左右，质检车间能达到。在这样的条件下工作，不仅可以减少视觉疲劳，而且可以减少工作失误，提高工作效率。

（资料来源：蒋永华. 人因工程学在淮安东方清棉集团车间现场改善中的应用与研究[D]. 南京理工大学，2007）

【思考题】

1. 案例中质检车间员工视力明显下降，从照明环境角度分析，是什么原因造成了这一现象？
2. 除了案例中提到的改善措施，你还有什么改善照明环境的想法？

第10章 色彩环境

【学习目标】

本章学习需要了解色彩的含义和构成；理解色彩的混合和色彩的表示方法；掌握色彩对人的影响。希望大家通过本章学习，能够正确理解生活中的颜色设计和搭配，能提出自己的对色彩改进的想法。

【开篇案例】

随着世界经济的迅猛发展，人们的生活水平也相应提高。公交车的发展情况直接反映出一个城市建设的情况。由于人们对出行质量的重视，城市公交车的发展也愈受关注，对城市公交车乘坐舒适性和人性化的研究也越来越多。下面是哈尔滨市公交车色彩设计改进的例子。

改进前哈尔滨市的10路、56路公交车的车次牌颜色搭配多为白色底，车次字符为红色，起始站字符为黑色。由人因工程中信息显示设计理论可知，清晰的颜色搭配如表10-1所示，因此该车站牌颜色搭配不是很合理，依据表10-1可将其改为黑色底、黄色车次、白色起始站。

表10-1 配色级次

序号	1	2	3	4	5	6	7	8	9	10
背景色	黑	黄	黑	紫	紫	蓝	绿	白	黑	黄
主体色	黄	黑	白	黄	白	白	白	黑	绿	蓝

另外，在车辆底色上，用不同颜色加以区分，车身正前方、两侧车窗及以上部位、尾部车窗及以上部位为色彩识别部位,公交车车身广告发布位置将限制在两侧车窗以下、前轮中心线以后位置。要求车身广告图案不能对识别色彩、图案产生视觉干扰。公交车底色的设计见表10-2。

表 10-2 哈尔滨公交车底色设计

公交车种类	使用颜色	原因
通往主城区的公交车	红色	主城区一般较拥堵，红灯较多
通往远城区、市郊的公交车	绿色	远城区较通畅，多绿色植物
行驶在主干线上的公交车	蓝色	
支线车，向干线车、枢纽站运送旅客	黄色	
区域内运行和微循环的小公交车	橙色	

同一区域的不同车次可以根据车侧身和前身颜色搭配加以区分，如 338 路可用红底天蓝车身绿色车顶，68 路可以用红底镶黄侧身绿色车顶，而 102 路可以用白色为基准色，配淡绿色带等。在站牌设置上，站牌颜色应与车辆颜色一致。在车辆停靠点及候车亭上，尽量考虑按不同的行驶区域每隔 20m 设置站点，候车亭也采用相应色彩，即便等候进站的车辆很多，乘客也可方便找到自己乘坐的车辆。这样乘客就比较容易通过车的颜色区分车次，做好乘车准备。

由此可见色彩设计在我们的生活中到处可见，接下来我们就来学习色彩环境的相关知识及色彩环境对人们生活工作产生的影响。

10.1 色彩的含义及其特征

10.1.1 色彩的含义

色彩是光从物体反射到人的眼睛所引起的一种视觉心理感受。色彩按字面含义上理解可分为“色”和“彩”，“色”是指人对进入眼睛的光传至大脑时所产生的感觉；“彩”则指多色的意思，是人对光变化的理解。

真正揭开光色之谜的是英国科学家牛顿。17 世纪后半期，为改进刚发明不久的望远镜的清晰度，牛顿从光线透过玻璃镜的现象开始研究。1666 年，牛顿进行了著名的色散实验。他在漆黑的房间，只给窗户开一条窄缝，让太阳光射进并通过一个三角形挂体的玻璃三棱镜，如图 10-1 所示。结果在对面墙上出现了一条七色组成的光带，而不是一片白光，七色按红、橙、黄、绿、青、蓝、紫的顺序一色紧挨一色地排列着，极像雨过天晴时出现的彩虹。同时，七色光束如果再通过一个三棱镜还能还原成白光。这条七色光带就是太阳光谱。

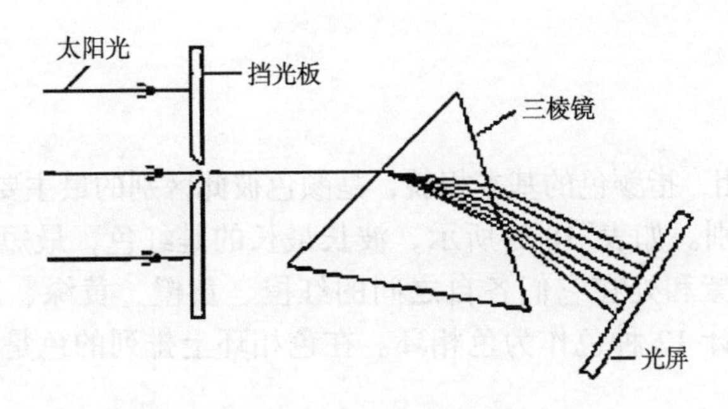

图 10-1　太阳光通过三棱镜原理图

资料来源：郭伏，钱省三. 人因工程学[M]. 北京：机械工业出版社，2005

牛顿之后大量的科学研究成果进一步告诉我们，色彩是以色光为主体的客观存在，对于人则是一种视像感觉，产生这种感觉基于三种因素：一是光；二是物体对光的反射；三是人的视觉器官，眼。即不同波长的可见光投射到物体上，有一部分波长的光被吸收，一部分波长的光被反射出来刺激人的眼睛，波长不同的可见光，引起人眼的颜色感觉不同。如表 10-3 所示，这些不同波长的光经过视神经传递到大脑，形成对物体的色彩信息，即人的色彩感觉。

表 10-3　可见光颜色对应的波长　　单位：nm

颜色	波长范围
红色	622~770
橙色	597~622
黄色	577~597
绿色	492~577
蓝靛色	455~492
紫色	390~455

例 10-1：为什么海水看起来是蓝色的？水不是无色的吗？

答：太阳光是由红、橙、黄、绿、青、蓝、紫七种颜色的光组成的。当太阳光照射到大海上，红光、橙光这些波长较长的光，能绕过一切阻碍。它们在前进的过程中，不断被海水和海里的生物所吸收。像蓝光、紫光这些波长较短的光，虽然也有一部分被海水和海藻等吸收，但是大部分一遇到海水的阻碍就纷纷散射到周围去了，或者干脆被反射回来了。我们看到的就是这部分被散射或被反射出来的光。海水越深，被散射和反射的蓝光就越多，所以，大海看上去总是碧蓝的。

10.1.2　色彩的特征

颜色可分为无彩色系列和彩色系列。无彩色系列指黑色、白色及二者因不同比例而产生的灰色。彩色系列指无彩色系列以外的各种色彩。色彩具有色调、明度和饱和度三个基本特性。人眼看到的任一彩色光都是这三个特性的综合效果，这三个特性即色彩的三要素。

1. 色调

色调，又称色相，指颜色的基本相貌，是颜色彼此区别的最主要、最基本的特征，它表示颜色质的区别。如表 10-3 所示，波长最长的是红色，最短的是紫色。把红、橙、黄、绿、蓝、紫和处在它们各自之间的红橙、黄橙、黄绿、蓝绿、蓝紫、红紫这 6 种中间色，共计 12 种色作为色相环。在色相环上排列的色是纯度高的色，被称为纯色。

2. 明度

明度指色彩的明亮程度。各种有色物体由于它们的反射光量的区别而产生颜色的明暗强弱，如深黄、中黄、淡黄、柠檬黄等黄颜色在明度上就不一样，血红、深红、玫瑰红、大红、朱红、橘红等红颜色在明度上也不尽相同。这些颜色在明暗、深浅上的不同变化，也就是色彩的又一重要特征，即明度变化。

色彩的明度变化有三种情况：一是相同颜色，因光线照射的强弱不同产生不同的明暗变化，在强光照射下显得明亮，弱光照射下显得较灰暗。当照度一定时，反射率的大小与表面色彩的明度大小成正比。二是在某种颜色中，加白色则明度逐渐提高，加黑色则明度变暗。对颜料来说，在色调和纯度相同的颜料中，白颜料反射率最高，在其他颜料中混入白色，可以提高混合色的反射率，也就是提高了混合色的明度，混入白色越多，明度越高；而黑颜料却恰恰相反，混入黑色越多，明度越低。三是不同颜色之间，其明度不同，如黄色明度高，看起来很亮；紫色明度低，看起来很暗；橙、红、绿、蓝等介于之间。

3. 饱和度

饱和度，又称彩度，是主导波长范围的狭窄程度，即色相的表现程度，体现色彩的鲜艳程度和色彩的纯度。波长范围越窄，色相越纯正、越鲜艳。饱和度取决于该色中含色成分和消色成分（灰色）的比例。含色成分越大，饱和度越大；消色成分越大，饱和度越小。纯色都是高度饱和的，如鲜红、鲜绿；混杂上白色、灰色或其他色调的颜色，是不饱和的颜色，如绛紫、粉红、黄褐等。完全不饱和的颜色根本没有色调，如黑白之间的各种灰色。

10.2 色彩混合与色彩表示方法

10.2.1 色彩混合

不同波长的光谱会引起不同的色彩感觉，两种不同波长的光谱混合可以引起第三种色彩感觉，这说明不同的色彩可以通过混合而得到。实验证明，任何色彩都可以由不同比例的三种相互独立的色调混合得到，这三种相互独立的色调称为三基色或三原色。国际照明委员会将色彩标准化，正式确认色光三原色为红、绿、蓝。色彩混合有三种类型：加色混合、减色混合、中性混合。加色混合与减色混合是混合后再进入视觉的，而中性混合则是在进入视觉之后才发生的混合。

1. 加色混合

加色混合也称色光混合，即将不同光源的辐射光投射到一起形成新色光。其特点是把所混合的各种色的明度相加，混合的成分愈增加，混合色的明度就愈高，而色调则对应变弱。将色光三原色做适当比例的混合，大体上可以得到全部的色彩。如图 10-2（a）所示，红、绿、蓝三原色光等比例混合得到白光，其表达式为（R）+（G）+（B）=（W）；红光和绿光等比例混合得到黄光，即（R）+（G）=（Y）；红光和蓝光等比例混合得到品红光，即（R）+（B）=（M）；绿光和蓝光等比例混合得到青光，即（B）+（G）=（C）。若不等比例混合，则会得到更加丰富的混合效果，如黄绿、蓝紫、青蓝等。一种原色光和另外两种原色光混合出的间色光称为互补色光。如图 10-2（b）所示的绿和品红、黄与蓝、红与青等，三组都是互补色光。它们的明度显然要高于三原色，而互补色光依照一定的比例混合，可以得到白色光。如果只有两种色光相混合就能产生白色光，那么相混的双方一定是互补关系。加色混合在摄影和舞台照明设计中比较常见，并且发挥了很大的作用。合理地使用加色混合能够营造出理想的环境气氛，彩色电视机也使用了加色法。

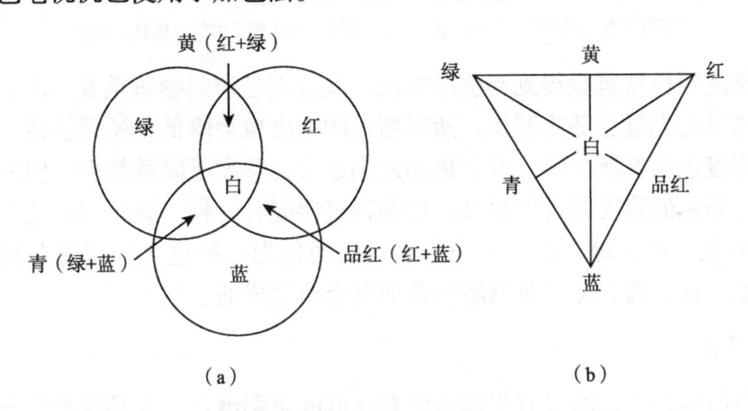

图 10-2 色光混合

资料来源：冯国红. 人因工程学[M]. 武汉：武汉理工大学出版社，2013

2. 减色混合

减色混合是色料的混合，是不能发光却能将照射来的光吸掉一部分，将剩下的光反射出去的色料的混合。色料不同，吸收色光的波长与亮度的能力也不同。色料混合之后形成的新色料，一般都能增强吸光的能力，削弱反光的亮度。在投照光不变的条件下，新色料的反光能力低于混合前的色料的反光能力的平均数，因此，新色料的明度降低了，纯度也降低了，所以称为减色混合。颜料和色光是截然不同的物质对象，但它们都具有众多的颜色。在色光中，确定了红、绿、蓝三色光为最基本的原色光。色料三原色是品红、黄和青。减光混合分色料的直接混合与透明色料的叠色直接混合。

如图 10-3（a）所示，在色料混合时，从复色光中减去一种或几种单色光，呈现另一种颜色的方法称为减色法，如黄色=白色-蓝色；品红=白色-绿色；青色=白色-红色。在色料的直接混合中，每两个原色依不同比例混合，可化为若干间色，其中红、绿、蓝是典型的间色。三个原色一起混合出的新色称为复色；一个原色与另外两个原色混合出的间色相混，也称为复色。复色种类很多，纯度比较低，色相不鲜明。如图 10-3（b）所示，三原色依一定比例可以调出黑色或深灰色，一个原色与相对立的间色可以依均等的分量调出黑色或深灰色，这两色就被称为色料无补色。

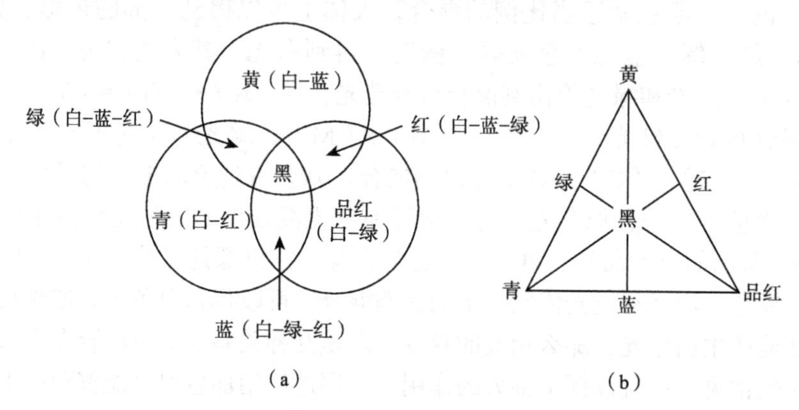

图 10-3 颜料三原色混合

资料来源：冯国红. 人因工程学[M]. 武汉：武汉理工大学出版社，2013

叠色是指透明色料重叠得到新色的方法。其特点是透明物每重叠一次，透明度便下降一些，可透过的光量也随之减少，所得新色的明度也会降低，所得新色的色相介于相叠色之间，彩度也会有所下降。双方色相差别越大，彩度下降就越多。但完全相同的色彩相叠，所得新色的彩度有可能提高。和颜料直接混合一样，叠置三原色是品红、黄与青，主要三间色是红、绿、蓝，与原色相对的间色为互补色，如印刷上的网点制版印刷，就是将红、黄、蓝、黑四色网版相叠加混合所形成的。

3. 中性混合

中性混合指混合色彩既没有提高也没有降低的色彩混合。它是色光混合的一种色相变化，与加色混合相同，但明度不像加色混合那样越混合越亮，也不像减色混合那样越混合越暗，而是变为相混合各色的平均明度，故称为中性混合。中性混合包括旋转混合与空间混合两种形式。

在圆形转盘上贴上两种或多种色纸，并使此圆盘快速地旋转起来，即可产生色彩混合的现象，我们称它为旋转混合。空间混合是指将两种或两种以上的颜色并置在一起，按不同的色相明度与彩度组合成相应的色点面，通过一定的空间距离，在人的视觉内产生的色彩空间幻觉感所达成的混合。这种混合与前两种混合的不同之处在于颜色本身并没有真正混合，其混合必须借助一定的空间距离来完成。空间混合是在人的视觉内完成的，所以也称视觉调和。

10.2.2 色彩表示

为了直观方便地表示和定量区别各种不同的色彩，A. H. 孟塞尔于1915年创立了一个三维空间的彩色立体模型，称孟塞尔彩色系统。孟塞尔所创建的彩色系统使用颜色立体模型表示颜色的方法，是一个三维的类似球体的空间模型，把物体各种表面色的三种基本属性即色调、明度、饱和度全部表示出来。以颜色的视觉特性来制定颜色分类和标定系统，以按目视色彩感觉等间隔的方式把各种表面色的特征表示出来。

目前国际上已广泛采用孟塞尔彩色系统作为分类和标定表面色的方法，如图 10-4 所示，孟塞尔立体模型中的每一个部位代表一个特定的色彩，并给予一定的标号，各标号的色彩都用一种着色物体（如纸片）制成颜色卡片，并按标号顺序排列，汇编成色彩图册。

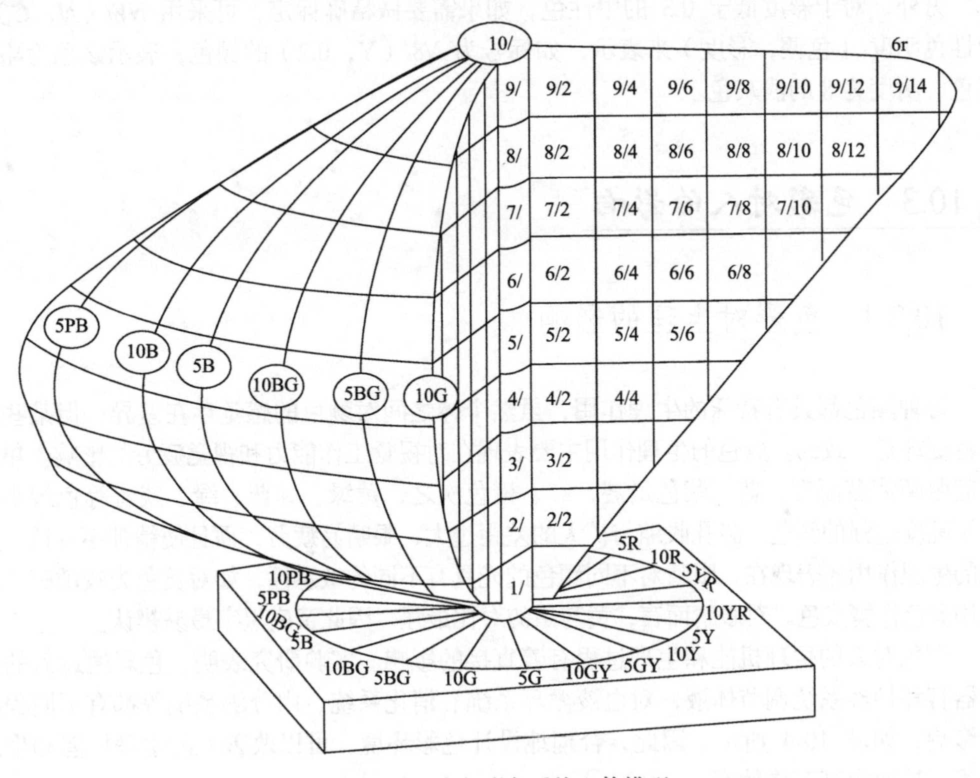

图 10-4 孟塞尔彩色系统立体模型

模型中央轴代表无彩色系列中性色的明度等级，用符号 V 表示。理想的白色在顶部，V=10；理想的黑色在底部，V=0。它们之间按视觉上的等距指标分成 10 等份表示明度，每一明度值等级都对应于日光下色彩样品的一定亮度因素。实际应用的明度值为1~9。

色调用符号H表示，其围绕垂直轴的不同平面各方向分成10种：5种主要色调即红（5R）、黄（5Y）、绿（5G）、蓝（5B）、紫（5P）和 5 种中间色调即黄红

（10YR）、绿黄（10GY）、蓝绿（10BG）、紫蓝（10PB）、红紫（10RP）。

在孟塞尔彩色系统中，颜色样品离开中央轴的水平距离，代表饱和度的变化，称为孟塞尔彩度。彩度也分成许多视觉上相等的等级。彩度在模型中，以离开中央轴的距离代表，用符号 *C* 表示。

任何颜色都可以用颜色立体上的色调、明度和彩度这三项坐标来标定，并给以标号。标定的方法是先写出色调 *H*，再写明度值 *V*，在斜线后写彩度 *C*，即形式为 *HV*/*C*=色相明度/彩度。例如，标号为 10Y8/12 的颜色，它的色调是黄（Y）与绿黄（GY）的中间色，明度是 8，彩度是 12。这个标号还说明，该颜色比较明亮，具有较高的彩度。3YR6/5 标号表示色调在红（R）与黄红（YR）之间，偏黄红，明度是 6，彩度是 5。

对于非彩色的黑白系列（中性色）则用 *N* 表示，在 *N* 后标明度 *V*，斜线后面不写彩度，即 *NV*/=中性色明度/，如标号 *N*5/的意义为，明度值是 5 的灰色。

另外，对于彩度低于 0.3 的中性色，如果需要做精确标定，可采用 *NV*/（*H*，*C*）=中性色明度/（色调，彩度）来表示，如标号为 *N*8/（Y，0.2）的颜色，表示该色为略带黄色、明度为 8 的浅灰色。

10.3 色彩对人的影响

10.3.1 色彩对生理的影响

每种颜色都具有特殊的生理作用，虽然个体之间对颜色的感觉存在差异，但某些感觉特征却是一致的。颜色的生理作用主要表现在对视觉工作能力和视觉疲劳的影响。单就引起眼睛疲劳而言，蓝、紫色最甚，红、橙色次之，黄绿、绿蓝、绿、淡青等色最小。使用亮度过强的颜色，瞳孔收缩与扩大的差距过大，眼睛易疲劳，而且使精神不舒适。颜色的生理作用还表现在，眼睛对不同颜色的光具有不同的敏感性，如对黄色光较敏感，故常用黄色作警戒色。对眼睛而言，黄与黑的对比最强，因此黄底黑字最易辨认。

颜色对人的生理机能和生理过程有着直接的影响。实验研究表明，色彩通过人的视觉器官和神经系统调节体液，对血液循环系统、消化系统、内分泌系统等都有不同程度的影响，如表 10-4 所示。因此，合理地设计色彩环境，可以改善人的生理机能和生理过程，从而提高工作效率。

表 10-4 不同颜色对人的生理作用

颜色	对人的生理作用
红色	刺激和兴奋神经系统，增加肾上腺素分泌和增进血液循环
橙色	诱发食欲、帮助恢复健康和吸收钙
黄色	可刺激神经和消化系统
绿色	有益于消化和身体平衡、有镇静作用
蓝色	能降低脉搏、调整体内平衡
靛蓝	调和肌肉、止血、影响视听嗅觉

续表

颜色	对人的生理作用
紫色	对运动神经和心脏系统有压抑作用
黑色	精神压抑、导致疾病发生

10.3.2 色彩对心理的影响

不同的色彩对人的心理有不同的影响，并且因人的年龄、性别、经历、民族、习惯和所处的环境等情况不同而有异。一般认为颜色的心理作用有效应感、感染力和表现力、记忆和联想等。

1. 色彩的效应感

色彩效应是指色彩具有一种物理特性，如冷暖、远近、轻重、大小等，这不但是由于物体本身对光的吸收和反射不同所形成的结果，而且还存在着物体间的相互作用关系所形成的错觉。

1）冷暖感

在色彩学中，把不同色相的色彩分为热色、冷色和温色，从红紫、红、橙、黄到黄绿色称为热色，以橙色最热。从青紫、青至青绿色称冷色，以青色为最冷。紫色是红（热色）与青色（冷色）混合而成，绿色是黄（热色）与青（冷色）混合而成，因此是温色。这和人类长期的感觉经验是一致的，如红色、黄色，让人联想到太阳、火、炼钢炉等，感觉热；而青色、绿色，让人联想到江河湖海、绿色的田野、森林，感觉凉爽。

2）轻重感

色彩的轻重感是物体色与人的视觉经验共同形成的重量感作用于人的心理的结果。色彩的轻重感主要取决于明度和纯度，明度和纯度高的显得轻，如桃红、浅黄色。在室内设计的构图中，常以此达到平衡和稳定的需要，以及表现性格的需要，如轻飘、庄重等。地面的明度和纯度低，显得重；明度高，显得轻。

例子：两双同款式的球鞋，一双是黑色，一双是白色。我们看起来觉得黑色的球鞋要比白色的球鞋更重一些，其实它们的重量是一样的。

3）硬度感

硬度感指色彩给人以柔软和坚硬的感觉，它和色彩的轻重感很相似，与色彩的明度和纯度有关，明度高的色彩感觉软，明度低的色彩感觉硬，中等纯度的色彩感觉软，高纯度和低纯度的色彩感觉硬。一般采用高明度和中等纯度的色彩来表现软色。在无彩色中的黑、白是硬色，灰色是软色。

例子：公园里带靠背的长椅是经常见的，长椅的主体承力部分往往使用黑色，让人产生椅子很稳固的感觉，在与人体接触的部分使用棕色来表达软硬度，让人更直观地区分软硬部分。

4）尺度感

尺度感指色彩对物体大小的作用，包括色调和明度两个因素。暖色和明度高的色彩具有扩散作用，因此物体显得大，如黄色、红色、白色等。冷色和暗色则具有内聚作用，因此物体显得小，如棕色、蓝色、黑色。不同的明度和冷暖有时也通过对比作用显示出来，室内不同家具、物体的大小和整个室内空间的色彩处理有密切的关系，可以利用色彩来改变物体的尺度、体积和空间感，使室内各部分之间关系更为协调。

5）距离感

距离感指在相同背景下进行配置时，某些色彩比实际所处的距离显得近，而另一些色彩又比实际所处的距离显得远，也就是进退、凹凸、远近的不同。这主要与色彩的色调、明度和纯度三要素有关。从色调和明度来说，暖色能给人以向前方突出的感觉，被称为进色；冷色向后方退入，被称为退色。

2. 色彩的感染力和表现力

色彩具有感染力和表现力。就某一原色而言，它可以变化出许多色彩，给人以不同的感受，如自然界有各种各样的绿色，表现的感情也是多种多样的。柔和的绿色田野，使人感到新鲜、平静、心旷神怡和富有乡土气息；浓绿的森林，使人感到雄伟、丰饶、茂盛、欣欣向荣；春天黄绿的新芽嫩草，给人以清新、希望、春意盎然、朝气蓬勃之感；蓝绿色的海水，又给人以美的享受和高瞻远瞩之感。绿色又是和平的象征和安全的标志。

3. 色彩的记忆和联想

人们往往对亲自见到过的各种自然物的颜色，在脑海中都有一个印象，虽然有某些扩展性和偏移的倾向，但是判断是肯定性的，如海滨的黄沙，北京西山的红叶，日常吃的米、面的颜色，每个人都可凭记忆描绘。这是人类实践的结果。

看见某种颜色就在大脑中同时产生与其相关的其他事物的状态或现象，称为“联想”。联想分为具体联想和抽象联系。具体联想，如见红色联想到血液，见白色联想到棉花等。抽象联想，如见红色联想到革命，见白色联想到洁净等。联想与人的文化素质、宗教信仰、实践经验、艺术造诣等因素有关。

10.4 色彩调节

10.4.1 色彩调节的概念

色彩对人的生理和心理会产生各种影响，可以利用色彩的这些影响在一定程度上调节环境因素。色彩调节，正是利用色彩对人们的心理效应，最大限度地发挥色彩的功能，科学地利用色彩的性质、机理，达到美化环境、服务人们的目的。

色彩调节的目的就是使环境色彩的选择更加适合于人在该环境中所进行的特定活动，主要包括以下几个方面。

（1）提高作业者的作业愿望和作业效率。在生产劳动和工作学习的环境中运用色彩调节，改善劳动条件，使环境美观，有美感，以提高作业者主观工作愿望和客观工作效率。

（2）改善作业环境、减轻或延缓作业疲劳。对于人的各种特定活动，通过色彩调节，在客观上改善作业环境的氛围，主观上减少作业者的生理和心理疲劳。

（3）提高生产的安全性，降低事故率。在生产劳动现场，如生产车间厂房或户外工地现场，通过色彩调节，可以降低作业者受到身体甚至于生命的危害，实际上这种调节并不能调节环境因素，而是改变了安全因素，因此称为安全色。

色彩调节的强度虽不及物理方式的调节，但色彩调节的环境因素比物理调节更为广泛。因为类似于空气调节的物理调节需要配置高价实体设备、耗费大量能源、需要高额运行成本，适用于封闭或基本封闭的空间。利用色彩对环境因素进行调节则不需要继续追加运行成本，更不会消耗能源，并且它直接作用于人的心理，只要人的视线所及，不论空间类型都能发挥作用。因此，色彩调节在作业空间设计和工业设备的施色等方面具有广泛的应用。

10.4.2 色彩调节的应用

正是因为色彩调节具有显著的经济性及普遍性，它被广泛应用于作业空间设计和工业设备的施色。

以生产车间的作业环境为例，数十年如一日的灰暗车间加上单调乏味的流水线生产方式，使操作者完全失去了劳动热情，工作效率自然会下降。于是打破生产现场一贯的枯燥沉闷的氛围，营造良好的工作环境，从而提高作业者的工作效率，减轻作业带来的疲劳感，使生产变得更安全更高效，已成为设计生产环境的根本，同样也是作业环境色彩调节的目的。关于生产车间作业环境的色彩调节范围，既包括对车间周围环境的施色，也包括对车间里的机械设备的施色和标志的用色。

1. 环境配色

车间周围主要包括车间墙壁、地面、顶棚。正常情况下冷加工车间周围环境的施色较适合选用暖色调色彩；相反，对于热加工车间周围环境大多选用易使人平静的冷色调，从而调节操作者对于车间生产环境的温度感，使操作者感到舒适。但无论是冷加工还是热加工车间，周围都不适宜采用过于鲜艳的颜色，避免分散操作人员的注意力，且鲜艳色彩容易使操作者感到疲劳，因此一般采用纯度低的淡雅的沉静色。地面一般采用中等灰色或中等明度的较重的色彩，这样可以增强人们对地面上设备的稳定感。对于顶棚的施色则可考虑采用高明度的颜色，如乳白色等。应避免使用大面积纯度过高的颜色，以防视觉受到过度刺激而过早产生视觉疲劳。厂房或工作间配色，总的要求是明亮、和谐、美观、舒适。除了富有代表意义外，还应着重考虑光线的反射率，以提高照明装置的效果。室内的主色调以白、乳白、浅黄、天蓝、浅蓝为好。

2. 机械设备配色

车间中的机械设备主要包括生产线、各类车床、吊车等。色彩有明亮与灰暗两类，一般情况下灰暗色比明亮色使人感到重些，这些色彩的重量错觉是人们的心理造成的。暗色给人以沉重的感觉，反之明色则较暗色给人以轻松感，而过分重量感会使人感到压抑。因此，笨重、较大的机械设备施以明亮色彩为宜；机床类，其床身则应多采用明亮而又柔和的色调，基座则适合施以较深的重色，以给人一种安定、稳重的视觉感，为了达到轻快的效果，活动式起重机适用于浅色，并且，机床的颜色应考虑与加工对象有一定的对比度，如加工对象颜色暗淡，则机床颜色鲜艳。另外，属于同一设备的组件，其外壳或外表的颜色应一致。警戒部位颜色既要突出、鲜明，也不能忽略了设备色与环境色的协调和谐。机械设备配色应用举例，如浅灰、浅蓝、苹果绿、乳白等，其反射率为25%~40%，要比墙暗一些，但比墙裙亮一些。

例子：数控机床配色主要是对防护数控机床主体的防护罩进行色彩设计，其配色部分主要分为床身、底座、推拉门、操作面板及企业标识等。2015 年北京国际机床展展示了许多广泛应用的机床，通过归纳发现，大多数机床都采用了以灰白为主色调的色彩搭配。

3. 标志用色

标志是一种形象语言，要便于识别。标志的颜色都有特定意义，国家和国际上都做了规定。颜色除了用于安全标志、技术标志外，还用来标志材料、零件、产品、包装和管线等。生产、交通等方面使用色彩的含义如下。

（1）红（7.5R4.5/14）：表示禁止、停止、消防和危险的意思。凡是需要禁止、停止和有危险的器件设备或环境，应涂以红色标记。①停止，如交通工具要求停车，设备要求紧急刹车；②禁止，表示不准操作、不准乱动、不准通行；③高度危险，如高压电、下水道口、剧毒物、交叉路口等；④防火，如消防车和消防用具都以红色为主色。

（2）橙（2.5YR6.5/12）：用于危险标志，涂于转换开关的盖子、机器罩盖的内表面、齿轮的侧面等。橙色还用于航空、船舶的保安措施。

（3）黄（2.5Y8/13）：表示注意、警告的意思。凡是警告人们注意的器件、设备或环境，应涂以黄色标记，如铁路维护工穿黄衣。

（4）绿（5G5.5/6）：表示通行、安全和提供信息的意思。凡是可以通行或安全的情况，应涂以绿色标记。①安全，如引导人们行走安全出口的标志用色；②卫生，如救护所、保护用具箱常采用绿色；③表示设备安全运行。

（5）蓝（2.5PB5J5/6）：表示指令或必须遵守的规定，为警惕色，如开关盒外表涂色，修理中的机器、升降设备、炉子、地窖、活门、梯子等的标志色。

（6）紫红（2.5RP4.5/12）：表示带放射性危险的颜色。

（7）白（N9.5/）：标志中的文字、图形、符号和背景色，以及安全通道、交通上的标线用白色，为表示通道、整洁、准备运行的标志色。白色还用来标志文字、符号、箭头，以及作为红、绿、蓝的辅助色。

（8）黑（N1.5/）：禁止、警告和公共信息标志中的文字、图形、符号等用黑色。黑色用于标志文字、符号、箭头，以及作为白、橙的辅助色。

（9）红色与白色相间隔的条纹：红色与白色相间隔的条纹比单独使用红色更为醒

目，表示禁止通行、禁止跨越的意思，用于公路、交通等方面所用的防护栏杆及隔离墩。

（10）黄色与黑色相间隔的条纹：黄色与黑色相间隔的条纹比单独使用黄色更为醒目，表示特别注意的意思，用于起重吊钩、平板拖车排障器、低管道等方面。黄色与黑色相间隔的条纹，两色宽度相等，一般为 100mm。在较小的面积上，其宽度可适当缩小，每种颜色不应少于两条，斜度一般与水平面成 45°。在设备上的黄黑条纹，其倾斜方向应以设备的中心线为轴，呈对称形。

（11）蓝色与白色相间隔的条纹：蓝色与白色相间隔的条纹比单独使用蓝色更为醒目，表示方向指示，用于交通上的指示性导向标。

案例：某地铁检修车间色彩环境改善

地铁通常是由可以正常载客的若干城市轨道车辆编组成列的，是城市轨道交通中的核心部分，一切城市轨道交通的建设及维护都是为城市轨道交通列车安全而平稳运行这个最重要目的而服务的。

车辆检修正是其中重要的环节，合理地开展城市轨道交通车辆检修工作对确保安全运行、提升车辆运行品质及降低运营成本有十分重要的意义。对于提高车辆检修车间的工作效率和保护工人们的身心健康，车辆检修车间的色彩环境设计也有着十分重要的意义。本案例以某地铁检修车间为例，通过调查该检修车间色彩环境情况提出相关改善建议。

1. 检修车间色彩环境概况

在对检修车间的实地考察中，车间环境的设计中并没有严格考虑到色彩环境的设计，色彩环境设计未得到足够重视，这在一定程度上影响车间工作者的情绪。

当前检修车间存在的问题主要有：设备的油漆基本上为灰色，少数的数控机床也为灰色，通道地面为军绿色；墙面为灰白色，上面贴有各种颜色的标语；整体空间色彩配置混乱。大量铺张使用饱和度过高的颜色，容易使人产生视觉疲劳和烦躁感，应该结合国家漆膜标准色卡，有针对性、选择性地使用色彩，并且要科学地进行比例控制。

为了更好地了解色彩环境对人的影响，对检修车间 55 名工人和管理者进行访谈，汇总访谈结果发现，大部分受访者都认为车间色彩配置是非常有意义的，但对色彩配置的具体作用不是很清楚；还有一部分受访者虽然了解色彩配置的重要性，但在实际的管理中，各个层面普遍对色彩配置的实施不够重视。管理层面主要还是从便于管理的角度来理解车间内的色彩配置，虽然也认为色彩配置是有作用的，但作用有限，加上外部监管方面也不会关注细节，现场人员便也应付了事，更多是作为美化环境的一种手段，符合公司现场管理的一般框架即可，很少考虑车间内的色彩配置作为不安全行为干预及事故预防手段这些深层次方面的作用。

2. 检修车间色彩环境改善设计

地铁检修车间的设计是一个涉及各个方面的庞大而复杂的系统工程。作为关键点之一，必须全面考虑色彩规划并将其整合到整个设计系统中，遵循整个系统设计理念的要求，形成一个有机整体。色彩规划不仅要满足整个车间的风格定位要求，还要很好地展示车间的结构，使结构明了，内外表面和谐。所以检修车间的色彩配置要求有以下四个方面。

（1）整体性，充分考虑每个车间互相的功能配合。

（2）颜色之间的统一或对比。

（3）注意色彩使用的比例，检修车间一般空间较大，要避免造成颜色污染而适得其反。

（4）与实际作业互相配合，要积极与相关人员沟通，以更好地利用颜色进行服务。

结合以上原则，色彩改善设计以绿色、灰色为色彩主色调。墙面使用灰色，地面使用绿系色彩，设备使用高亮度的大块色彩。具体色彩设计见表 10-5。

表 10-5 检修车间改善色彩设计

类别	具体内容	颜色名称
车间地面	主体地面	深豆绿
	地铁通道	冰灰
	人行通道	深豆绿
	地面警示带	柠檬黄
墙壁	墙壁本体	海灰
工位器具	立柱	中黄
	起重机	柠檬黄
	设备	柠檬黄
	送料小车	橘红/淡黄
安全	消防栓	大红
	小电箱	淡灰

3. 检修车间色彩环境评估

根据改善的设计，将设计结果用软件展示出来，并评估工人对其满意度，结果显示工人普遍认为改善的色彩环境优于原有色彩环境。

（资料来源：白佳祺. 地铁列车检修车间环境色彩配置研究[D]. 西南交通大学，2019）

【思考题】

1. 对于案例中提到的车间标语颜色使用存在的问题，你认为车间标语颜色应该怎么设计比较合理？

2. 案例中提到大部分受访者都认为车间色彩配置是非常有意义的，但对色彩配置的具体作用不是很清楚，你能说说色彩配置对人的作用吗？

第 11 章　噪声及振动环境

【学习目标】

本章内容围绕着噪声及振动环境，涉及了噪声和振动的定义、特性和影响，要求学生掌握噪声和振动的概念、来源，熟练掌握噪声和振动的影响，并熟悉关于噪声和振动环境的防护措施。

【开篇案例】

1. 噪声对居民生活的影响

2006 年 11 月，赵某为改善居住条件，预购 A 住宅小区 4 号楼房屋。2011 年 3 月，赵某入住所购房屋，过上了退休生活。

2011 年 9 月，A 住宅小区 1 号楼一至三层物美超市兴华大街店开业，生鲜冷链食品占了该店经营商品的半壁江山，还经营有主食厨房。超市营业过程中，主食厨房向外抽排的油烟异味、冷库室外机和装卸货物的噪声扰民。噪声会影响人的睡眠质量和数量，老年人和病人对噪声干扰更敏感。在 4 号楼居住的老年人从此不得不被冷库室外机和装卸噪声吵得夜不能寐，身体健康受损。1 号楼南侧墙上的排风机和南面西侧墙上架空安装的冷库室外机高度和方向正好面对 4 号楼赵某房屋北侧卧室方向，赵某更是深受其害，频发头疼、失眠，出现抑郁焦虑状态。

2011 年 12 月 26 日，赵某到医院就诊，检查出总胆固醇、低密度脂蛋白胆固醇、脂蛋白、载脂蛋白均超标，而以前赵某一直身体健康，历年体检指标都很正常。赵某从《环境学导论》一书中了解到，40dB 是正常的环境声音，一般被认为是噪声的卫生标准，在此以上便是有害的噪声，它影响睡眠和休息、干扰工作、妨碍谈话，使听力受损害，甚至会引起心血管系统、神经系统、消化系统等方面的疾病。睡眠是人消除疲劳、恢复体力和维持健康的重要条件，但是噪声会影响人的睡眠质量和数量，老年人和病人对噪声干扰更敏感。

2. 手臂振动病

在日常生产作业中，手臂振动病是较为常见的。振动病是在生产劳动中长期受外界振动的影响而引起的职业性疾病。发生手臂振动病的工种主要分布在凿岩工、风铲工、造型工、捣固工、油锯工、铆钉工、固定砂轮与手持砂轮磨工、电锯工、抻拔工、锻工、铣工等工种。有报道称，摩托车驾驶作业也会发生手臂振动病。机械制造企业中因手臂振动所造成的危害较为明显和严重，国家已将手臂振动导致的局部振动病列为职业病。

手臂振动病早期表现为神经征，如头痛、头昏、失眠、乏力、记忆力减退等；手部症状为手麻、手痛、手胀、手僵等。手臂振动病的典型表现为振动性白指，即发作性手指变白，受冷易被诱发。一般可将手臂振动病按照病重程度分为三类。

（1）轻度手臂振动病：白指发作累及手指的指尖部位未超出远端指节的范围，遇冷时偶尔发作；手部痛觉、振动觉明显减退或手指关节肿胀变形，经神经-肌电图检查出现神经传导速度减慢或远端潜伏时延长。

（2）中度手臂振动病：白指发作累及手指的远端指节和中间指节（偶见近端指节），常在冬季发作；手部肌肉轻度萎缩，神经-肌电图检查出现神经源性损害。

（3）重度手臂振动病：白指发作累及多数手指的所有指节，甚至累及全手，经常发作，严重者可出现指端坏疽；手部肌肉明显萎缩或出现“鹰爪样”手部畸形，严重影响手部功能。

现代科学技术的发展，为控制振动提供了新的有效方法，我们必须高度重视机械加工过程中的包括手臂振动病等振动病的防治问题，采用新技术、新工艺、新材料，为保护员工的身体健康做出努力。

11.1 噪声环境

噪声问题一直深受关注，特别是在机械行业领域。一直以来人们都在想各种办法来降低噪声，使之达到可以接受的程度，但是效果都不是很理想。想要克服噪声危害，就必须了解噪声环境，了解噪声的影响及噪声防护措施。

11.1.1 声的基本概念及其度量

1. 声的基本概念

从物理方面来说，物体受振动后，在弹性介质中以波的形式向外传播的机械振动称为声音。从生理方面来说，把传到人耳能引起听觉音响感觉的称为声音。这种能引起音响感觉的振动波称为声波，该受振的物体称为声源。人耳平时听到的声音大部分是通过空气传播的。声音又称为声波。声波是种交变的压力波，属于机械波。频率、波长和声速是描述声波的三个重要物理量。

（1）频率。传声媒介质点每秒钟振动的次数称为频率，用 f 表示。媒介质点振动一次所需要的时间称为周期，用 T 表示。频率和周期成倒数关系，即 $f=1/T$。

在声频范围内，声波的频率越高，声音显得越尖锐；反之则显得越低沉。

（2）波长。波长表示具有相同相位度的两个点之间的距离，也是声波在一个时间周期内传播的距离。以 in（英寸）或 cm 等长度单位测量，用λ表示。波长随频率的增加而减少。

（3）声速。声波在介质中传播的速度称为声速，记作 v，单位为 m/s。波长、频率和声速是描述声波的三个基本物理量，其相互关系为$\lambda = v/f$。

从社会意义上，把人们不需要的声音称为噪声。因此，噪声是一个相对概念。同一个声音在某一场合成为噪声，而在另一场合可能不成为噪声。

2. *声的度量*

1）声的物理度量

（1）声强。

声强是衡量声音强弱的一个物理量。声场中，在垂直于声波传播方向上，单位时间内通过单位面积的声能称为声强。声强常以 I 表示，单位为 W/m^2。声强实质是声场中某点声波能量大小的度量，通常距声源越远的点声强越小，若不考虑介质对声能的吸收，点声源在自由声场中向四周均匀辐射声能时，距声源 r 处的声强为

$$I = \frac{W}{4\pi r^2}$$

式中，I 为距点声源为 r 处的声强；W 为点声源功率。

（2）声压。

目前，直接测量声强较为困难，故常用声压来衡量声音的强弱。声波在大气中传播时，引起空气质点的振动，从而使空气密度发生变化。在声波所到达的各点上，气压时而比无声时的压力（压强）高，时而比无声时的压力低，某一瞬间介质中的压力相对于无声波时压力的改变量称为声压，记为 $p(t)$，单位为 Pa。

声音在振动过程中，声压是随时间迅速起伏变化的，人耳感受到的实际只是一个平均效应，因瞬时声压有正负值之分，所以有效声压取瞬时声压的均方根值，即

$$p_T = \sqrt{\frac{1}{T}\int_0^T p^2(t)\,\mathrm{d}t}$$

式中，p_T 为 T 时间内的有效声压；$p(t)$ 为某一时刻的瞬时声压。

声音的声压必须超过最小值，才能使人产生听觉。声压太小，不能听到；声压太大，只能引起痛觉，也不能听见。

（3）声压级。

声压级是指声压与基准声压之比的以 10 为底的对数乘以 20，用符号 L_p 表示，单位是 dB。其中，基准声压又称参考声压，在电声中是取接近人耳刚能听到 1kHz 频率声波时的声压值（即 1kHz 频率的听阈声压）作为参考声压（指有效声压）。其数值可以取 2×10^{-5}Pa（空气中）和 0.1Pa（水中）。声压级表达式为

$$L_p = 20\lg\frac{P}{P_0}$$

式中，P 为声压；P_0 为基准声压。各种环境的声压和声压级见表 11-1。

表 11-1 各种环境的声压和声压级

声压/Pa	声压级/dB	环境举例	声压/Pa	声压级/dB	环境举例
630	150	火箭发射	0.063	70	繁华大街上
200	140	喷气式飞机附近	0.020	60	普通说话
63	130	开坯锻锤、铆钉枪	0.006 3	50	微型电机工作时
20	120	大型球磨机	0.002 0	40	安静房间内
6.3	110	大型鼓风机附近	0.000 63	30	轻声谈话
2.0	100	纺织车间	0.000 20	20	树叶落下沙沙声
0.63	90	汽车喇叭声	0.000 063	10	乡村安静的夜晚
0.20	80	公共汽车上	0.000 020	0	刚好能听见的声音

（4）频谱与频程。

各种声源发出的声音很少是单一频率的纯音，大多是由许多不同强度、不同频率的声音复合而成，不同频率（或频段）的成分的声波具有不同的能量，这种频率成分与能量分布的关系称为声的频谱。将声源发出的声音强度（声压、声功率级、声压级）按频率顺序展开，使其成为频率的函数，并考察变化规律，即称为频谱分析。通常以频率（或频带）为横坐标，以反映相应频率成分强弱的量为纵坐标，把频率与强度的对应关系用图形表示，称为频谱图。

由于一般噪声的频率分布宽阔，在实际的频谱分析中，不需要也不可能对每个频率成分进行具体分析。为了方便，人们把 20~20 000Hz 的声频范围分为几个段落，划分的每一个具有一定频率范围的段落称为频带或频程。它以上限频率 f_1 和下限频率 f_2 之比的对数来计算，此对数通常以 2 为底，即倍频程数 $n=\log_2\dfrac{f_1}{f_2}$ 或 $\dfrac{f_1}{f_2}=2^n$。

频程的划分方法通常有两种：一是恒定带宽，即每个频程的上、下限频率之差为常数；二是恒定相对带宽的划分方法，即保持频带的上、下限之比为一常数。实验证明，当声音的声压级不变而频率提高一倍时，听起来音调也提高一倍（音乐上称提高八度音程）。为此，将声频范围划分为这样的频带：使每一频带的上限频率比下限频率高一倍，即频率之比为 2，这样划分的每一个频程称为一倍频程，简称倍频程。倍频程通常用它的几何中心频率 f_0 代表，中心频率与上、下限频率之间的关系为 $f_0=\sqrt{f_1 f_2}$，这里的 f_0 是一个频率，但它却代表一个倍频程的频率范围。目前，国际上对倍频程的划分法已通用化了。通用的倍频程 f_0 及每个频带包括的频率范围见表 11-2，其中 10 个频程已把可闻声（20~20 000Hz）全部包括进来，因而使测量和分析工作得到简化。

表 11-2 倍频程频率范围 单位：Hz

中心频率	31.5	63	125	250	500
频率范围	22.5~45	45~90	90~180	180~354	354~707
中心频率	1 000	2 000	4 000	8 000	16 000
频率范围	707~1 414	1 414~2 828	2 828~5 656	5 656~11 212	11 212~22 424

2）声的主观度量

人耳对声音的感觉不仅与声压有关，而且与频率有关，对高频声音感觉灵敏，对低频声音感觉迟钝。声压级相同而频率不同的声音，听起来可能不一样。因此，在一定程度上，对噪声的主观评价比对噪声的客观评价更为重要。

（1）响度和响度级。

第一，响度。响度是人耳判别声音由轻到响的强度等级概念，用符号N表示，它不仅取决于声音的强度（如声压级），还与频率及波形有关。响度的单位为“宋”，1 宋的定义为声压级为 40dB，频率为 1 000Hz，且为来自听者正前方的平面波形的强度。如果另一个声音听起来比这个大 n 倍，即声音的响度为 n 宋。

第二，响度级。响度级的概念也是建立在两个声音的主观比较上的。定义 1 000Hz 纯音声压级的分贝值为响度级的数值，任何其他频率的声音，当调节 1 000Hz 纯音的强度使之与该声音一样响时，则这 1 000Hz 纯音的声压级分贝值就定为这一声音的响度级数值。响度级用符号 LN 表示，单位为“方”。利用与基准声音比较的方法，可以得到人耳听觉频率范围内一系列响度相等的声压级与频率的关系曲线，即等响曲线，如图 11-1 所示。该曲线为国际标准化组织所采用，所以又称国际标准化组织等响曲线。

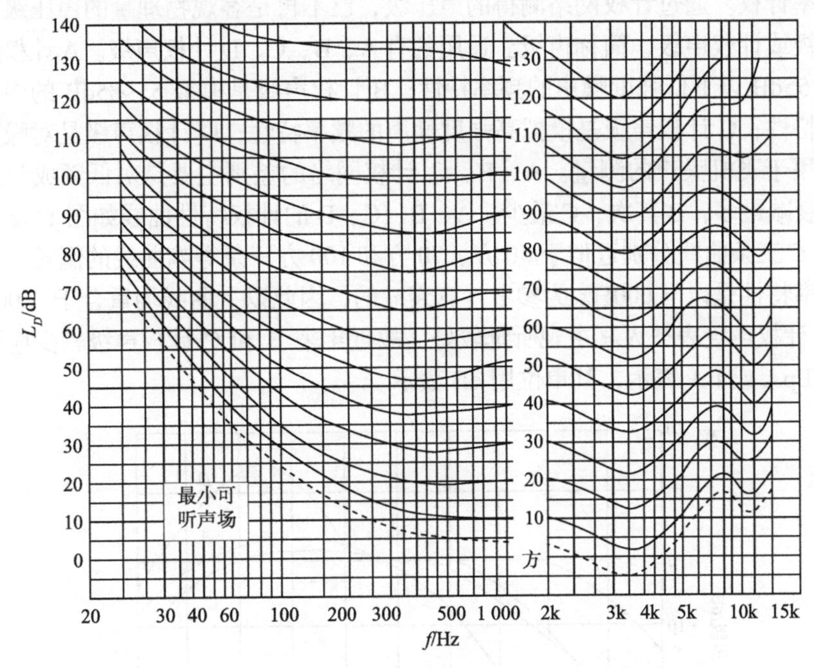

图 11-1 等响曲线

资料来源：马如宏. 人因工程[M]. 北京：北京大学出版社，2011

图 11-1 中同一曲线上不同频率的声音，听起来感觉一样响，而声压级是不同的。从曲线形状可知，人耳对 1 000~4 000Hz 的声音最敏感。对低于或高于这一频率范围的声音，灵敏度随频率的降低或升高而下降。例如，一个声压级为 80dB 的 20Hz 纯音，它的响度级只有 20 方，因为它与 20dB 的 1 000Hz 纯音位于同一条曲线上；同理，与它们一样响的 10kHz 纯音声压级为 30dB。

第三，响度与响度级的关系。根据大量实验得知，响度级每改变 10 方，响度便加倍或减半。例如，响度级 30 方时响度为 0.5 宋，响度级 40 方时响度为 1 宋，响度级 50 方时响度为 2 宋，以此类推。它们的关系为 $N = 2\frac{L_N - 40}{10}$ 或 $L_N = 40 + 33\lg N$。

响度级的合成不能直接相加，而响度可以相加。例如，两个频率不同而都具有 60 方的声音，合成后的响度级不是 60+60=120（方），而是先将响度级换算成响度进行合成，然后再换算成响度级。本例中 60 方相当于响度 4 宋，所以两个声音响度合成为 4+4=8（宋），而 8 宋按数学计算可知为 70 方，因此两个响度级为 60 方的声音合成后的总响度级为 70 方。

（2）计权声级。

人耳对不同频率的声音的敏感程度是不同的，对高频声敏感，对低频声不敏感。因此，在相同声压级的情况下，人耳的主观感觉是高频声比低频声响。为使噪声测量结果与人对噪声的主观感觉相一致，通常在声学测量仪器中，引入一种模拟人耳听觉在不同频率上的不同感受性的计权网络，对不同频率的客观声压给予适当增减，这种修正的方法称为频率计权。通过计权网络测得的声压级，已不再是客观物理量的声压级，而称为计权声压级或计权声级，简称声级。通用的有 A、B、C、D 计权声级。A 计权声级是模拟人耳对 55dB 以下低强度噪声的频率特性；B 计权声级是模拟 55~85dB 的中等强度噪声的频率特性；C 计权声级是模拟高强度噪声的频率特性；D 计权声级是对噪声参量的模拟，专用于飞机噪声的测量。A、B、C 计权网络的差别主要是对低频成分衰减程度不同，A 衰减最多，B 其次，C 最少。A、B、C、D 的计权特性曲线如图 11-2 所示，其中 *A*、*B*、*C* 三条曲线分别近似于 40 方、70 方和 100 方三条等响曲线的倒转。由于计权曲线的频率特性是以 1 000Hz 为参考计算衰减的，因此以上曲线均重合于 1 000Hz。实践证明 A 计权声级表征人耳主观听觉较好，故近年来 B 和 C 计权声级较少应用。A 计权声级以 LpA 或 LA 表示，其单位用 dB 表示。

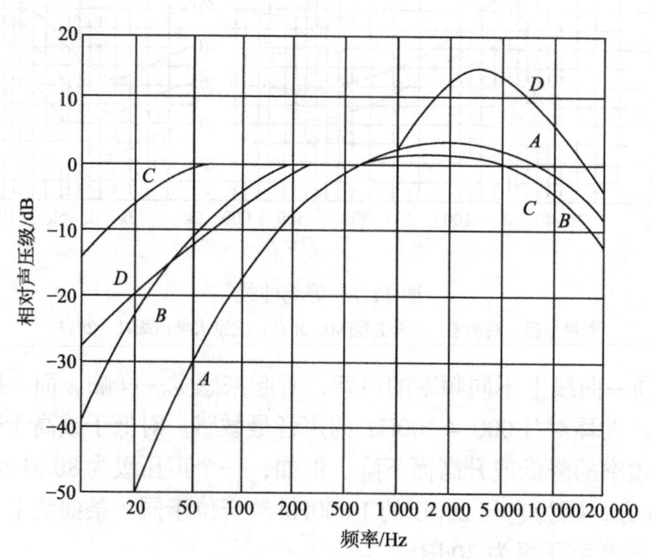

图 11-2 A、B、C、D 计权特性曲线

（3）等效连续声级。

A 计权声级能够较好地反映人耳对噪声的强度与频率的主观感觉，因此对于一个连续的稳态噪声而言，它是一种较好的评价方法，但对于一个起伏的或不连续的噪声，A 计权声级就显得不合适了。因此提出了一个用噪声能量按时间平均的方法来评价噪声对人影响的效果，即等效连续声级，符号为“Leq”或“LAeq.T”。它用一个相同时间内声能与之相等的连续稳定的 A 声级来表示该段时间内的噪声的大小。等效连续声级反映在声级不稳定的情况下，人实际所接受的噪声能量的大小，是一个用来表达随时间变化的噪声的等效量，其与 A 声级的关系为

$$L_{\mathrm{Aeq\cdot T}}=10\lg\left(\frac{1}{T}\int_0^{\mathrm{T}}10^{0.1L_{\mathrm{pA}}}\,\mathrm{d}t\right)$$

式中，L_{pA} 为某时刻 t 的瞬时 A 声级；T 为规定的测量时间。

如果数据符合正态分布，其累积分布在正态概率纸上为一直线，则可用下面的近似公式计算：

$$L_{\mathrm{Aeq\cdot T}}\approx L_{50}+\left(L_{10}-L_{90}\right)^2/60$$

式中，L_{10}、L_{50}、L_{90} 为累积百分声级，其定义如下：L_{10} 为测量时间内 10%的时间超过的噪声级，相当于噪声的平均峰值；L_{50} 为测量时间内 50%的时间超过的噪声级，相当于噪声的平均值；L_{90} 为测量时间内 90%的时间超过的噪声级，相当于噪声的背景值。

累积百分声级 L_{10}、L_{50} 和 L_{90} 的计算方法有两种：一是在正态概率纸上画出累积分布曲线，然后从图中求得；二是将测定的一组数据（如 100 个）按从大到小排列，第 10 个数据为 L_{10}，第 50 个数据为 L_{50}，第 90 个数据为 L_{90}。

11.1.2　噪声及其来源

在现实生活中，把人听到的声音分为三种类型：语言、音乐和噪声。通常不希望听到的声音或是有害的声音，称为噪声。耳朵捕捉到的声音强度，往往不是单纯的一种声源所发出的，而是由为数众多的频率组成的并具有非周期性振动的复合声音。简言之，噪声是非周期性的声音振动，它的音波波形不规则，听起来刺耳。从物理定义而言，振幅和频率上完全无规律的震荡称为噪声。现代城市的噪声主要来源包括工业噪声、交通噪声、建筑施工噪声和社会噪声。

（1）工业噪声。工厂通常包括以下噪声源：①转动机械。许多机械设备的本身或某一部分零件是旋转式的，常因组装的损耗或轴承的缺陷而产生异常的振动，进而产生噪声。②冲击。当物体发生冲击时，大量的动能在短时间内要转成振动或噪声的能量，而且频率分布的范围非常广，如冲床、压床、锻造设备等都会产生此类噪声。③共振。每个系统都有其自然频率，如果激振的频率范围与自然频率有所重叠，将会产生大振幅的振动噪声，如引擎、马达等。④摩擦。此类噪声由于接触面与附着面间的滑移现象而产生声响。常见的设备有切削、研磨等。⑤流动所产生的气动噪声、乱流、喷射流、气蚀、气切、涡流等。当空气以高速流经导管或金属表面时，一般空气在导管中流动碰到

阻碍产生乱流或大而急速的压力改变时均会有噪声产生。⑥燃烧。在燃烧过程中可能发生爆炸、排气及燃烧时上升气流影响周围空气的扰动，这些现象均会伴随噪声的产生，如引擎、锅炉、熔炼炉、涡轮机等燃烧设备均会产生这类的噪声。

（2）交通噪声。交通噪声主要指的是机动车辆、飞机、火车和轮船等交通工具在运行时发出的噪声。这些噪声的噪声源是流动的，干扰范围大。在这类噪声中，飞机噪声最强，影响也比较严重。汽车是城市交通中较大的噪声源，机动车的发动机运转、部件摩擦、车身振动、刹车、排气、鸣喇叭等，都会产生噪声。

（3）建筑施工噪声。主要指建筑施工现场产生的噪声，在施工中大量使用各种动力机械进行挖掘、打夯、搅拌及频繁运输材料和构件等产生的大量噪声。

（4）社会噪声。主要指人们在商业交易、体育比赛、游行集会、娱乐场所等各种社会活动中产生的喧闹声，以及收录机、电视机、洗衣机等各种家电的嘈杂声。

11.1.3 噪声的影响

噪声对人类的危害是多方面的，其主要表现为对人体的生理和心理影响，对工作生产活动的影响等。

1. 噪声对听力的影响

人的听觉系统是对噪声最敏感的系统，也是受噪声影响最大的系统。强噪声对人的听觉损害是一个“积累”过程。每次强噪声只引起短时间的听力损失，但若经常发生短时间的听力损失，就会导致永久性的听觉丧失，称为噪声聋。听力丧失是一个较慢的过程，而且同年龄增长而引起的耳聋容易混在一起。在许多国家，噪声聋是按职业病处理的，可见其影响的危害性。

1）听力损伤及类型

由于接触噪声而引起的听力损失，称为噪声对听力的损伤。听力损失定义为人耳在某一频率的听阈较正常人的听阈提高的分贝数。噪声对听力的损伤主要有以下三个方面。

（1）听觉疲劳。在强噪声下暴露一段时间后，听觉上引起暂时性听阈上移，听力变迟钝，但是这种情况持续时间并不长，只要离开噪声场所到安静的地方待一段时间，听觉就会逐渐恢复原状，这个现象叫作暂时性听阈偏移，也叫听觉疲劳。如果长期暴露在噪声环境中，则会使暂时性听阈上移变成永久性听阈上移，成为不可恢复的听力损失，引发耳聋。

（2）爆发性耳聋。听觉器官遭受巨大声压（如爆炸、炮击高达 150dB）且伴有强烈冲击波的声音作用时鼓膜内外产生较大压差，导致鼓膜破裂，或听小骨损伤等，双耳完全失听，这种情况下的耳聋称为爆发性耳聋。

（3）噪声性耳聋。长时间受到过强噪声的刺激，引起内耳感声性器官的退化性变化，就会由功能性影响变为器质性损伤，这时的听力下降称为噪声性耳聋或噪声性听力丧失。根据国际标准化组织规定，500Hz、1kHz、2kHz 三个频率的平均听力损失超过

25dB 即称为噪声性耳聋。

2）造成听力损失的因素

影响听力损伤程度的因素主要包括以下方面。

（1）噪声强度。噪声强度越大，噪声引起的听力损伤程度越严重。一般来说 5dB 以下低强度噪声对人的听力几乎无损伤；55dB 的噪声，即使终身职业暴露，也只有 10%的人产生轻微的听力损失。所以有人认为 55~65dB 的噪声是产生轻微听力损失的临界噪声强度。

（2）暴露时间。一般每一频率的听力损失有各自的临界暴露年限，超过此年限，这个频率的听力随暴露年限的延长而下降，最初下降较快，而后逐渐变慢，最后接近停滞状态，即存在一个噪声听力损失临界停滞年限。

（3）噪声频率。不同频率的噪声对听力影响的作用不同。在一般情况下，4kHz 的噪声对听力的损伤最为严重；其次是 3kHz 的噪声；再次是 2kHz 和 8kHz 的噪声；最后是 2kHz 以下和 8kHz 以上的噪声；16~20kHz 的噪声对听力的损伤作用比 3kHz 左右的噪声要小很多。

2. 噪声对其他生理机能的影响

噪声对人体其他生理机能的影响主要体现在以下四个方面。

（1）对神经系统的影响。噪声具有强烈的刺激性，长时间接触噪声，会使大脑皮层的兴奋和抑制的平衡状态失调，形成牢固的兴奋，使支配内脏的自主神经发生功能紊乱，进而引起头痛、头晕、失眠、多梦、记忆力减退、注意力分散、耳鸣、容易疲倦、反应迟钝、神经压抑及容易激怒等一系列症状，这统称为神经衰弱症候群。严重时，全身虚弱，体质下降，容易诱发其他疾病。噪声对神经系统的影响，是大脑皮层的兴奋与抑制失调导致条件反射异常造成的，目前还未证明噪声能够引起神经系统的器质性损害。

（2）对心血管和内分泌系统的影响。噪声对心血管系统的影响主要表现对交感神经有兴奋作用，会导致心跳加快、脉搏加快、心电图改变，以及末梢血管收缩、供血减少等。噪声越强，反应越强烈。但随噪声作用时间的延长，机体这种“应激”反应逐渐减弱，继而出现抑制，心率、脉搏减缓，心输出量减少，收缩压下降。噪声对内分泌系统的影响主要表现为甲状腺功能亢进，肾上腺皮质功能增强（中等噪声 70~80dB）或减弱（大强度噪声 100dB）。这是噪声通过下丘脑–垂体–肾上腺引起的一种机体对环境的应激反应。在环境噪声的长期刺激下，会导致性功能紊乱、月经失调，孕妇的流产率、畸胎率、死胎率增加，以及初生儿体重降低（小于 2 500g）。

（3）对消化系统的影响。噪声的刺激会使人唾液和胃液分泌减少，胃酸降低，胃蠕动减弱，引起消化不良、食欲不振、恶心呕吐，使肠胃病和溃疡病发病率升高。噪声对消化系统的影响可能和噪声对交感神经的刺激导致消化液分泌减少有关，导致胃肠道蠕动减弱、括约肌收缩，减缓胃肠道内容物的推进速度，使胃排空延迟，胃酸分泌增加，引起胃溃疡。研究表明，噪声大的行业，溃疡病发病率比安静环境下的发病率高 5 倍。

（4）对视觉功能的影响。研究发现长时间在噪声环境中工作的纺织工人、车工等视力反应迟钝者，较其他工种的操作人员多44%。据调查，在95dB的音响环境中，有40%的人会发生瞳孔直径随噪声强度升高而变大的现象；当达到115dB时，几乎所有的人眼球光亮度的适应性都有不同程度的衰减。因此，长时间处于噪声环境中的人容易发生眼睛疲劳、眼痛、眼花、流泪等眼损伤现象。噪声对视力的不良影响，在于它破坏了体内某些维生素的平衡。据科学家研究，人在85~100dB强度的噪声中连续工作4h，体内的维生素C、维生素B_1将分别减少40%和30%。

3. 噪声对心理的影响

噪声对心理状态的影响主要表现为噪声易使人出现烦躁、生气、抑郁和焦虑的心理情绪，易使人出现恐惧、易怒、自卑甚至精神错乱等感觉。噪声引起人烦恼的程度主要与以下因素有关。

（1）噪声强度对烦恼程度的影响。烦恼是一种情绪表现，与噪声级相关。噪声强度增大，引起烦恼的可能性随之增大。有人曾对大学生进行过实验，在一定噪声条件下，让受试者根据自己的感觉进行投票，表达自己对该强度噪声的烦恼程度。通过对投票结果统计回归，得出烦恼度的表达式如下，相应的烦恼指数见表11-3。

$$I=0.105\,8L_A-4.793$$

式中，I为烦恼度；L_A为环境噪声强度。

表11-3 烦恼指数表

指数	5	4	3	2	1
烦恼程度	极度烦恼	很烦恼	中等烦恼	稍有烦恼	没有烦恼

（2）噪声频率对烦恼程度的影响。响度相同而频率高的噪声，比频率低的噪声更容易引起烦恼。

（3）噪声稳定性对烦恼程度的影响。噪声强度或频率不断变化，比稳定的噪声更容易引起烦恼。间断、脉冲和连续的混合噪声会使人产生较大的烦恼情绪，脉冲噪声比连续噪声的影响更大，且响度越大影响越大。

（4）活动性质对烦恼程度的影响。在住宅区，60dB的噪声即可引起很大的烦恼，但在工业区，噪声可以高一些。相同噪声环境下，脑力劳动比体力劳动更容易产生烦恼。

4. 噪声对人的信息交流的影响

语言和听觉是人接收和交流信息的重要方式，但是噪声会干扰人对听觉信号的接收，最普遍的影响是对语言通信和声信号的干扰。

（1）噪声对语言通信的影响。在安静的场合，很微弱的声音都能被听见，如耳语，而在喧闹的环境中，需要提高讲话声音的强度才能听到。人们一般谈话声大约是60dB，高声谈话为70~80dB。当周围环境的噪声与谈话声相近时，正常的语言交流就会受到干扰。如果噪声达到85dB以上，即使大声喊叫也无济于事。此时，声音信号只传递非常有限的信息，往往要有手势做补充以改善语言交流效果。500~2 000Hz的噪声对语言的干扰最大。表 11-4 为语言干扰级（SIL）与谈话距离之间的关系。

表 11-4　语言干扰级（SIL）与谈话距离之间的关系

语言干扰级 SIL/dB	最大距离/m	
	正常	大声
35	7.5	15
40	4.2	8.4
45	2.3	4.6
50	1.3	2.4
55	0.75	1.5
60	0.42	0.84
65	0.25	0.5
70	0.13	0.26

（2）噪声对声信号的干扰。一个声音由其他声音的干扰而使听觉发生困难，需要提高声音的强度才能产生听觉，这种现象称为声音的掩蔽。一个声音的听阈因另一个声音的掩蔽作用而提高的现象称为掩蔽效应。掩蔽效应往往使人不易察觉或不易分辨一些听觉信号。因此，噪声对工作效率势必带来消极影响，必要的指令、信号和危险警报可能被噪声掩盖，工伤事故和产品质量事故会明显增多。据美国某铁路局对造成 25 名职工死亡的 19 起事故的分析，认为其主要原因是高噪声掩蔽了听觉信号的察觉能力。如果工作场所噪声干扰不可避免，最好选用同噪声频率相差较大的声音作为听觉信号。

5. 噪声对作业能力和工效的影响

研究已证实，脑力劳动或体力劳动的效率和作业能力都会受到噪声的不良影响，噪声对体力作业的影响最小，但是对困难而复杂的工作，噪声的影响非常大，如对需要迅速准确做出判断的警觉活动作业影响很大。嘈杂的噪声，尤其是突然发生或停止的高强度噪声，常常导致错误和事故发生率上升。

关于噪声对不同性质工作的影响，许多国家做过大量的研究。结果表明，噪声不但影响工作质量，同时也影响工作效率。如果噪声级达到 70dB，则对各种工作产生的影响表现在以下方面。

（1）通常会影响工作者的注意力。

（2）对于脑力劳动和需要高度技巧的体力劳动等工种，会降低工作效率。

（3）对于需要高度集中精力的工种，将会造成差错。

（4）对于需要经过学习后才能从事的工种，会降低工作质量。

（5）对于不需要集中精力进行工作的情况，人将会对中等噪声级的环境产生适应性。

（6）如果已对噪声适应，同时又要求保持原有的生产能力，将消耗较多的精力，从而会加速疲劳。

（7）对于非常单调的工作，处在中等噪声级的环境中，噪声就像一只闹钟，将可能产生有益的效果。

（8）能遮蔽危险报警信号和交通运行信号的强噪声环境易引发事故。

值得注意的是，声音过小也会成为问题。在一个寂静无声的房间里工作，心理上会产生一种可怕的感觉，使人痛苦，这也必然影响工作。在单调作业时，噪声可提高人的觉醒程度，从而提高作业效能。由于噪声可遮盖其他声音刺激，阻止分散注意力，因而在一定条件下也可有利于脑力作业。

6. 噪声对睡眠与休息的影响

体力恢复是身体健康的基本保证，夜间睡眠、工间休息和午休都有利于体力恢复。当人的睡眠受到噪声影响而中断，则会出现呼吸急促、脉搏不稳定、白天更加疲劳的现象，因此会在很大程度上影响到正常的学习与工作。随着时间的推移出现紧张情绪，表现为失眠、耳鸣、疲劳等。根据世界卫生组织的定义，健康是指生理和心理的健康。由此可见，不仅噪声造成人的耳聋，而且诸如睡眠受干扰、体力恢复不足、每日怀着对噪声讨厌的心理都属于健康状况不正常的表现。噪声对睡眠的影响主要表现为入睡时间和睡眠深度两个方面。经研究发现，在噪声级为 35dB 的区域，测试者平均入睡时间为20min，睡眠深度即熟睡期占整个睡眠时间的 70%~80%；噪声级为 50dB 的区域，平均入睡时间为 60min，睡眠深度为 62%。

7. 噪声对仪器设备和建筑物的影响

实验研究表明，特强噪声会损伤仪器设备，使仪器仪表读数不准、设备失效，甚至使金属材料因声疲劳而破坏。噪声对仪器设备的影响与噪声强度、频率，以及仪器设备本身的结构与安装方式等因素有关。当噪声级超过 150dB 时，会严重损坏电阻、电容、晶体管等元件。当特强噪声作用于火箭、宇航器等机械结构时，由于受声频交变负载的反复作用，材料会产生疲劳现象而断裂，这种现象叫作声疲劳。

一般的噪声对建筑物几乎没有什么影响，但是噪声级超过 140dB 时，对轻型建筑开始有破坏作用。例如，当超声速飞机在低空掠过时，在飞机头部和尾部会产生压力和密度突变，经地面反射后形成 N 形冲击波，传到地面时听起来像爆炸声，这种特殊的噪声叫作轰声。在轰声的作用下，建筑物会受到不同程度的破坏，如出现门窗损伤、玻璃破碎、墙壁开裂、抹灰震落、烟囱倒塌等现象。由于轰声衰减较慢，因此传播较远，影响范围较广。此外，在建筑物附近使用空气锤、打桩或爆破，也会导致建筑物的损伤。

11.1.4 噪声的评价指标与控制

1. 噪声的评价指标

噪声评价，即如何将噪声的客观物理量与人的主观感受结合起来，得出与主观响应相对应的评价量，用以评价噪声对人的影响程度。本书将介绍几种常见和公认的评价量。

（1）A 声级。多年噪声评价工作的实践以来，国际、国家标准中凡与人有联系的各种噪声评价量，绝大部分都是以A声级为基础的。以A声级作为噪声的评价量，其优点是基本上与人耳对声音的感觉相一致，简便实用；但A声级也存在两个明显的缺点：其一，由于缺少时间参量，A 声级一般不能直接用于非稳态、不连续噪声源的评价；其二，对于低频成分占优势的强噪声环境，其A声级符合噪声劳动卫生标准，但长期暴露于该环境的工作人员可能会有高血压、心脏病等症状。表11-5列出了几种常见声源的A声级。

表 11-5　几种常见声源的 A 声级（测点距离声源 1~1.5m）　　单位：dB

A 声级	声源
20~30	轻声耳语
40~60	普通室内
60~70	普通交谈声，小空调机
80	大声交谈，收音机，较吵的街道
90	空压机站，泵房，嘈杂的街道
100~110	织布机，电锯，砂轮机，大鼓风机
110~120	凿岩机，球磨机，柴油发动机
120~130	风铆，高射机枪，螺旋桨飞机
130~150	高压大流量放风，风洞，喷气式飞机
160 以上	高射炮宇宙火箭

（2）昼夜等效声级。考虑到噪声在夜间比昼间对人的影响更大，故引入昼夜等效声级用于全天候的噪声评价。在昼间和夜间的规定时间内测得的等效连续A声级分别称为昼间等效声级 L_d 或夜间等效声级 L_n，昼夜等效声级为昼间和夜间等效声级的能量平均值，用 L_{dn} 表示，单位为 dB。昼夜等效声级是在等效连续 A 声级的基础上发展起来的，主要用于评价城市区域环境噪声。在计算昼夜等效声级时，需要将夜间等效声级加上 10dB 后再计算。计算公式如下：

$$L_{dn}=10\lg\left[\frac{1}{24}\left(15\times10^{\frac{L_d}{10}}\right)+9\times10^{\frac{L_n+10}{10}}\right]$$

式中，L_d 为白天（7：00~22：00）的等效声级；L_n 为夜间（22：00~7：00）的等效声级。其中，昼夜的具体时间划分由当地政府按照按当地习惯和季节的不同确定。

（3）语言干扰级。人们在交谈时，背景噪声的大小会影响交谈的清晰度，为了确定背景噪声对交谈的干扰程度，常用语言干扰级来描述。常用的语言干扰级（SIL）是由白瑞纳克（Beranek）提出的，它是中心频率 600~4 800Hz 的 3 个倍频程声压级的算术平均值。后来的研究发现低于 600Hz 的低频噪声的影响不能忽略，于是对语言干扰级进行修改，提出以 500Hz、1 000Hz、2 000Hz 为中心频率的 3 个倍频程的声压级来评价，称为更佳语言干扰级（PSIL），单位为 dB。常用于评价飞机座舱的噪声或特定场合下的噪声，计算公式如下：

$$\mathrm{PSIL}=\frac{L_{500}+L_{1\,000}+L_{2\,000}}{3}$$

式中，L_{500}、L_{1000}、L_{2000}分别为500Hz、1 000Hz、2 000Hz中心频率下的声压级，单位为dB。

更佳语言干扰级（PSIL）与讲话声音大小、交谈者距离之间的关系如表11-6所示，表中分贝值表示以稳态连续噪声作为背景噪声的PSIL值，表中所列的是男性谈话者的语言通信，对于女性谈话者，应将干扰级降低5dB。

表11-6 更佳语言干扰级与讲话声音大小、交谈者距离之间的关系

对话者间距/m	声音正常/dB	声音提高/dB	声音很响/dB	声音非常响/dB
0.15	74	80	86	92
0.3	68	74	80	86
0.6	62	68	74	80
1.2	56	62	68	74
1.8	52	58	64	68
3.7	46	52	58	64

2. 噪声控制

噪声的干扰过程是由声源产生噪声，通过传播途径到接受者的。因此，噪声的控制也必须从声源、传播途径和个人三个方面入手加以解决。首先，降低噪声源的噪声级，如果技术上不可能或经济上不合算时，应考虑阻止噪声的传播，若仍达不到要求时，则应采取接受者的个人防护措施。具体包括以下内容。

1）声源控制

如果产生噪声的机器设备能在设计制造时对其噪声问题加以考虑，将会大大降低其投入运行后噪声对环境的污染，减少噪声治理费用。因此，噪声源控制是解决噪声问题的根本途径。工业噪声主要由机械噪声和空气动力噪声构成。

首先，降低机械噪声的措施如下。

（1）改进工艺和操作方法。例如，用焊接或高强度螺栓连接代替铆接，可以避免铆接所产生的击打噪声；用电火花加工代替切削加工；把锻打改成摩擦压力或液压加工等。这样可降低噪声20~40dB。

（2）选用产生噪声小的材料。例如，采用高分子材料齿轮传动，可以大大降低传动所产生的噪声；在球磨机和清砂筒中，用橡胶衬板代替金属衬板，可达到明显的降噪效果。

（3）合理设计传动装置。在传动装置的设计中，尽量采用噪声小的传动方式。对于选定的传动方式，则通过结构设计、材料选用、参数选择、控制运动间隙等一系列办法降低噪声。

（4）提高机床加工精度和装配质量以降低噪声。例如，提高传动齿轮加工精度，既可减小齿轮的啮合摩擦，也使振动减小，这样就会减小噪声。

（5）改变噪声频率和采用吸振措施。例如，对于小型锯床，对锯片开槽、打孔以改变共振的频率，可以起到有效的减振降噪效果。

（6）机电设备的布置。机电设备在车间内的布置应当遵循闹静分开的原则，即把噪声高的机电设备集中在一起，有重点地采取相应控制措施。另外，为了减小车间内部的混响声，噪声严重的机电设备的布置要距声音反射面（即车间墙壁）一定距离，尤其不应放置在车间墙角附近。

其次，空气动力性噪声主要由气体涡流、压力急骤变化和高速流动造成。降低空气动力性噪声的主要措施为降低气流速度、减少压力脉冲、减少涡流。具体设计时，在总排气面积保持相同时，用许多小喷口代替大喷口；可以通过分散降压措施从而达到降噪的效果。例如，现代高铁列车头部表面形状变化使空气湍流而产生气动噪声，利用平滑流线型表面可使噪声减少 10dB 左右。速度为 200km/h 以上的高速列车，车头的形状应采用流线型。

2）控制噪声的传播

（1）在总体布局上合理设计。在总图设计时，要正确估计工厂建成投产后的厂区环境噪声状况，应将主要噪声源车间或装置远离要求安静的车间、试验室、办公室等，或将高噪声设备尽量集中，特别强的噪声源应设在远处或下风处。

（2）设置吸声结构。目前吸声结构主要有三种形式：有适用于低频吸声的结构（如共振吸声元件），有适用于中频吸声的结构（如微孔吸声板），也有在中高频具有较佳吸声效果的结构（如超细玻璃纤维吸声板）。吸声元件的声学结构应当与车间的噪声频谱相匹配，如高速回转机械通常以高频噪声占优势；振动强烈的机械由于引起了结构振动，而使噪声频谱具有丰富的低频声；冲压机械所产生的噪声不仅有中高频声，还具有低频声。

（3）设置隔声装置。工程上往往采用木板、金属板、墙体等固体介质以阻挡或减弱在大气中传播的声波。隔声装置包括隔声罩和隔声屏，这种装置是控制空气声传播的有效手段。通常，大型酒店或公共活动场所的内燃机、发电机、空压机等高噪声设备一般放置在地下室或消声室，以防止噪声扩散。城市里马路边的电话亭，为了防止外界噪声的干扰，用隔音室把人与外界隔离开来。

（4）设置隔振装置。有关实验资料表明：隔振装置若吸收振动 70%~80%，室内噪声级可降低 6dB 左右；若达到 90%~97%，噪声级降低则可达 10dB 左右。可见隔振装置的采用，对降低室内噪声具有显著效果，尤其当机电设备安装在楼板上时，隔振装置的采用尤为重要。常用的隔振材料有钢弹簧减振器、橡胶减振器以及毡类、空气弹簧、各种复合式的隔振装置。

（5）调整声源指向。将声源出口指向天空或野外。利用声源的指向性特点来控制噪声，如将高压锅炉排汽、高炉放风、制氧机排气等排出口朝向旷野或天空，以减少对环境的影响。

（6）利用天然地形。山冈、土坡、树林、草丛或已有的建筑物或构筑物等可阻断一部分噪声传播。在噪声强度很大的工厂、车间、施工现场、交通道路两旁可设置足够高的围墙或屏障，种植树木，以限制噪声传播。

3）个人防护

当其他措施不成熟或达不到听力保护标准时，可从接收者方面采取个人防护措施。但这是一种被动的方法，具体可以采取下述措施。

（1）个人听力保护装置。当工作环境中噪声强度大于等于90dB时，工人必须佩戴防护装置，降噪后的噪声水平必须低于 90dB。常见的个人听力保护装置有防声耳塞、耳罩、防噪声帽等。不同材料的防护用品对不同频率噪声的衰减作用不同，如表 11-7 所示。

表 11-7 几种防护用具的效果

种类	说明	质量/g	衰减/dB
棉花	塞在耳内	1~5	5~10
棉花涂蜡	塞在耳内	1~5	10~20
伞形耳塞	塑料或人造橡胶	1~5	15~30
柱形耳塞	乙烯套充蜡	3~5	20~30
耳罩	罩壳内衬海绵	250~300	20~40
防声头盔	头盔内加耳塞	1 500	30~50

（2）限制噪声暴露的时间。如果一个工人必须在强度超过 90dB 的噪声环境中工作，则应限定其工作时间以确保 8h 计权噪声总暴露量不超过 100%。例如，一个操作螺丝机器的工人，其工作环境噪声强度为 100dB，为了将噪声总暴露量限制在 100%范围内，必须保证工人在安静环境下的时间不低于 6h。因此，为使该机器在 8h 工作日内正常运转，则必须有 4 个工人轮流操作。

（3）安全教育。不但要让职工了解噪声的危害和防治的意义，还要了解和掌握防止噪声的方法，这对提高作业效率、保护作业者身体健康具有重要的意义。

例子：目前某皮包生产工厂正处于发展之中，是一些乡镇企业的典型代表，由于员工普遍缺乏劳动保护意识，每天在不良的环境中工作，相关工作问题疾病日益突出。通过观察，发现加工车间内噪声最为严重。为了解车间噪声的实际情况，对车间的声音进行实际测量得出，车间噪声在 90~105dB。通过调查发现，车间的噪声主要是由机器产生的，机器是加工车间的噪声源。该工厂采取如下措施。

（1）控制噪声源。由于机器陈旧，当使用时要靠工人双脚踩踏机器下面的踏板，中间轴会产生很大的噪声，而且踏板的振动也产生了很响的噪声。噪声主要是由机器操作过程中机件之间的摩擦产生的，可以通过增加润滑油，或采用内耗大的高阻尼合金或高分子材料来起到降低噪声的作用；适当淘汰已经不能再强制使用的机器，购买新机器。

（2）控制噪声的传播。在车间四周墙壁、天花板采用泡沫板吸声材料。另外，还有更为简单可行的方法，即将墙壁修造成凸凹不平、坑坑洼洼的表面，借以分散和减弱反射噪声。

（3）个人防护。操作人员可佩戴多功能耳塞进行自我保护，佩戴耳塞是简单有效的方法。综合比较，柱形耳塞有很好的衰减效果，且重量适中。

通过上述措施大大减少了噪声对工作的影响，满足了工人的身体需求，提高工人工作情绪，进而达到提高工作效率的目的。

11.2 振动环境

现代生产需要机电设备，人们生活也需要消费机电产品，生产与生活都伴随着振动，天上有飞机、飞船，地上有火车、汽车、拖拉机，地下有地铁，海洋里有轮船、潜艇，工厂里有运转的设备，家里有开着的空调……它们都在不停地振动着。振动是物体运动的一种方式，物体沿直线或弧线经某一中心（即平衡位置）做往返运动，称为振动。

11.2.1 振动及其种类

振动，又称振荡，是指一个状态改变的过程，即物体的往复运动。振动是宇宙普遍存在的一种现象，可以从不同角度对振动加以分类。

（1）按主要来源区分为自然振动和人为振动。自然振动主要由地震、火山爆发等自然现象引起；人为振动主要是指生产性振动，主要来源于工厂、施工现场、公路和铁路等。在工业生产中，振动源主要是锻压、铸造、切削、风动、破碎、球磨及动力等机械，矿山的爆破、凿岩机打孔、空气压缩和高压鼓风等。施工现场的振动源主要是各类打桩机、振动机、碾压设备及爆破作业等。本小节所介绍的主要是生产性振动。

（2）根据振动作用于人体的部位和传导方式，可分为局部振动和全身振动。局部振动主要是使用手控式振动工具，当手部直接接触冲击性、转动性或冲击-转动性工具时，振动波就由手、手腕、肘关节和肩关节传导至全身，如铆工、钻工、凿岩工、捣固工、研磨工、抛光工、电锯工所接触的振动。全身振动是指工作地点或座椅的振动，人处于振动体上，足部或臂部直接接触振动物体，对全身都起作用，如混凝土搅拌台、振动台、试车台及各种交通运输工具所产生的振动。

11.2.2 振动的变量

振动的基本物理量主要包括位移量、频率、速度和加速度。

（1）位移量（x）。振动位移是物体振动时相对于某一参考系的位置移动，单位是 m。在振动测量和分析中，常用位移级表述。位移级是位移同基准位移之比的常用对数乘以 20，单位是 dB。基准位移一般采用 10^{-2}m。在描述振动机器的稳定性和隔振的效果方面，常用位移这个物理量来描述。

（2）频率（f）。在单位时间内振动的周数称为频率，单位是 Hz，振动周期 $T=1/f$。人体对不同频率有不同的敏感性，频率是寻找振源、分析振源的主要依据，是评价振动对人体健康影响的基本参量之一。

（3）速度（v）。即物体振动时位移的时间变化率，单位是 m/s。在计量振动时常用速度级表述。速度级是振动速度同基准速度之比的常用对数乘以 20，单位是 dB。基准位移一般用 10^{-9}m/s。速度级在描述振动体的噪声辐射时很有用。

（4）加速度（a）。即物体振动速度的时间改变率，单位是 m/s^2。测定振动对人的影响时，常用重力加速度 g 作为单位，如加速度超过 0.02g 时，振动就会对人产生影响。分析和测量振动时常用加速度级来表述。加速度级是振动加速度同基准加速度之比的常用对数乘以 20，单位是 dB，基准加速度值为 $10^{-5}m/s^2$。

11.2.3 振动的危害及影响

1. 振动的危害

尽管生产、生活与振动息息相关，但振动一旦超出了某种界限就会危害到人体健康，污染环境，造成人类生命和财产的损失。我国已经把振动危害或振动污染作为全国环境污染中重要污染之一加以统计监测。

振动直接作用于人体时，会引起各种病症，如头晕目眩、反应迟钝、疲劳虚弱、机体失调等，医学上把由振动造成的疾病统称为“振动病”。振动对人体的危害分为以下两类。

（1）全身振动危害。即由于工作地点或座椅的振动，人处于振动体上，足部或臂部直接接触振动物体，对全身起伤害作用，如混凝土搅拌台、振动台、试车台及各种交通运输工具所产生的振动，多为大幅度的低频振动。全身振动还能引起前庭器官、内分泌系统、循环系统、消化系统和自主神经系统等一系列变化，并使人产生疲劳、劳动机能衰退等主观感觉。当人体承受的振动频率接近或等于某一部位的固有频率时，就会产生共振，共振使得生理效应增大。如果重要的器官发生了共振，则人体的反应最强烈，如表 11-8 所示。

表 11-8 实验条件下人体对全身振动的主观不良感

主观感觉	频率/Hz	振幅/mm
腹痛	6~12	0.094~0.163
	40	0.063~0.126
	70	0.032
胸痛	5~7	0.6~1.5
	6~12	0.094~0.163
背痛	40	0.63
	70	0.032
粪迫感	9~20	0.024~0.12
头部症状	3~10	0.4~2.18
	40	0.126
	70	0.032
呼吸困难	1~3	1~9.3
	4~9	2.45~19.6

（2）局部振动危害。局部振动病是长期使用振动工具如钻孔机、破碎机、链锯等引起的。大振幅冲击性振动，对手部甚至臂部的骨骼、神经及血管造成伤害，发生手臂触觉、痛觉及温热感觉迟钝，手部皮肤温度下降，手指发白、麻痹、手臂无力、肌肉疼痛和萎缩、骨质疏松甚至关节变形等症状，医学上称为“白指病”或“白手病”。在我国《职业病分类和目录》中将手臂振动病列为物理因素所致职业病之一（其他有中暑、减压病、高原病、航空病等）。

局部振动和全身振动两者相比，局部振动的危害较大。

2. 振动的影响

振动的影响大致可以分为三类：对人的影响；对精密仪器正常使用的影响；对建筑物安全的影响。其中振动对建筑物安全的影响是最为严重的。

1）对人的影响

（1）振动的生理影响。

振动强度越大或暴露时间越长，对健康的危害越大。振动频率主要在 4~10Hz 时，胸部和腹部出现疼痛；在 8~12Hz 时发生背痛；在 10~20Hz 时可引起头痛、眼睛疲劳，以及肠和膀胱发炎。

据日本对 370 名拖拉机司机的调查，发现他们中骨关节、胸部和腰椎发生病变的比例分别为 71%、52%和 8%，腰椎和胸部同时发生病变的高达 40%，而且接触振动时间越长，发生病变的比例越高，10 年以上的人病变比例竟高达 80%。

（2）振动对人感知能力的影响。

在振动环境中，人体的感知能力会随振动强度的变化而变化。低频振动的环境当中，人体会出现颠簸感；在高频振动的环境当中，人体会出现灼痛的感觉。坐姿时，人体对 1~2Hz 的轻度振动感觉轻松和舒适；对 4~8Hz 的中度振动感觉十分不适；对 0.2~0.7Hz 的振动则非常厌恶。0.2~0.3Hz 是引起晕车（船）的敏感频率。全身颠簸使语言明显失真或间断；强烈振动使脑中枢机能水平降低、注意力分散、容易疲劳，从而加剧振动对心理的损害。

（3）振动对绩效的影响。

第一，视觉绩效。振动对视觉绩效的影响主要有以下两种情形。

一是视觉对象处在振动环境中。振动对视觉绩效的影响主要取决于振动频率和强度。当视觉对象的振动频率低于 1Hz 时，观察者可以追踪目标，短时间内绩效不受影响，但很快会产生疲劳；当振动频率为 1~2Hz 时，人眼跟踪目标运动的能力受影响，绩效显著下降；当频率高于 2~4Hz 时，人眼无法跟踪目标。当振动频率逐渐增大时，眼球跟踪越来越难。此时绩效直接依赖于中央凹视像的清晰度。研究表明频率高于 5Hz 时，视觉辨认的错误率与振动频率和振幅的均方根成正比。

二是观察者处于振动环境中。观察者单独受振的情形下，低频时观察者尽力保持眼球不动以获得稳定的视像，这种眼球固定现象更多的是一种补偿追踪。实验表明，振动频率低于 4Hz 时绩效比较好，高于 4Hz 时视觉绩效开始下降。另外，在频率不变的情形下，绩效随振动强度变化的关系不是简单的线性关系。视觉绩效随振动强度的增加而下降，但对不同频率段的影响不同。

第二，运动绩效。振动对运动绩效的影响与追踪任务的难度、显示器类型及操纵器类型有关。使用边侧型操纵器和扶手，比使用传统的安装在中间的驾驶盘可减少振动引起的错误。在垂直方向上的正弦振动的不利影响发生在 4~20Hz 内。加速度超过 0.20g 时，它比无加速条件下振动中的控制状态多出现 40%的错误。

第三，其他过程的绩效。3.5~6Hz 的振动能对乏味的守夜任务产生警觉效果。这个频率内，绷紧躯干肌肉能减轻肩膀振动的幅度，而绷紧肌肉能保持警觉。在 3.5~6Hz 外，人放松躯干肌肉就能减轻肩膀的振动，但容易使人入睡。

第四，对操作绩效的影响。振动引起操纵界面的运动可使手控工效降低，这是由于手、脚和人-机界面的振动，人们的动作不协调、操纵误差大大增加。研究表明，操作绩效的减少与操纵控制器的躯体部位所受的振动有关。从频率考虑，3~5Hz 使追踪成绩下降最大。从振动强度来看，追踪成绩下降程度随传到肢端的振动强度增大而增加。另有研究表明，人的平均错误与振动的强度和频率的均方根成正比，这说明在操作动作中，振动强度比频率更重要。

2）对精密仪器正常使用的影响

一般来说，振动对精密仪器和精密设备的影响有以下两个方面。

（1）振动对精密仪器的影响。主要体现在：①影响仪器仪表的正常运行，振动过大时会使仪器仪表受到损害和破坏；②影响对仪器仪表的刻度阅读的准确性和阅读速度，甚至根本无法读数；③对某些精密和灵敏的电器，如灵敏继电器，振动能使其自动保持触头断开，从而引起主电路断路等连锁反应，造成机器停转等重大事故。

（2）振动对精密机电设备的影响。主要体现在两方面：一是振动会影响精密设备的正常运行，使机械设备本身疲劳和磨损，降低机械设备的使用寿命，甚至使机械设备中的构件发生刚度和强度破坏、某些零件产生变形或断裂，从而造成重大设备事故和人身事故；二是对于精密机械加工机床，振动会使工件的加工面粗糙度增加，降低刀具的使用寿命，而且因某些部件受损而造成运转失灵。

3）对建筑物安全的影响

机械、爆破、建筑施工和过往交通车辆等往往会引起结构物的振动，这些振动通过周围地层（地下或地面）向外传播，进一步诱发附近地下结构及邻近建筑物（包括室内家具等）的二次振动和噪声。如果建筑物的振动超过它所容许的振动阈值，通常会引起结构物的开裂、脱落甚至毁坏，如墙壁裂缝、涂料脱落、门窗的玻璃振裂等。虽然交通引起的振动一般不会对建筑结构造成很大的破坏，但会对建筑物特别是古旧建筑物的结构安全，以及其中的工作人员和居民的工作和日常生活造成很大的影响。

例子：如在捷克，繁忙的公路或轨道交通线附近的一些砖石结构的古建筑因车辆通过时引起的振动而产生裂缝，其中布拉格、哈斯特帕斯和霍索夫等地甚至发生了由于裂缝不断扩大而导致古教堂倒塌的恶性事件。在北京，西直门附近距铁路约 100m 处一座五层楼内的居民，当列车通过时可感到室内有较强的振动，门窗和家具的玻璃发出噪声，一段时间后室内家具由于振动而发生了错位。因此，在交通线路的规划和设计中，振动对建筑物的影响成为一个必不可少的考虑因素。

11.2.4　振动的控制与防护

振动作用于人体时会影响人的身心健康，因而必须对振动加以控制。抑制结构的振动应以人体所受振动的强度不超过标准规定的“舒适性降低限”或“疲劳-工效降低限”为原则。其措施通常有以下五个方面。

1. 减少和消除振源

（1）在产品设计时考虑减振问题。例如，在安装或更换锤式破碎机的锤头时，应注意锤的质量平衡；在更换选粉机大小风叶和更换风机的叶轮时，均要考虑动力的平衡问题。

（2）控制振动传播途径。在振动传播途径上采取改变振源位置、加大与振源的距离或设置隔离沟等措施以降低和隔离振动传播。

（3）采取隔振、阻尼、吸振等技术措施。通常采用的隔振措施是装置隔振器、隔振元件和填充各种隔振材料。阻尼能抑制振动物体产生共振和降低振动物体在共振频区的振幅，具体措施是在振动构件上铺设阻尼材料和阻尼结构，如减振合金材料，具有很大的内阻力和足够大的刚性，可用于制造低噪声的机械产品。吸振是在振动源上安装动力吸振器，这也是有效降低振动的措施。

（4）降低设备减振系统的共振频率。可通过减少系统刚性系数或增加质量来降低共振频率，如风扇、吹风机、泵、空气压缩机等，常用增加质量的方法来降低共振频率。

2. 个体防护

如使用防振手套，在全身振动时使用防振鞋等。防振鞋内有由微孔橡胶制成的鞋垫，利用其弹性可使全身减振。对于坐姿作业人员，可使用减振座椅、弹性垫，以缓冲振动对人的影响。每隔 2 小时，用 40~60℃热水浸泡手部，使手部血管处于舒适状态。

3. 限制接触振动时间

作业工人的振动暴露剂量 = 振动量×时间。采用轮班制度，限制工人一个工作日内连续和间断接触振动的时间和一周内从事振动作业的天数、总时数。有人建议，操作者接触振动时间每周以不超过 40 小时为宜。

4. 按要求进行就业前和定期体检

处理职业禁忌证，早期发现受振动危害的个体，及时治疗和处理。

5. 改善作业环境

在寒冷季节要加强车间环境的防寒保暖，户外作业也要配备一定的防寒保暖设备。工作地温度应保持在 16℃以上。控制作业环境中同时存在的噪声、毒物、高气湿，对防止振动的危害也有一定作用。

上述措施中，减小或消除振源虽能治本，但通常难以完全做到；隔振、吸振也是有效的措施，但都是在结构出现振动后才进行控制，属于被动的抑制振动的措施；而动态设计在设计阶段就充分考虑结构在今后的使用过程中将处的振动环境及使用者对结构振动所提的要求，因而是一种积极主动的抑制振动的措施。所以，真正有效地抑制振动、减小全身振动对人体的不良影响的方法就是结构动态设计。结构动态设计在解决机器设备、建筑结构的强度和寿命方面已有显著成效。

例子：某厂房由于生产调整，冲压设备冲击时产生的振动能量较大，运行过程中 3 层楼板有明显振动，影响了设备的正常使用，且操作人员感到明显的不适。该车间始建于1998年，为3层的钢筋混凝土结构，自建成后使用至今。厂房中的主要振动设备为生产药用丁基胶囊的冲压设备，设备从 1 层移至 3 层后，引发 3 层楼面异常振动。

设备运转时测得的楼板自振频率为 15.14Hz，振动速度峰值为 0.053m/s，加速度峰值为 5.12m/s。日本烟中元弘归纳的建筑振动允许界限指出：建筑的振动速度要小于 0.01m/s，振动加速度要小于 0.996m/s。结合有关对人体舒适度要求的标准，即结构的竖向振动速度要小于 0.003 2m/s 的要求，我们发现该楼板振动的速度、加速度均超过限值要求。冲压设备自身的扰动频率为 14.7Hz，与楼板自振频率接近，说明楼板振动过大的原因是发生了共振。

经试验后，工厂管理层决定采取如下措施减少振动的不良影响。

（1）加固方案。建筑结构中常采用提高结构刚度或强度的措施来达到结构减振或提高抗震性能的技术要求，该楼板振动过大主要由共振引起，拟采用增加楼板厚度的方法来提高结构的整体刚度，使楼板自振频率避开设备冲击频率。具体加固方案为将改造区域楼板厚度从 100mm 增加到 150mm。

（2）在地板及设备地基采取隔振措施。隔振器的竖向支撑选用 4 根弹簧，阻尼采用固体阻尼。隔振器固定在设备底座与楼板之间以减小振源振动的输出。根据工程的相关资料中的公式设定计算所需隔振器的相关参数，隔振器刚度为 4.2×10^{-3}kN/m，最佳阻尼比为 0.08，此隔振器频率为 3.7Hz。

（3）给每位员工合理发放个人防护用品，如防振保暖手套等；控制车间及作业地点温度保持在 16℃以上；建立合理劳动制度，坚持工间休息及定期轮换工作制度，减少员工在振动环境中的暴露时间，以利各器官系统功能的恢复。

（4）保健措施：坚持就业前体检，凡患有就业禁忌证者，不能从事该种作业；定期对工作人员进行体检，尽早发现受振动损伤的作业人员，采取适当预防措施，及时治疗振动病患者。

案例：地铁运行对某建筑振动及噪声影响程度分析

随着城市地铁建设的大力发展，由地铁运行诱发的振动与噪声对周围环境的污染影响问题越来越突出。本案例通过对地铁穿过的居民房屋进行振动和噪声测试，根据测试结果分析地铁振动与噪声对住户的健康舒适度的影响程度。

（1）实验对象和实验条件：某住宅楼为 6 层砌体结构，4 单元，一梯 3 户，建于 20 世纪 80 年代。房屋南北向总宽度约 13.5m；东西向总长度 42.5m；房屋承重墙体采用黏土砖、混合砂浆砌筑，楼面板为多孔预制板，基础为条形基础，埋深 2.0m。房屋下方地铁隧道采用单圆盾构施工，隧道直径为 6.3m，地表距离盾构中心埋深为 13.7m，房屋基础底距离盾构顶约 8.5m。地铁从被检测房屋正下方穿越。

（2）测试设备与测试方法：测试设备为加速度传感器、拾振器、AWA6290A 环境振动分析仪、AWA6270A 噪声分析仪。隧道内列车运行对地面及建筑物的振动影响采用 AWA6290A 型环境振动分析仪进行测试，噪声影响采用 AWA6270A 噪声分析仪进行测试。振动测试时间为晚上，噪声测试时间为上午地铁运行高峰阶段，测试时门窗均关闭，减少外界其他干扰；测试的位置为地铁刚好穿过的单元 01 室及 02 室居民房屋内。

1. 室内地面振动测试结果

国外大量振动试验表明，振动加速度达 65dB 时，对睡眠有轻微影响；振动加速度达 69dB 时，所有处于Ⅰ级睡眠状态（轻睡）的人将被惊醒。振动加速度达 74dB 时，除Ⅲ级睡眠状态的人，一般情况下，Ⅰ级和Ⅱ级睡眠状态（熟睡）的人将被惊醒，如表 11-9 所示。

表 11-9 地震烈度对人体感觉对照表

地震级	人体感觉	加速度级
0 级	人体不能感觉到，但地震仪有记录	<55dB
Ⅰ级（微震）	静止状态或对地震有敏感的人能感觉	55~65dB
Ⅱ级（轻震）	大多数人都感觉到，并有轻微颤动	66~75dB
Ⅲ级（弱震）	房屋有振动，并发出响声，如电灯之类悬挂物及容器内的水有振动	76~85dB

测试所得的室内地面振动测量数据如表 11-10 所示，表 11-11 为城市各类区域振级控制标准。

表 11-10 101 室内地面振动测试结果

测试时间（20：10）	通道 1（室内）		通道 2（室内）	
	VL_{max}/dB	VL_{10}/dB	VL_{max}/dB	VL_{10}/dB
平均值	65.2	52.0	75.6	56.3
最大值	68.3	53.2	81.2	64.4
最小值	57.4	50.7	72.8	52.8

表 11-11 城市各类区域振级控制标准

适用地带范围	昼间/dB	夜间/dB
特殊住宅区	65	65
居民、文教区	70	67
混合商业中心区	75	72
工业集中区	75	772

2. 室内噪声测试结果

根据国家标准《民用建筑隔声设计规范》（GBJ118—88），室内允许噪声级如表 11-12

所示。室内噪声测试结果如表 11-13~表 11-17 所示。

表 11-12　室内允许噪声级

次数	测试时间	L_{eq}/dB	L_{max}/dB	L_{min}/dB	备注
1	09：26	34.2	60.7	27.9	正常
2	09：39	43.0	74.9	28.5	有连续讲话声
3	09：50	39.2	68.9	28.3	有咳嗽声
平均值		38.8	68.2	28.2	

表 11-13　101 室南侧噪声测试

次数	测试时间	L_{eq}/dB	L_{max}/dB	L_{min}/dB	备注
1	09：26	34.2	60.7	27.9	正常
2	09：39	43.0	74.9	28.5	有连续讲话声
3	09：50	39.2	68.9	28.3	有咳嗽声
平均值		38.8	68.2	28.2	

表 11-14　102 室厨房噪声测试

次数	测试时间	L_{eq}/dB	L_{max}/dB	L_{min}/dB	备注
1	08：41	39.3	70.3	21.9	有连续敲门声
2	08：53	27.9	57.9	22.6	正常
3	09：05	29.6	50.1	23.9	正常
4	09：18	43.0	67.4	23.8	楼上物品掉落声
平均值		35.0	61.4	23.1	

表 11-15　201 室北侧噪声测试

次数	测试时间	L_{eq}/dB	L_{max}/dB	L_{min}/dB	备注
1	10：06	39.0	68.2	27.1	有短促讲话声
2	10：23	35.4	59.2	28.3	正常
平均值		37.2	63.7	27.7	

表 11-16　202 室北侧噪声测试

次数	测试时间	L_{eq}/dB	L_{max}/dB	L_{min}/dB	备注
1	09：49	31.1	52.7	25.3	正常
2	09：59	29.6	52.0	24.7	正常
3	10：10	31.9	51.8	24.9	正常
4	10：21	30.5	50.4	25.6	正常
平均值		30.8	51.7	25.1	

表 11-17　301 室北侧噪声测试

次数	测试时间	L_{eq}/dB	L_{max}/dB	L_{min}/dB	备注
1	10：44	34.9	61.1	26.7	正常
2	10：56	33	53.6	26.2	正常
3	11：10	32.2	56.4	27.0	正常
平均值		33.4	57.0	26.6	

结合上述相关标准和测试的数据分析可以得出如下结论。

（1）列车运行时该居民楼底层地面振动振级 VL_{10} 小于 65dB，达到城市区域环境振动标准中对住宅区的环境要求，但振动振级 VL_{max}>65dB，对睡眠有轻微影响。

（2）室内噪声平均值范围 L_{eq} 为 30.8~42.2dB，未超出《民用建筑隔声设计规范》（GBJ118—88）规范要求。但噪声最大峰值均超出室内允许噪声级，根据噪声时间历程分析，个别最大值为人为因素引起。

（3）底楼室内等效连续 A 声级 L_{eq} 为 35.0~42.4dB，二楼为 30.8~37.2dB，三楼为 33.4dB，排除人为噪声干扰，该居住楼由于地铁运行产生的结构物二次噪声由下往上逐渐降低。

（4）对居民生活环境来说，地铁振动一般不会对人造成直接的身体伤害，但它会干扰人们的日常生活，使人感到不适和心烦，甚至还会影响到人们的睡眠、休息和学习。因此，需要从设计、施工、运营三个方面采取综合工程措施以尽量减少地铁噪声及对房屋振动的影响。

（资料来源：张方超，代红超. 地铁运行对某建筑振动及噪声影响程度分析[EB/OL]. http://jz.docin.com/p-1077822397.html，2011-04）

【思考题】

1. 地铁运行对人体有哪些影响?
2. 规划地铁时，为了避免对住宅和人造成过大影响，应该考虑哪些因素?

第12章　空 气 环 境

【学习目标】

本章首先对空气中的主要污染物及其来源进行概述说明，然后介绍几种现代空气污染物的来源及其危害、空气污染评价及其相关标准以及空气污染防治，最后介绍空气场所通风与空气调节。目的是使大家了解空气污染相关知识，合理利用有关标准改善工作场所空气环境，对空气污染做到有效防治。

【开篇案例】

德国鲁尔区的工业是德国发动两次世界大战的物质基础，加之鲁尔区的地理位置，水运、陆运的便利，这里成为欧洲经济最发达的金三角。第二次世界大战后又在联邦德国经济恢复和经济起飞中发挥过重大作用，工业产值曾占全国的40%。曾经的鲁尔区企业各自为政，公害严重，环境污染大于国内任何一地。如图 12-1 所示，图（a）中，鲁尔区上空的 6 600 多个大烟囱每年排放二氧化碳和硫黄等约 4 000kt，其中 600kt 滞留在本区上空，空气污染严重到汽车无法通行，行人感觉呼吸困难、肺疼的程度。面对如此恶劣的空气环境污染，州政府通过颁布环境保护法令，统一规划；改造传统行业限制污染物排放，包括关停污染源；积极促进能源转型，促进清洁能源的开发；减少对传统能源的依赖，推动产业转型等一系列治理措施，使鲁尔地区环境污染得到了有效治理。图 12-1（b）中，鲁尔区内现共有绿地面积约 75 000m^2，平均每个居民 130m^2（1968 年鲁尔核心地区仅有 18m^2），大小公园 3 000 多个，整个矿区绿荫环抱，一派田园风光，往日浓烟满天、黑尘遍地的景象已一去不复返。

（a）空气治理前

（b）空气治理后

图 12-1 鲁尔区局部图

资料来源：徐扬，沈忠浩，乔继红. 德国鲁尔区转型的启示[J]. 瞭望，2018，（27）：2

人不能离开空气环境，清洁的空气环境是人类健康、安全、舒适地工作和生活的保障。随着工业化的过程，发生了环境污染。各种生产性污染物常以固体、液体和气体等形态存在，其中进入空气环境的污染物的影响最为严重。空气污染的直接后果，轻则使人感到不舒适，人的皮肤、感官受到不良刺激，影响工作效率；重则引起疾病，危害人的健康。因此，有必要了解空气中污染物的来源、特性、危害及防治途径。

12.1 空气中的主要污染物

空气污染物是由气态物质、挥发性物质、半挥发性物质和颗粒物质的混合物形成的，其组成成分变异非常明显。空气污染的产生受多种因素的影响，包括气象条件、每天的不同时间、每周的不同天数、工业活动和交通密集度等。由于来源不同，空气中颗粒物的化学成分变异明显。例如，地壳颗粒（土壤和沙滩）主要为二氧化硅，而工业活动和交通运输中，化石燃料燃烧产生的颗粒物中含有大量的碳，空气污染中各种成分之间不断相互作用，并且它们与大气之间也存在相互作用。

12.1.1 空气中污染物来源及种类

空气污染源可分为两类，即自然源和人为源。自然源是由于自然原因（如火山爆发、森林火灾等）而形成。人为源是产生空气污染的主要方面，它主要是从人们的生产活动和日常活动过程中产生的。空气污染的人为源大致有以下几种。

（1）钢铁厂、发电厂等各种类型的工矿企业排放出的烟气（含烟尘、硫氧化物、氮氧化物、二氧化碳及炭黑等有害物质）所造成的污染。

（2）汽车、火车等各类交通工具排放的含氮氧化物、碳氧化物、铅等尾气污染物所造成的空气污染。

（3）人的生活和自身也是污染源之一，如取暖、做饭排出的烟尘及人体呼出的二氧化碳等。

空气中污染物种类很多，已知的能够产生危害的或受到人们重视的污染物大约有近百种，主要分为有害气体、固体尘粒、可溶性重金属、放射性物质。

（1）有害气体。有害气体是指对人或动物的健康产生不利影响，或者说对人或动物的健康虽无影响，但使人或动物感到不舒服，影响人或动物舒适度的气体。空气环境中的有害气体主要有硫化物、氮氧化物、卤化物和有机物质气体等，其主要来源如表 12-1 所示。

表 12-1　空气环境中的有害气体

主要有害气体种类	主要种类	主要来源
硫化物	二氧化硫、三氧化硫、硫化氢、硫酸等	钢铁厂、发电厂等各种类型的工矿企业排放出的烟气，以及北方冬天家庭取暖用煤后排放的气体
氧化物、氮氧化物、碳氢化物、卤化物	一氧化碳、臭氧、过氧化物、一氧化氮、二氧化氮、氨、碳氢化合物、氯气、氯化氢、氟化氢等	煤气管道泄漏及燃烧不完全产生一氧化碳、清洁燃料燃烧、动物的呼吸产生二氧化碳、交通尾气排放、垃圾发酵、农家肥料、自来水、水稻田、工业生产等
室内污染气体	甲醛、苯等	家具（使用过酚醛树脂），装修饰物的材料
汽车内污染气体	苯、甲醛、丙酮、二甲苯、一氧化碳、汽油气味胺、烟碱、细菌等	胶水、纺织品、塑料配件等各种车内装饰材料、汽车发动机产生、车用空调蒸发器长时间不进行清洗护理产生的有害物

（2）固体尘粒。固体尘粒主要指分散悬浮在空气中的液态或固态物质，包括碳粒、飘尘、飞灰、碳酸钙、氧化锌、二氧化铝等，其中对人类环境威胁较大的，主要有粉尘、二氧化硫、一氧化碳、氮氧化物、碳氢化物，以及硫化氢、氨。

（3）可溶性重金属。工业化发展常常导致各种重金属如铅、汞、铬、镉以及诸如锌、钒、锰、钡等重金属的某些化合物能够溶解于水。它们通常存在于装修、涂料、土建、颜料等方面，如果在使用中不注意，随时可能通过呼吸系统、消化系统和皮肤进入人体内，会对人体产生很大的毒性。

（4）放射性物质。某些物质的原子核能发生衰变，放出我们肉眼看不见也感觉不到，只能用专门的仪器才能探测到的射线，物质的这种性质叫作放射性。放射性物质是那些能自然向外辐射能量并发出射线的物质，一般都是原子质量很高的金属，放射性物质放出的射线主要有α射线、β射线、γ射线、正电子、质子、中子、中微子等其他粒子。

12.1.2　空气污染物浓度的表示方法

1. 标准状态下的质量体积混合表示法

标准状态下的质量体积混合表示法是指用标准状态下每立方米空气中含有害物质的毫克数表示，单位为 mg/m^3。由于气体体积随温度、压力不同而变化，我国空气质量标准是以一个标准大气压状态（0℃，1.013×10^5Pa）时的气体体积为依据的。因此，检测时的采样体积应换算成标准状态下的体积，其换算公式为

$$V_0 = V_i \frac{T_0}{T}\frac{P}{P_0} = V_i \frac{273}{273+t} \times \frac{P}{1.013 \times 10^5}$$

式中，V_0为标准状态下的采气体积；V_i为作业现场实际采气体积；T_0为标准状态下的热力学温度（T_0 = 273K）；P_0为标准状态下大气压强（P_0=1.013×10^5Pa）；t为作业环境温度；P为作业环境大气压。

2. 体积表示法

体积表示法是指用每立方米空气中含有污染物的毫升数表示。因为 $1m^3=10^6mL$，故常用百万分数表示，单位是mL/m^3。该表示法只限于气态和蒸气状态的污染物。两种浓度表示方法的换算公式如下：

$$Y = \frac{M}{22.4} A \times 10^{-6}$$

式中，Y为气体质量浓度（mg/m^3）；A为气体体积分数（mL/m^3）；M为被测有害气体的分子量；22.4为1个标准状态（0℃，1.013×10^5Pa）气体的摩尔体积。

例12-1：某生产车间温度为26℃，大气压为750mmHg，对该车间进行空气质量检测，采集空气样本体积为40L，试换算成标准状态下体积。

解：由 $V_0 = V_i \frac{T_0}{T}\frac{P}{P_0} = V_i \frac{273}{273+t} \times \frac{P}{1.013 \times 10^5} = 40 \times \frac{273}{273+26} \times \frac{750}{760} = 36.04$（L）

所以，将实际采得空气体积换算成标准状态下体积为36.04L。

例12-2：某化工厂车间发生氟化氢泄漏，严重危害了工人健康，经检测，空气中氟化氢的体积分数为$200mL/m^3$，氟化氢分子量为20，求在标准状态下，空气中氟化氢的质量浓度。

解：$Y = \frac{M}{22.4} A \times 10^{-6} = \frac{20 \times 200}{22.4} \times 10^{-6} = 1.79 \times 10^{-4}$（$mg/m^3$）

12.2 空气污染物对人体的危害

12.2.1 空气中化学性毒物对人体的危害

空气中的化学毒物是指进入机体后，能与机体组织发生化学或生物化学作用，破坏正常生理功能，引起机体暂时或永久的病理改变的物质。常见的几种空气中存在的化学性毒物主要有二氧化硫、一氧化碳、硫化氢、氮氧化物、金属毒物等。

1. 二氧化硫

二氧化硫（SO_2）是一种无色、有硫酸味的刺激性气体，主要来自含硫矿物燃料（煤和石油）的燃烧产物，在金属矿物的焙烧、毛和丝的漂白、化学纸浆和制酸等生产过程中亦有含二氧化硫的废气排出。当空气中二氧化硫浓度达0.000 5%时，嗅觉器官就能闻到刺激味；达0.002%时，有强烈的刺激，可引起头痛和喉痛；达0.05%时，可引起支气管炎和肺水肿，短时间内即可造成死亡。我国《工业企业设计卫生标准》（TJ 36-1979）规定二氧化硫最高容许质量浓度为15mg/m^3。

2. 一氧化碳

一氧化碳（CO）是无色、无味、无臭、无刺激性的气体，能均匀散布于空气中，微溶于水，易溶于氨水，一般化学性不活泼，但浓度在13%~75%时能引起爆炸。一氧化碳多数属于工业炉、内燃机等设备不完全燃烧时的产物，也有来自煤气设备的渗漏。人体吸入含一氧化碳的空气后，各部分组织和细胞缺氧，从而引起窒息和血液中毒，严重时造成死亡。当空气中一氧化碳浓度达0.4%时，人在很短时间内就会失去知觉，若抢救不及时就会中毒死亡。一氧化碳中毒程度和中毒快慢与一氧化碳浓度的关系如表12-2所示。我国《工业企业设计卫生标准》（GBZ1-2010）规定一氧化碳最高容许质量浓度为30mg/m^3。

表12-2 人体一氧化碳中毒程度和快慢与一氧化碳浓度的关系

中毒程度	中毒时间	一氧化碳浓度/（mg/L）	一氧化碳体积浓度	中毒症状
无征兆或轻微征兆	数小时	0.2	0.016%	
轻微中毒	1小时内	0.6	0.048%	耳鸣，心跳，头昏，头痛
严重中毒	0.5~1小时内	1.6	0.128%	耳鸣，心跳，头痛，四肢无力，哭闹，呕吐
致命中毒	短时间内	5.0	0.400%	丧失知觉，呼吸停顿

3. 硫化氢

硫化氢（H_2S）是无色有明显的臭鸡蛋气味的可燃气体，可溶于水、乙醇、汽油、煤油、原油，自燃点246°C，爆炸极限为4.3%~46%。硫化氢燃烧时呈蓝色火焰并产生二氧化硫，硫化氢与空气混合达到爆炸范围时可引起强烈爆炸。

轻度中毒时，出现畏光、流泪、眼刺痛、恶心、呕吐、头痛、乏力、腿部疼痛。中度中毒时，意识模糊，在几分钟内失去知觉，但无呼吸困难。严重中毒时，人不知不觉进入深度昏迷，心动过速和阵发性强直性痉挛。大量吸入硫化氢立即产生缺氧，导致窒息死亡。国家规定卫生标准为10mg/m^3。

4. 氮氧化物

氮氧化物指的是只由氮、氧两种元素组成的化合物。常见的氮氧化物有一氧化氮（NO，无色）、二氧化氮（NO_2，红棕色）、一氧化二氮（N_2O）、五氧化二氮（N_2O_5）等，其中除五氧化二氮常态下呈固体外，其他氮氧化物常态下都呈气态。作为空气污染物的氮氧化物常指一氧化氮和二氧化氮。它们主要来源于各种矿物燃料的燃烧过程，以及生产和使用硝酸的工厂，如氮肥厂、化学纤维中间体厂中硝酸盐的氧化反应、硝化反应等排放出的氧化氮气体。浓度大的氧化氮气体呈棕黄色。二氧化氮中毒会引起肺气肿，慢性中毒会引起慢性支气管炎。人在二氧化氮体积分数16.9ppm环境下，工作10min便会出现呼吸困难。

5. 金属毒物

金属毒物是指混入空气中的铅、汞、铬、锌、锰、钛、砷、钒、钡等，它们都可能引起人体中毒。一般它们不以单质单独存在，如四乙基铅用于汽油抗爆剂，所以汽车排放的废气中含有铅。因此，在生产和使用过程中会因吸入或接触它而中毒。铅中毒在人体内有蓄积性，会妨碍红细胞的生长和成熟，引起贫血、牙齿变黑、神经麻痹等慢性中毒症状。急性中毒表现为全身关节疼痛（骨痛病）、骨骼变形、血磷降低、蛋白尿、糖尿等。

例子：2018 年 12 月 15 日，菏泽市巨野县大义镇程庄村一农户，屋内燃烧木炭取暖，造成 6 人死亡。经调查，死因主要是一氧化碳中毒。其中木炭充分燃烧会产生二氧化碳和二氧化硫等，不充分燃烧会产生一氧化碳、碳氢化合物等有毒气体和一些炭黑等固体小颗粒。其中一氧化碳极易与人体的血红蛋白结合，形成碳氧血红蛋白，使血红蛋白丧失携氧的能力和作用，造成组织窒息，严重时死亡。因此，要避免在不通风的室内燃烧木炭取暖。

12.2.2 空气中粉尘和 $PM_{2.5}$ 对人体的危害

1. 粉尘及其来源

粉尘，是指悬浮在空气中的固体微粒。习惯上对粉尘有许多名称，如灰尘、尘埃、烟尘、矿尘、沙尘、粉末等，这些名词没有明显的界限。国际标准化组织规定，粒径小于 75μm 的固体悬浮物为粉尘。

粉尘量是衡量城市空气环境质量的指标之一，其危害程度与其粒度大小有关，颗粒越小，其危害越大。在大气污染控制中，根据大气中粉尘微粒的大小可分为以下四种。

（1）总悬浮微粒，指大气中粒径小于 100μm 的所有固体微粒，也被称为总悬浮颗粒物，英文缩写为 TSP。

（2）降尘，指大气中粒径大于 10μm 的固体微粒，在重力作用下，它可在较短的时间内沉降到地面。

（3）飘尘，指大气中粒径小于 10μm 的固体微粒，它能较长期地在大气中漂浮，有时也称为浮游粉尘。它也被称为可吸入颗粒物，英文缩写为 PM_{10}。

（4）细颗粒物，指环境空气中空气动力学当量直径小于等于 2.5μm 的颗粒物，又称细粒、细颗粒、$PM_{2.5}$。

粉尘几乎到处可见，粉尘的来源有以下几个方面：①固体物质的机械粉碎和研磨，如选矿、耐火材料车间中的破碎机、球磨机等散发的粉尘。②生产过程使用的粉状原料或辅助材料。③粉状物料的混合、过筛、运输及包装。④有机物质不完全燃烧所形成的微粒，如木材、油、煤类等燃烧时所产生的烟尘等。⑤物质加热时产生的蒸气在空气中凝结或被氧化所形成的尘粒，如金属熔炼、焊接、浇铸等。⑥铸件的翻砂、清砂粉状物质的混合、过筛、包装、搬运等，沉积的粉尘由于振动或气流运动又浮游于空气中（产生二次扬尘）也是粉尘的来源。

2. 粉尘的物化特征

粉尘的物化特征是指粉尘本身固有的各种物理、化学性质。粉尘具有的与防尘技术关系密切的特性有粉尘组成成分、粉尘粒径、溶解度、荷（带）电性、粉尘形状、黏附性等。

1）粉尘的化学成分

各种粉尘的基础物质不同，其化学组成也不一样，空气中粉尘的化学成分及其在空气中的浓度是直接决定其对人体危害性质和严重程度的重要因素。化学性质不同，粉尘对人体可引起炎症、肺纤维化、中毒、过敏和肿瘤等。含有游离氧化硅的粉尘，可引起硅肺；石棉尘可引起石棉肺；粉尘含铅、锰等有毒物质，吸入后可引起相应的全身铅、锰中毒；棉、麻、牧草、谷物、茶等粉尘，不但会阻塞呼吸道，而且会引起呼吸道炎症和变态反应等肺部疾患。

2）粉尘的物理性质

（1）粉尘的粒径。粉尘粒径是表征粉尘颗粒大小的最佳代表性尺寸。对于球形尘粒，粒径指它的直径。实际的尘粒形状大多是不规则的，一般也用粒径来衡量其大小，然而此时的粒径却有不同的含义。同一粉尘按不同的测定方法和定义所得的粒径，不但数值不同，应用场合也不同。

（2）粉尘的溶解度。粉尘溶解性大小在劳动卫生学上有很大意义。毒性粉尘，其溶解度增大，对人体危害性增强。需要注意的是，溶解度的大小并不与危害程度成正比，一些尘粒，虽在体内溶解度较小，但对人体危害较严重，如石英；有些粉尘在体内易溶解，但对人体危害很小，如面粉。

（3）粉尘的荷电性。粉尘在其生产和运动过程中，由于相互碰撞、摩擦、放射线照射、电晕放电及接触带电体等原因而带有一定电荷的性质，称为粉尘荷电性。粉尘荷电后其某些物理性质会发生变化，如凝聚性、附着性及其在气体中的稳定性等，同时对人体的危害也将增强。电除尘器就是利用粉尘能荷电的特性进行工作的。

（4）粉尘的形状。形状影响粉尘在空气中的运动。尘粒越接近球形，在空气中降沉越快；纤维状或薄片状的尘粒，降沉速度较慢。

（5）黏附性。粉尘之间或粉尘与固体表面（如器壁、管壁等）之间的黏附性质称为粉尘黏附性。粉尘相互间的凝并与粉尘在固体表面上的堆积都与粉尘的黏附性相关，前者会使尘粒增大，在各种除尘器中都有助于粉尘的捕集；后者易使粉尘设备或管道发生故障和堵塞。

3. 粉尘的危害

粉尘的危害主要表现在对人体的危害、对人的心理影响及粉尘爆炸危害。

粉尘对人体的危害。飘逸在大气中的粉尘往往含有许多有毒成分，如铬、锰、镉、铅、汞、砷等。当人体吸入粉尘后，小于 5μm 的微粒，极易深入肺部，引起中毒性肺炎或矽肺，有时还会引起肺癌。

粉尘对人的心理影响。空气中的粉尘还直接影响人的心理。粉尘明显污染环境、衣服和身体，使人产生不舒适、厌恶的感觉，还会使人产生急躁情绪，甚至讨厌工作。

粉尘爆炸危害。在一定的浓度和温度（或火焰、火花、放电、碰撞、摩擦等作用）下会发生爆炸的粉尘称为爆炸危险性粉尘。爆炸危险性粉尘（如泥煤、松香、铝粉、亚麻等）在空气中的浓度只有在达到某一范围内才会发生爆炸，这个爆炸范围的最低浓度叫作爆炸下限，最高浓度叫作爆炸上限。粉尘的粒径越小，表面积越大，粉尘和空气的湿度越小，爆炸危险性越大。粉尘爆炸具有极强的破坏性，容易产生二次爆炸，二次爆炸时，粉尘浓度一般比一次爆炸时高得多，故二次爆炸威力比第一次要大得多。

此外，粉尘还会覆盖建筑物，使有价值的古代建筑遭受腐蚀；降落在植物叶面的粉尘会阻碍光合作用，抑制其生长；等等。

4. 细颗粒物及其危害

一般来说，对粉尘粒径的进一步细分，才有细颗粒物的说法，就是人们平常所说的$PM_{2.5}$。2013 年 2 月，全国科学技术名词审定委员会将 $PM_{2.5}$ 的中文名称命名为细颗粒物。因此，细颗粒物又称细粒、细颗粒、$PM_{2.5}$，是指环境空气中空气动力学当量直径小于等于 2.5μm 的颗粒物。

$PM_{2.5}$ 的来源广泛，其主要分为自然源和人为源，危害比较大的是后者。自然源包括土壤扬尘、漂浮的海盐、植物花粉、孢子、细菌等。自然界中的灾害事件，如火山爆发向大气中排放了大量的火山灰，森林大火或裸露的煤原大火及尘暴事件都会将大量细颗粒物输送到大气层中。但 $PM_{2.5}$ 的主要来源还是人为排放。人为源分为固定源和流动源。固定源包括各种燃料燃烧源，如发电、冶金、石油、化学、纺织印染等各种工业过程，以及供热、烹调过程中燃煤与燃气或燃油排放的烟尘。流动源主要是各类交通工具在运行过程中使用燃料时向大气中排放的尾气。

$PM_{2.5}$ 的危害主要是对人体健康的危害及对空气环境的破坏。美国自 1987 年实施 PM_{10} 标准以来，共有 2 000 多项研究指出，对人体健康危害最大的是 $PM_{2.5}$。环境中 $PM_{2.5}$浓度每增加 10μg/m^3，因心血管疾病死亡的风险增加 12%。一份来自联合国环境规划署的报告称，$PM_{2.5}$ 每立方米的浓度上升 20μg，每年会有约 34 万人死亡。空气中的 $PM_{2.5}$，可通过呼吸道进入肺泡，在肺泡内积聚，直接影响肺的通气功能，使机体处于缺氧状态。因此，$PM_{2.5}$ 对健康的危害特别严重。

人们一般认为，$PM_{2.5}$ 只是空气污染，根据 $PM_{2.5}$ 检测网的空气质量新标准，24h 平均值标准值分布如表 12-3 所示。其实，$PM_{2.5}$ 对整体气候的影响可能更糟糕。$PM_{2.5}$ 能影响成云和降雨过程，间接影响气候变化。

表 12-3 24h $PM_{2.5}$ 浓度与空气质量等级 单位：μg/m^3

空气质量等级	24h $PM_{2.5}$ 平均值标准值
优	0~35
良	36~75
轻度污染	76~115
中度污染	116~150
重度污染	151~250
严重污染	250 以上

12.2.3 空气中二氧化碳的影响及危害

二氧化碳是一种碳氧化合物，常温常压下是一种无色无味或无色无嗅（嗅不出味道）而略有酸味的气体，也是一种常见的温室气体，还是空气的组分之一（占大气总体积的 0.03%~0.04%），在自然界中含量丰富，其产生途径主要有：有机物（包括动植物）在分解、发酵、腐烂、变质的过程中都可释放二氧化碳；石油、石蜡、煤炭、天然气燃烧过程中，也会释放出二氧化碳；石油、煤炭在生产化工产品过程中，也会释放出二氧化碳；所有粪便、腐殖酸在发酵、熟化的过程中也能释放出二氧化碳；所有动物在呼吸过程中，都要呼出二氧化碳。

而且，进入大气的二氧化碳，约有80%来自呼吸，只有20%来自燃料的燃烧。正常的空气和人呼气中的氧及二氧化碳等组成如表 12-4 所示。

表 12-4 正常的空气和人呼气中的氧及二氧化碳等百分比

化学成分	氮气	氧气	二氧化碳
空气	79.04%	20.93%	0.03%
呼气	79.60%	16.02%	4.38%

1. 二氧化碳对人体健康的影响

有研究表明二氧化碳浓度与黏膜症状、下呼吸道症状有显著相关关系；室内二氧化碳浓度每增加 100ppm，人群出现咽喉痛和喘息症状的概率将分别增加 10%和 20%。如果二氧化碳浓度高于 800ppm，会显著加剧办公人员的眼睛刺激感及上呼吸道症状。

此外，二氧化碳具有刺激呼吸中枢的作用，如果完全没有二氧化碳，人就不能保持正常呼吸。当空气中二氧化碳浓度低于 2%时，对人没有明显的危害，但二氧化碳超过这个浓度时，则可引起人体呼吸器官损坏，即一般情况下二氧化碳并不是有毒物质，但当空气中二氧化碳浓度超过一定限度时则会使肌体产生中毒症状，不同程度的中毒症状如表 12-5 所示。

表 12-5 二氧化碳引起的人体不同程度的中毒症状

中毒程度	中毒症状
轻度	头晕、头痛、肌肉无力、全身酸软等不适之感
中度	头晕将有倒地之势；胸闷，鼻腔和咽喉疼痛难忍，呼吸紧促，胸部有压迫及憋气感；剧烈性头痛、耳鸣、肌肉无力、皮肤发红、血压升高、脉快而强
重度	突然头晕无法支持而倒地，憋气、呼吸困难、心悸、神志不清、昏迷，皮肤、口唇和指甲青紫、血压下降、脉弱至不能触及，瞳孔散大。对光反射消失，全身松软，声门扩大，相继呼吸心跳停止而至死亡，急性期过后有的可留有嗜睡及记忆力减退等症状

例子：某日，上海某刃具厂精工车间失火，火势引起一间面积约 15m^2 房间内的乙炔钢瓶发生燃烧。在 20 余名员工先用二氧化碳灭火器进后用 1211 灭火器灭火的过程中，有 3 名员工感到气急、胸闷，14 时 30 分送往医院，诊断为中毒窒息反应。经调查事故原因为，灭火时使用二氧化碳灭火器及乙炔起火燃烧，都会产生大量的二氧化碳气体，加上车间面积狭小，导致二氧化碳浓度急剧增高，空气中氧气含量降低，加之职工

缺乏对应急事故的处理能力和防火安全知识，造成二氧化碳中毒。

2. 二氧化碳对工作效率的影响

工作场所中的二氧化碳的研究已成为人因工程学科的一个重要领域，工作场所中二氧化碳的含量能够直接影响到操作人员的状态，从而影响生产效率。研究表明，室内二氧化碳浓度升高至1 000ppm或2 500ppm时，会明显损害人员的决策力。如果工作场所换气不好，二氧化碳含量增加，空气不新鲜，体力工作作业者的工作效率也会显著下降，纽约换气委员会就换气对体力作业效率的影响进行了实验，其结果如表 12-6 所示，可以看出在相同的温度条件下，空气越新鲜，作业效率越高。

表 12-6 换气对体力作业效率的影响

温度	20℃	20℃	24℃	24℃
空气	新鲜	停滞	新鲜	停滞
作业效率	100%	91.1%	85.2%	76.2%

因此充分考虑作业场所与作业性质，对工作场所中的二氧化碳浓度进行正确监测，并且进行合理的作业场所通风设计，降低室内二氧化碳浓度，保持作业场所内空气的新鲜，对于降低工人疲劳度、提高工作效率有着积极的意义。

3. 二氧化碳对环境的危害

二氧化碳对自然环境的危害主要体现在温室效应和全球气候变暖两方面。温室效应是指透射阳光的密闭空间由于与外界缺乏热对流而形成的保温效应，就是太阳短波辐射可以透过大气射入地面，而地面增暖后放出的长波辐射却被大气中的二氧化碳等物质所吸收，从而产生大气变暖的效应，这就是有名的“温室效应”。

大气温室效应进一步加剧全球气候变暖，产生一系列当今科学不可预测的全球性气候问题。斯特恩报告显示，如果人类一直维持如今的生活方式，到 2100 年，全球平均气温将有 50%的可能上升 4℃。如果全球气温上升 4℃，地球南北极的冰川就会融化，海平面因此将上升，全世界 40 多个岛屿国家和世界人口最集中的沿海大城市都将面临淹没的危险，全球数千万人的生活将会面临危机，甚至产生全球性的生态平衡紊乱，最终导致全球发生大规模的迁移和冲突。

因此，二氧化碳增加可能导致的气候和环境的变化问题是当前亟待解决的问题。

12.3 主要作业空间空气污染来源及其危害

12.3.1 建筑物室内空气污染来源及其危害

据2003年中新社报道，中国每年因建筑涂料引起的急性中毒事件约400起，中毒人数达1.5万余人，死亡人数达350余人，造成慢性中毒达10万余人次。《2019 中国室内空气污染状况白皮书》显示：室内空气污染程度随着装修完成年份的增长而降低，其中装修1年内房屋不合格率为95%，装修2年内不合格率为65%，装修3年内不合格率为55%。办公室是空气污染重灾区，不合格率高达90%。

建筑物室内空气污染来源主要包括以下三个方面。

（1）建筑物材料中的放射性物质。含放射性核素氡的建筑材料主要包括建筑石材、砖、土壤、泥沙、砂等，以矿渣水泥、灰渣砖及一些花岗岩石材为主。专家研究发现，放射性及一次大剂量及多次小剂量的放射线照射都有致白血病作用。特别是一些高放射性的建筑材料，会对人体造成体内和体外伤害。

（2）建筑材料及家具中的化学物质。建筑装修用的人造板材、木家具及其他各类装饰材料，如贴壁布、墙纸、化纤地毯、泡沫塑料、油漆、涂料等含有苯和甲醛等有害物质。苯为无色具有特殊芳香味的气体，已被世界卫生组织确定为强烈致癌物质。苯是近年来造成儿童白血病患者增多的一大诱因。研究证明，慢性苯中毒主要使骨髓造血机能发生障碍，引起再生障碍性贫血。

甲醛是一种无色的强烈刺激性气体，已被世界卫生组织确定为致癌和致畸形物质。甲醛释放污染，会造成眼睛流泪，眼角膜、结膜充血发炎，皮肤过敏，鼻咽不适，咳嗽，急慢性支气管炎等呼吸系统疾病，嗅觉异常，肝功能异常及免疫功能异常，亦可造成恶心、呕吐、胃肠功能紊乱，严重时还会引起持久性头痛、肺炎、肺水肿、丧失食欲，甚至导致死亡。2010年12月15日，世界卫生组织发布的《室内空气质量指南》提出，室内空气中甲醛含量的安全标准是每立方米中含量 0.1mg，超量则会伤害肺部功能，并可能患上鼻咽癌和白血病。我国国家室内空气质量标准也规定，甲醛的含量应该小于或等于 $0.1mg/m^3$。

（3）现代家用电器、电线产生的电磁辐射。家用电器、电线等产生的电磁场，正在威胁人们的健康。意大利医学专家统计，全国每年有 400 多名儿童患白血病，其中2~7 岁儿童的发病原因，主要是受到过强的电磁辐射。电磁辐射对健康的危害是多方面的、复杂的：一是对中枢神经系统的危害；二是对机体免疫功能的危害，导致身体抵抗力下降；三是对心血管系统的影响。受电磁辐射危害的人，常发生血流动力学失调，血管通透性和张力降低，主要表现为心悸、失眠，部分女性会出现经期紊乱、心动过缓、心搏血量减少、窦性心律不齐、白细胞减少、免疫功能下降等。

例子：2018年5月8日，王先生入住杭州滨江区自如（租房品牌）房间，2018年8月24日，自如被指甲醛超标，接到法院传票及对方律师函，得知王先生已于7月13日在北京病逝。7月10日，王先生在首都医科大学附属北京朝阳医院门诊被初步诊断为急性白血病，并留院观察，次日确诊。病情发展迅速，确诊三天后他便离世。虽然尚无有力证据表明甲醛与白血病相关，但甲醛对人体健康的危害不言而喻。

12.3.2 生产车间空气污染来源及其危害

生产车间是面向生产一线的作业场所，是企业大部分生产人员工作的场所。生产车间空气污染将导致劳动者患病概率增加，危害劳动者生命健康，其危害程度并不低于生产安全事故和交通事故。

不同的生产车间，空气污染的来源也不同。例如，铜冶炼车间空气污染物主要来自铜冶炼过程中产生的烟尘、二氧化硫、硫酸雾等空气污染物；机械加工车间生产过程中产生了大量的粉尘、油雾、固体废弃物等污染物。如果加工材料是含铅、铜、锌锰等的合金，其产生的粉尘弥漫在空气中，这类粉尘被吸入后，由血液带到全身各部位，会引起全身性中毒，铅尘浸入皮肤，会出现一些小红点，称为“铅疹”。同时，切削液大量受热蒸发使机械加工车间空气中充满油雾，油雾在冷凝过程中形成直径更为细小的冷凝悬浮体，粒径通常在 2μm 以下。医学研究证明，油蒸汽和大颗粒液滴对人体肺部的危害相对较小，以油蒸汽形态存在的油雾被吸入肺部又被呼出，它们并不会被肺泡捕获，粒径 10μm 以上的颗粒油滴无法通过鼻腔和支气管进入肺部，而以液滴形式存在且直径小于 5μm 的油雾颗粒能顺利到达肺泡，并在肺部沉淀，会导致呼吸系统疾病（包括哮喘、肺炎等），从而对人体造成危害。

12.4 空气污染物的防治

12.4.1 不同污染源采取的防治措施

1. 化学性毒物的防治措施

化学性有毒污染物防治可以从以下几方面入手。

（1）建立完善的环境标准与污染防治技术规范。结合全国工业企业有毒空气污染防治现状及环境控制标准的补充完善，及时总结适合不同行业和地区的污染防治技术，由国家环保部门发布重点控制因子的污染防治技术政策。各地方环保部门应从有毒空气的污染源监测、环境质量监测抓起，有计划地分区域、分层次配套相应的监测技术和设备，逐步形成完善的技术方法并逐步推广。

（2）交叉介质污染控制原则。大气污染具有迁移与富集的特点。例如，大气沉降作用可以使重金属及化合物和某些挥发性有机物（如多氯联苯）进入水体；又如，城市污水处理厂回收的含挥发性有机物的污水经蒸发作用进入大气环境。按照传统的单介质污染控制途径，不能解决环境中交叉介质传递问题。因此，应该从整体环境的观念出发，对于工业点源产生的多种污染物进行多介质综合分析，从而选择区别化的控制管理手段。

（3）加强宣传与教育，强调全民防治。随着公民环境法律意识的高涨，公众对环境教育要求达到了新的高度。国家、地方和相关机构应当加强对公众有毒空气污染防治的培训和教育，组织有毒空气污染物造成健康风险的基础培训，帮助民众更好地了解和预防有毒气体；介绍空气污染基本控制技术；向城市市民宣讲有毒气体排放趋势和空气质量年度报告等，使公众参与实施有毒空气污染物防治计划。

2. 粉尘的防治措施

针对工作场所中粉尘对人身体健康和心理健康两方面的危害，主要有以下措施。

1）组织措施

加强组织领导是做好防尘工作的关键。粉尘作业较多的厂矿领导要有专人分管防尘事宜；建立和健全防尘机构，制定防尘工作计划和必要的规章制度，切实贯彻综合防尘措施；建立粉尘监测制度，大型厂矿应有专职测尘人员，医务人员应对测尘工作提出要求，定期检查并指导，做到定时定点测尘，评价劳动条件改善情况和技术措施的效果。做好防尘的宣传工作，从领导到广大职工，让大家都能了解粉尘的危害，从而根据自己的职责和义务做好防尘工作。

2）技术措施

技术措施是防治粉尘危害的中心措施，主要在于治理不符合防尘要求的产尘作业和操作，目的是消灭或减少生产性粉尘的产生、逸散，以及尽可能降低作业环境粉尘浓度。

（1）改革工艺过程，革新生产设备，是消除粉尘危害的根本途径。应从生产工艺设计、设备选择，以及产尘机械在出厂前就应达到防尘要求的条件等各个环节做起，如采用封闭式风力管道运输，以负压吸砂等消除粉尘飞扬，用无矽物质代替石英，以铁丸喷砂代替石英喷砂等。

（2）湿式作业是一种经济易行的防止粉尘飞扬的有效措施。凡是可以湿式生产的作业均可使用。例如，矿山的湿式凿岩、冲刷巷道、净化进风等，石英、矿石等的湿式粉碎或喷雾洒水，玻璃陶瓷业的湿式拌料，铸造业的湿砂造型、湿式开箱清砂、化学清砂等。

（3）对不能采取湿式作业的产尘岗位，应采用密闭吸风除尘方法。凡是能产生粉尘的设备均应尽可能密闭，并用局部机械吸风，使密闭设备内保持一定的负压，防止粉尘外逸。抽出的含尘空气必须经过除尘净化处理，才能排出，避免污染大气。

3）卫生保健措施

预防粉尘对人体健康的危害，首先是消灭或减少发生源，这是最根本的措施；其次是降低空气中粉尘的浓度；再次是减少粉尘进入人体的机会，以及减轻粉尘的危害；卫生保健措施属于预防中的最后一个环节，虽然属于辅助措施，但仍占有重要地位。

（1）个人防护和个人卫生，对受到条件限制，如粉尘浓度达不到允许浓度标准的作业，佩戴合适的防尘口罩就成为重要措施。开展体育锻炼、注意营养，对增强体质、提高抵抗力具有一定意义。此外，应注意个人卫生习惯，不吸烟。遵守防尘操作规程，严格执行未佩戴防尘口罩不上岗操作的制度。

（2）就业前及定期体检，对新从事粉尘作业的工人，必须进行健康检查，目的主要是发现粉尘作业就业禁忌证及作为健康资料。定期体检的目的在于早期发现粉尘对健康的损害，发现有不宜从事粉尘作业的疾病时，及时调离。

3. 二氧化碳防治措施

二氧化碳防治措施主要有以下方面。

（1）低碳生活，尽量减少生活作息时所耗用的能量，做到从源头上对二氧化碳的防治。

（2）在进入含有较高浓度二氧化碳的工作区域前，检查空气中二氧化碳浓度是否超过 2%，若超过，则需要采取有效的安全措施，如通风排毒、置换工作场所空气，保证空气中二氧化碳浓度低于 2%，也可佩戴送风面盔、自吸式导管防毒面具、氧气呼吸器等。

（3）采用先进的科学技术降低二氧化碳的含量。CCS 技术，即二氧化碳捕集与封存技术，是短期之内应对全球气候变化最重要的技术之一，指的是通过碳捕集技术，将工业和有关能源产业所产生的二氧化碳分离出来，再通过储存手段，将其输送并封存到海底或地底等与大气隔绝的地方。

（4）完善有关二氧化碳排放和治理的国际公约。2020 年《京都议定书》第二承诺期结束后国际社会就如何分担应对气候变化的责任开展了会议。会议的核心是抑制或控制碳排放，减少空气中的二氧化碳排放，旨在完成 2009 年哥本哈根气候大会提出的目标——达成一项抑制全球气候变暖的协定，确保地球升温不超过工业革命前的 2℃。

另外，关于二氧化碳中毒急救措施主要有：迅速地使中毒者脱离高浓度的二氧化碳环境，到空气新鲜处，解松中毒者衣领，人工辅助呼吸以使其尽快吸入氧气，必要时用高压氧治疗，抢救人员应佩戴有效的呼吸防护器。注射呼吸兴奋剂，有继发感染的给予抗生素；二氧化碳结合力下降的应静脉滴注碳酸氢钠或乳酸钠；四肢痉挛的可以服用较大剂量的镇静剂；长期高热和惊厥的可用镇静药物；其他如肺水肿、脑水肿等应对症处理。

12.4.2 不同场所采取的不同措施

1. 建筑物室内空气污染的防治

针对室内空气污染主要有以下防治措施。

（1）常开窗、通风换气。开窗通风可以保持室内良好的空气质量，是改善室内空气质量的关键。

（2）种植绿色植物，净化空气。不少植物能够分解一些有毒物质，花卉、草类植物具有一种以酶作催化剂的潜在解毒力，吸收室内产生的一些污染物质，净化空气。研究表明，在含有甲醛的密闭房间内，放 1~2 盆吊兰或常春藤，半天内可使甲醛的含量降低一半，一天之内可吸收室内 90%以上的甲醛、乙醛等居室大气污染物，扶郎花、菊花则能有效消除苯、甲苯的污染。

（3）尽量减少在室内吸烟的机会，少吸烟或者不吸烟。在香烟的烟气成分中，含有一氧化碳、丙烯醛、氰氢酸、氨等刺激性气体，这些有害气体对人体的肝脏及支气管黏膜的纤毛上皮细胞，有严重的损害作用。

（4）合理使用空调。当新风量不足时使用空调会造成室内空气质量下降。因此对空调的合理使用也是防治室内污染的措施之一。

（5）使用空气净化器等高科技设备净化室内空气。

例子： 2020 年 1 月以来，新型冠状病毒在全球蔓延，它通过空气传播，具有极强的传染性。格力 KXJFA300-A01 空气净化器以 CKER 病毒净化系统为技术支撑，能够高效杀灭新型冠状病毒、冠状病毒和去除气溶胶及颗粒物，从根本上阻断病毒空气传播途径。CKER 病毒净化系统运用格力自主研发的 CEP 等离子体恒效净化技术、H13 级别强效过滤网、基于目标值的表面温度控制技术，对病毒进行杀、滤、消三重净化。据报道，在 $60m^3$ 的房间内，该空气净化器启动 55min 以后，能够有效去除 20~700nm 的气溶胶，去除率达 96.99%。经武汉定点收治医院实地使用测试，1 小时能有效杀灭 99%以上的新型冠状病毒。在 $35m^3$ 且颗粒物（大于 1μm）浓度为 1.5×10^4 个/L 的密封空间中，格力空气净化器 KXJFA300-A01 能够在 4.4min 内将浓度减少至零，每分钟平均可去除 1 亿个颗粒物。

2. *生产车间空气污染的防治*

生产车间空气污染严重影响工作人员的身体健康，威胁员工的生命安全。生产车间空气污染防止措施包括以下四个方面。

（1）制定法规和严格管理。2001 年 10 月 27 日第九届全国人民代表大会常务委员会第二十四次会议通过《中华人民共和国职业病防治法》，并于 2002 年 5 月 1 日起正式施行。与此同时，卫生部也出台实施了与之配套的规章：《国家职业卫生标准管理办法》《职业病危害项目申报管理办法》《建设项目职业病危害分类管理办法》《职业健康监护管理办法》《职业病诊断与鉴定管理办法》《职业病危害事故调查处理办法》。各企业单位也必须对空气环境的治理制定相关的规章制度以加强管理，防止职业病的发生发展。

（2）根据相关标准选取合适的车间环境空气重金属检测方法。在生产车间中产生的危害最大的污染是重金属污染，因此对车间空气中重金属含量的检测一定要科学、准确。

（3）降低燃料对空气的污染。其一，要选择低硫及低有害物质含量的燃料。当选择有困难时，应采取预处理方法降低燃料的有害物质含量。其二，要改进燃烧方法，通过改进燃烧设备、燃烧方式，使燃料充分燃烧，减少一氧化碳和氮氧化物等的排放量。其三，除尘和排烟净化，要从排出烟气中除去烟灰、二氧化硫、一氧化碳和氮氧化物等。

（4）加强对生产车间空气的检测与控制。工厂、车间通过合理布局、排放和绿化，减少污染物危害。设置换气、排气设备，并进行经常的保养、检查或改进。

例子： 宁波市某氨基酸生产企业，其产品在生产过程中会产生具有特殊气味的气体，但企业原有废气处理装置治理方法简单，处理效果较差，在废气收集方面也存在较多问题，并且生产装置的无组织废气没有进行收集，企业恶臭气味严重，对周边环境影响较大。为了进一步防止空气污染，提高效益，该企业做了以下改变。

第一，对废气收集方式进行改造，包括：对落后生产设备的淘汰或升级改造；对废气收集方式进行优化；改进生产操作方式，降低或消除由于生产操作不当带来无组织气体的产生与扩散；通过对集气方式的改造，车间无组织废气的产生及散发明显减弱，产生点位的废气能得到有效收集，车间及厂区恶臭气味不明显。

第二，实行可行的氨基酸企业无组织废气的收集和治理方式，通过对废气收集方式的改造，从源头解决无组织废气的散发问题，为后续废气的集中治理提供保障。

第三，提出“碱洗+酸洗氧化+碱洗”的集成工艺高效处理氨基酸行业废气，不仅对废气中的醋酸、醋酐、乙醇、HCl、氨气能够有效去除，并且对第三车间的发酵废气及污水站的恶臭气体有良好的处理效果，解决氨基酸废气治理存在的工艺简单、不合理、治理效果较差的问题。

第四，对现有设备的优化改造。充分利用已有治理设施，减少资源浪费及设备投资；实现合理的废气治理过程控制，进一步节省运行费用，保障达标排放。

通过以上措施，企业环境、社会效益显著提高。相比改造前，HCl、氨气、挥发性有机物的排放减少，挥发性有机物排污费的缴纳也减少了；周边环境得到改善，有利于企业产品的销售和地方发展，有利于员工的身体健康。

12.5 空气调节

12.5.1 通风和空气调节的概念

无论是工业生产中为了保证作业者的健康，提高工作效率和质量，还是在公共场所及人们生活的房间里，为了满足人们正常活动和舒适的需要，都要求维持一定的空气环境，通风和空气调节就是创造这种空气环境的一种手段，可以很好地稀释工作生活场所中的有害气体等。

通风是把局部地点或整个房间内污染的空气（必要时经过净化处理）排出室外，把新鲜空气（或经处理）的空气送入室内，从而保持室内空气的新鲜及洁净程度。空气调节则是更高一级的通风，它不仅要保证送进室内空气的温度和洁净度，同时还要保持一定的湿度和速度。

通风的目的主要是消除生产过程中产生的粉尘、有害气体、高温和热辐射的危害。空气调节的目的则主要是创造一定的温度、湿度和洁净度的空气环境，并考虑消声防声问题，以满足生产和生活上的需要。

12.5.2 工作场所通风的主要方法

通风方法按空气流动的动力不同，可分为自然通风和机械通风；按通风系统作用范围，可分为全面通风和局部通风。

1. 自然通风

自然通风是依靠室内外空气温差所造成的热压，或者室外风力作用所形成的压差，使室内外的空气进行交换，从而改善室内的空气环境。自然通风不需要专设动力装置，对于产生大量余热的车间是一种经济而有效的通风方法。但自然进入的室外空气无法预先处理；从室内排出的空气中，如果含有有害物质时，也无法净化处理。另外，自然通风的换气量一般要受室外气象的影响，通风效果不稳定。

2. 机械通风

机械通风是指借助于通风设备（鼓风机、电扇等）所产生的动力而使空气流动的方法。机械通风方法能保证通风量，并可控制流动方向和气流速度，也可按所要求的空气参数，对进风和排风进行处理，如对进气进行加热或冷却，也可对排气进行净化处理等。机械通风系统比自然通风复杂，一次投资和运行管理费用较大。

3. 全面通风

全面通风是对整个房间进行通风换气。其目的是稀释房间内有害物质浓度，消除余热、余湿，使之达到卫生标准和满足生产作业要求。全面通风可以利用机械通风来实现，也可用自然通风来实现。

4. 局部通风

局部通风可分为局部排风和局部送风两种。局部排风是在有害物质产生的地方将其就地排走，使有害物不在车间滞留和扩散，污染空气；局部送风则是将经过处理的、合乎要求的空气送到局部工作地点，造成一种良好的空气环境。局部通风与全面通风相比，控制有害物质扩散效果更好，且经济。

12.5.3 全面通风的设计原则

（1）放散热、蒸气或有害物质的建筑物，当不能采用局部通风，或采用局部通风后达不到卫生标准要求时，应辅以全面通风或采用全面通风。

（2）设计全面通风时，宜尽可能采用自然通风，以节约能源和投资。当自然通风达不到卫生或生产要求时，应采用机械通风，或自然和机械的联合通风。

（3）民用建筑的厨房、厕所、浴室等，宜设置自然通风或机械通风进行局部通风或全面通风。

12.5.4 全面通风换气量的计算

确定全面通风换气量的依据是单位时间进入房间空气中的有害气体、粉尘、热量及水汽等数量。

1. 消除有害气体的全面通风换气量

假设房间内每小时散发的有害物数量为 X（mg/h），且假定其是稳定均匀地扩散到整个房间，利用全面通风每小时由室内排出污染空气的有害物浓度为 C_2（mg/m^3），送入室内的空气中含有该有害物浓度为 C_1（mg/m^3），则根据在通风过程中排出有害物的量应当和产生的有害物达到平衡的原则，房间内所需全面通风换气量 L（m^3/h）可按以下公式计算：

$$L=\frac{X}{(C_2-C_1)}$$

2. 消除室内余热的全面通风换气量

当室内产生的有害物有余热时，所需全面通风换气量 L 可用下式计算：

$$L=\frac{Q}{C\gamma_j\left(t_p-t_j\right)}$$

式中，Q 为室内余热量；t_p 为排出空气的温度；t_j 为进入空气的温度；C 为空气的比热容，一般取 1.01kJ/（kg・℃）；γ_j 为进气状态下的空气密度。

3. 消除室内余湿的全面通风换气量

当室内产生的有害物有余湿时，所需全面通风换气量 L 可按下式计算：

$$L=\frac{W}{\gamma_j\left(d_p-d_j\right)}$$

式中，W 为散湿量；d_p 为排出空气的含湿量；d_j 为进入空气的含湿量。

应当指出的是，全面通风换气量的计算结果应按具体情况予以确定。当房间内同时散发有害气体、余热及余湿时，应分别计算所需的空气量，然后取其中的一个最大值作为整个房间的全面通风换气量。当房间内同时散发几种溶剂的蒸气（苯及其同系物、醇类、醋酸酯等）或带有刺激性气体（二氧化硫、氯化氢、氟化氢及其盐类）时，消除有害气体的全面通风换气量应按对各种有害蒸气和气体分别稀释到最高允许浓度所需要的空气量之和计算。

当散入室内的有害物无法具体计算时，全面通风换气量可根据类似房间的实测资料或经验的换气次数确定。换气次数 n（次/h）是通风量 L（m^3/h）与通风房间的体积 V（m^3）之比值。已知换气次数 n 和房间体积 V，则通风量为 $n=L/V$。

例 12-3：某车间体积为 500m^3，车间内每秒钟产生 360mg 的二氧化硫气体，问进行全面通风时需要的通风量是多少？（送风全部为室外空气，该车间二氧化硫最高允许浓度为 15mg/m^3）

解：由于送风全部为室外空气，因而可认为送风气流中二氧化硫气体浓度 C_1=0，则通风量为

$$L=\frac{X}{(C_2-C_1)}=24\text{（m}^3\text{）}$$

例 12-4：已知某锅炉房在使用过程中每小时产生 5 000kJ 热量，室内温度为 40℃，室外温度为 30℃，空气比热容取 1.01kJ/（kg・℃），进气状态下空气密度为 1.293kJ/m^3，

试求全面通风换气量。

$$\text{解：} L=\frac{W}{\gamma_j\left(d_p-d_j\right)}=\frac{5\,000}{1.01\times1.293\times\left(40-30\right)}\approx382.87\ (\mathrm{m^3/h})$$

例 12-5：某食品加工车间散湿量为 500g/h，车间内含湿量为 30g/kg，要保持车间含湿量为 10g/kg，求该车间全面通风换气量（空气密度为 1.293 kg/m^3）。

$$\text{解：} L=\frac{W}{\gamma_j\left(d_p-d_j\right)}\approx19.33\ (\mathrm{m^3/h})$$

案例：隐形的杀手——室内空气污染

室内空气污染物对人体健康的危害是人们普遍关注的公共卫生问题。城市居民每天有 80%~90%的时间在室内度过，室内空气质量显得尤为重要。室内的空气污染物包括二氧化碳、可吸入颗粒物 PM_{10}、甲醛、苯系物及微生物等，其中以甲醛、苯的污染最为普遍。

选取深圳市某住宅小区共 35 户居民住宅，于 2017 年 10 月（秋季）及 12 月（冬季）对其进行室内空气质量监测，每户测定两个点（客厅和卧室），两个月共监测 140 个点，监测指标包括小气候（温度、湿度）、化学性因素（PM_{10}、二氧化氮、甲醛、苯、甲苯和二甲苯）及生物性因素（菌落总数）等。接受调查的 35 户住户，其中以人均住宅面积为 15~30m^2 的住户为主，共 23 户（65.7%）；6 户住户使用空气净化器（17.1%）；近两年有装修的住户共 9 户（25.7%）；使用天然气作为厨房燃料的家庭 33 户（94.3%）。为得到室内空气质量基本情况，在客厅和卧室各设置 70 个监测点，监测情况如表 12-7 所示。

表 12-7　室内空气污染基本情况

空气污染物	监测点	均值	25%位点	75%位点	超标数/份	超标率
PM_{10}/（mg/m^3）	客厅	0.178	0.126	0.329	38	54.3%
	卧室	0.163	0.122	0.321	40	57.1%
二氧化碳/%	客厅	0.050	0.048	0.060	3	4.3%
	卧室	0.050	0.050	0.060	3	4.3%
二氧化氮/（mg/m^3）	客厅	0.028	0.014	0.033	0	0
	卧室	0.027	0.017	0.035	0	0
甲醛/（mg/m^3）	客厅	0.014	0.011	0.021	0	0
	卧室	0.016	0.012	0.023	0	0
苯/（mg/m^3）	客厅	0.006	0.004	0.008	0	0
	卧室	0.006	0.004	0.008	1	1.4%
甲苯/（mg/m^3）	客厅	0.017	0.012	0.025	0	0
	卧室	0.018	0.012	0.025	0	0
二甲苯/（mg/m^3）	客厅	0.010	0.008	0.016	0	0
	卧室	0.010	0.007	0.015	0	0
菌落总数/（CFU/m^3）	客厅	232	157	310	0	0
	卧室	205	98	330	0	0

客厅和卧室的空气污染物二氧化氮、甲醛、甲苯、二甲苯及菌落总数均达到《室内空气质量标准》（GB/T 18883-2002）要求。客厅和卧室 PM_{10} 浓度的超标监测点（PM_{10} 浓度>0.15mg/m^3）个数分别为 38 个和 40 个，占 54.3%和 57.1%；客厅和卧室的二氧化碳浓度超标监测点（二氧化碳浓度>0.10%）个数均为 3 个，各占 4.3%；有 1 户卧室空气中的苯浓度超标（苯浓度>0.11mg/m^3），所有客厅均未检测到苯。

研究发现深圳市某居民住宅室内空气存在不同程度的污染，根据《室内空气质量标准》（GB/T 18883-2002），住宅室内超标空气污染物为 PM_{10}、二氧化碳和苯，超标率分别为 55.7%、4.3%和 0.7%，其中 PM_{10} 为最主要的污染物。住宅空气中颗粒物最直接的来源是燃烧、烹饪等日常行为，颗粒源的释放与室内燃烧设备和烹饪方式相关，这些污染源的存在对室内 PM_{10} 的浓度存在较大影响。有研究表明，同等条件下，一般燃气炉烹饪时会比电炉产生更多的颗粒物，烹饪时颗粒的释放与所用植物油的类型无关，与加热温度有很大的相关性，电炒锅烹饪食物时比燃气炉释放的颗粒少。调查发现，厨房使用燃烧天然气的住户比使用电锅者空气中 PM_{10} 浓度高，厨房使用天然气作为燃料是室内 PM_{10} 浓度超标的危险因素，这可能是由于燃气燃烧产生了颗粒物，也可能与燃气炉温度较高有关。研究测得二氧化碳平均浓度为 0.05%，低于《室内空气质量标准》（GB/T 18883-2002）。本次调查二氧化碳浓度超标率为 4.3%。

此外，据《2019 中国室内空气污染状况白皮书》，通过对 6 482 个室内点位的实际测量数据进行分析，中国室内空气污染严重不合格比例高达 74%，其中装修 1 年内房屋空气质量 95%不合格，装修 3 年内不合格率为 55%。在室内可检测出 300 多种污染物，68%的人体疾病都与室内空气污染有关。室内空气污染对人体健康造成的危害已到了不得不引起重视的地步。

（资料来源：张群芳，洪烈城，彭巨成，等. 深圳市西乡街道居民室内空气污染现状调查[J]. 环境卫生学杂志，2019，9（6）：545-549，556）

【思考题】

1. 结合案例谈谈目前主要的几种室内空气污染物，以及它们的来源。
2. 针对室内空气污染应该采取哪些有效防治措施？
3. 试讨论室内空气污染对人体健康的影响。

第 13 章　作业事故与安全

【学习目标】

本章内容围绕着劳动安全与事故预防，涉及了事故的定义、特性和危害，系统安全性评价方法，重点介绍了事故树分析法，简单介绍了安全评价原理和方法，并从人、设备、环境、管理四个方面分析了事故产生的原因及预防方法，重点介绍了人为失误的分类和形成原因。

【开篇案例】

某机械厂车工孙某正在加工一批轴类零件，因零件较脏，孙某戴着帆布手套进行操作。这批零件光洁度要求较高，为达到要求，孙某每加工完一件就要通过用纱布包住用手握住并左右推行的方法在转机中对轴进行打磨。然而一次打磨中，孙某右手套被卡盘缠绞，孙某本能地把手往回抽，致两指被拽掉，手腕骨折。

事故的发生正是因为孙某怕脏，戴手套操作转动设备形成的习惯性违章行为，而在机器运转中，又采用较危险的手握纱布包轴打磨法，因长时间打磨零件多次，反复熟练操作中渐渐掉以轻心，一不留神，戴手套握纱布的手过于靠近转动的卡盘，造成伤害事故。这正是典型的由人的不安全因素导致的安全事故。

13.1　事故理论

13.1.1　事故的概念和种类

事故是发生于预期之外的造成人身伤害或财产或经济损失的事件。人因工程研究的重点是企业职工伤亡事故，又称工伤事故，是指企业职工在生产过程中发生的人身伤害和急性中毒。

事故对于人类的危害是常见的和广泛的。例如，2019 年 5~6 月国内发生的各种生产安全事故 87 起，其中交通事故占 39.08%，矿业事故占 6.90%，爆炸事故占 8.05%，火灾占 6.90%，毒物泄漏与中毒占 3.45%，其他事故占 35.63%。87 起事故共死亡 252 人。死亡人数的百分比分别为交通事故占 40.08%，矿业事故占 8.33%，爆炸事故占 4.37%，火灾占 7.54%，毒物泄漏与中毒占 3.97%，其他事故占 35.71%。

13.1.2　事故致因理论

事故致因理论，又称事故发生及预防理论，是阐明事故为什么会发生、事故是怎样发生的及如何防止事故发生的理论。

虽然引发事故的原因非常复杂，但依据人因工程学理论，从控制事故原因的角度来分析，可将事故的基本成因总结为人的原因、物的原因、环境条件、管理因素的多元函数，事故致因逻辑关系如图 13-1 所示。

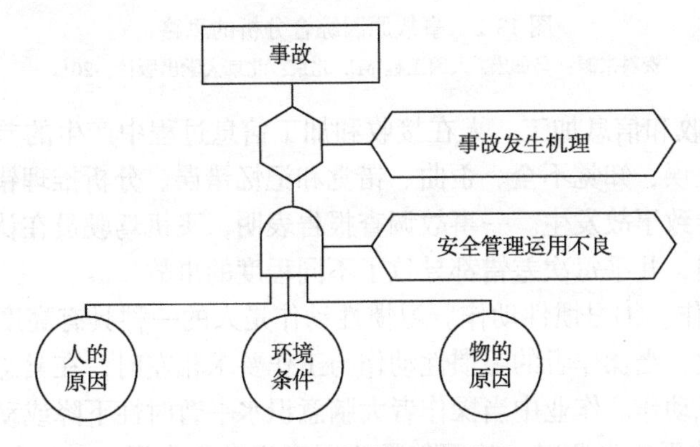

图 13-1　事故致因逻辑关系

资料来源：马如宏. 人因工程[M]. 北京：北京大学出版社，2011

由图 13-1 可知，事故原因有人、物、环境和管理四个方面，而事故机理则是触发因素。从寻求事故对策的角度来分析，一般又将上述四方面的原因分为直接原因、间接原因和基础原因。如果将环境条件归入物的原因，则人机系统中事故的直接原因是人的不安全行为和机的不安全状态；间接原因就是管理失误；而基础原因一般是指社会因素。事故就是社会因素、管理因素和系统中存在的事故隐患被某一偶然事件所触发而造成。图 13-2 为事故原因综合分析的思路。

1. 人的原因

近年来，由于人机系统大型化、复杂化，从事故统计数据来看，发生事故的原因大多是人的不安全行为，其比例高达 70%~80%。随着现代科技水平的提高，人因事故比例还有进一步提高的趋势，因此从提高人机系统安全性角度出发，必须重视对人的不安全行为的研究。人的不安全行为主要包括以下方面。

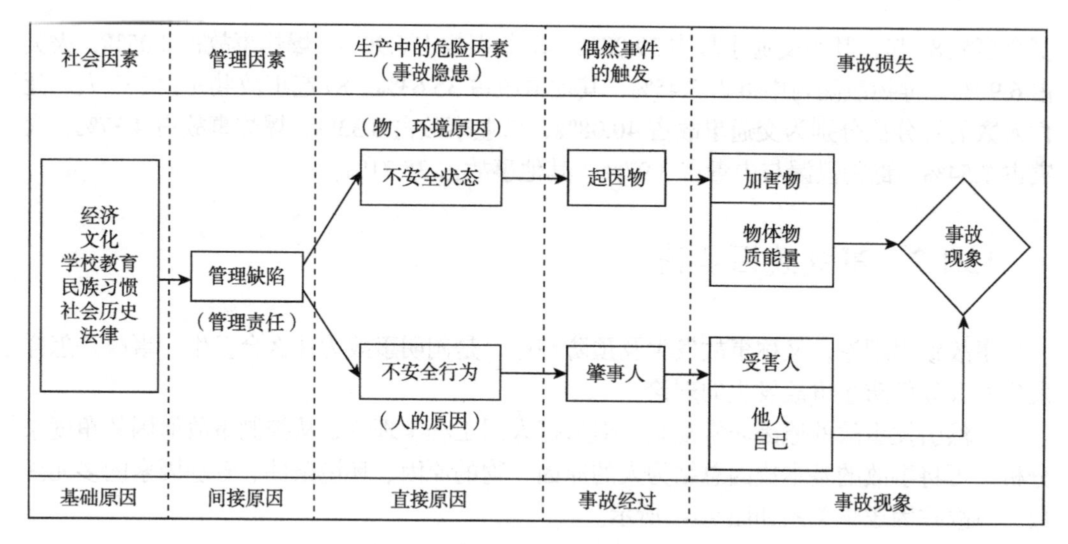

图 13-2 事故原因综合分析的思路

资料来源：马如宏. 人因工程[M]. 北京：北京大学出版社，2011

（1）信息接收和信息加工。人在接收和加工信息过程中产生的差错包括未发现信号、迟误、判别失误、知觉不全、歪曲、错觉和记忆错误、分析推理错误、决策错误，这些差错均可能导致事故发生。一事故调查报告表明，飞机驾驶员在认读仪表显示时发生过的 270 次差错，几乎每次差错都导致了不同程度的事故。

（2）操作动作。①习惯性动作。习惯性动作是人的一种具有高度稳定性和自动化的行为模式。因此，当操作者的习惯性动作与工作要求相左时，在紧急情况下，极易造成事故。②无意识动作。作业中当操作者大脑意识水平暂时性下降或动作路线不佳、动作用力不当、躯体平衡失调时，均可能发生无意识动作失误。③操作难度。操作越复杂、难度越大，需要操作者反应的时间过长、反应动作过多，造成差错的可能性就越大。④不安全动作。这些不安全动作包括采取不安全的作业姿势或体位、危险或高速作业、使用不安全设备、用手代替工具操作或违章操作、在有危险的运转或移动着的设备上进行工作、不停机检修、注意力分散等。

（3）年龄、经验。事故统计资料表明，20 岁上下的青年工人事故发生率较高，25 岁以下的青年工人事故发生率约占事故总数的 60%；25 岁以上呈逐渐降低趋势；50 岁以上体力和作业能力有所减弱，因此事故发生率又稍有上升。

（4）情绪状态。人在工作、生活中遇到挫折或不幸时，会产生愤怒、忧愁、焦虑、悲哀等不良情绪，极易导致事故的发生。

（5）个性特征。有心理学家认为，作业中事故的发生与作业者的个性特征有关。对于安全性要求较高的职业，应把个性特征列为选择作业人员的条件之一。

（6）疲劳。作业中导致疲劳的因素是多方面的、复杂的，改善和防止疲劳的措施也是多方面的，如作业内容、强度、方式等方面的改善。但在大多数情况下，最经济有效、最方便易行的措施则是科学地安排作业和休息。

例子：某日，山东省淄博市某化工厂的脱砷反应器操作人员工作时，发现仪表阀门无法调整反应器压力，便通知仪表工人到现场检修。仪表维修工贾某到现场后，没有询问工艺技术人员管道压力及内部物料性质，直接开排污阀检查，见无介质流出，怀疑是阀门堵塞，导致仪表失灵。于是贾某关闭了两侧导淋阀门，登上罐顶试图打开阀门法兰检查处理堵塞故障。法兰刚一打开便喷出大量氢气发生爆燃，来不及做准备的贾某被这突发状况惊吓到，从罐顶坠落摔成重伤。

以上事故的发生，正是由于仪表维修人员贾某在没有与技术人员沟通分析和确认故障，不熟悉工艺流程、未通知技术总工或车间主任的情况下，根据个人经验，贸然擅自打开带压阀门法兰，导致管内氢气外泄，遇热发生爆燃。

2. 物的原因

在作业中，物包括原料、燃料、动力、设备、工具、成品、半成品和废料等。物的不安全状态是构成事故的物质基础。物的不安全状态构成生产中的安全隐患和危险源，在一定条件下就会转化为事故。其中，设备因素是人机系统的重要组成部分，设备的设计、防护、布置等方面的问题是诱发事故的较为重要的原因。一是设备存在设计缺陷；二是防护、保险、信号等装置缺乏或有缺陷；三是设备布置不合理、不安全，如设备布置过密，作业者缺乏必要的作业空间，抑或是相关的显示装置布置过于分散，控制器布置得不便确认和控制等。

生产中存在的可能导致事故的物质因素成为事故的固有危险源。按其性质可分为化学、电器、机械（含土木）、辐射和其他危险源共五类，各类中包含的具体内容如表 13-1 所示。

表 13-1　导致事故的固有危险源

危险源类别	内容
化学危险源	①爆炸危险源，指构成事故危险的易燃、易爆物质、禁水性物质及易氧化自燃物质；②工业毒害源，指导致职业病、中毒窒息的有毒或有害物质、窒息性气体、刺激性气体、有害性粉尘、腐蚀性物质和剧毒物；③大气污染源，指造成大气污染的工业烟气及粉尘；④水质污染源，指造成水质污染的工业废弃物和药剂
电器危险源	①漏电、触电危险；②着火危险；③电击、雷击危险
机械（含土木）危险源	①重物伤害危险；②速度与加速度造成伤害的危险；③冲击、振动危险；④旋转和凸轮机构动作伤人危险；⑤高处坠落危险；⑥倒塌、下沉危险；⑦切割与刺伤危险
辐射危险源	①放射源；②红外线射线源；③紫外线射线源；④无线电辐射源
其他危险源	①噪声源；②强光源；③高压气体；④高温源；⑤湿度；⑥生物危害，如毒蛇、猛兽的伤害

例子：江苏省某个体机械加工厂，车工郑某和钻工张某两人在一个仅 9m^2 的车间内作业，他们的两台机床的间距仅 0.6m，当郑某在加工一件长度为 1.85m 的六角钢棒时，因该棒伸出车床长度较大，在高速旋转下，该钢棒被甩弯，打在了正在旁边作业的张某的头上，等郑某发现立即停车后，张某的头部已被连击数次，头骨碎裂，当场死亡。该事故的发生正是由于设备布置不合理，设备布置过密，作业者缺乏必要的作业空间，以及没有专门的安全应急防护措施和防护装置。

3. 环境条件

不良的工作环境会导致人们产生不良的心理状态，从而降低人们行为的可靠性，诱发各种人为差错。不良的工作环境包括高温、严寒、噪声、振动、不良的照明环境等。

（1）气温。相关研究表明，在外界气温很高的情况下，人体的血液处于体表循环状态，而内脏与中枢神经则相对缺血，此时人的大脑的觉醒水平低下，反应能力降低，注意力涣散，心境不佳，因此容易出现人为差错，进而造成事故。

（2）噪声。噪声的干扰使作业者的注意力涣散，特别是当报警信号、行车信号在噪声干扰下不易被人注意，从而引发伤害事故。世界卫生组织估计，美国仅此原因引起的事故一年损失近 40 亿美元。

（3）照明。不良的采光照明条件，使作业者不能准确迅速接收外界信息，从而增加事故率。英国的调查资料表明，在机械、造船、铸造、建筑、纺织等工业部门，人工照明比天然采光情况下事故发生率增加 25%，其中由跌倒引起的事故增加 74%。

（4）振动。振动会引起视觉模糊，降低手的稳定，使操作者观察仪表时误读率增加，操纵机器时控制能力降低甚至失控，故易于造成事故。

例子：某船厂的一位年轻女电焊工在船舱内进行焊接作业，因为舱内温度高，再加上通风不良，身上大量出汗致使工作服和作业手套湿透，导致更换焊条时触及焊钳口而遭遇电击。刚遭遇电击时，由于痉挛后仰跌倒，且焊钳不慎砸落颈部，最后抢救无效死亡。

造成这场事故的主要原因有：焊机的空载电压超过了安全电压；船舱内温度高，焊工大量出汗，人体电阻降低，触电危险性增大；触电后未能及时发现，及时求援，电流通过人体的持续时间较长，心肺等重要器官受损严重，抢救无效。

4. 管理因素

企业事故率高低与企业领导对安全管理的重视程度及管理体制是否健全密切相关。管理失误是指管理上的缺陷，是事故发生的间接原因。从图 13-1 中可看出，管理可起到控制事故发生的主导作用。管理缺陷主要包括以下四个方面。

（1）技术管理缺陷。技术管理缺陷主要包括工业建筑物、机械设备和仪器仪表等生产设备的设计、选材、维修检点的缺陷；工艺流程、操作方法方面存在的问题。

（2）人员管理缺陷。人员管理缺陷主要包括对作业者缺乏必要的选拔、教育和培训，对作业任务和作业人员的选择和安排等方面存在缺陷。

（3）劳动组织缺陷。企业领导不重视安全生产工作，安全管理组织机构不健全，目标不明确，责任不清楚，检查工作不落实，专职人员责任心不强。

（4）安全政策制度的缺陷。安全工作方针、政策不落实，法规制度不健全，工作计划不切实。缺乏对现场工作的检查与指导，或检查与指导错误、没有安全操作规程或规程不健全、不认真实施事故防范措施、对安全隐患整改不力。

例子：2012 年 12 月 18 日，由于天气较冷，某公司的循环水池凉水塔结冰严重，凉水塔负重过大。值班班长霍某接班后，在 8：00 时安排水泵房当班操作工刘某（女）去凉水塔处理结冰，刘某在用竹竿敲击冰柱时，因竹竿太短，便站在围堰边上，处理结冰过程中刘某不慎从凉水塔的隔板缝隙中坠入循环水池。

调查后发现，该公司对冬季四防的安全防范意识不强；循环水池的围堰上未加装安全护栏，车间安全管理不到位；值班班长在安排工作时缺少防患意识，在刘某处理结冰时没有安排监护人；值班班长可以在下午 2：00 后，合理安排职工处理结冰。循环水池的醒目位置未安放“小心淹溺”的警示标识。

13.2　事故预测与预防

为了了解并掌握事故潜在的某些规律，必须对已经发生的事故进行追踪，分析和研究其所发生的根本原因，从中了解事故发生的倾向与内在规律，以便寻找未来时间内事故发生的潜在性或可能性，从而采取相应的措施加以预防或排除，使其不再成为“再现”的事故。这就是事故预测和预防的精髓与核心。

13.2.1　事故预测

事故预测，也称安全预测、危险性预测，是对系统未来的安全状况进行预测，预测系统中存在哪些危险及其危险程度，以便对事故进行预报和预防。通过预测，可以掌握一个企业或部门伤亡事故的变化趋势，帮助人们认识事故的客观规律，制定政策、发展规划和技术方案。事故预测的一般步骤如图 13-3 所示。

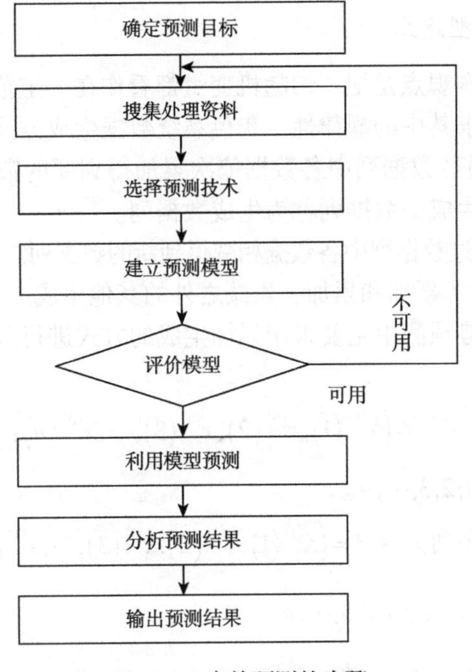

图 13-3　事故预测的步骤

根据预测对象范围，事故预测可分为宏观预测和微观预测。宏观预测是预测一个企业或部门未来一个时期的伤亡事故变化趋势，如预测明年某矿百万吨死亡率的变化。对于宏观预测，主要应用现代数学的一些方法，如回归预测法、指数平滑预测法、马尔科夫预测法、灰色系统预测法及德尔菲预测法（专家评估法）。微观预测具体研究一个企业某种危险能否导致事故、事故发生概率及其危险程度。对于微观预测，可以综合应用各种系统安全分析方法。本节重点介绍灰色系统预测法。

灰色系统具体的含义是，如果某一系统的全部信息已知为白色系统；全部信息未知为黑箱系统；部分信息已知，部分信息未知则为灰色系统。一般来说，社会系统、经济系统、生态系统都是灰色系统，如物价系统，导致物价上涨的因素很多，但已知的却不多，因此对物价的预测可以用灰色预测方法。

灰色系统理论认为对既含有已知信息又含有未知或非确定信息的系统进行预测，是对在一定方位内变化的、与时间有关的灰色过程的预测。尽管过程中所显示的现象是随机的、杂乱无章的，但毕竟是有序的、有界的，因此这一数据集合具备潜在的规律，灰色预测就是利用这种规律建立灰色模型对灰色系统进行预测。灰色预测通过鉴别系统因素之间发展趋势的相异程度，即进行关联分析，并对原始数据进行生成处理来寻找系统变动的规律，生成有较强规律性的数据序列，然后建立相应的微分方程模型，一般选用GM（1，1）模型，即一阶的一个变量的微分方程模型，从而预测事物未来发展趋势的状况。灰色 GM（1，1）模型是运用曲线拟合和灰色系统理论进行预测的方法，对历史数据有很强的依赖性，没有考虑各因素之间的联系，所以误差偏大，只适合做中短期的预测，不适合长期预测。

1. 灰色系统预测模型建立

灰色系统的一个基本观点是把一切随机变量都看作在一定范围内变化的灰色量。采用数据生成的方法来寻求其中的规律性。灰色系统数据生成方式有以下三种。

（1）累加生成。通过数据列中各数据依次累加得到新的数据列。累加前的数据列称为原数据列，累加后生成的数据列称为生成数据列。

（2）累减生成。通过数据列中各数据相减得到新的数据列。累减是累加的逆运算。

（3）映射生成。除了累加和累加、累减之外的其他生成。

在伤亡事故发生趋势预测中主要采用累加生成的方式进行数据处理。首先，设原始数据列 $X^{(0)}$ 为非负序列：

$$X^{(0)}=\left(x^{(0)}(1),x^{(0)}(2),x^{(0)}(3),\cdots,x^{(0)}(n)\right)$$

式中，$x^{(0)}(k)\geqslant 0$，$k=1,2,3,\cdots,n$。

其相应的生成数据序列为 $X^{(1)}=\left(x^{(1)}(1),x^{(1)}(2),x^{(1)}(3),\cdots,x^{(1)}(n)\right)$

式中，$x^{(1)}(k)=\sum\limits_{i=1}^{k}x^{(0)}(i)$，$k=1,2,3,\cdots,n$。

为 $X^{(1)}$ 的紧邻均值生成序列 $Z^{(1)}=\left(z^{(1)}(1),z^{(1)}(2),\cdots,z^{(1)}(n)\right)$

式中，$Z^{(1)}(k)=\frac{1}{2}x^{(1)}(k)+\frac{1}{2}x^{(1)}(k-1)$，$k=1,2,3,\cdots,n$。

称 $x^{(0)}(k)+az^{(1)}(k)=b$ 为GM(1,1)模型，其中 a、b 是需要通过建模求解的参数，若 $\alpha=(a,b)^{\mathrm{T}}$ 为参数列，且 $Y=\left(x(2),x^{(0)}(3),\cdots,x^{(0)}(n)\right)^{\mathrm{T}}$

$$B=\begin{bmatrix}-z^{(1)}(2) & 1\\ -z^{(1)}(3) & 1\\ \cdots & \cdots\\ -z^{(1)}(n) & 1\end{bmatrix}$$

则求微分方程 $x^{(0)}(k)+az^{(1)}(k)=b$ 的最小二乘估计系数列，满足：

$$\hat{\alpha}=\left(B^{\mathrm{T}}B\right)^{-1}B^{\mathrm{T}}Y$$

称 $\frac{\mathrm{d}x^{(1)}}{\mathrm{d}t}+ax^{(1)}=b$ 为灰微分方程，$x^{(0)}(k)+az^{(1)}(k)=b$ 的白化方程，也叫影子方程。

如上所述，则有

①白化方程 $\frac{\mathrm{d}x^{(1)}}{\mathrm{d}t}+ax^{(1)}=b$ 的解或称时间响应函数为

$$\hat{x}^{(1)}(t)=\left(x^{(1)}(0)-\frac{b}{a}\right)\mathrm{e}^{-at}+\frac{b}{a}$$

② GM(1,1)微分方程 $x^{(0)}(k)+az^{(1)}(k)=b$ 的时间响应序列为

$$\hat{x}^{(1)}(k+1)=\left(x^{(1)}(0)-\frac{b}{a}\right)\mathrm{e}^{-ak}+\frac{b}{a},\quad k=1,2,3,\cdots,n$$

③取 $x^{(1)}(0)=x^{(0)}(1)$，则

$$\hat{x}^{(1)}(k+1)=\left(x^{(0)}(1)-\frac{b}{a}\right)\mathrm{e}^{-ak}+\frac{b}{a},\quad k=1,2,3,\cdots,n$$

④为了得到原始序列的预测值，还需要将生成数列的预测值作累减还原为原始值，即

$$\hat{x}^{(0)}(k+1)=\hat{x}^{(1)}(k+1)-\hat{x}^{(1)}(k),\quad k=1,2,3,\cdots,n$$

2. 灰色系统预测模型的检验

由预测模型得到的预测值，必须经过统计检验，才能确定其精度等级。对灰色系统的检验分为三方面：残差检验、关联度检验、后差检验。

（1）残差检验。对模型值和实际值的残差进行逐点检验。设原始数据列

$$X^{(0)}=\left(x^{(0)}(1),x^{(0)}(2),x^{(0)}(3),\cdots,x^{(0)}(n)\right)$$

相应的模型模拟序列为 $\hat{X}^{(0)}=\left(\hat{x}^{(0)}(1),\hat{x}^{(0)}(2),\hat{x}^{(0)}(3),\cdots,\hat{x}^{(0)}(n)\right)$

则残差序列为

$$\varepsilon^{(0)}=\left(\varepsilon(1),\varepsilon(2),\varepsilon(3),\cdots,\varepsilon(n)\right)=\left(x^{(0)}(1)-\hat{x}^{(0)}(1),x^{(0)}(2)-\hat{x}^{(0)}(2),\cdots,x^{(0)}(n)-\hat{x}^{(0)}(n)\right)$$

相对误差序列为$\Delta=\left\{\left|\frac{\varepsilon(1)}{x^{(0)}(1)}\right|,\left|\frac{\varepsilon(2)}{x^{(0)}(2)}\right|,\cdots,\left|\frac{\varepsilon(n)}{x^{(0)}(n)}\right|\right\}=\left\{\Delta_k\right\}_1^n$

对于$k<n$，称$\Delta_k=\left|\frac{\varepsilon(k)}{x^{(0)}(k)}\right|$为 k 点模拟相对误差，称$\Delta_n=\left|\frac{\varepsilon(n)}{x^{(0)}(n)}\right|$为滤波相对误差，称$\bar{\Delta}=\frac{1}{n}\sum_{k=1}^{n}\Delta_k$为平均模拟相对误差；称$1-\bar{\Delta}$为平均相对精度，$1-\Delta_n$为滤波精度；给定$\alpha$，当$\bar{\Delta}<\alpha$且$\Delta_n<\alpha$成立时，称模型为残差合格模型。

（2）关联度检验。即通过考察值模型曲线和建模序列曲线的相似度进行检验。设$X^{(0)}$为原始序列，$\hat{X}^{(0)}$为相应的模型模拟序列，ε为$X^{(0)}$与$\hat{X}^{(0)}$的绝对关联度，若对于给定的$\varepsilon_0>0$，$\varepsilon>\varepsilon_0$，则称模型为关联合格模型。

（3）后差检验。即对残差分布的统计特性进行检验。设$X^{(0)}$为原始序列，$\hat{X}^{(0)}$为相应的模型模拟序列，$\varepsilon^{(0)}$为残差序列。

$$\bar{x}=\frac{1}{n}\sum_{k=1}^{n}x^{(0)}(k)\text{为原始数据列}X^{(0)}\text{的均值；}$$

$$s_1^{\ 2}=\frac{1}{n}\sum_{k=1}^{n}\left(x^{(0)}(k)-\bar{x}\right)^2\text{为原始数据列}X^{(0)}\text{的方差；}$$

$$\bar{\varepsilon}=\frac{1}{n}\sum_{k=1}^{n}\varepsilon(k)\text{为残差的均值；}$$

$$s_2^{\ 2}=\frac{1}{n}\sum_{k=1}^{n}\left(\varepsilon(k)-\bar{\varepsilon}\right)^2\text{为残差的方差。}$$

则称$c=\frac{S_2}{S_1}$为均方差比值；对于给定的$c_0>0$，当$c<c_0$，称模型为均方差比合格模型。

称$p=p\left\{\left|\varepsilon(k)-\bar{\varepsilon}\right|<0.674\,5s_1\right\}$为小误差概率，对于给定的$p>0$，当$p<p_0$，称模型为小误差概率合格模型。

精度检验模型参照表如表 13-2 所示，一般常用的是相对误差检验指标。若相对残差、关联度、后验差检验在允许的范围内，则可以用所建的模型进行预测，否则应进行残差修正。

表 13-2　精度检验模型参照表

精度等级	相对误差	关联度	均方差比值	小误差概率
一级	0.01	0.90	0.35	0.95
二级	0.05	0.80	0.50	0.80
三级	0.10	0.70	0.65	0.70
四级	0.20	0.60	0.80	0.60

例 13-1：已知某省 2016~2020 年的交通事故统计值如表 13-3 所示。建立 GM（1,1）模型的白化方程，预测 2021~2030 年交通事故量。

表 13-3　2016~2020 年的交通事故数量　　单位：万人

年份	2016	2017	2018	2019	2020
死亡人数	1.67	1.51	1.03	2.14	1.99

解：

$$X^{(0)}=\left\{x^{(0)}(1),x^{(0)}(2),x^{(0)}(3),x^{(0)}(4),x^{(0)}(5)\right\}=（1.67，1.51，1.03，2.14，1.99）$$

$$X^{(1)}=\left\{x^{(1)}(1),x^{(1)}(2),x^{(1)}(3),x^{(1)}(4),x^{(1)}(5)\right\}=（1.67，3.18，1.03，2.14，1.99）$$

对 $X^{(1)}$ 作紧邻均值生成，令

$$Z^{(1)}(k)=0.5x^{(1)}(k)+0.5x^{(1)}(k-1)$$

$$Z^{(1)}=\left\{z^{(1)}(1),z^{(1)}(2),z^{(1)}(3),z^{(1)}(4),z^{(1)}(5)\right\}=（1.67，2.425，3.695，5.28，7.345）$$

于是

$$B=\begin{bmatrix}-z^{(1)}(2) & 1\\ -z^{(1)}(3) & 1\\ -z^{(1)}(4) & 1\\ -z^{(1)}(5) & 1\end{bmatrix}=\begin{bmatrix}-2.425 & 1\\ -3.695 & 1\\ -5.28 & 1\\ -7.345 & 1\end{bmatrix}，\ Y=\begin{bmatrix}x^{(0)}(2)\\ x^{(0)}(3)\\ x^{(0)}(4)\\ x^{(0)}(5)\end{bmatrix}=\begin{bmatrix}1.51\\ 1.03\\ 2.14\\ 1.99\end{bmatrix}$$

$$B^{\mathrm{T}}B=\begin{bmatrix}-2.425 & -3.695 & -5.28 & -7.345\\ 1 & 1 & 1 & 1\end{bmatrix}\times\begin{bmatrix}-2.425 & 1\\ -3.695 & 1\\ -5.28 & 1\\ -7.345 & 1\end{bmatrix}=\begin{bmatrix}101.361 & -18.745\\ -18.745 & 4\end{bmatrix}$$

$$\left(B^{\mathrm{T}}B\right)^{-1}=\begin{bmatrix}0.073\,98 & 0.346\,69\\ 0.346\,69 & 1.874\,7\end{bmatrix}$$

$$B^{\mathrm{T}}Y=\begin{bmatrix}-2.425 & -3.695 & -5.28 & -7.345\\ 1 & 1 & 1 & 1\end{bmatrix}\times\begin{bmatrix}1.51\\ 1.03\\ 2.14\\ 1.99\end{bmatrix}=\begin{bmatrix}-33.383\,35\\ 6.67\end{bmatrix}$$

$$\hat{\alpha}=\begin{bmatrix}a\\ b\end{bmatrix}=\left(B^{\mathrm{T}}B\right)^{-1}B^{\mathrm{T}}Y=\begin{bmatrix}0.073\,98 & 0.346\,69\\ 0.346\,69 & 1.874\,7\end{bmatrix}\times\begin{bmatrix}-33.383\,35\\ 6.67\end{bmatrix}=\begin{bmatrix}-0.157\\ 0.931\end{bmatrix}$$

所以，方程为

$$\frac{\mathrm{d}x^{(1)}}{\mathrm{d}t}-ax^{(1)}=b$$

$$\frac{\mathrm{d}x^{(1)}}{\mathrm{d}t}-0.157x^{(1)}=0.931$$

时间响应式为

$$\hat{x}^{(1)}(k+1)=\left(x^{(0)}(1)-\frac{b}{a}\right)e^{-ak}+\frac{b}{a}=(1.67+5.93)e^{0.157k}-5.93=7.6e^{0.157k}-5.93$$

$X^{(1)}$的模拟值为

$$\hat{X}^{(1)}=\left\{\hat{x}^{(1)}(1),\hat{x}^{(1)}(2),\hat{x}^{(1)}(3),\hat{x}^{(1)}(4),\hat{x}^{(1)}(5)\right\}=（1.67，2.962，4.474，6.202，8.311）$$

还原出$X^{(0)}$的模拟值，由

$$\hat{x}^{(0)}(k+1)=\hat{x}^{(1)}(k+1)-\hat{x}^{(1)}(k)$$

得

$$\hat{X}^{(0)}=\left\{\hat{x}^{(0)}(1),\hat{x}^{(0)}(2),\hat{x}^{(0)}(3),\hat{x}^{(0)}(4),\hat{x}^{(0)}(5)\right\}=（1.67，1.292，1.512，1.728，2.109）$$

计算X与$\hat{x}$的灰色关联度：

$$|S|=\left|\sum_{k=2}^{4}(x(k)-x(1))+\frac{1}{2}(x(5)-x(1))\right|=\left|\left(-0.61-0.64+0.47+\frac{1}{2}\times 0.32\right)\right|=0.17$$

$$|\hat{S}|=\left|\sum_{k=2}^{4}(\hat{x}(k)-\hat{x}(1))+\frac{1}{2}(\hat{x}(5)-\hat{x}(1))\right|=\left|-0.378-0.158+0.058+\frac{1}{2}\times 0.439\right|=0.258\,5$$

$$|\hat{S}-S|=|-0.17+0.258\,51|=0.088\,5$$

$$\varepsilon=\frac{1+|S|+|\hat{S}|}{1+|S|+|\hat{S}|+|\hat{S}-S|}=\frac{1+0.17+0.258\,5}{1+0.17+0.258\,5+0.088\,5}=\frac{1.428\,5}{1.517}=0.94>0.90$$

所以，精度为一级，关联度为一级，可以用

$$\begin{cases}\hat{x}^{(1)}(k+1)=0.76e^{0.157k}-5.93\\ \hat{x}^{(0)}(k+1)=\hat{x}^{(1)}(k+1)-\hat{x}^{(1)}(k)\end{cases}\text{进行预测。}$$

$$\hat{X}^{(1)}=\left\{\hat{x}^{(1)}(6),\hat{x}^{(1)}(7),\hat{x}^{(1)}(8),\hat{x}^{(1)}(9),\hat{x}^{(1)}(10),\hat{x}^{(1)}(11),\hat{x}^{(1)}(12),\hat{x}^{(1)}(13),\hat{x}^{(1)}(14),\hat{x}^{(1)}(15)\right\}$$
$$=(10.732, 1.565, 16.879, 20.756, 25.293, 30.601, 36.811, 44.076, 52.577, 62.523)$$

$$\hat{X}^{(0)}=\left\{\hat{x}^{(0)}(6),\hat{x}^{(0)}(7),\hat{x}^{(0)}(8),\hat{x}^{(0)}(9),\hat{x}^{(0)}(10),\hat{x}^{(0)}(11),\hat{x}^{(0)}(12),\hat{x}^{(0)}(13),\hat{x}^{(0)}(14),\hat{x}^{(0)}(15)\right\}$$
$$=(2.42, 12.83, 33.31, 43.87, 74.53, 75.308, 6.21, 7.265, 8.501, 9.946)$$

13.2.2 事故预防

在事故预防方面，人类已积累了丰富的经验，提出了许多行之有效的办法，并且这方面的研究工作不断发展。事故系统涉及的四个要素，即人的不安全行为、机的不安全状态、环境因素不佳、管理措施不到位。一般情况下，这四个因素共同作用促使了事故的发生。人机系统安全设计的主要内容是以事故分析为依据，以预防事故发生为目标，下面从人、机、环境与管理四个方面综合制定人机系统的安全对策。

1. 在人的方面的对策

生产活动中的人主要是指操作者本人，预防事故首先要消除操作者的不安全行为。当然也不能忽视工厂里的其他人，包括作业伙伴或上级与下级之间等对预防事故的作用。根据事故致因理论，砍断人的系列连锁无疑是非常重要的。针对人的因素的事故预防对策主要如下。

（1）人员的合理选拔和调配。对人员的合理选拔和调配要从两个方面进行：一是职业适应性分析，即确定作业对人员的职业适应性要求，主要用于人员的合理选拔，企业应根据岗位、工种特点，对求职者所应具备的必要的知识、能力、性格等进行考核，选择合适的人员；二是对作业人员进行职业适应性检查，主要用于人员的合理调配，职业适应性是指人为胜任某项职业所具备的知识文化基础、生理特性和心理特性。

（2）安全教育和训练。安全教育包括安全生产的思想教育、劳动保护知识教育、典型经验和事故教训的教育等。对新入厂实习人员实行三级教育（入厂教育、车间教育、岗位教育）。对在岗的作业者，要防止麻痹思想，采取班前班后开安全会、安全日、放映安全教育影片及安全操作自我检查等形式，进行常备不懈的教育。关键岗位应开展危险预知训练，提高作业者对危险的辨识能力。职业训练是指必须对入职人员进行培训，其中包括操作培训、技术培训、能力培训和安全培训等。通过对有关事故的原因及情况进行理论分析及模拟训练，可以训练其对紧急情况做出正确反应的能力。

（3）制定作业标准和异常情况时的处理标准。根据对人的不安全行为产生原因的调查，下列三种原因占有相当大的比例：一是不知道正确的操作方法；二是虽然知道正确的操作方法，却为了快点干完而省略了一些必要的步骤；三是按自己的习惯操作。因此，制定作业标准和异常情况时的处理标准，按标准规范人的行为，对防止人的不安全行为、预防事故发生是非常重要的。

（4）制定和贯彻实施安全生产规章制度。加强企业安全生产法制建设，确保依法生产、依法经营、依法管理、依法监督，是企业安全管理的基本策略，国家安全生产有关规定中也要求企业必须制定和贯彻实施安全生产规章制度，从制度上限制人们的行为，规定人们应该做什么、不应该做什么、可以做什么、禁止做什么及如何做等。企业安全生产规章制度包括安全生产责任制、安全教育制度、安全检查制度及伤亡事故的调查处理制度等。

2. 在机械设备方面的对策

与克服人的不安全行为相比，消除物的不安全状态对于防止事故和职业危害具有更加积极的意义。针对机械的防止事故的主要措施有以下五种。

（1）要根据人体特性来设计设备或系统，如显示器的信号，控制装置的操作，紧急操作部件的安全标志，设备的大小、高度、视野要求等。在设备设计方面必须强调“以人为本”的设计理念，改变设备傻、大、笨、粗的外观形象，增加机械设备的宜人性。

（2）使用自动化设备，遥控操作设备。设计设备时要贯彻“单纯最好”原则。

（3）使用安全装置，常用的安全装置有联锁装置、双手操纵装置、自动停机装置、机器抑制装置、有限运动装置等。对于紧急操作设防，应采用“一触即发”的结构方式，如应急制动开关、熔断器、限压阀等。电器设备要绝缘、接地。

（4）使用防护装置。对于大量危险物的处理，尤其应设有防止伤人的保护装置。通过设置防护装置把人与生产中的危险部分隔离。对管道的高热部分、机器的运转部分、机器设备上容易触及的导电部分及可能使人坠落、跌伤的地方等，可根据用途和工作条件不同，设置防护罩、防护网、围栏、挡板等。

（5）合理安排显示器、控制器。显示装置应考虑视觉特性；合理利用感觉系统的信息接收方式，合理分配信息容量；适当运用色彩、形状编码，使控制器易于区分。为了易于识别而能有效地防止误操作，对于紧急操纵部件，在其上涂装荧光或醒目的色彩；合理安排显示器与控制器的布局，便于信息的处理和交换。

3. *在环境方面的对策*

人物轨迹交叉是在一定环境条件下进行的，因此除了人和机械外，还应致力于作业环境的合理设计，以满足不同作业对环境的要求。环境方面的主要措施有以下四种。

（1）从人的因素出发，改善作业环境。使作业者能在精力旺盛和意识集中的条件下作业，避免发生事故。另外，绿化净化车间、厂区环境。尽可能防止系统外各种不利因素的影响，保证工作环境的舒适性和安全性。

（2）作业条件。根据人的特点创造适宜的作业条件。为作业者创造适合感觉器官和运动器官的作业条件，达到易看、易听、易判断、易操作、极少干扰和在舒适姿势下进行作业。

（3）环境布置与管理。开展文明生产，作业场所实行定置管理，工作现场的原材料、半成品、产品等整洁、定置摆放，工具、备品备件合理存放，安全通道通畅，工作地有足够的作业空间。设置危险牌示和识别标志。

（4）对于非正常作业，要事先制定作业指导书，其中要写明预定的方法及不能实行时所应采取的对策；应明确紧急通话时的有效方式或规定用语，防止出现令人听不懂的用语而耽误时间；工程施工等非固定作业中所使用的指示或标志要色彩醒目，图示清晰，易于感知。

4. *在管理方面的对策*

人、物、环境的因素是造成事故的直接原因，管理是事故的间接原因，却是本质的原因。对人和物的控制，对环境的改善，归根结底都有赖于管理；关于人和物的事故防止措施，归根结底都是管理方面的措施。必须极大地关注管理的变化，大力推进安全管理的科学化、现代化。从管理上预防事故的对策主要有以下方面。

（1）建立科学的安全生产组织体系，从组织上确保系统安全。

（2）制定完善的安全生产规章制度体系，从制度上确保系统安全。

（3）编制安全技术措施计划，有计划、有步骤地解决企业中的一些重大安全技术问题。

（4）健全各项作业安全操作规程，实现作业标准化。

（5）制定各种事故防范措施和应急预案。

（6）加强安全宣传教育，使广大职工提高思想认识，普及安全科学知识，掌握安全技术。

（7）不断提高工厂生产现代化水平，实现生产自动化、管理信息化。

（8）加强安全管理系统的建设，包括安全机构、安全人员、安全手段的建设，确保安全投入。

（9）坚持经常性的安全监督检查，及时发现和处理事故隐患。

13.3　人机系统的安全性分析与评价

系统安全分析是从安全的角度对人-机-环境系统中的危险因素进行的分析，它通过揭示可能导致系统故障或事故的各种因素及其相互关系，来查明系统中的危险源，以便采取措施消除或控制它们。系统安全分析的目的是查明危险源以便在系统运行期间内控制或根除危险源。

13.3.1　系统安全分析的方法

近几年来，人们已经开发研究了数十种系统安全分析方法，在进行系统安全性分析时，并不需要全部使用这些方法，关键是看对于特定的环境和条件，使用哪种方法更能有效地消除和控制危险性。常用的方法主要有以下几种：安全检查表法、预先危害分析、故障类型和影响分析、事故树分析、故障树分析、因果分析。本节重点介绍安全检查表法和事故树分析法。

1. 安全检查表法

安全检查表法是日常安全管理的重要方法之一，是发现设备不安全状态和人不安全行为的有效途径，也是消除事故隐患的重要手段之一。

安全检查表法是先列出问题的提纲，对系统及其部件进行安全设计、检查、事故预测，并将结果用表格形式展现的安全分析方法。安全检查表法适用于工程的设计、建设、生产各个阶段，甚至结束（或关闭）。

安全检查表按时间可分定期性检查和不定期性检查；按性质可分为普遍检查、专业检查和季节性检查。总的来说，安全检查表有以下几种。

（1）审查设计的安全检查表。新建、改建、扩建的厂矿企业，革新、挖潜的工程项目必须考虑相应的安全问题，可利用安全检查表进行安全分析。

（2）厂级安全检查表。用于全厂性的安全检查，重点是全厂大的系统方面的检查。

（3）车间安全检查表。用于车间定期性的检查、重点是设备、运输、加工的不安全状态和人的不安全行为方面。

（4）工段及岗位安全检查表。用于岗位自检、互检和安全教育，重点是多发性事故隐患的排查。

（5）专业性安全检查表。专业机构及职能部门进行检查用，多用于定期和季节性检查。

最典型的安全检查表的格式如表 13-4 所示。一般安全检查表包括以下六个方面。

（1）序号（统一编号）。

（2）项目名称，如子系统、车间、工段、设备等。

（3）检查内容，可用于直接陈述句或疑问句，就检查的内容做说明或提出可能存在的隐患。

（4）检查结果，也就是回答栏，针对检查内容以“是”“否”进行回答，也有给定检查内容满分，根据检查结果对检查内容打分的。

（5）备注，注明建议或改进措施或反馈等。

（6）检查时间和检查人。

表 13-4　最典型的安全检查表格式

序号	项目名称	检查内容	检查结果	备注	检查时间和检查人

2. 事故树分析法

事故树也称故障树，是从结果到原因描绘事故发生的有向逻辑树，是用逻辑门连接的树图（逻辑门，即连接各事件并表示其逻辑关系的符号）。事故树分析是对既定的生产系统或作业中可能出现的事故及可能导致的灾害后果，按工艺流程、先后次序和因果关系绘成程序方框图，表示灾害、伤害事故的各种因素间的逻辑关系。它由输入符号或关系符号组成，用以分析系统的安全问题或系统的运行功能问题，为判明灾害、伤害发生途径及事故因素之间的关系，事故树分析提供了一种最形象、最简洁的表达方式。

1）事故树分析步骤

事故树分析大致以下步骤，分析人员可以根据具体问题灵活掌握，根据系统的特点及人力物力条件，选择其中的几个步骤，如果事故树规模很大，可以借助计算机进行。基本步骤如下。

（1）熟悉系统。要求要切实了解系统情况，包括工作程序的各种重要参数、作业情况，明确影响系统安全的主要因素。必要时画出工艺流程图和布置图。

（2）调查事故。要求在过去和现在所发生过的各类事故、国内外同类系统曾发生过的所有事故统计的基础上，找出本系统事故发生的规律，设想给定系统可能发生的事故。

（3）确定顶上事件。顶上事件就是要分析的对象事件。对于某一确定的系统，可能发生多种事故，一般来说，要确定那些易于发生且后果严重的事故作为事故树分析的顶上事件。

（4）确定目标。根据以往的事故记录和同类系统的事故资料，进行统计分析，求出事故发生的概率（或频率），然后根据这一事故的严重程度，确定我们要控制的事故发生概率的目标值。

（5）调查原因事件。从人、机、环境出发调查与事故有关的所有原因事件和各种因素。

（6）绘制事故树图。根据上述资料，采用规定的符号，从顶上事件起进行演绎分析，一级一级找出所有直接原因事件，直到所要分析的深度，按其逻辑关系，绘制出事故树图。

（7）定性分析。按事故树结构，利用布尔代数化简事故树，求出事故树最小割集或最小径集，分析基本事件的结构重要度，根据定性分析的结论，确定预防事故发生的措施。

（8）计算顶上事件发生概率。首先根据所调查的情况和资料，确定所有原因事件的发生概率，并标在事故树上。根据这些基本数据，求出顶上事件（事故）发生概率。

（9）进行比较。要根据可维修系统和不可维修系统分别考虑。对可维修系统，把求出的概率与通过统计分析得出的概率进行比较，如果二者不符，则必须重新研究，看原因事件是否齐全，事故树逻辑关系是否清楚，基本原因事件的数值是否设定得过高或过低，等等。对不可维修系统，求出顶上事件发生概率即可。

（10）定量分析。定量分析包括三个方面的内容：一是当事故发生概率超过预定的目标值时，要研究降低事故发生概率的所有可能途径，可从最小割集着手，从中选出最佳方案。二是利用最小径集，找出根除事故的可能性，从中选出最佳方案。三是求各基本原因事件的临界重要度系数，从而对需要治理的原因事件按临界重要度系数大小进行排队，或编出安全检查表，以求加强人为控制。

2）事故树编制

编制事故树前，我们必须了解几个基本的名词及事故树编制符号。

（1）顶上事件。这是人们最不希望发生的失效事件（或故障事件），是使系统不能正常工作的故障表现形式，是分析故障发生的原因、发生的概率及可能产生的影响的最终事件，是失效分析的起点。

（2）中间事件。导致顶上事件发生，且还需要再分解的因素，称为中间事件，其中包括系统组成部分自身性质的变化因素及系统外界因素。在图中，置于矩形块中并除去顶上事件之外的事件均为中间事件，也称为相对最终事件。在图中，长方形方框中的为顶上事件和中间事件。

（3）基本事件。导致系统或部件发生失效的、最基本的、无须再分解的事件。在图中，置于圆圈中的均为基本事件。

（4）布尔代数运算法则及事故树的数学表达式。在事故树分析中常用逻辑运算符号将各个事件连接起来，此连接式称为布尔代数表达式。在求最小割集时，要用布尔代数运算法则，化简代数式。这些法则见表 13-5。

表 13-5　布尔代数运算法则

名称	运算法则	备注
结合律	$A+(B+C)=(A+B)+C$	
	$A\bullet(B\bullet C)=(A\bullet B)\bullet C$	
分配率	$A\bullet(B+C)=A\bullet B+A\bullet C$	
	$A+(B\bullet C)=(A+B)\bullet(A+C)$	
交换律	$A\bullet B=B\bullet A$	
	$A+B=B+A$	
互补律	$A\bullet A'=0$	A' 是反 A
	$A+A'=1$	
等幂律	$A\bullet A=A$	
	$A+A=A$	
吸收律	$A\bullet(A+B)=A$	
	$A+A\bullet B=A$	
德摩根律（对偶法则）	$(A\bullet B)'=A'+B'$	用它将事故树变为成功树
	$(A+B)'=A'\bullet B'$	
对合律	$(A')'=A$	

（5）最小割集。能够引起顶上事件发生的基本事件的集合叫割集。能够引起顶上事件发生的最低限度的基本事件的集合称为最小割集。最小割集指明了哪些基本事件同时发生，就可以使顶上事件发生的事故模式。如果割集中任意基本事件不发生，则顶上事件绝不会发生，如某事故树有三个最小割集：$\{X_1\}$、$\{X_1, X_3\}$、$\{X_4, X_5, X_6\}$（如果各基本事件的发生概率都相等）。一般来说，一个事件的割集比两个事件的割集容易发生；两个事件的割集比三个事件的割集容易发生……。因为一个事件的割集只要一个事件发生，如 X_1 发生，顶上事件就会发生；而两个事件的割集则必须满足两个条件（即 X_1 和 X_3 同时发生）才能引起顶上事件发生，这是显而易见的。最小割集表示系统的危险性，每个最小割集都是顶上事件发生的一种可能渠道。最小割集的数目越多，越危险。分述如下：①表示顶上事件发生的原因。事故发生必然是某个最小割集中几个事件同时存在的结果，求出事故树全部最小割集，就可掌握事故发生的各种可能，对掌握事故的规律，查明事故的原因大有帮助。②一个最小割集代表一种事故模式。根据最小割集，可以发现系统中最薄弱的环节，直观判断出哪种模式最危险，哪些次之，以及如何采取预防措施。③可以用最小割集判断基本事件的结构重要度，计算顶上事件概率。

（6）最小径集。最小径集是顶上事件发生所必需的最低限度的基本事件的集合。若一个最小径集中的所有基本事件都不发生，则顶上事件就不发生，掌握了最小径集，可知须控制住哪几个基本事件能使顶上事件不发生，并可知有哪几种控制系统事故的方案。利用最小径集可以经济地、有效地选择采用预防事故的方案。从直观角度看，消除含事件少的最小径集中的基本事件最省事、最经济。消除一个基本事件应比消除两个或多个基本事件要省力。最小径集表示系统的安全性。事故树最小径集越多，系统就越安全。

（7）事故树符号及其意义。事故树中使用的符号通常分为事件符号和逻辑门符号两大类。常用的事故树逻辑门符号如表 13-6 所示。

表 13-6　事故树逻辑门符号

名称	符号	符号的意义
与门	A · B_1 B_2	表示只有所有的输入事件 B_1、B_2 都发生时，输出事件 A 才发生。换句话说，只要有一个输入事件不发生，则输出事件就不发生。有若干个输入事件也是如此
或门	A + B_1 B_2	表示输入事件 B_1、B_2 中任一事件发生时，输出事件 A 发生。换句话说，只有全部输入事件都不发生，输出事件才不会发生。有若干个输入事件也是如此
条件与门	A · a B_1 B_2	条件与门表示输入事件 B_1、B_2 不仅同时发生，而且还必须满足条件 a，才会有输出事件 A 发生，否则就不发生。a 是指输出事件 A 发生的条件，而不是事件
条件或门	A + a B_1 B_2	条件或门表示输入事件 B_1、B_2 至少有一个发生，在满足条件 a 的情况下，输出事件 A 才发生
限制门	a	限值门表示当输入事件满足某种给定条件时，直接引起输出事件，否则输出事件不发生，给定的条件写在椭圆里
转出符号		表示这个部分树由此转出，并在三角形内标出对应的数字，以表示向何处转移
转入符号		转入符号连接的地方是相应转出符号连接的部分树转入的地方，三角形内标出从何处转入，转出转入符号内的数字一一对应

事故树是危险识别的非常有效的方法。事故树的一个优势就是它不仅能够系统地分析单个原因，还可以分析事故的多个相互作用的起因。事故树的编制方法一般分为两类：人工编制和计算机辅助编制。

人工编制事故树的常用方法是演绎法，它是通过人的思考来分析顶上事件是怎样发生的。在编制时首先确定顶上事件，找出直接导致顶上事件发生的各种可能的因素或因素的组合，也就是中间事件，在顶上事件与直接导致其发生的中间事件之间，根据其逻辑关系相应地绘制逻辑门。然后依此方法再对每个中间事件进行分析，找出导致其发生的直接原因，逐级向下演绎，直到不能分析的基本事件为止。

例 13-2：图 13-4 为造纸厂备料工段木料切片打击伤害事故图，根据事故树图写出其结构式，并进行布尔代数运算，求出最小割集和最小径集，并试做分析。

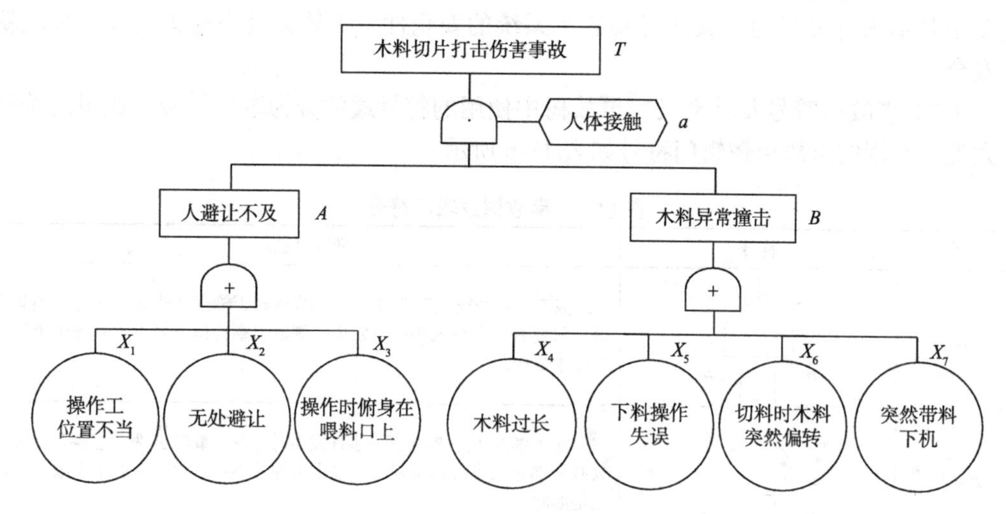

图 13-4 木料切片打击伤害事故图

资料来源：https://wenku.baidu.com/view/db38a421ed3a87c24028915f804d2b160b4e868b.html

解：由图 13-4 可知，T 为顶上事件；a 为条件与门；B 为中间事件；X_1、X_2、X_3、X_4、X_5、X_6、X_7 为基本事件。

由上面的事故树写出其结构式，并进行布尔代数运算：

$$
\begin{aligned}
T &= a \cdot A \cdot B \\
&= a\left(X_1+X_2+X_3\right)\left(X_4+X_5+X_6+X_7\right) \\
&= aX_1X_4 + aX_1X_5 + aX_1X_6 + aX_1X_7 + aX_2X_4 + aX_2X_5 \\
&\quad + aX_2X_6 + aX_2X_7 + aX_3X_4 + aX_3X_5 + aX_3X_6 + aX_3X_7
\end{aligned}
$$

则该事故的最小割集：$K_1=\left(a,X_1,X_4\right)$；$K_2=\left(a,X_1,X_5\right)$；$K_3=\left(a,X_1,X_6\right)$；$K_4=\left(a,X_1,X_7\right)$；$K_5=\left(a,X_2,X_4\right)$；$K_6=\left(a,X_2,X_5\right)$；$K_7=\left(a,X_2,X_6\right)$；$K_8=\left(a,X_2,X_7\right)$；$K_9=\left(a,X_3,X_4\right)$；$K_{10}=\left(a,X_3,X_5\right)$；$K_{11}=\left(a,X_3,X_6\right)$；$K_{12}=\left(a,X_3,X_7\right)$。

事故树的最小径集：$P_1=\left(a\right)$；$P_2=\left(X_1,X_2,X_3\right)$；$P_3=\left(X_4,X_5,X_6,X_7\right)$。

因此，上述木料切片打击伤害事故树中共有 12 个最小割集，说明该系统造成伤害事故有 12 种可能的途径：或者是木料过长受到异常撞击，操作工所处位置不当避让来不及，使人与木料接触；或者是下料操作失误木料受到异常撞击，操作工所处位置不当避让来不及，使人与木料接触；等等。我们必须从这 12 个方面制定相应的措施，有效地控制该事故的发生。

另外，上述木料切片打击伤害事故树中最小径集有 3 组：$P_1=\left(a\right)$，$P_2=\left(X_1,X_2,X_3\right)$，$P_3=\left(X_4,X_5,X_6,X_7\right)$，显然，若当 P_1、P_2、P_3 其中一个不发生，则顶上事件 T 就不发生，伤害事故就控制了。所以，它就给我们提示了有 3 种可能预防的途径：如果我们对 P_1 采取措施，使人体与木料不接触，伤害事故就不会发生；如果我们对 P_2 采取措施，即使木料异常撞击，伤害事故也不会发生；如果我们对 P_3 采取措施，即使人员避让不及时，伤害事故也不会发生，这也告诉了我们改进系统的可能性和消除隐患的入手处。

我们知道控制该伤害事故的发生有 3 种方案，但是哪种方案是最佳方案呢？我们一般先考虑消除最小径集 P_1 人体与木料不接触这一基本事件，再考虑同时消除最小径集 P_2 中三个基本事件（操作工位置不当、无处躲避、操作时俯身在喂料口上），最后考虑同时消除最小径集 P_3 中四个基本事件（木料过长、下料造作失误、切料时木料突然偏转、突然带料下机）。因为消除一个基本事件要比消除两个或者多个基本事件容易，所以在选择方案时一般先考虑单事件最小径集，其次考虑两事件、三事件最小径集，多个事件的最小径集一般很少考虑，当然，在选择最佳方案的同时，还应结合客观条件和经济因素，选择出控制事故最有效最经济的方案。

13.3.2　安全评价

人机系统的安全性评价是以实现人机系统安全为目的，应用安全系统工程原理和方法，对人机系统中存在的危险因素、有害因素进行辨识与分析，判断系统发生事故和职业危害的可能性及其严重程度，从而为制定防范措施和管理决策提供科学依据。

1. 安全评价的基本原理

由学科的层析结构可知，任何一种方法都应有基本理论指导。安全评价有以下四个基本原理：相关性原理、类推原理、惯性原理和量变到质变原理。

（1）相关性原理。任何事物的发展变化都不是孤立的，都与其他事物的发展存在或多或少的相互影响、相互制约、相互促进的关系。分析各因素的特征、变化规律、影响程度及从原因到结果的途径，揭示其内在联系和相关程度，才能在评价中得出正确的分析结论。

例子：煤矿瓦斯爆炸事故由三个因素综合作用造成，即沼气积聚达到爆炸浓度、氧气浓度大于12%、存在引爆火源。这三个因素又是沼气逸出多或沼气易于积聚、通风不良、检查失误、安全装置失效或管理不当、有电气火花、撞击摩擦火花、自然火源等因素造成的。

（2）类推原理。许多事物在发展变化上常有类似的地方。利用事物之间表现形式上存在某些相似之处的特点，有可能把先发展事物的表现过程类推到后发展事物上去，从而对后发展事物的前景做出预测。这就是类推（类比）推理，是人们经常使用的一种逻辑思维方法。

例子：意大利科学家斯帕拉捷很早以前就发现蝙蝠能在完全黑暗中任意飞行，既能躲避障碍物也能捕食在飞行中的昆虫，但是塞住蝙蝠的双耳、封住它的嘴后，它们在黑暗中就寸步难行了。面对这些事实，斯帕拉捷提出了一个使人们难以接受的结论：蝙蝠能用耳朵与嘴“看东西”。它们能够用嘴发出超声波，在超声波接触到障碍物反射回来时，用双耳接收到。第一次世界大战结束后，1920 年，哈台认为蝙蝠发出声音信号的频率超出人耳的听觉范围，并提出蝙蝠对目标的定位方法与第一次世界大战时郎之万发明的用超声波回波定位的方法是相同的。

（3）惯性原理。任何一种事物的发展与其过去的行为都是有联系的。过去的行为不仅影响到现在，还会影响到未来。这表明任何事物的发展都有时间上的延续性，这种延续性称为惯性。

系统的惯性是系统内部因素之间互相联系、互相作用而形成的一种状态趋势，是系统的内部因素决定的。只有当系统是稳定的，其内在联系和基本特征才可能延续下去，该系统所表现的惯性发展结果才基本符合实际。

（4）量变到质变原理。任何一个事物在发展变化过程中都存在着从量变到质变的规律。在一个系统中，许多有关安全的因素也都一一存在着量变到质变的规律。

例子：1485 年，英国国王理查三世面临一场重要的战役，这场战役关乎国家的生死存亡。在战役开始之前，国王让马夫去备好自己最喜爱的战马。马夫立即找到铁匠，吩咐他马上给马掌钉上马蹄铁。铁匠先钉好三个马掌，在钉第四个时发现还缺了一个钉子，马掌还没牢固。马夫将这一情况报告给国王，眼看战役即将开始，国王根本就来不及在意这第四颗马蹄钉，就匆匆地上了战场。

战场上，国王骑马领着士兵冲锋陷阵。突然，一只马蹄铁脱落了，战马仰身跌倒在地，国王也被重重地摔了下来。没等他再次抓住缰绳，那匹受惊的马就跳起来逃跑了。一见国王倒下，士兵们就自顾自地逃命去了。整支军队瞬间土崩瓦解。敌军趁机反击，并俘虏了国王。国王这时才意识到那颗钉子的重要性。这便是博斯沃思战役。

2. *安全评价方法*

安全评价方法是对系统的危险因素、有害因素及其危险、危害程度进行分析、评价的方法。目前，我国已开发出数十种评价方法，每种方法都有自己的特点、适用范围和应用条件，都有较强的针对性。综合分析这些评价方法，安全评价方法可分为两大类：定性安全评价、定量安全评价。

（1）定性安全评价。定性安全评价是借助于对事物的经验、知识、观察及对发展变化规律的了解，科学地进行分析判断的一种方法。运用这类方法就能清楚系统中存在的危险、有害因素，进一步根据这些因素从技术上、管理上、教育上提出措施并加以控制，达到系统安全的目的。定性安全评价方法是目前应用最广泛的安全评价方法，主要有：安全检查表；事故树分析；事件树分析；危险度评价法；预先危险性分析；故障类型和影响分析；危险性可操作研究；如果……怎么办；人的失误分析。

（2）定量安全评价。定量安全评价是根据统计数据、按有关标准，应用科学的方法构造数学模型，对危险性进行量化处理，并确定危险性的等级或发生概率的评价方法。目前定量安全评价主要有以下两种类型：可靠性安全评价法、指数法或评分法。

最后，实现安全行为是人因工程的一个重要且复杂的目标。它依赖于对危险情况的识别和分析，识别可能带来危险的设计（物理因素及存在于人方面的因素）缺陷，提出并执行能够减少危险和意外事故的补救措施。尽管消除危险本身是最好的方法，但是这种可能性并不是永远存在的，因为人有时会不可避免地暴露于带有危险的特定任务和环境中。因此，相对于不安全行为，把注意力放在鼓励人们选择并实施安全行为上才是最复杂和最有挑战性的补救措施。心理学家对各种选择过程的认识仍旧停留在非常不成熟的阶段，但是这些认识能够为安全人因学做出潜在的、巨大的贡献。

案例：塔式起重机事故分析及安全预防措施

随着我国经济建设和改革开放进一步深入，建筑业不断发展，各大中城市高层建筑建设不断增多，塔式起重机（也称为塔吊）的应用越来越广泛。但重大塔吊事故也频频发生，据统计，全国每年发生的机毁人亡的重大事故不下百起。本案例通过某起真实事件分析加强对本章的理解。

2018 年 12 月 10 日 8 时许，南郑区梁山镇龙岗新区，4 号楼塔吊司机李某以及信号工许某、蒋某（均持有合法有效的特种作业操作证）正常上班。当时天气晴，最高气温 2.9℃，最低气温 0.4℃，日平均风速 0.8m/s，极大风速 1.8m/s。在作业过程中，塔吊平衡臂尾部的 6 块钢筋混凝土配重（总重 12 440kg）从空中散落砸在木工棚上，致使木工棚瞬间垮塌，正在木工棚内作业的木工万某、谭某两人被压埋，塔吊司机李某被抛出驾驶室坠落地面。8 时 25 分左右，119 消防救援队伍和 120 急救人员到达事故现场，经诊断，李某、万某已当场死亡，谭某经紧急送汉中市中心医院抢救无效于 11 时 20 分死亡。

1. 塔吊事故原因分析

在这里选用具有一定代表性的 4M 法，即从人、设备、环境与媒介、管理等四个方面进行分析。

（1）人为因素。人为因素是起重机事故中影响层面最广的，检验及操作人员的专业水准和观念意识存在很大差异，工作态度缺乏责任心和严谨性，或存在侥幸心理，都会引发安全事故。

（2）设备基础不满足条件。起重机移动大重量物体的载重范围至关重要，事故塔吊起重力矩限制器失效，在事故工况点，起吊物严重超载，塔吊处于严重超负荷运行状态。

（3）环境因素。吊装前，应了解气象变化情况，当雨、雪天气时不得进行吊装作业；当环境温度低于零下 20℃时，吊装机械、索具及被吊设备、构件应具备与气温相适应的低温性能。

（4）管理因素。企业事故率高低与企业领导对安全管理的重视程度及管理体制是否健全密切相关。主要包括：①企业领导不重视安全生产工作，安全管理组织机构不健全，目标不明确，责任不清楚，检查工作不落实，专职人员责任心不强。②缺乏必要的职业适应性检查和培训；人员应持证上岗。③施工企业购买来历不明的、不符合安全技术条件的塔吊，事故塔吊是在原有塔吊基础上用多型号、多批次零部件拼凑、改装而成，平衡臂短了 1m，配重少了 920kg，使用伪造的《特种设备制造许可证》《整机出厂合格证》；未对塔吊进行定期检查和维护保养，维保无记录，未及时消除塔吊起重力矩限制器失效的安全隐患。

2. 塔吊事故的预防及预测方法

基于上述问题，从人、机、环境与管理方面综合制定人机系统的安全对策。

（1）控制人的不安全行为。人的不安全行为在事故形成的原因中占重要位置。操作人员必须按指挥人员（或中间指挥人员）发出的指挥信号进行操作；对紧急停车信号，不论由何人发出，均应立即执行。

（2）控制设备的不安全状态。吊装作业时，必须按规定负荷进行吊装，吊具、索具经计算选择使用，严禁超负荷运行。所吊重物接近或达到额定起重能力时，应检查制动器，用低高度、短行程试吊后，再平稳吊起。

（3）环境控制。吊装作业中，夜间应有足够的照明，室外作业遇到大雪、暴雨、大雾及6级以上大风时，应停止作业。

（4）完善管理措施。主要有：①大中型设备、构件或小型设备在特殊条件下的吊装，应编制吊装方案和吊装安全技术措施，经施工与安全环保部审批后组织实施；实施中未经审批许可，不得随意改变原方案和措施。②进行大型吊装作业前应逐级组织作业前的安全技术检查。③起重指挥人员（信号工）、司索人员（起重工）和起重机械操作人员，必须经过专业学习并接受安全技术培训，经考核合格，取得地方主管部门颁发的《特种作业人员操作证》后，方可从事起重指挥和操作作业，严禁无证操作。④对吊装作业审批手续不全、安全措施不落实、作业环境不符合安全要求的，指挥人员违章指挥的，作业人员有权拒绝作业。

（资料来源：3人死亡！汉中“12.10”塔吊坍塌较大事故调查报告发布|塔吊产权、租赁、安装、检测相关负责人被移送司法机关[EB/OL]. https://www.sohu.com/a/314968540_656776，2019-05-19）

【思考题】

事故发生原因的分析方法有哪些？请试用一种你熟悉的方法对该事故发生原因进行分析。